区域环境气象系列丛书

丛书主编：许小峰

丛书副主编：丁一汇　郝吉明　王体健　柴发合

京津冀
环境气象监测与预报

主编：马小会　马志强

气象出版社
China Meteorological Press

内 容 简 介

本书介绍了京津冀环境气象的监测及预报业务，内容涉及整体布局和业务发展现状，包括大气成分观测现状及主要观测研究，京津冀地区的大气污染天气成因，京津冀地区大气污染的影响分析，京津冀环境气象模式的发展与应用，环境气象业务体系及系统建设。这些内容有利于读者系统了解京津冀环境气象现状，深入认识京津冀环境污染的机理研究，可为大气环境的监测、预报和预警提供科学基础。

本书适用于大气环境、天气分析和预报等专业领域，也可供相关领域的研究、教学人员进行参考。

图书在版编目（CIP）数据

京津冀环境气象监测与预报 / 马小会，马志强主编
. -- 北京 : 气象出版社，2021.5
（区域环境气象系列丛书 / 许小峰主编）
ISBN 978-7-5029-7425-1

Ⅰ. ①京… Ⅱ. ①马… ②马… Ⅲ. ①大气环境－空气污染监测－华北地区②大气环境－气象预报－华北地区 Ⅳ. ①X831②P457

中国版本图书馆CIP数据核字(2021)第077848号
中国版本图书馆 CIP 数据核字（2021）第 077848 号
审图号：GS（2021）第 3217 号

京津冀环境气象监测与预报
JINGJINJI HUANJING QIXIANG JIANCE YU YUBAO

出版发行：气象出版社
地　　址：北京市海淀区中关村南大街 46 号　　邮政编码：100081
电　　话：010-68407112（总编室）　010-68408042（发行部）
网　　址：http://www.qxcbs.com　　E-mail：qxcbs@cma.gov.cn
责任编辑：黄红丽　郑乐乡　　终　　审：吴晓鹏
特邀编辑：周黎明
责任校对：张硕杰　　责任技编：赵相宁
封面设计：博雅锦
印　　刷：北京地大彩印有限公司
开　　本：787 mm×1092 mm　1/16　　印　　张：15.5
字　　数：390 千字
版　　次：2021 年 5 月第 1 版　　印　　次：2021 年 5 月第 1 次印刷
定　　价：155.00 元

京津冀环境气象监测与预报

编委会

主　编：马小会　马志强

编　者：马小会　马志强　乔　林
　　　　权维俊　赵秀娟　孙兆彬
　　　　熊亚军　张自银　徐　敬
　　　　吴　进　李梓铭　尹晓梅
　　　　郭淳薇　刘湘雪

丛书前言

打赢蓝天保卫战是全面建成小康社会、满足人民对高质量美好生活的需求、社会经济高质量发展和建设美丽中国的必然要求。当前，我国京津冀及周边、长三角、珠三角、汾渭平原、成渝地区等重点区域环境治理工作仍处于关键期，大范围持续性雾/霾天气仍时有发生，区域性复合型大气污染问题依然严重，解决大气污染问题任务十分艰巨。对区域环境气象预报预测和应急联动等热点科学问题进行全面研究，总结气象及相关部门参与大气污染治理气象保障服务的经验教训，支持国家环境气象业务服务能力和水平的提升，可为重点区域大气污染防控与治理提供重要科技支撑，为各级政府和相关部门统筹决策、适时适地对污染物排放实行总量控制，助推国家生态文明建设具有重要的现实意义。

面对这一重大科技需求，气象出版社组织策划了“区域环境气象系列丛书”（以下简称“丛书”）的编写。丛书着重阐述了重点区域大气污染防治的最新环境气象研究成果，系统阐释了区域环境气象预报新理论、新技术和新方法；揭示了区域重污染天气过程的天气气候成因；详细介绍了环境气象预报预测预警最新方法、精细化数值预报技术、预报模式模型系统构建、预报结果检验和评估成果、重污染天气预报预警典型实例及联防联动重大服务等代表性成果。整体内容兼顾了学科发展的前沿性和业务服务领域的实用性，不仅能为相关科技、业务人员理论学习提供有益的参考，也可为气象、环保等专业部门认识和防治大气污染提供有效的技术方法，为政府相关部门统筹兼顾、系统谋划、精准施策提供科学依据，解决环境治理面临的突出问题，从而推进绿色、环保和可持续发展，助力国家生态文明建设。

丛书内容系统全面、覆盖面广，主要涵盖京津冀及周边、长三角、珠三角区域以及东北、西北、中部和西南地区大气环境治理问题。丛书编写工作是在相关省（自治区、直辖市）气象局和环境部门科技人员及相关院所的全力支持下，在气象出版社的协调组织下，以及各分册编委会精心组织落实下完成的，凝聚了各方面的辛勤付出和智慧奉献。

丛书邀请中国工程院丁一汇院士（国家气候中心）和郝吉明院士（清华大学）、知名大气污染防治专家王体健教授（南京大学）和柴发合研究员（中国环境科学研究院）作为副主编，他们都是在气象和环境领域造诣很高的专家，为保证丛书的学术价值和严谨性做出了重要贡献；分册编写团队集合了环境气象预报、科研、业务一线专家约 260 人，涵盖各区域环境气象科技创新团队带头人和环境气象首席预报员，体现了较高的学术和实践水平。

丛书得到中国工程院院士徐祥德（中国气象科学研究院）和中国科学院院士张人禾（复旦大学）的推荐，第一期（8 册）已正式列入 2020 年国家出版基金资助项目，这是对丛书出版价值和科学价值的极大肯定。丛书的组织策划得到中国气象局领导的关心指导和气象出版社领导多方协调，多位环境气象专家为丛书的内容出谋划策。丛书编辑团队在组织策划、框架搭建、基金申报和编辑出版方面贡献了力量。在此，一并表示衷心感谢！

丛书编写出版涉及的基础资料数据量和统计汇集量都很大，参与编写人员众多，组织协调工作有相当难度，是一项复杂的系统工程，加上协调管理经验不足，书中难免存在一些缺陷，衷心希望广大读者批评指正。

许小峰

2020 年 6 月

许小峰，正高级工程师，博士生导师，中国气象局原副局长，现任中国气象事业发展咨询委员会常务副主任。

本书前言

随着社会经济的发展、城市化进程步伐的加快以及交通运输现代化的迅速推进，北京及周边地区雾/霾天气发生频率呈上升趋势。特别是 2013 年 1—3 月，华北地区多次出现了历史上少见的区域性、持续性、污染强度极大的雾/霾过程。其中，北京的雾/霾日数总计达到 47 天，远超过近 10 年同期 27 天的平均值。天津、河北、山西的雾/霾日也达到历史值的 2 倍左右。期间，共有 7 次雾/霾过程持续时间超过 3 天，最长的一次达到 6 天。持续性雾/霾导致能见度不断下降，例如 2013 年 1 月 12 日北京地区观测到的能见度仅 350 m，而且，空气质量急剧恶化。空气污染不仅危害了居民的健康，而且也给北京作为国际化大都市的形象带来了负面影响。

大气污染问题已受到社会各界广泛的关注。2013 年 6 月 14 日国务院会议布署大气污染防治十条措施至今的近 10 年间，中华人民共和国生态环境部、中华人民共和国国家发展和改革委员会等联合出台了一系列的政策法规，2013 年 9 月国务院印发《大气污染防治行动计划》，明确指出要经过 5 年的努力，实现全国空气质量总体改善，重污染天气较大幅度减少，京津冀等区域空气质量明显好转。同年 10 月 25 省（区、市）制定《大气污染防治行动计划实施方案》，将重污染天气纳入政府应急预案，建立了大气污染防治部级协调机制和京津冀及周边地区大气污染防治协调机制。

众所周知，污染物排放是导致空气质量下降的直接原因，但是严重污染事件，特别是持续性的重污染事件的形成离不开环境气象条件。因此，开展大气污染气象条件预报预警业务具有十分重要的意义。为了贯彻国务院和北京市政府关于大气污染防治的指示精神，中国气象局强化顶层设计，各级领导重视，集中快速发展环境气象业务，2013 年 4 月 26 日印发《环境气象业务发展指导意见》，6 月 8 日局长办公会研究环境气象业务发展思路，7 月 30 日北京市气象局下发《北京市环境气象业务发展指导意见和 2013 年工作方案》，8 月 30 日中国气象局下发同意成立京津冀环境气象预报预警中心的批复和成立，10 月 16 日京津冀环境气象预报预警中心正式成立。中国气象局和北京市气象局已将充分发挥气象部门在大气污染区域联防联控中的作用作为一项重点任务。京津冀环境气象预报预警中心的成立，整合了北京、天津、河北等地的优势资源，从而更好地开展环首都圈污染事件的预报预警业务，加强重污染、雾/霾天气的监测预警服务能力和科技研发创新能力。

京津冀环境气象预报预警中心成立以来，规划京津冀及周边地区环境气象观测系统建设和环境气象业务发展，开展了环境气象监测、预报、预警和服务业务，制作和发布相关产品，重污染天气过程中组织区域环境气象会商，开发环境气象业务平台，改进环境气象预报预警技术和区域环境气象模式，建立了有毒（害）气体扩散应急响应业务系统，开展应急联动，同时承担上甸子区域大气本底观测站的观测和分析业务。目前，建成功能比较完备、布局比较合理、技术比较先进的京津冀及周边地区的环境气象业务系统；有一套自己完整的京津冀环境气象业务体系、规范流程、运行机制、专业队伍、合作机制。

本书整合了京津冀环境预报预警中心近些年在环境气象领域开展的研究工作，包括京津冀地区大气污染的观测研究、京津冀地区大气污染的天气成因、京津冀地区大气污染的影响分析、北京区域环境气象数值预报系统、环境气象业务体系和应急减灾。

参与本书编写的作者均为北京市气象局环境气象相关领域的骨干人员，均在环境气象研究领域有着较高的学术影响力。本书出版获得国家出版基金、国家重点研发计划课题（2016YFC0201902）和北京市优秀人才青年拔尖个人项目资助支持。在这里感谢参与本书编写的作者们，特别感谢气象出版社黄红丽副编审的鼓励与帮助，使得本书得到国家出版基金的支持，并能在计划时间内顺利出版。

因作者学识水平有限，疏漏之处在所难免，敬请读者批评指正。

京津冀环境气象预报预警中心　马小会

2020年7月16日

目录

第 1 章　京津冀地区大气污染的观测研究

京、津、冀地域相连，地势西北高、东南低，地处典型季风气候区，受大陆和海洋共同影响，区域气象灾害多发。同时，京津冀地区总人口过亿，地区生产总值超过 6 万亿元，占全国十分之一，是我国三大城市群之一，也是我国的政治、文化中心和中国北方经济的重要核心区，在我国经济社会发展中占有重要的地位。近年来，特别是 2013 年以来，随着京津冀地区城镇化、工业、交通等的发展和人口聚集，该地区的大气污染和霾天气频发，引起了党、政府和社会各界的广泛关注。大气成分观测是大气污染防治和环境气象预报的基础，也是综合气象观测的重要组成部分，是对一定范围内大气化学成分和相关物理特性等进行长期、稳定、持续的观察和测定，为评估研究大气成分变化对天气、气候、环境及人体健康的影响等提供可靠的基础资料。

1.1 大气成分观测系统现状

在中国气象局和京、津、冀当地政府的财政支持下，至 2018 年年底，京津冀区域共建成大气成分观测站 34 个，其中北京 14 站（含上甸子区域大气本底观测站）、天津 9 站、河北 11 站，主要分布在京津冀区域的平原地区（图 1.1），山区相对较少。

大气成分站开展包括气溶胶质量浓度（包括 PM_{10}、$PM_{2.5}$ 和 PM_1）、数浓度、气溶胶光学特性（气溶胶光学厚度（AOD）、吸收系数、散射系数）、反应性气体（NO、SO_2、CO、O_3）、大气降尘等的观测。由于各台站的建设目标和背景不同，因此观测的大气成分的项目也有所不同，具体见表 1.1。

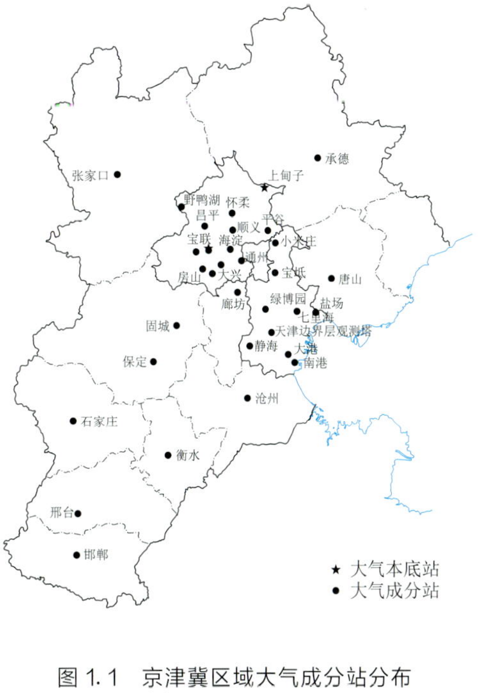

图 1.1　京津冀区域大气成分站分布

表 1.1 京津冀区域大气成分站观测要素表

站号	站名	省(市)	台站类型	观测项目
54421	上甸子	北京	大气成分本底站	PM_{10}、$PM_{2.5}$、AOD、吸收系数、散射系数、大气降尘、NO、SO_2、CO、O_3、CO_2、CH_4、N_2O、SF_6 等
54511	观象台	北京	综合大气成分站/沙尘暴站	PM_{10}、$PM_{2.5}$、AOD、吸收系数、散射系数、大气降尘、NO、SO_2、CO、O_3
A1077	宝联	北京	综合大气成分站	$PM_{2.5}$、吸收系数、散射系数、NO、SO_2、CO、O_3
54499	昌平	北京	综合大气成分站	PM_{10}、$PM_{2.5}$、PM_1、数浓度、吸收系数、散射系数、NO、SO_2、CO、O_3
54594	大兴	北京	综合大气成分站	PM_{10}、$PM_{2.5}$、PM_1、数浓度、AOD、吸收系数、散射系数、NO、SO_2、CO、O_3
54398	顺义	北京	一般大气成分站	PM_{10}、$PM_{2.5}$、PM_1、数浓度、NO、SO_2、CO、O_3
54433	朝阳	北京	一般大气成分站	PM_{10}、$PM_{2.5}$、PM_1、数浓度、NO、SO_2、CO、O_3
A1470	野鸭湖	北京	一般大气成分站	PM_{10}、$PM_{2.5}$、NO、SO_2、CO、O_3
54399	海淀	北京	一般大气成分站	PM_{10}、$PM_{2.5}$
54505	门头沟	北京	一般大气成分站	PM_{10}、$PM_{2.5}$、NO、SO_2、CO、O_3
54596	房山	北京	一般大气成分站	PM_{10}、$PM_{2.5}$、NO、SO_2、CO、O_3
54431	通州	北京	一般大气成分站	PM_{10}、$PM_{2.5}$、NO、SO_2、CO、O_3
A1501	平谷	北京	一般大气成分站	PM_{10}、$PM_{2.5}$、NO、SO_2、CO、O_3
54419	怀柔	北京	一般大气成分站	PM_{10}、$PM_{2.5}$、NO、SO_2、CO、O_3
54517	边界层观测塔	天津	一般大气成分站	$PM_{2.5}$、NO、SO_2、CO、O_3
54529	七里海	天津	一般大气成分站	$PM_{2.5}$、NO、SO_2、CO、O_3
54619	静海	天津	一般大气成分站	$PM_{2.5}$、NO、SO_2、CO、O_3
54645	大港	天津	一般大气成分站	PM_{10}、$PM_{2.5}$、NO、SO_2、CO、O_3
54525	宝坻	天津	一般大气成分站	PM_{10}、$PM_{2.5}$、NO、SO_2、CO、O_3
54523	绿博园	天津	一般大气成分站	PM_{10}、$PM_{2.5}$、NO、SO_2、CO、O_3
A2164	小米庄	天津	一般大气成分站	PM_{10}、$PM_{2.5}$
A2862	盐场	天津	一般大气成分站	PM_{10}、$PM_{2.5}$
A3178	南港	天津	一般大气成分站	PM_{10}、$PM_{2.5}$、NO、SO_2、CO、O_3
54500	固城	河北	一般大气成分站	PM_{10}、$PM_{2.5}$、数浓度、吸收系数、散射系数
53698	石家庄	河北	一般大气成分站	PM_{10}、$PM_{2.5}$
54423	承德	河北	一般大气成分站	PM_{10}、$PM_{2.5}$
54616	沧州	河北	一般大气成分站	PM_{10}、$PM_{2.5}$
54401	张家口	河北	一般大气成分站	PM_{10}、$PM_{2.5}$
54515	廊坊	河北	一般大气成分站	PM_{10}、$PM_{2.5}$
54702	衡水	河北	一般大气成分站	PM_{10}、$PM_{2.5}$
54602	保定	河北	一般大气成分站	PM_{10}、$PM_{2.5}$
53798	邢台	河北	一般大气成分站	PM_{10}、$PM_{2.5}$
54534	唐山	河北	一般大气成分站	PM_{10}、$PM_{2.5}$
53892	邯郸	河北	一般大气成分站	PM_{10}、$PM_{2.5}$

1.1.1　气溶胶质量浓度观测仪器

京津冀区域大气成分站中常用以下 4 种仪器进行气溶胶质量浓度的观测（图 1.2）。

（1）美国 Thermo 公司生产的椎管振荡微量天平（TEOM，tapered element oscillating microbalance），该仪器主要利用一种微量称量技术即椎管振荡微量天平法来进行气溶胶质量浓度的观测，通过选择不同的采样口，可实现对 PM_{10}、$PM_{2.5}$、PM_1 浓度的观测。该仪器由于采用基于滤膜的直接质量观测被认为是确定颗粒物质量浓度的标准方法。该仪器每周检查一次流量和滤膜负载率，当用于测量的滤膜负载率超过 30%时则进行更换，定期对管路、切割头和泵进行检查和清洗，并定期对流量进行校准，同时根据仪器显示状态，更换气水分离器芯或过滤器。

（2）德国 Grimm Aerosol 公司生产的 GRIMM-180 粒子测量仪，在不需要切割头的情况下可实现对 PM_{10}、$PM_{2.5}$、PM_1 浓度的观测。该仪器的观测原理是当激光照射在颗粒物上发生散射，经反射镜聚焦后，由在同一水平面上与激光照射方向成一定角度的检测器接收散射光脉冲信号。根据脉冲信号的数量和强弱，测量颗粒物数浓度和粒径大小，再通过计算得到 PM_{10}、$PM_{2.5}$、PM_1 的质量浓度。

（3）美国 Met One 公司生产的 BAM-1020 粒子测量仪来测量 PM_{10}、$PM_{2.5}$、PM_1 浓度。该仪器采用了 β 射线衰减的原理对粒子进行监测。通过装备 $PM_{2.5}$ 采样口自动监测更小的粒子物质，而且可以被设置用来监测总悬浮颗粒物（TSP，total suspended particulate），2015 年前后全球部署了数以千计的 BAM-1020 用于世界空气质量监测。该仪器的观测原理是开始测量时，每小时碳 14 元素发射出高能量的电子恒流源（称为 β 射线）通过仪器内置的干净过滤带后，这些 β 射线被一个灵敏的探测器检测，定义为零点值，然后该过滤带的测点被推至采样口，粒子物质被吸入采样口并且沉淀在滤纸测点上，当 1 h 采样结束后，过滤带返

图 1.2　京津冀区域大气成分站气溶胶质量浓度观测常用仪器

回到原始位置，再重新测量透过测点的 β 射线，当沉淀在过滤带上的粒子增加时，探测器上测到的 β 粒子便会（按照一定关系）减少，通过两种测量结果的不同，从而准确得出粒子质量浓度。

（4）中国蓝盾光电子公司生产的 LGH-01B 型大气颗粒物 PM_{10} 监测仪和 LGH-01E 型大气颗粒物 $PM_{2.5}$ 监测仪分别进行 PM_{10} 和 $PM_{2.5}$ 质量浓度的观测。仪器观测原理同 BAM-1020 粒子测量仪。

1.1.2 反应性气体浓度观测仪器

反应性气体观测主要开展臭氧（O_3）、氮氧化物（NO_x-NO-NO_2）、二氧化硫（SO_2）、一氧化碳（CO）等实时在线观测，配套标校设施（包括零气发生器、动态稀释校准仪、标气及管路系统等）对气体分析仪零跨点进行在线校准和检查，以保证数据质量。通常采用以下两种仪器进行观测。

（1）澳大利亚 Ecotech 公司 EC 系列反应性气体分析仪，采用 EC9850/EC9830/EC9810 分析仪进行 SO_2/CO/O_3 质量浓度的观测（图 1.3）。

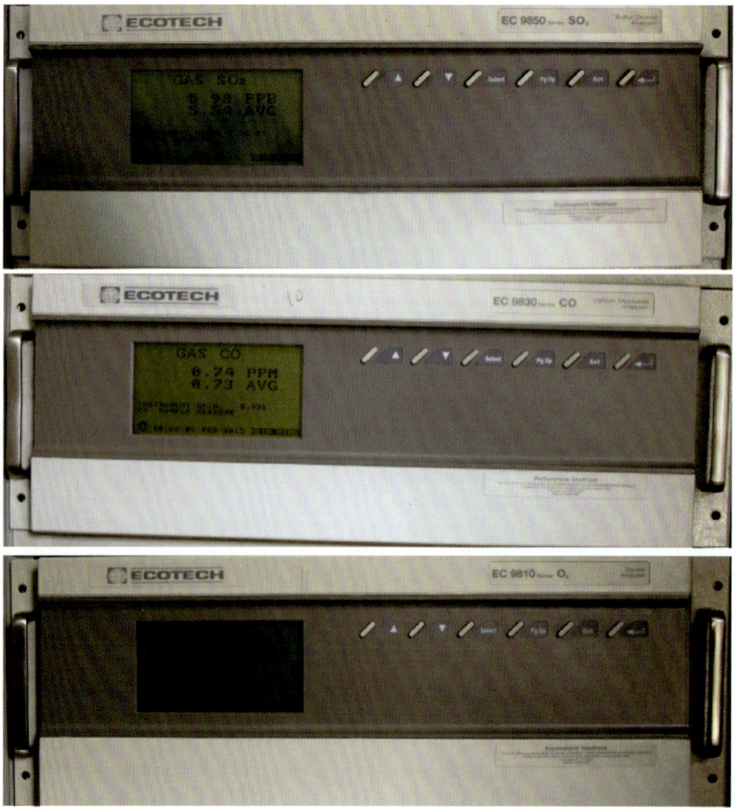

图 1.3 EC 系列反应性气体分析仪

（2）美国 Thermo 公司生产的反应性气体观测仪器，如：43CTL/48C/49C/42i 分析仪进行 SO_2/CO/O_3/NO_x 浓度的观测（图 1.4）。

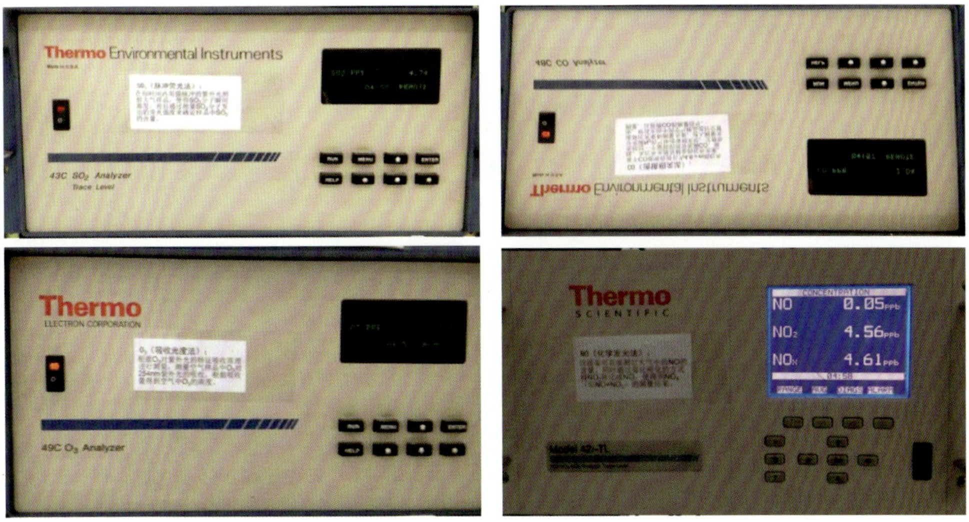

图 1.4　反应性气体分析仪

1.2 环境气象观测布局和技术

大气污染与气象条件密切相关，因此对气象要素的观测至关重要。除了常规的 176 个气象观测站、4 个探空站、26 个酸雨站外，近年来京津冀地区还相继建成新型地面探测系统，如：12 部云高仪、6 部气溶胶激光雷达、20 部风廓线雷达、13 部微波辐射计、3 台环境气象移动观测车、3 架气象观测飞机和 1 部边界层观测铁塔等，初步形成了“多要素、立体化、动静结合”的观测格局（图 1.5）。

环境气象观测是各级地方气象部门为满足当地气象服务需求而开展的与大气成分观测相关的业务，如酸雨观测、辐射观测、云高仪与激光雷达、风廓线雷达等。

酸雨是指 pH 值小于 5.6 的雨、雪或其他形式的降水。雨、雪等在形成和降落过程中，吸收并溶解了空气中的二氧化硫、氮氧化合物等物质，形成了 pH 值低于 5.6 的酸性降水。酸雨主要是人为向大气中排放大量酸性物质所造成，例如，因大量燃烧含硫量高的煤而形成的硫酸雨，此外，机动车排放的尾气也是形成酸雨的重要原因。京津冀地区现有酸雨观测站 26 个，其中国家级酸雨站 9 个（上甸子、昌平、观象台、张北、石家庄、承德、秦皇岛、南宫、天津），省级酸雨站 17 个（蔚县、邢台、丰宁、围场、张家口、怀来、遵化、青龙、霸州、唐山、乐亭、保定、饶阳、泊头、黄骅、蓟县、塘沽）。在酸雨观测站安装有干湿沉降自动采样器采集降水样品，并进行降水 pH 值、电导率和离子成分分析等。

太阳辐射通过大气，一部分到达地面，称为太阳直接辐射；另一部分被大气的分子、大气中的微尘、水汽等吸收、散射和反射。被散射的太阳辐射一部分返回宇宙空间，另一部分到达地面，到达地面的部分称为散射辐射。到达地面的散射太阳辐射和直接辐射之和称为总

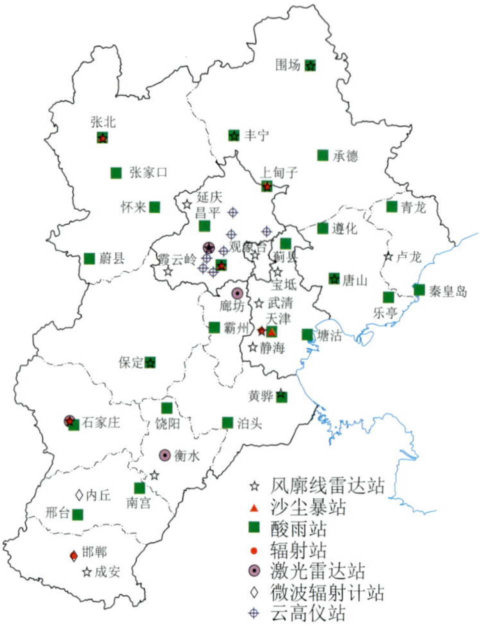

图 1.5　京津冀区域主要大气污染气象条件观测站分布

辐射。因此通过测量到达地面的不同太阳辐射、大气长波辐射和地球长波辐射量可反映出当前的大气状态信息。京津冀地区现有辐射站 4 个（观象台、天津、石家庄、邯郸），基准辐射观测站 1 个（上甸子），其中在辐射站可观测总辐射、净全辐射、直接辐射、散射辐射和反射辐射，在基准辐射站可观测总辐射、直接辐射、散射辐射、反射辐射、光合有效辐射、紫外辐射、大气长波辐射和地球长波辐射等。

云高仪利用一个脉冲二极管激光雷达 LiDAR（light detection and ranging）技术在垂直方向或接近垂直方向发射一束短的、高能激光脉冲，对由云、降水或其他不透明物反射的光（后向散射）进行分析来确定云底高度。京津冀地区部署了 12 部云高仪（顺义、海淀、怀柔、平谷、通州、朝阳、昌平、丰台、大兴、房山、石家庄、邢台）。云高仪能同时探测三个云层，如果云底是由于降水或接地的大雾造成的阻挡，则输出垂直能见度；另外，云高仪能提供整个观测视程的后向散射廓线，这个信息可用于边界层高度和大气成分的分析。京津冀地区部署了 6 部气溶胶激光雷达（海淀、上甸子、石家庄、邢台、廊坊、衡水），能探测大气中气溶胶的后向散射廓线、消光系数和 AOD、边界层高度等。

风廓线雷达（WPR，wind profiler radar）主要利用大气湍流对电磁波的散射作用对大气风场等物理量进行探测，是应用微波遥感探测原理实现自动化大气探测的先进装备。截至 2015 年京津冀地区有 20 部风廓线雷达（海淀、延庆、上甸子、观象台、霞云岭、张北、唐山、大厂、石家庄、成安、黄骅、保定、卢龙、冀州、丰宁、围场、武清、宝坻、西青、静海）。

利用上甸子基准辐射站和 4 个一级辐射站（观象台、天津、石家庄、邯郸）的总辐射、直接辐射、散射辐射、反射辐射、净全辐射、光合有效辐射、紫外辐射、大气长波辐射和地球长波辐射等辐射量的观测及基于观测数据计算的大气晴空指数、各辐射分量的比例系数可反映出大气透明度状态及污染物浓度水平。

利用 9 个国家级酸雨站（上甸子、昌平、观象台、张北、石家庄、承德、秦皇岛、南宫、天津）和 17 个省级酸雨站（蔚县、邢台、丰宁、围场、张家口、怀来、遵化、青龙、霸州、唐山、乐亭、保定、饶阳、泊头、黄骅、蓟县、塘沽）的降水 pH 值、电导率 K 和离子成分等数据可通过地面湿沉降样品的采样分析大气中污染物的主要成分和来源贡献（图 1.6）。

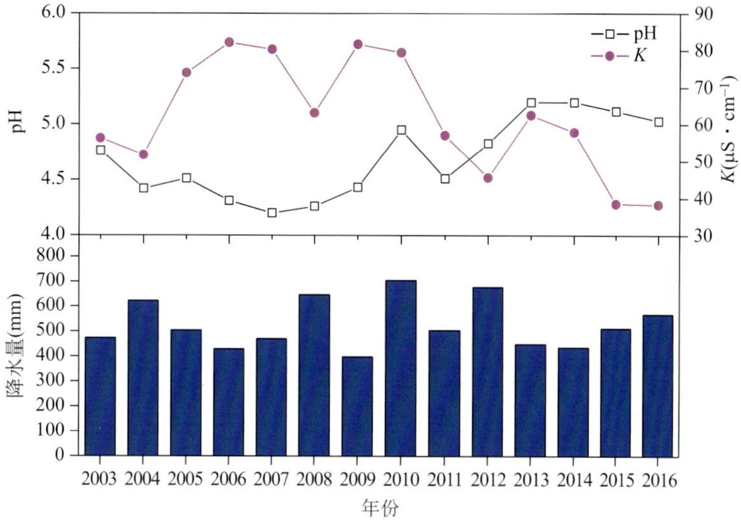

图 1.6　2003—2016 年上甸子站降水 pH、 K 值及降水量变化趋势

利用北京市气象局和河北省气象局布设的 12 部云高仪（顺义、海淀、怀柔、平谷、通州、朝阳、昌平、丰台、大兴、房山、石家庄、邢台）可探测大气垂直能见度、云底高度以及边界层高度；利用部署的 6 部气溶胶激光雷达（海淀、上甸子、石家庄、邢台、廊坊、衡水）探测大气中气溶胶的后向散射廓线、消光系数和 AOD、边界层高度等。

利用 20 部风廓线雷达（海淀、延庆、上甸子、观象台、霞云岭、张北、唐山、大厂、石家庄、成安、黄骅、保定、卢龙、冀州、丰宁、围场、武清、宝坻、西青、静海）可实现对大气风场等物理量进行遥感探测。

此外，天津市气象局建有 1 个 255 m 气象梯度观测铁塔，在塔上架设有气象要素和大气成分观测设备，利用其分层观测数据进行了污染期间近地层气象要素、大气成分要素的分布特征研究。

1.3 臭氧及前体物观测研究

臭氧（O_3）是地球大气中重要的痕量气体，大气中的臭氧主要集中在距地面 20～30 km 的平流层。平流层臭氧几乎可以吸收波长为 0.2～0.3 μm 的全部紫外辐射，对生物圈起着保护作用。但是近地面臭氧却是大气环境中的污染物，对人的肺部刺激可以引发多种呼吸道疾病，这种影响对抵抗能力较弱的人群尤其明显（唐孝炎等，2006）。臭氧光解产生的 O（^{1}D）可以与大气中的水反应生成羟基（OH）自由基，这是对流层 OH 自由基的主要来源（Lelieveld 和 Dentener，2000），其作为一种强氧化剂，可通过氧化作用影响大气中众多痕量气体的寿命，对对流层的大气化学循环起着至关重要的作用（图 1.7）；作为第三大温室气体，臭氧在全球的辐射强迫约为 0.40±0.20 W·m^{-2}，对全球气候有重要影响。因此在研究对流层痕量气体过程中，臭氧是研究的前沿和热点。

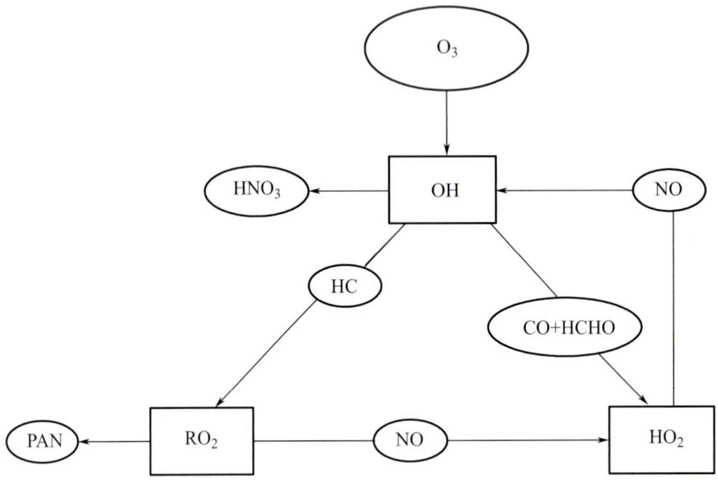

图 1.7　OH 自由基在光化学反应中的作用

1.3.1　对流层臭氧的研究进程

在 1839 年，德国化学教授 Schönbein 最早发现了空气放电过程中产生的臭氧，并将其命名为 Ozone，该词取自希腊语 Ozein，意为“难闻”，但在随后的一百多年中臭氧的研究进展不大。直到 20 世纪 50 年代，英国人在南极哈利湾首先开始了大气柱层臭氧观测研究，并发现了臭氧的下降趋势，臭氧的研究才进入了一个崭新的时期。当时观测结果表明臭氧浓度从对流层顶向地面递减，并且对流层分子态氧不能光解，综合这些结果，许多学者认为对流层的臭氧主要来自平流层的向下输送（Regener，1957；Junge，1962）。20 世纪 70 年代初，Crutzen（1973）通过进一步研究发现 CO 和甲烷（CH_4）虽然反应活性比某些挥发性有机物（VOC）低许多，但其浓度却高出数个数量级，因此在臭氧生成的过程中也起到了重要作用。针对平流层输送和近地面的光化学反应这两种臭氧的源，世界各国学者开展了广泛的研究，包括各种地面观测、柱浓度观测和卫星观测，以及各种化学和动力学模型的模拟研究，并得到以下结果：光化学反应产生的和消耗的臭氧全球平均在 3000～3500 Tg·a^{-1}；平流层-对流层交换过程约 550±300 Tg·a^{-1}（Levy et al.，1997；Wang et al.，1998；Crutzen et al.，1999）。尤其在人类活动密集的美国、西欧和中国，来源于工业、生物质燃烧等产生的臭氧前体物，经过光化学反应生成的臭氧分别占总量的 60%、59%和 64%，均超过平流层-对流层交换的影响（Lelieveld 和 Dentener，2000）。研究结果还表明，光化学反应速率和前体物浓度受到季节变化影响较大，其中夏季对流层臭氧的光化学产量要比平流层注入量大很多；而在冬季对流层臭氧的光化学产量与平流层注入量相当或略大一些。

1.3.2 臭氧的产生和积累

臭氧是一种二次污染气体，在对流层其唯一生成途径是 NO_2 和空气中的氧气在紫外线照射下反应产生 NO 和臭氧，但是臭氧又会很快与 NO 反应重新生成 NO_2，具体反应方程式如下：

$$NO_2 + h\nu \xrightarrow{j_1} NO + O(^3P)(\lambda \leqslant 424\ nm) \tag{1.1}$$

$$O(^3P) + O_2 + M \xrightarrow{k_2} O_3 + M \tag{1.2}$$

$$O_3 + NO \xrightarrow{k_3} NO_2 + O_2 \tag{1.3}$$

反应式（1.2）中 M 是中性第三体，其作用是维持反应过程的动量和能量守恒，可由氮气、氧气等分子充当。上面三个反应是一个快速循环，在一定条件下很快会达到稳态平衡，臭氧和 NO、NO_2 之间存在光稳态关系：

$$[O_3] = j_1[NO_2]/k_3[NO]$$

然而实际大气中臭氧和 NO_x（$NO_x = NO + NO_2$）之间的关系却与上式有很大差别，这主要是由于大气中的 VOC 会参与到上述循环，与反应式（1.3）中的臭氧竞争，导致臭氧积累（图 1.8）：

$$RO_2 + NO \xrightarrow{k_4} RO + NO_2 \tag{1.4}$$

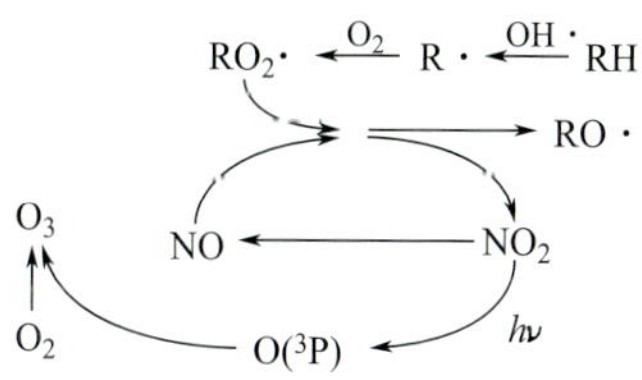

图 1.8 臭氧的积累过程

式中，RO_2 是先由大气中的 OH 与非甲烷烃反应形成烷基自由基，烷基自由基再与大气中的 O_2 结合生成 RO_2。RO_2 替代了反应式（1.3）中臭氧的氧化作用，该过程将 NO 氧化成 NO_2，但不消耗臭氧，因此导致臭氧的积累。非甲烷烃的反应有很多种，但可以简单归纳为图 1.9。

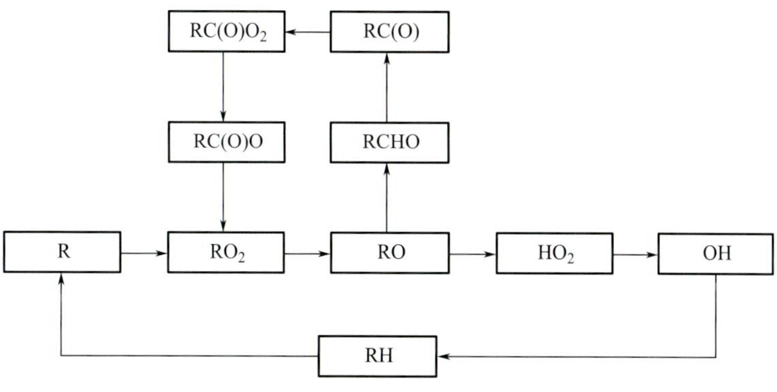

图 1.9 非甲烷烃在臭氧生成过程中的反应流程

OH 具有很高的反应活性，因此在对流层大气中数量非常少，目前浓度大约为 10^6 个 · cm^{-3}，寿命约为 1 s。在清洁大气中，OH 自由基主要来自臭氧的光解：

$$O_3 + h\nu \longrightarrow O_2 + O(^1D)(\lambda \leqslant 320\ nm) \tag{1.5}$$

$$O(^1D) + H_2O \longrightarrow 2OH \tag{1.6}$$

但是大部分臭氧光解产生的 O（^{1}D）又会通过下面的反应重新生成臭氧：

$$O(^1D) + M \longrightarrow O(^3P) + M(M = N_2、O_2) \tag{1.7}$$

$$O(^3P) + O_2 \longrightarrow O_3 \tag{1.8}$$

实验结果表明，当处于 298 K 的温度和 50% 的相对湿度情况下，仅有大约十分之一的 O（^{1}D）会最终生成 OH 自由基。OH 的生成受到温度、湿度、紫外辐射强度等影响，所以热带 OH 的产生量最大。

在污染的大气环境中 OH 可以由 HONO 的光解以及臭氧与烯烃反应等方式产生。尽管可以与 OH 反应的物质有多种，但在这些物质中甲烷和一氧化碳的浓度要比其他物质高出几个数量级，所以这两种物质是其主要的汇。

臭氧在对流层是由 VOC 和 NO_x 通过一系列复杂的光化学反应生成，已知的相关化学反应有数千个，所以臭氧与这两种前体物之间并不是简单的线性关系（Liu et al.，1987）。图 1.10 反映典型的臭氧与前体物的浓度关系，当 VOC 处于 0.8 ppb① 时，随着 NO_x 浓度的改变臭氧峰值浓度从 80 ppb 到 240 ppb 均会出现，当 NO_x 浓度低于 160 ppb 时，臭氧随 NO_x 的减少而减少，NO_x 大于 160 ppb 后却随 NO_x 减少而出现增加。

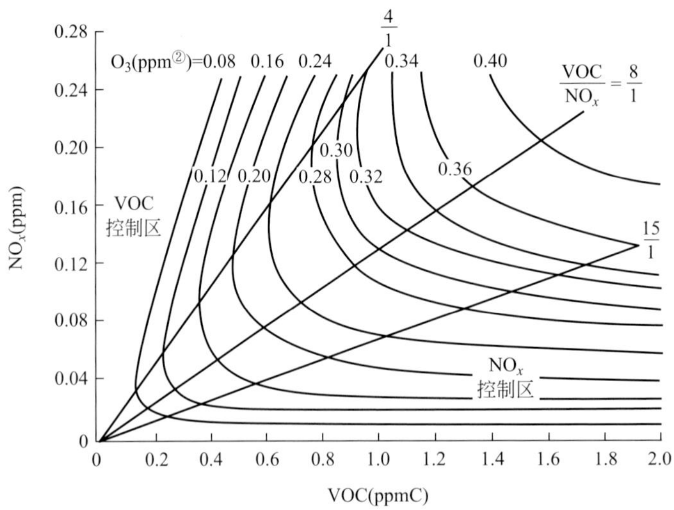

图 1.10 经验动力学模型（EKMA，empirical kinetic modeling approach）等值线

① 1 ppb = 10^{-9}，下同。

② 1 ppm = 10^{-6}，下同。

1.4 气象条件对臭氧污染的影响

在我国北方地区，臭氧污染主要集中在 5—9 月，除了受到前体物浓度的影响外，气温、辐射、日照时间以及边界层结构等是影响臭氧浓度的主要气象因子。在长日照、高气温以及边界层高度较低的情况下，往往出现高浓度的臭氧。日照时间长和较高的气温均有利于光化学反应的进行，边界层较低抑制了湍流活动，从而阻碍了局地臭氧的垂直扩散，这些气象条件都有利于臭氧累积。

北京地区臭氧污染日益严重，为了研究北京地区典型天气过程与臭氧污染的关系，根据北京市生态环境局 2015—2017 年 5—9 月的监测结果，以臭氧日最大 8 h 滑动平均浓度为判断依据，以 0～99、100～159、160～214、215～264、265～800 $\mu g \cdot m^{-3}$ 分别对应臭氧等级 1～5 级。在研究时段中 3 级及以上日数 192 d，占比 42.5%；4 级及以上日数 73 d，占比 16.2%；5 级日数 7 d，占比 1.5%，其中 179 d 出现在 5—8 月，9 月仅出现 13 d（图 1.11）。研究时段内 42.5%的日数臭氧超标，57.5%的日数臭氧达标（小于等于 2 级）。

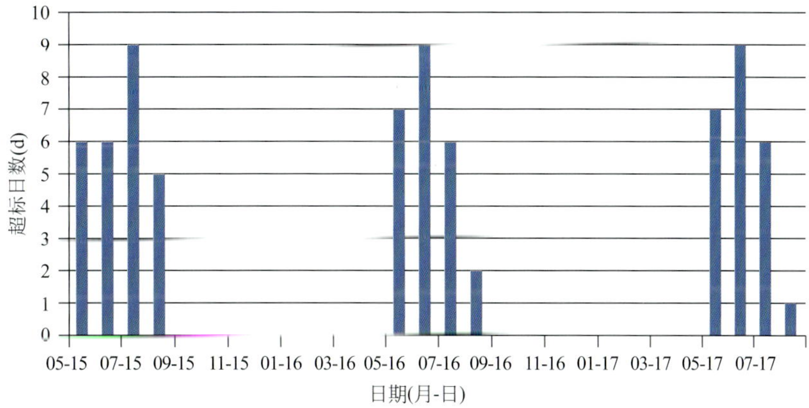

图 1.11　2015—2017 年臭氧超标日数分布（仅统计 4 级和 5 级）

1.4.1　臭氧污染日数的气象要素统计特征

通过统计分析臭氧为 3 级及以上、4 级及以上日数的气象要素表明，臭氧浓度和日最高气温、日最小相对湿度相关性较高，其次为日平均气温，与气压、风速相关性较小。其中与日最高气温的相关系数达 0.41，接近显著相关，说明最高气温越高则臭氧浓度越高，随着臭氧污染等级升高、样本数减少，相关系数的绝对值有所减小，4 级以上污染日数的第二相关因子为日平均相对湿度，即日平均或日最小相对湿度越小时，臭氧浓度可能有所升高。结果表明，影响臭氧质量浓度的首要气象要素是日最高气温，其次为日平均相对湿度或日最小相对湿度，而气压、风速与之相关性并不显著（表 1.2）。

表 1.2 臭氧污染日数的臭氧浓度和气象要素相关系数

污染级别	样本日数(d)	相关系数								
		日平均气温	日最高气温	日最低气温	日平均风速	日最大风速	日平均气压	日最高气压	日平均相对湿度	日最小相对湿度
3级及以上	192	0.30	0.41	0.13	0.17	−0.06	−0.15	−0.17	−0.12	−0.33
4级及以上	73	0.18	0.33	0.02	0.05	0.08	−0.20	−0.20	−0.19	−0.12

与臭氧浓度相关性较高的三个气象要素的阈值分布（表 1.3）表明，出现臭氧污染日时，日最高气温最小为 26.3 ℃，平均值为 32.2 ℃，且随着最高气温平均值上升，臭氧污染逐渐加重，4 级以上臭氧污染日的日最高气温平均值为 33.2 ℃，5 级为 35.1 ℃，最高气温越高可能造成臭氧污染的等级越高；从日平均相对湿度和日最小相对湿度的变化来看，湿度越小，越有利于臭氧污染等级的升高。由于臭氧是在光化学反应下生成，故有利于光化学反应的气象条件是高温低湿，大气透明度高导致大气层中基本没有云和水汽对太阳辐射的吸收和散射，光照条件充足。上述结果表明，日最高气温最为重要，最高气温在 26.3 ℃以上，日平均相对湿度和日最小相对湿度越小，越有利于光化学反应的产生，而气压、风速对臭氧浓度的影响较小。

表 1.3 臭氧污染日数的气象要素阈值分布

污染级别	日最高气温(℃)			日平均相对湿度(%)			日最小相对湿度(%)		
	最大值	最小值	平均值	最大值	最小值	平均值	最大值	最小值	平均值
3级及以上	38.9	26.3	32.2	89.0	28.0	58.4	68.0	10.0	37.2
4级及以上	38.9	28.8	33.2	73.0	29.0	54.1	60.0	12.0	33.6
5级	38.7	33.2	35.1	62.0	44.0	52.3	41.0	24.0	32.7

1.4.2 臭氧污染的典型天气型

通过梳理 2015—2017 年 5—9 月臭氧污染等级为 4 级及以上日数的天气形势（样本数 73 个），发现大部分臭氧严重污染都出现在晴热的天气下，对流层整层大气湿度小，主要升温时段基本无中低云，太阳辐射可以较为完全地穿透大气层直接到达地面，形成很强的光照条件。且基本不会出现在高压控制下扩散条件较为有利的气象条件下，往往出现在大气扩散条件由好略转差的情况下，这是由于前期需要有一定的污染物积累和聚集，才能为臭氧的生成提供浓度较高的前体物，从而导致光化学反应活跃。故产生臭氧污染的两个必要条件为高温低湿的气象条件和一定的污染物积累作为光化学反应的前体物。

另外，通过统计 4 级及以上臭氧严重污染的样本个例发现，发生 4 级及以上臭氧严重污染的日数中 850 hPa 基本都受温度暖脊控制，气温回升显著，850 hPa 气温最低为 14 ℃，最高为 25 ℃，平均为 20.0 ℃，850 hPa 暖气团活动决定了日最高气温的高低。臭氧污染多出现在低层暖气团强盛的形势下，即满足高温条件。

综上所述，按照地面的不同天气形势将出现臭氧污染的天气形势分为 6 类，分别为高压后部型、低压前部型、弱辐合区型、均压场型、低压型和其他型，具体天气形势如下。

1.4.2.1　高压后部型

该类型为臭氧严重污染出现最多的天气形势，共出现 29 d，占比 39.7%。当地面处于高压后部时，地面受高压后部反气旋环流控制，有一定的气压梯度，500 hPa 大部分时段受高压脊或脊前西北气流控制，整层大气湿度较小，以下沉运动为主，基本无中低云，光照条件较好。高压后部多盛行偏南风，容易造成污染物的区域输送，再结合本地排放源，北京的污染物浓度逐渐积累上升，为臭氧的形成提供前体物。

典型个例为 2016 年 5 月 17 日，北京地区主要受地面高压后部反气旋性环流、850 hPa 暖脊、500 hPa 高空西北偏西气流控制（图 1.12）。

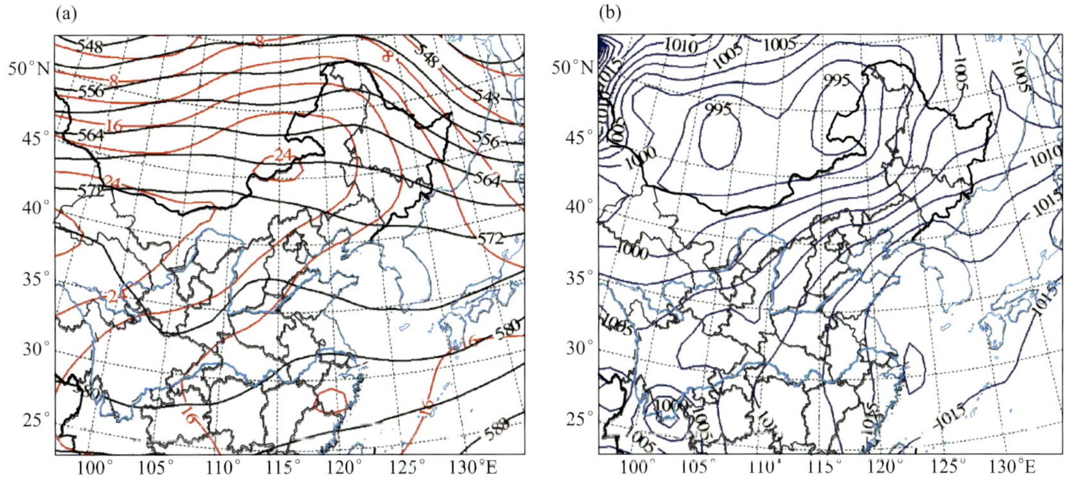

图 1.12　2016 年 5 月 17 日 20 时（北京时，以下未标注世界时的均为北京时）500 hPa 高度场（黑线，单位：dagpm）、850 hPa 温度场（红线，单位：℃）(a)、地面气压场（单位：hPa）(b)

1.4.2.2　低压前部型

该类型出现日数为 21 d，占比 28.7%，为臭氧污染日数中第二频繁出现的天气形势。该类型天气形势为地面受低压辐合区前部气旋性环流控制，有一定的气压梯度，500 hPa 大部分受高空平直西风气流或短波槽前弱偏南气流控制，整层湿度不大，垂直上升运动并不强烈，表明大气垂直扩散条件并不很好。与高压后部型类似，地面多盛行偏南气流，造成本地污染物的积累和区域输送。

典型个例为 2017 年 6 月 28 日，北京地区主要受地面低压前部气旋性环流、850 hPa 暖脊、500 hPa 高空弱西北气流控制（图 1.13）。

1.4.2.3　弱辐合区型

该类型出现日数为 12 d，占比 16.4%。该类型天气形势为地面受弱辐合区控制，即弱低压，辐合作用并不强，地面气压梯度较弱，500 hPa 受高空平直西风气流或短波槽前弱偏南气流控制，整层湿度小，大气稳定性较强。受此天气类型影响，北京地区多受地形所造成的山谷风环流影响，白天盛行偏南风，夜间转为弱北风，白天的偏南风强度没有高压后部、低压前部偏南风强盛，但仍较有利于区域污染物传输和本地辐合。

典型个例为 2015 年 7 月 25 日，北京地区主要受地面弱辐合区、850 hPa 暖脊、500 hPa 高空槽控制（图 1.14）。

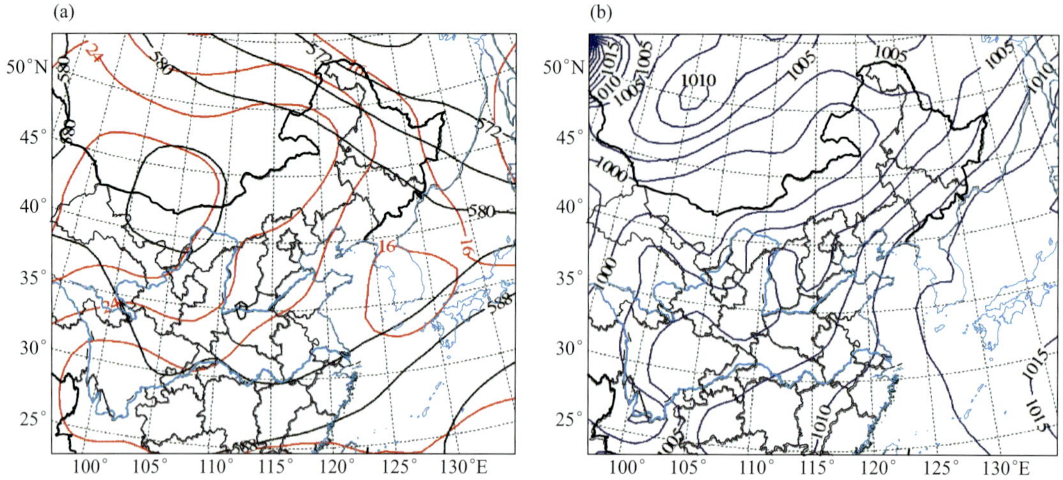

图 1.13　2017 年 6 月 28 日 20 时 500 hPa 高度场（黑线，单位：dagpm）、 850 hPa 温度场（红线，单位：℃）(a)、地面气压场（单位：hPa）(b)

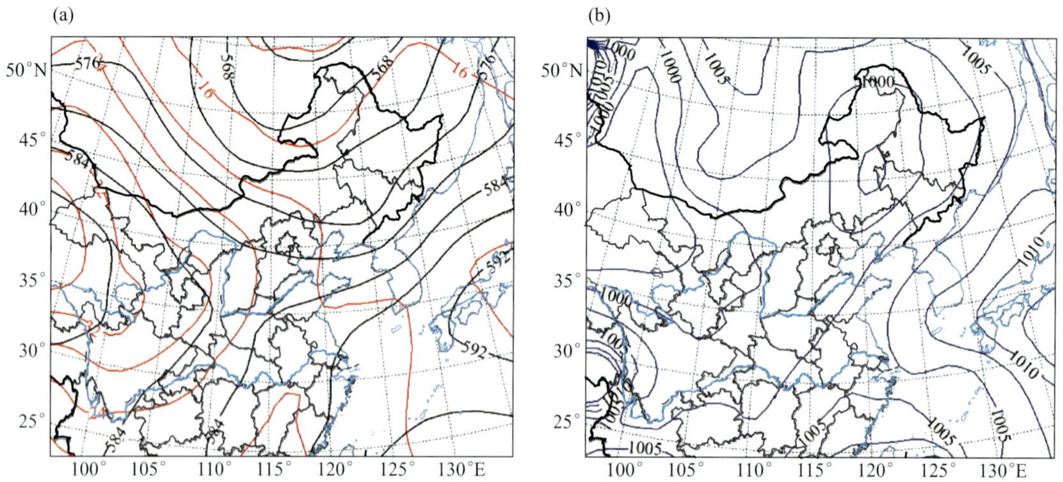

图 1.14　2015 年 7 月 25 日 20 时 500 hPa 高度场（黑线，单位：dagpm）、 850 hPa 温度场（红线，单位：℃）(a)、地面气压场（单位：hPa）(b)

1.4.2.4　均压场型

该类型出现日数为 5 d，占比 6.8%。该类型天气形势为地面受均压场控制，即无显著辐合区或辐散区，气压梯度很小，500 hPa 形势、地面流场和弱辐合区型基本相似，为高空平直西风气流、高压脊前弱西北气流或短波槽前弱偏南气流控制，地面仍受山谷风环流控制，白天盛行偏南风，夜间转为北风，白天的偏南风强度没有高压后部、低压前部偏南风强盛，但仍较有利于区域污染物传输和本地辐合。

典型个例为 2015 年 8 月 12 日，北京地区主要受地面均压场、850 hPa 暖气团、500 hPa 高压脊前西北气流控制（图 1.15）。

1.4.2.5　低压型

该类型出现日数为 4 d，占比 5.5%。该类型天气形势为地面受气旋或者气旋底部辐合

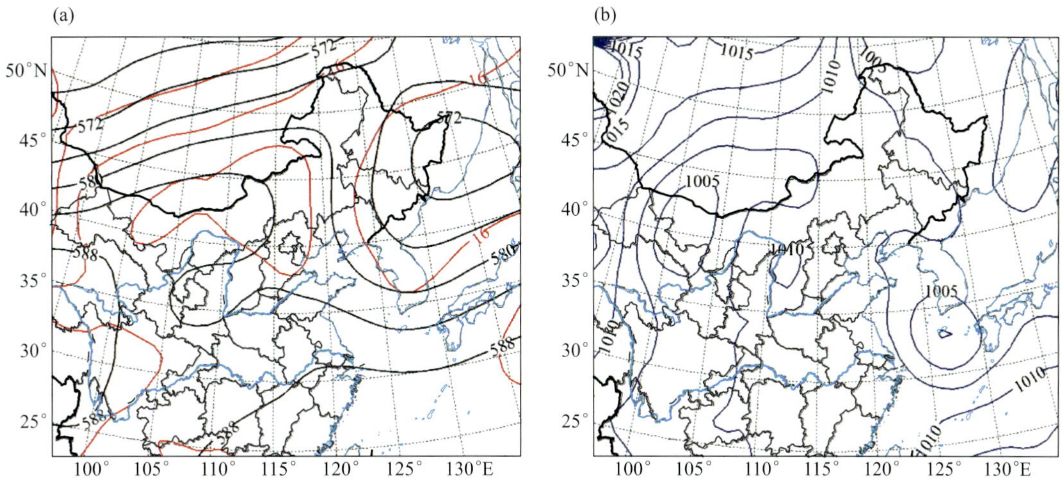

图 1.15　2015 年 8 月 12 日 08 时 500 hPa 高度场（黑线，单位：dagpm）、 850 hPa 温度场（红线，单位：℃）(a)、地面气压场（单位：hPa）(b)

运动较强区域控制，500 hPa 受高空平直西风气流或短波槽前弱偏南气流控制，有一定的垂直上升运动，但由于水汽条件较差，即使有云形成也多为高云类，对白天近地面气温升高和太阳光照射强度无显著影响。该类型出现的比例相对较少，由于大部分时候在高空槽和地面气旋共同影响下，水汽条件都较为充沛，易形成云雨，故不利于光化学反应的发生。

典型个例为 2015 年 5 月 31 日，北京地区主要受地面气旋、850 hPa 暖脊、500 hPa 高空平直西风气流控制（图 1.16）。

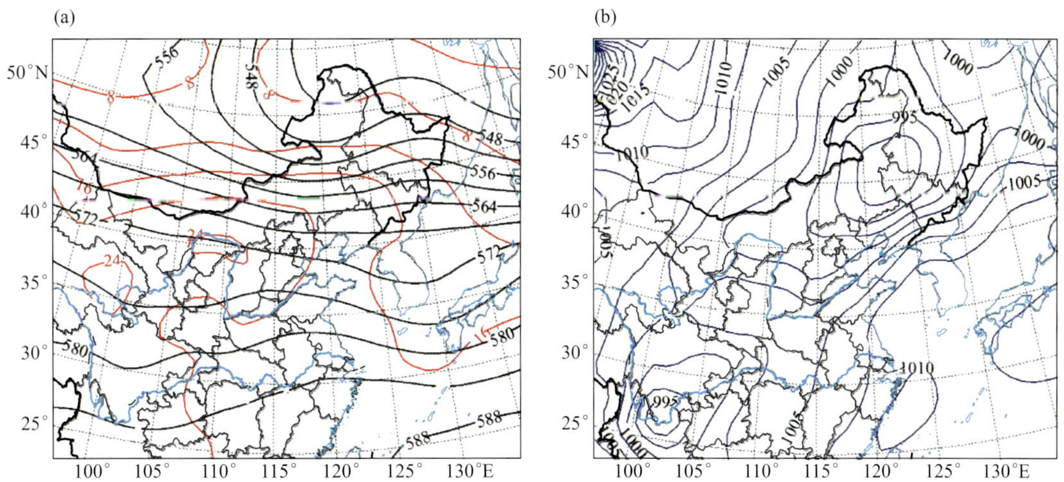

图 1.16　2015 年 5 月 31 日 20 时 500 hPa 高度场（黑线，单位：dagpm）、 850 hPa 温度场（红线，单位：℃）(a)、地面气压场（单位：hPa）(b)

1.4.2.6　其他型

除了上述 5 类之外，还有少数导致臭氧污染出现的特殊天气类型，本研究时段内有 2 d 处于台风北上变性形成的温带气旋外围，由于处于温带气旋的西北象限，以偏北风影响为主，整层相对湿度并不高，但受温带气旋所伴随的暖中心的影响，日最高气温较高，故而有利于光化学反应的发生。

典型个例为 2015 年 7 月 12 日，北京地区主要受台风北上变性的温带气旋外围西北象限、850 hPa 暖脊、500 hPa 高空冷涡外围控制（图 1.17）。

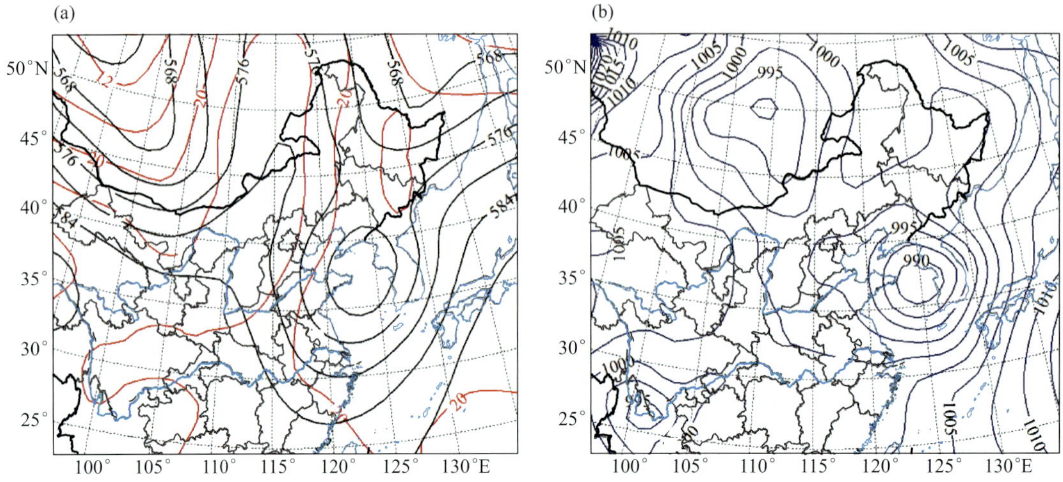

图 1.17　2015 年 7 月 12 日 20 时 500 hPa 高度场（黑线，单位：dagpm）、 850 hPa 温度场（红线，单位：℃）(a)、地面气压场（单位：hPa）(b)

1.5 边界层结构对臭氧分布的影响

大气边界层是人类活动的主要场所，也是地气相互作用和大气污染的主要发生地（卞林根等，2002；蔡旭晖等，2002；徐祥德等，2005）。随着城市建筑物的增高，城市冠层高度不断增加，污染物对居民环境健康的影响不仅仅局限在地表。同时，由于地形和局地环流对污染物的抬升作用以及污染物长距离区域传输，会在夜间边界层上形成高浓度污染物的残留层，残留层污染物垂直向下输送会对地表污染物浓度产生重要影响。

过去几十年，在欧洲、北美和日本开展了许多边界层臭氧的相关研究，但是过去 20 a 中国对于边界层臭氧的垂直分布特征和垂直输送机理的研究认识十分有限。以往研究者利用卫星遥感、铁塔观测、臭氧探空、飞机航测和数值模拟等手段针对中国部分地区的边界层臭氧垂直分布进行了一些定性研究，初步获得了边界层臭氧垂直分布特征（安俊琳等，2003；陈鹏飞等，2012；贾诗卉等，2015；彭丽等，2011；任丽红等，2005；徐敬等，2015；杨景梅等，2005；郑向东等，2002）。宗雪梅等（2007）、刘传熙等（2016）利用臭氧探空资料对北京地区边界层臭氧垂直分布进行了初步分析，研究发现，边界层臭氧浓度随高度增加，臭氧浓度夏季高、冬季低，存在明显的季节变化，边界层内臭氧浓度垂直变率明显，夏季可高达 64 $\mu g \cdot m^{-3}$（冬季为 30 $\mu g \cdot m^{-3}$）。卫星遥感和臭氧探空可以获取臭氧垂直分布特征（宗雪梅等，2007；刘传熙等，2016），但是其时空分辨率低，不能对边界层臭氧的垂直分布进行精细化研究；飞机航测虽然可以对边界层臭氧垂直分布进行高空间分辨率观测，但是往往难以连续观测，研究边界层臭氧垂直分布和变化的演变过程。系留气艇是获取边界层臭氧垂直分布的常用方法，可以通过上升和下降速度的控制，获取高分辨率的边界层臭氧和气象数据资料。臭氧观测数据利用系留艇携带电化学反应池（ECC）测定臭氧，检测限为1～2 ppb，精确度范围在10%左右。已往研究表明，中国尤其是北京等超大城市地区的边界层臭氧污染，较国外其他地区更为严重。需要借助高分辨率的边界层臭氧观测资料对北京地区边界层臭氧垂直分布特征和垂直输送进行进一步深入研究。

垂直输送对地表臭氧浓度有重要贡献。在夜间边界层顶到白天混合层顶高度范围内的残留层往往存在高浓度臭氧，其在次日上午会由于边界层动力和热力结构的改变，向下传输臭氧，对地表臭氧浓度产生重要贡献。利用长时间臭氧探空数据和CMAQ（Community Multiscale Air Quality）模式评估美国休斯敦地区残留层臭氧对于地表臭氧的贡献可以高达60%～70%。基于地面臭氧及前体物观测数据估算光化学反应速率进而推算残留层垂直输送贡献的方法，没有考虑垂直方面污染物的浓度差异和边界层结构的变化，存在很大的不足；而空气质量模型由于源排放清单和边界层动力学参数的不确定性，通常对于臭氧垂直分布的估算存在较大不确定性。目前由于同时获得高分辨率的臭氧和气象参数的垂直观测数据十分困难，因此基于垂直观测资料计算垂直输送对地表臭氧浓度贡献的研究仍然很少。本研究拟基于臭氧系留艇垂直观测数据，采用BOX-模型估算残留层垂直输送对地面臭氧浓度的贡献。

以往研究认为北京地区边界层臭氧的垂直分布和垂直输送不仅受大尺度强天气系统的影响，也受到中小尺度局地环流的影响。北京地区夏季强天气系统活动较秋、冬季减弱，臭氧垂直分布和垂直输送主要受中小尺度的局地环流的影响。山谷风环流、城市热岛环流、边界层低空急流等局地环流和局地流场扰动均会对边界层结构产生重要影响，进而影响臭氧的垂直分布和垂直输送。

山谷风环流作为一种局地环流，对污染物浓度和分布有着重要影响。北京北邻燕山，西靠太行山，由于其特殊的半盆地地形，在背景风不大、天气晴朗、辐射起主要作用、无云或少云的弱天气系统控制下，北京地区的山谷风环流对污染物的垂直分布和垂直扩散起着十分重要的作用。夏季在山谷风环流作用下，白天臭氧等污染物会向北部山区抬升，夜晚山风将污染物输送回南部平坦的平原地区。在北京地区臭氧重污染期间观测到的臭氧浓度峰值可以高达286 ppb，推测其高浓度主要是由于山谷风作用下城市烟羽向下风向输送有关。

城市热岛效应是在大中型城市中城区温度明显高于郊区温度的现象。超大城市的臭氧污染和夏季城市热岛环流明显的高温热浪过程相关。Agarwal等（2010）利用二维数学模型研究城市热岛条件下大气污染物的分布和扩散特征时发现，城市热岛环流引起的中尺度风场变化有助于污染物的水平和垂直输送。高温、弱风、相对湿度小的晴空少云是城市热岛环流发展的重要局地气象条件，而这些条件下往往也对臭氧污染的产生和分布有重要影响。徐祥德等（2006）分析了北京市区和郊区大气边界层对比观测试验的结果后发现，城市热岛群中出现的多个辐合、辐散中心与城市建筑群“冠层”边界内的湍流垂直输送共同作用可以导致城市大气污染局地堆积、滞留而呈现非均匀分布。顾莹（2010）利用WRF-Chem模拟分析了上海地区城市化进程对臭氧浓度的影响，发现市区受城市化影响臭氧日平均浓度普遍上升，但是郊区臭氧日均浓度变化有上升也有下降，说明了城市热岛环流作用下污染物空间分布的复杂性。北京作为中国的超大城市之一，随着城市化过程中下垫面的改变和城市污染物人为排放的增加，城市热岛强度也在不断增大。

低空急流是一种发生在边界层或对流层低层强而窄的气流带，风速大于 12 m·s^{-1}，高度则位于 700 hPa 以下，边界层低空急流一般位于 850 hPa 以下。李炬和舒文军（2008）利用对北京南郊观测点 3 a 夏季系留艇测风观测数据分析表明，北京地区夜间观测样本中出现低空急流概率为 30%。边界层低空急流在污染物的输送和扩散中扮演着重要角色（廖晓农等，2016）。已有一些研究推测边界层低空急流是造成边界层臭氧浓度增加的可能原因之一（修天阳等，2013）。廖晓农等（2016）对 2013 年 3 月一次重污染过程的研究发现，边界层低空急流是导致北京 $PM_{2.5}$ 浓度迅速下降的可能原因之一，认为边界层急流发展加大了边界层内水平风的垂直切变，从而导致湍流增强和混合层增厚，扩散条件转好。修天阳等（2013）分别利用中国科学院大气物理研究所铁塔和系留气艇观测的方法研究了北京地区臭氧的垂直分布特征和垂直输送对地表浓度的影响，推测边界层低空急流作用下臭氧垂直向下输送是导致地表臭氧浓度快速增加的原因之一。

北京地区特殊地形和复杂下垫面共同作用下的山谷风环流、城市热岛环流和低空急流等均会对边界层结构产生重要影响，使得边界层结构呈现一定的日变化规律，边界层结构的演变对臭氧等污染物的垂直分布和垂直输送会产生重要影响。

北京市气象局针对边界层内臭氧的分布以及与边界层结构的演变过程，于 2012 年 7 月和 2013 年 8 月分别在涿州（39.48 °N，115.96 °E）和固城（39.12 °N，115.67 °E）开展了观测实验。

观测实验利用系留艇悬挂臭氧分析仪和气象传感器进行垂直探测（图 1.18），地面臭氧及其前体物观测来自移动观测车。臭氧垂直观测使用的 ECC 设备与地面连续观测的 TE49i 均通过 TE49CPS 进行了标定，保证了实验数据的可靠性。实验过程中，系留艇的升速和降速一致，在 40～45 m·min^{-1}，探测高度在 1000 m 左右；每日观测的开始时间为北京时间的 02 时、06 时、07 时、08 时、09 时、10 时、14 时、20 时。

图 1.18　系留艇观测

地面移动观测车内观测内容包括：O_3、NO_x、CO、$PM_{2.5}$，另外还配有激光雷达（ALS300），用以辅助探测边界层特征。

通过 2012 年 7 月 6 日臭氧廓线（图 1.19）可以发现，尽管清晨近地面臭氧浓度较低（10～20 ppb），但是 200～500 m 高度臭氧存在线性增加区域，增加速度约为 0.2 ppb·m^{-1}。随着边界层的发展，残留层中的臭氧会向下混合，导致地面臭氧浓度逐渐增加。但是在该次过程中，边界层发展较为缓慢，地面臭氧在 3 h 过程中仅增加 10 ppb 左右，后面的观测由于降雨而被迫停止。7 月 15 日的观测捕捉到一次明显的残留层臭氧向地面输送过程（图 1.20），在 07：30—08：30 这一个小时中，地面臭氧增加 20 ppb，而此时光化学反应并不强烈，因此臭氧增加主要来自垂直输送。这种输送过程不仅局限于近地面，而是存在于整个边界层内，图 1.20 中 250 m 高度处是两者平衡点，说明高层向下输送与地面混合在此处达到一致。

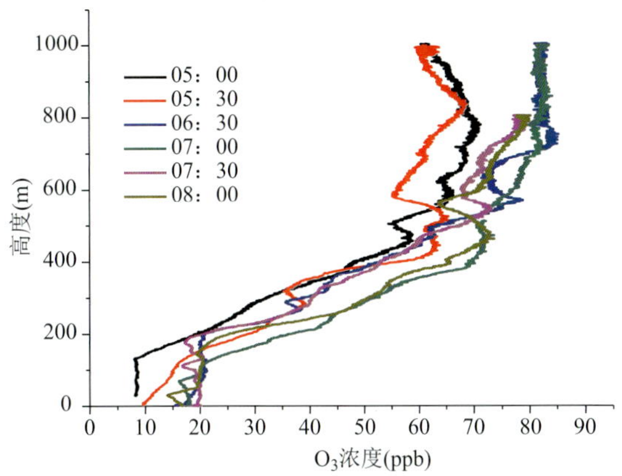

图 1.19　2012 年 7 月 6 日臭氧廓线

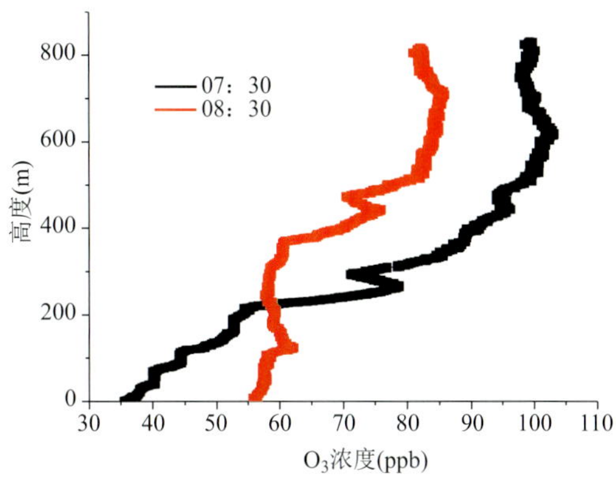

图 1.20　2012 年 7 月 15 日臭氧廓线

通常认为夜间残留层中臭氧浓度会随高度增加而增加，但是在本次实验中发现残留层中臭氧浓度并没有随高度增加而一直增加，在残留层（400～600 m 高度）中基本维持不变，600 m 高度以上则出现递减趋势，这种现象在本次观测实验中多次出现（图 1.21），其原因可能与臭氧干沉降积累有关。

固城观测期间（2013 年 9 月 10—11 日）的观测结果见图 1.22，可以发现这段时间地面臭氧浓度变化不大，在 10～20 ppb，但是 500 m 以上的残留层臭氧却一直维持在 70 ppb 以上，臭氧垂直浓度梯度超过 0.1 ppb · m^{-1}。08：15 的臭氧廓线显示，此时边界层高度在 220 m 左右，边界层内臭氧浓度混合均一，但是边界层以上臭氧浓度增加迅速，梯度超过前面各条廓线，当边界层继续发展，将会有大量高浓度臭氧向下混合，对地面臭氧浓

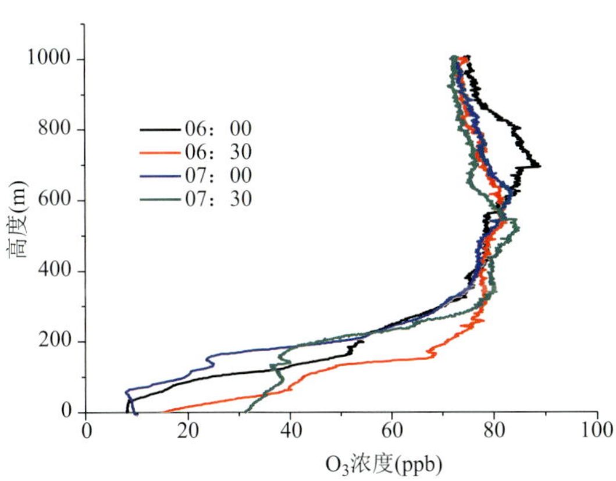

图 1.21　2012 年 7 月 16 日臭氧廓线

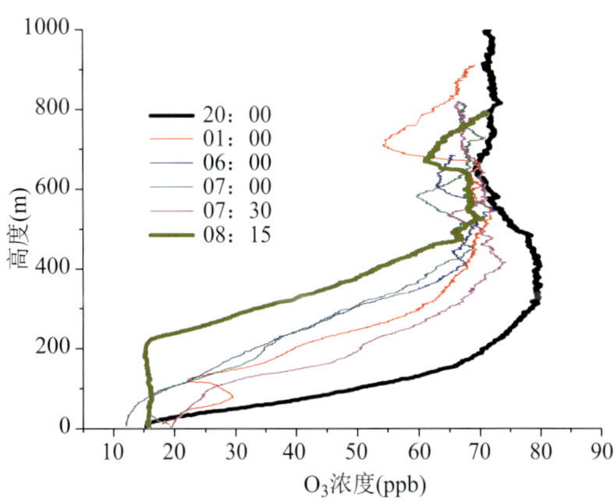

图 1.22　2013 年 9 月 10—11 日观测结果

度增加有重要贡献。

利用以下公式估算了中国台湾地区残留层臭氧对地面臭氧浓度峰值的贡献，结果显示该贡献高达60%。

$$C_{\text{old}}^{n}=C_{\text{old}}^{n-1}\left(1-\frac{V_{\text{d}}}{h^{n-1/2}}-\frac{h^{n}-h^{n-1}}{h^{n-1/2}}\right)+C_{\text{r}}^{n-1}\frac{h^{n}-h^{n-1}}{h^{n-1/2}}$$

式中，C_{old}为地面臭氧浓度，h为混合层高度，V_{d}为臭氧干沉降速度（0.3 cm·s^{-1}），C_{r}为残留层臭氧浓度。

利用观测到的9个较为完整的实验个例（图1.23为2012年7月15日个例），分析了残留层输送对地面臭氧浓度增加的影响，结果显示残留层输送对当日臭氧峰值的贡献平均在34%。

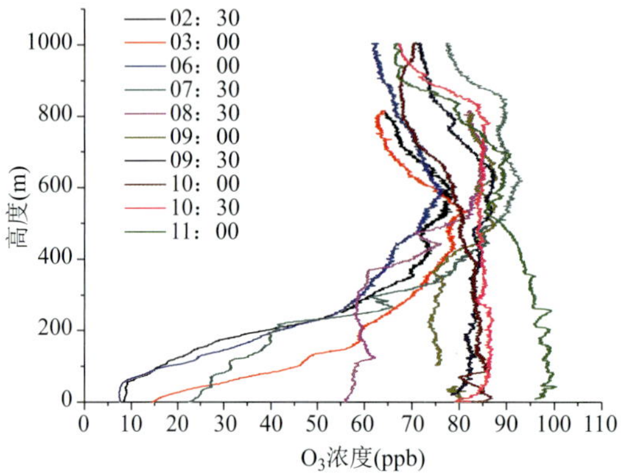

图1.23 边界层发展过程对地面臭氧浓度增加的影响

1.6 模式边界层方案研究

利用固城观测期间获得的臭氧及气象资料的廓线，结合北京市气象局正在业务运行的WRF-Chem模式，从不同PBL参数化方案对于边界层结构模拟效果影响污染物浓度的角度，采用WRF-Chem区域化学传输模式中3种不同边界层方案（局地MYJ方案、非局地YSU方案以及同时考虑局地和非局地闭合的ACM2方案），开展了一些分析工作。

研究中采用WRF-Chem V3.5版本，气相化学过程采用CBMZ方案；光解过程由Fast-J方法在线计算，每半小时为气相化学模块更新一次光解率；气溶胶过程采用包含了液相化学反应的MOSAIC模型。主要物理过程方案设置如下：积云对流参数化方案采用Kain改进方案；微物理过程采用Lin方案；长波辐射RRTM方案；短波辐射Dudhia方案；表面层方案需要和边界层方案配合使用，对MYJ方案使用ETA表面层方案，YSU方案和ACM2对应MM5表面层方案；模式陆面过程采用Noah参数化方案。

模式采用兰勃特（Lambert）地图投影方式，水平分辨率为9 km，中心点经纬度为（116 °E，

39.2 °N)，经向格点数为132，纬向格点数为123，模式层顶设置为50 hPa，垂直方向分37层，模式低层的σ（地形坐标系的垂直坐标）值分别为：1.000、0.995、0.990、0.985、0.980、0.970、0.960、0.950、0.940、0.930、0.920、0.910、0.900、0.895、0.890、0.880、0.865、0.850和0.800，对应的模式层距地面高度分别约为21 m、63 m、105 m、149 m、213 m、300 m、388 m、477 m、567 m、657 m、748 m、839 m、908 m、954 m、1024 m、1142 m、1284 m、1478 m以及1724 m。本研究重点关注晴空、稳定的天气条件下边界层结构模拟效果对近地面O_3浓度分布的影响。模拟时段为2013年8月24日20时—8月27日20时，选取26日20时—27日20时的模拟结果进行分析。8月26—27日期间地面受较弱的气压场控制，天空云量较少，地面平均风速为2.5 $m \cdot s^{-1}$，为晴空、稳定的天气条件。

模式采用的人为污染物排放源清单来自INTEX-B（Intercontinental Chemical Transport Experiment-Phase B）计划，该清单以2006年为基准，分辨率为0.5°，本研究是在此清单基础上，由该清单研发小组发展至2008年、水平分辨率为0.1°的排放源数据。模式所用生物源排放由MEGAN（Model of Emissions of Gases and Aerosols from Nature）模型在线计算得出。气象驱动场的初始条件和边界条件采用NCEP/NCAR全球1°×1°的fnl再分析资料，时间分辨率为6 h。

O_3作为光化学生成的二次污染物，其在边界层大气中的物理化学过程在白天与夜间截然不同，白天以近地面O_3光化学生成并向高空传输为主，夜间以近地面NO滴定效应导致的O_3消耗以及高层向下沉降补充为主。这一显著的物理化学过程日变化特征，使得数值模式对于近地层O_3浓度的模拟效果强烈依赖于边界层结构模拟的优劣。

图1.24显示了2013年8月26日20时夜间至27日上午边界层O_3垂直分布形式的模拟与观测结果对比。图中显示，26日20时，由于逆温层的形成，使得近地面气团与上层空气隔绝，逆温层内部O_3在NO的滴定作用下浓度迅速降低，逆温层上部由于地面NO排放源被阻隔，其滴定作用减弱，对O_3的消耗降低。因此，稳定边界层条件下，夜间O_3浓度垂直廓线表现为近地面O_3浓度随高度的上升而升高，在逆温层以上形成O_3残留层。三种边界层方案都模拟出了26日20时近地面O_3浓度随高度递减的垂直分布特征。这种情况一直维持至次日日出后（27日07时），O_3浓度垂直分布观测结果显示，地面至200 m为O_3等浓度层，其浓度水平与夜间地面O_3浓度（20 ppb左右）接近。此时，由于短暂日出对地表的加热作用，地表附近出现了轻度扰动，使得近地面的O_3在垂直方向出现微弱混合。此后，随着太阳辐射的增强，地面增温，扰动幅度增大，从27日09时和10时观测得到的O_3垂直分布形式来看，近地面O_3的等浓度层不断升高，从07时的100 m、09时达到300 m，至10时达到500 m左右，这种日出前后O_3浓度垂直分布的特征与大气相对稳定的状态吻合。三种边界层方案的模拟结果对比显示，YSU和ACM2方案的模拟效果优于MYJ，特别是对日出后（09时和10时）近地面O_3等浓度层的模拟效果明显优于MYJ方案。

进一步对26日20时—27日20时三种边界层方案模拟得到的固城测点上空O_3浓度垂直分布形式及边界层高度的逐时变化（图1.25）进行分析，结果显示：MYJ方案模拟的夜

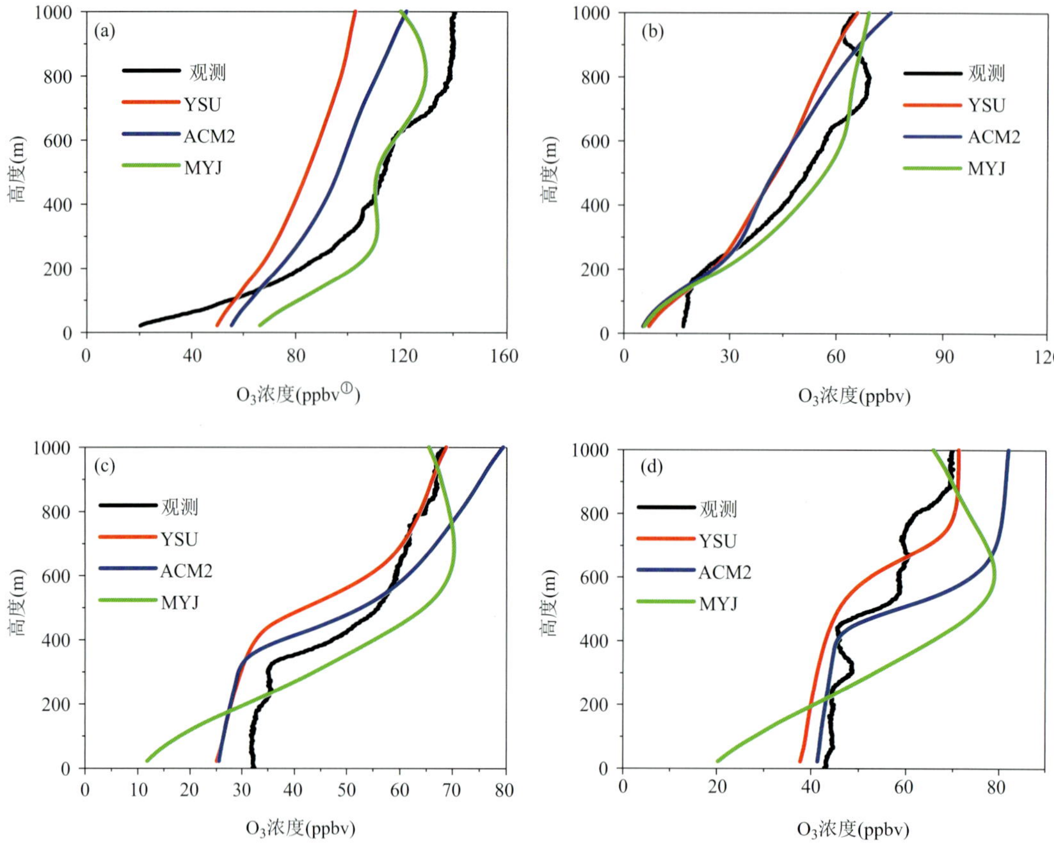

图 1.24　不同 PBL 方案模拟近地层 O_3 浓度垂直廓线化形式与实际观测资料的对比

（a）26 日 20 时；（b）27 日 07 时；（c）27 日 09 时；（d）27 日 10 时

间边界层高度高于 YSU 和 ACM2 方案，边界层的升高会降低地面 NO 浓度、减弱滴定作用，从而导致采用该方案对夜间地面 O_3 浓度模拟偏高（图 1.25 中 26 日 20 时）。YSU 和 ACM2 方案模拟的夜间边界层高度相近，但日出后，采用 YSU 方案模拟得到的边界层高度发展较缓，且白天最大边界层高度低于其余两种方案。着重分析日出前后测点上空 O_3 浓度的垂直分布形式得到，观测资料显示 27 日 09 时、10 时，近地面 O_3 等浓度层分别达到 300 m 和 500 m 左右，图 1.25 中显示采用 YSU 和 ACM2 方案模拟得到的 O_3 垂直分布形式与观测结果吻合，而 MYJ 方案的模拟结果显示至 27 日 11 时左右，近地面 O_3 浓度随高度递增的分布形式才得以打破。

需要指出的是，YSU 和 ACM2 方案对于稳定边界层条件下，日出前后近地面 O_3 浓度的垂直分布形式的模拟效果优于 MYJ 方案。主要原因在于，在静稳天气条件下，局地气象条件在污染物的分布和扩散中起到十分重要的作用，此时采用局地闭合的 YSU 方案和考虑局地和非局地闭合的 ACM2 方案对于边界层过程影响污染物浓度的模拟具有明显优势。然而，本研究结果可能更适用于稳定的大气层结条件，受边界层垂直观测资料欠缺的制约，特别是气象和污染物同步加密探空资料的匮乏，对于复杂气象条件下的各边界层方案模拟效果

① 1 ppbv $=10^{-9}$（体积分数），下同。

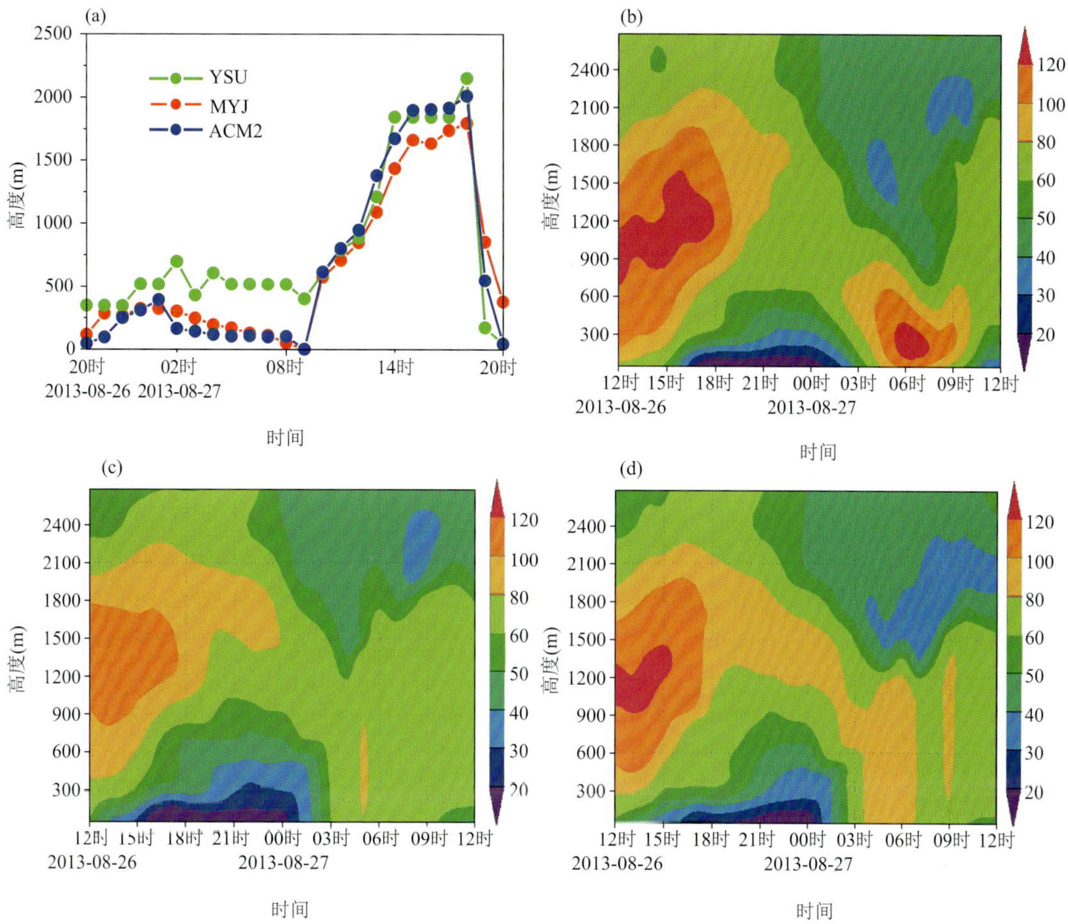

图 1.25　不同 PBL 方案模拟固城测点上空边界层高度及 O_3 浓度（ppbv）垂直分布形式的逐时变化
（a）边界层高度；（b） MYJ；（c） YSU；（d） ACM2

的验证还有待进一步开展。

1.7 本章小结

本章以京津冀地区大气污染的观测研究为基础，主要介绍了目前京津冀地区大气成分观测的布局现状，气溶胶相关观测仪器，其中重点介绍臭氧及其前体物观测研究结果，包括近些年的国内外相关研究进程，清楚认识到臭氧产生和积累的化学过程，同时针对气象条件对臭氧的影响进行统计，并建立了相关模型。

（1）至 2018 年年底，京津冀区域共建成大气成分观测站 34 个，其中北京 14 站（含上甸子区域大气本底观测站）、天津 9 站、河北 11 站，开展包括气溶胶质量浓度（包括 PM_{10}、$PM_{2.5}$ 和 PM_1）、数浓度、气溶胶光学特性（气溶胶光学厚度（AOD）、吸收系数、散射系数)、反应性气体（NO、SO_2、CO、O_3)、大气降尘等的观测。

（2）大气污染与气象条件密切相关，除了常规的176个气象观测站、4个探空站、26个酸雨站外，近年来京津冀地区还相继建成新型地面探测系统如：12部云高仪、6部气溶胶激光雷达、20部风廓线雷达、13部微波辐射计、3台环境气象移动观测车、3架气象观测飞机和1部边界层观测铁塔等，初步形成了“多要素、立体化、动静结合”的观测格局。

（3）臭氧在对流层是由VOC和NO_x通过一系列复杂的光化学反应生成，而臭氧与这两种前体物之间并不是简单的线性关系。在我国北方地区，臭氧污染主要集中在5—9月，除了受到前体物浓度的影响外，气温、辐射、日照时间以及边界层结构等是影响臭氧浓度的主要气象因子。日照时间长和较高的气温都有利于光化学反应的进行，边界层较低抑制了湍流活动，从而阻碍了局地臭氧的垂直扩散，这些气象条件都有利于臭氧累积。臭氧浓度和日最高气温、日最小相对湿度相关性较高，其次为日平均气温，与气压、风速相关性较小。

（4）绝大多数臭氧严重污染出现在晴热天气下，对流层整层大气湿度小，主要升温时段基本无中低云，太阳辐射可以较为完全地穿透大气层直接到达地面，形成很强的光照条件，且基本不会出现在高压控制下扩散条件较为有利的气象条件下，故产生臭氧污染的两个必要条件为高温低湿的气象条件和一定的污染物积累作为光化学反应的前体物，850 hPa基本都受温度暖脊控制，气温回升显著。按照地面的不同天气形势将出现臭氧污染的天气形势分为6类，分别为高压后部型、低压前部型、弱辐合区型、均压场型、低压型和其他型。

第2章 京津冀地区大气污染的天气成因

2.1 北京地区天气气候背景分析

北京位于华北大平原的西北隅，横跨 115°25′—117°30′E、纵跨 39°26′—41°03′N，总面积约为 16800 km^2，山地面积约占 62%，平原面积约占 38%。北京地处山地与平原的过渡带，北依军都山，西靠太行山北尾，东北系燕山余支，东、南接冀北平原，呈三面群山环抱之势，山脊高度平均海拔 1000 m 左右，西、北、东北方向三座主峰海拔达 2100～2300 m，构成一道弧形天然屏障。中部、东南部是山前平原，向渤海湾平缓过渡，海拔 10～100 m，形成一个背山面海的特殊地形，俗称“北京湾”（图 2.1）。

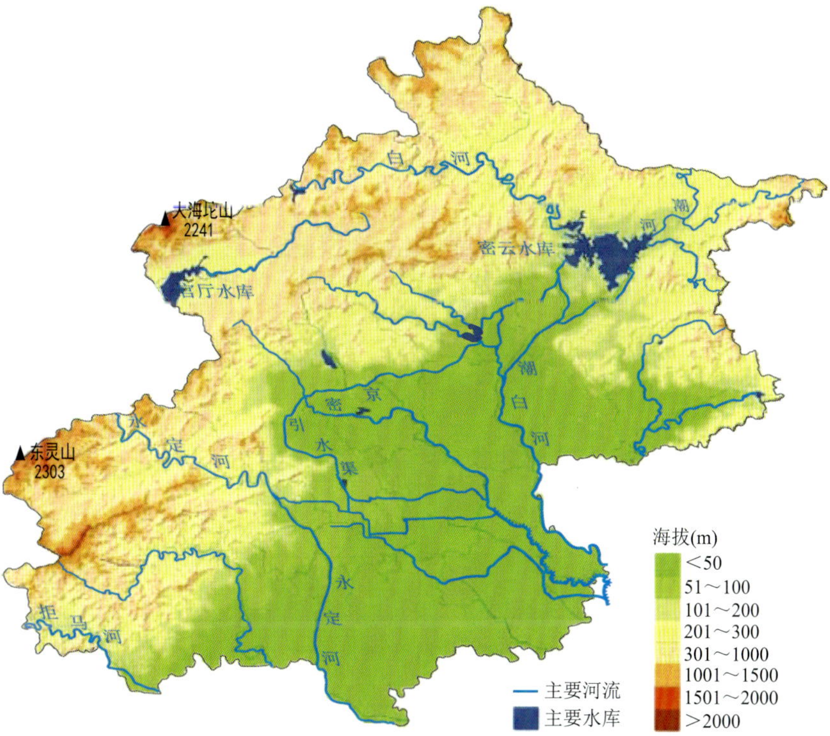

图 2.1 北京地区地形

北京市地处欧亚大陆的东岸边缘，虽东濒海洋，但海洋对北京市气候的影响主要体现在夏季，其他季节主要受西风带大气环流的影响，是典型的暖温带半湿润季风型大陆性气候。

北京的地理位置和地形决定了北京气候的以下特点。

（1）降水集中且降水强度大。北京处在大陆干冷气团向东南移动的通道上，每年从 10 月—次年 5 月几乎完全受来自西伯利亚的干冷气团控制，只有 6—9 月三个多月受到海洋暖湿气团的影响，所以降水主要集中在夏季，7、8 月尤为集中。降水量的年际变化很大，丰水年和枯水年雨量相差悬殊。

（2）降水量分布不均。来自东南的暖湿空气受燕山及太行山的抬升，在山前迎风坡形成多雨区，而背风坡形成少雨区。

（3）平原增温显著。冷空气由于受到山脉阻挡以及下沉增温作用，致使北京平原地区冬季气温比临近的同纬度地区偏高，形成山前暖区。

（4）风的日变化特征显著。“北京湾”的特殊地形使得北京地区山谷风明显，平原地区午后多偏南风，午夜转偏北风。南口、古北口等地，沿山间河谷形成较周围地区风速明显偏大的风口。

（5）四季分明。冬季最长，夏季次之，春、秋季短促。

气象要素特征分析如下。

（1）气温

由于地理因素的影响，北京地区的气温空间分布变化较大。平原区年平均气温在 11～12 ℃，城区略高于 12 ℃，这与城市热岛效应有关。年平均气温与各季气温，均随海拔高度的增高而由平原向西部、北部山区递减。等值线的走向与山脉等高线走向基本一致，平原与山脉交界地带等温线较为密集，年平均气温随高度分布的梯度较大，最高值为 2007 年 12.3 ℃，最低值为 1969 年 9.9 ℃（图 2.2）。其中，四季平均气温常年值分别为 12.8 ℃、24.4 ℃、11.6 ℃和－3.1 ℃。观象台年平均气温常年值为 12.9 ℃。最大值出现在 2007 年，为 14.0 ℃，最小值出现在 1969 年，为 10.5 ℃（图 2.3）。

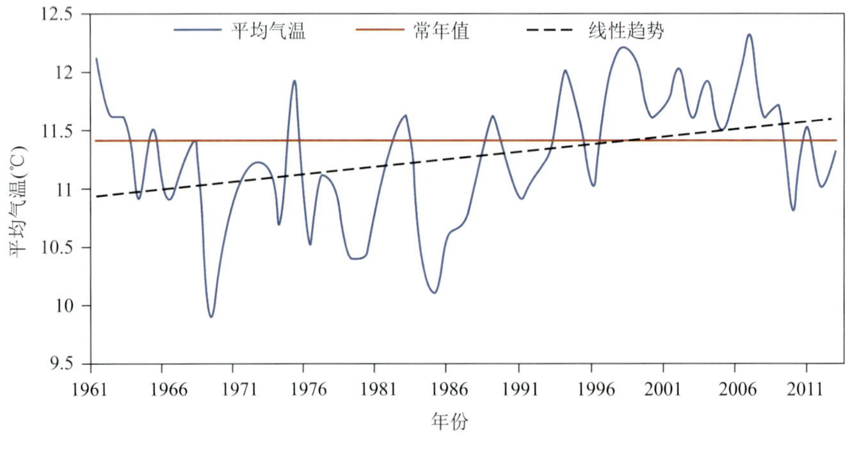

图 2.2　1961—2013 年北京地区年平均气温历年变化

从北京地区年平均气温、平均最高气温和平均最低气温常年值空间分布（图 2.4）可以看出，北京地区平均气温和平均最高气温及平均最低气温分布趋势相同，呈现从东南向西北逐渐降低的趋势，这也与北京的地理地形特征比较一致，从平原向山地呈现递减趋势。

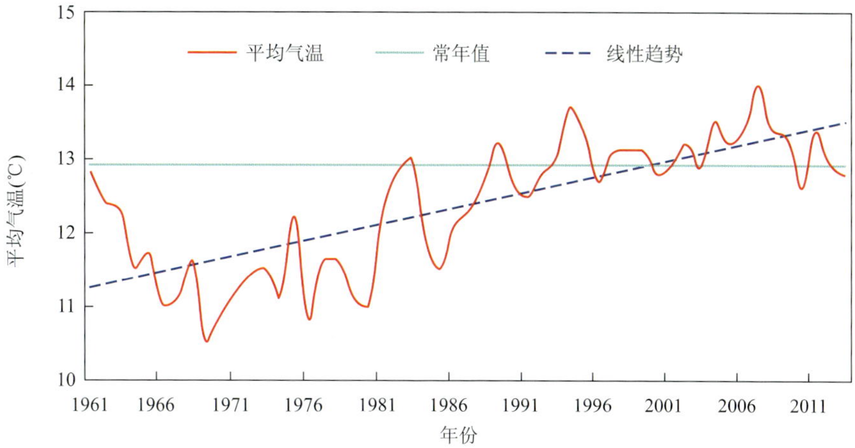

图 2.3 1961—2013 年北京观象台平均气温历年变化

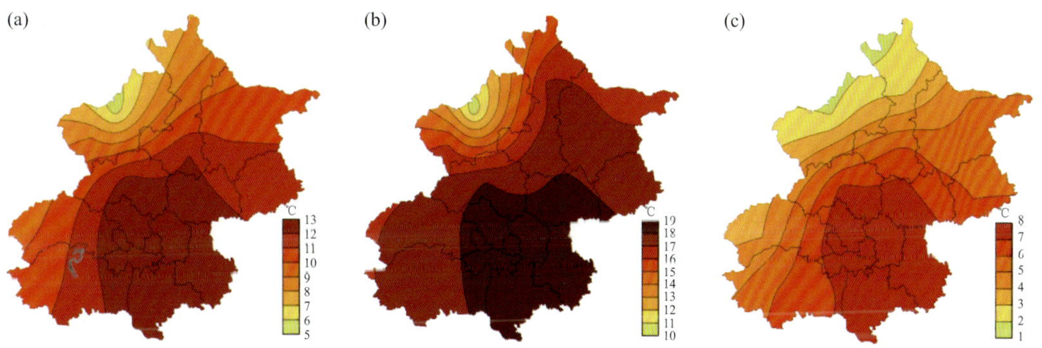

图 2.4 1961—2013 年北京地区年平均气温（a）、平均最高气温（b）和平均最低气温（c）常年值空间分布

（2）降水

降水量地理分布与地形密切相关，山前迎风坡一带（密云、怀柔、平谷、门头沟、房山）是多雨区，山后的背风区为少雨区。受地形对夏季东南暖湿气流抬升作用影响，山前有的多雨中心超过 600 mm·a^{-1}。平原地区雨量分布较均匀，西北部山后的延庆县雨量最少，只有 450 mm·a^{-1}。

全市平均降水量多年平均值（指 1981—2010 年 30 a 平均值，下同）为 545.9 mm，最大值出现在 1969 年，为 849 mm，最小值出现在 1965 年，为 349.9 mm（图 2.5）。

北京大部分地区 1961—2013 年期间最大年降水量可达 800～1200 mm，大体上西少东多，极大值中心位于怀柔。年降水量最少的年份只有 200～400 mm。北京观象台最大年降水量为 913.1 mm，出现在 1969 年；最少只有 261.4 mm，出现在 1965 年。

从降水日数看，最多的年份可达 80～100 d，西南部、东北部以及西北部超过 100 d，其余地区有 85～95 d。大部地区最少年降水日数为 40～60 d。观象台最多年份有 94 d，出现在 1964 年；最少为 52 d，出现在 1975 年。观象台最大日降水量为 212.2 mm，出现在 1963 年。

就变化趋势而言，北京地区各站极端降水量、降水次数呈一致下降趋势。而日最大降水

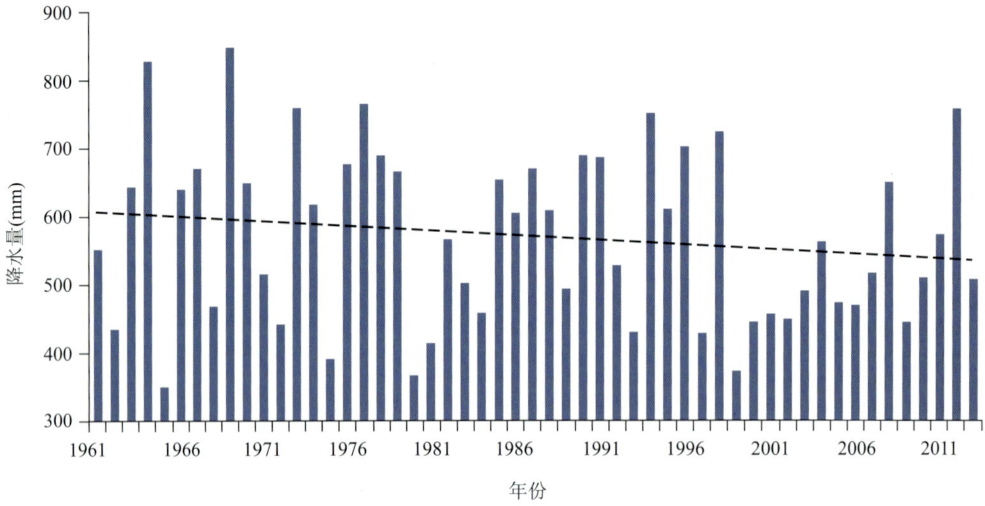

图 2.5　北京地区年降水量历年变化

量呈南北下降、中部上升趋势，上升趋势最明显的地区是朝阳，下降趋势最明显的地区为门头沟和密云地区。此外，极端降水量和降水次数均存在 12 a 和 6 a 左右的周期，其中 6 a 的周期仅存在于 2000 年之前。

（3）风

北京地区风的季节变化明显，冬半年多偏北风，夏半年多偏南风；冬、春季风大，夏季风小；受地形影响，风的日变化显著。北京大部分地区年平均风速为 1.7～2.5 $m \cdot s^{-1}$。城区与一些谷地、盆地的风速较小。延庆佛爷顶、昌平南口、密云上甸子等风口处风速较大。一年中，平原地区春季风速最大，冬季次之；一些山区及风口地带，冬季风速最大，春季次之。一天之中，风速也有明显的日变化。日出后地面被太阳辐射加热，上下层空气的湍流交换加强，10 时左右，上层空气的动量下传至近地层，地面风速逐渐加大，至 15 时左右达到最大，此后，随着气温逐渐下降，湍流交换也有所减弱，近地层获得的动量减少，再加上地面的摩擦消耗，风速随之减小，清晨日出前降至最小。

北京属于季风气候区，冬季盛行偏北风，夏季盛行偏南风，春秋两季为季风转换期。受地形影响，山区和平原存在局地的山谷风环流（图 2.6），白天受热的空气沿山坡爬升，风由平原吹向山区多呈偏南风；夜晚降温后冷空气由山区吹向平原，呈偏北风。在没有强天气系统控制时，风向有明显日变化，白天北转南，夜晚南转北。风向转换的时间因季节而不同，夏季由山风（偏北风）转谷风（偏南风）的时间较早，上午 11 时以前风向即可发生转换，夜晚由南风转北风的时间约在午夜 02 时，一天中南风的持续时间可达 15 h。

全年出现风速大于 17 $m \cdot s^{-1}$（8 级风）的大风日数为 11～37 d，以冬、春两季为最多，占全年的 80%，夏季大风日数少，仅占全年的 10%。冬、春季出现的大风为强冷空气过境后形成的偏北大风，伴有强烈降温，范围大，遍及全区，历时长，最长可连续 2～3 d。而夏季出现的大风一般是强对流天气造成的，瞬时风速大，有时风力可达 10～12 级，破坏力强，但范围小，历时短，一般只有几分钟到几十分钟不等。由图 2.7 可见，年大风日数在 1960—1978 年呈明显上升趋势，1978—2013 年呈明显下降趋势。

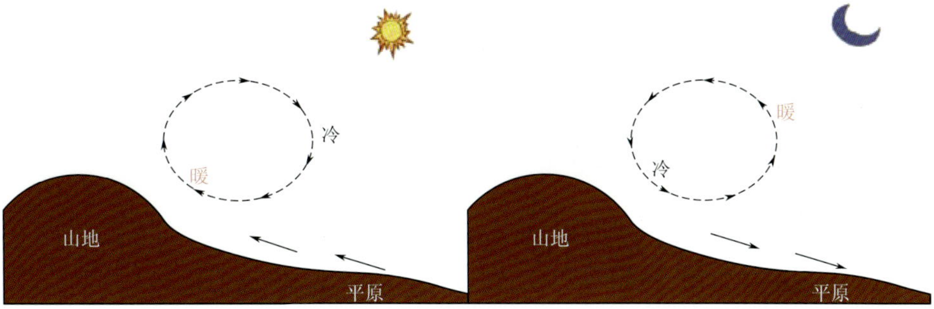

图 2.6　山谷风环流模型

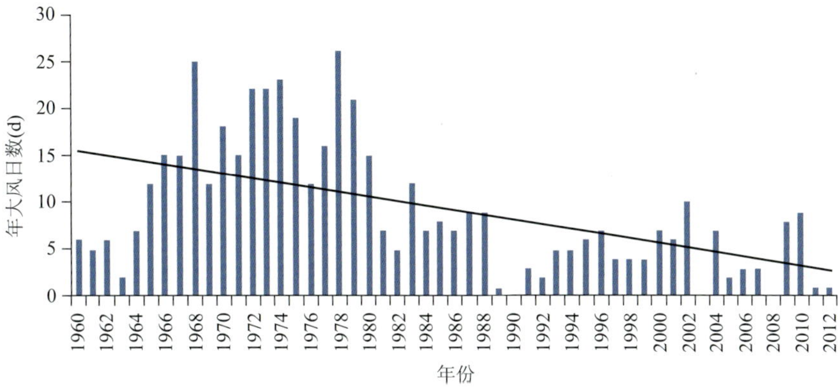

图 2.7　1960—2012 年北京观象台大风日数历年变化

(4) 相对湿度

北京地区年平均相对湿度为 57%，平原地区较大，为 58%～59%；山区较小，为 52%。四季有明显变化，夏季最大，为 72%～74%；秋季次之，为 63%～66%；春季为 46%～50%；冬季空气湿度最低，为 44%～47%。观象台相对湿度呈逐年递减趋势（图 2.8）。

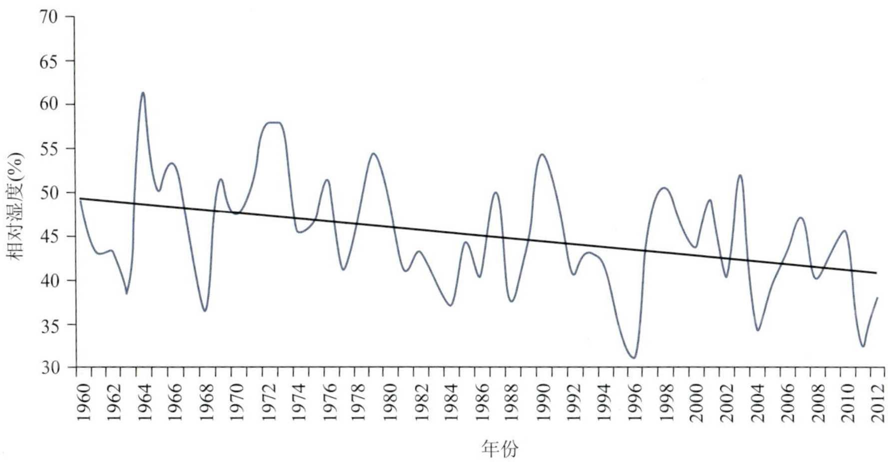

图 2.8　1960—2012 年北京观象台平均相对湿度历年变化

2.2
京津冀地区污染成因及传输路径

京津冀区域雾/霾天气的形成是多种因素共同的结果，内因和外因相互作用。内因是当地大气污染物高强度排放，污染物排放总量远超过环境容量，导致大气污染负荷常年保持在高位；外因则是京津冀的地形和气象条件不利于污染物扩散，特别是冬季静风、逆温层等不利的气象条件频繁出现，使污染物持续累积；加之周边区域污染物不断输送，对雾/霾的形成和发展起着推波助澜的作用。

京津冀地区地形特殊，北靠燕山，西侧太行山，东临渤海，山脉呈弧状分布，北京三面环山，太行山、燕山和军都山形成“弓状山脉”（图 2.9），对冷空气活动起到了阻挡和削弱作用，导致山前暖区空气流动性较小形成气流停滞区，污染物和水汽容易聚集。这种特殊地形下风速较小、逆温明显、气压场较弱、温度回暖等气象条件造成了京津冀区域持续重污染天气。此外，在山谷风、城市热岛环流和海陆风环流的共同影响下，京津冀地区低层大气环流具有特殊性，因此污染物的输送过程也较复杂。山谷风以及地形辐合线的作用，使得沿北京、保定、石家庄、邢台和邯郸一线处于沿山地平原交界地带的辐合气流区，污染物不易扩散，造成污染过程向山前输送并积累。在天气形势稍稍有变动时，京津冀一带的辐合气流区也会随之东移或北抬。地面辐合线的存在直接影响区域污染的输送路径和严重区域。

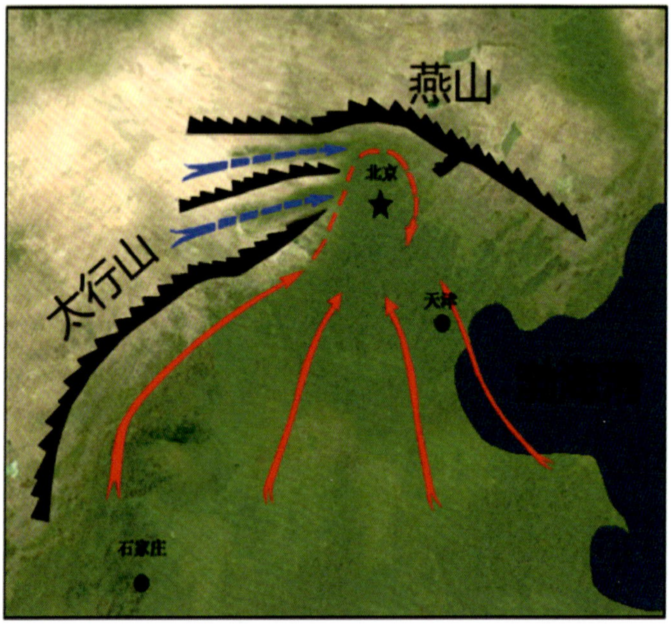

图 2.9　京津冀地区地形

环首都圈太行山和燕山成弧状分布，迫使来自河北省的偏南风回流后产生上升，为雾/霾形成提供了条件。如图 2.10 所示，北京地区大气污染物的输送通道主要有五条，第一条为西北路径，多为沙尘输送通道；第二条为偏西路径，多为从山西、河北西部输送通道；第三条通道为西南口路径，多为太行山沿山地区污染物输送；第四条通道为东南路径，多为河北东部、天津地区的污染物向北京地区的输送；第五条通道为偏东路径，在偏东风气流作用下，由秦皇岛、唐山、宝坻向北京地区输送。其中西南路径和东南路径为主要污染物输送路径。

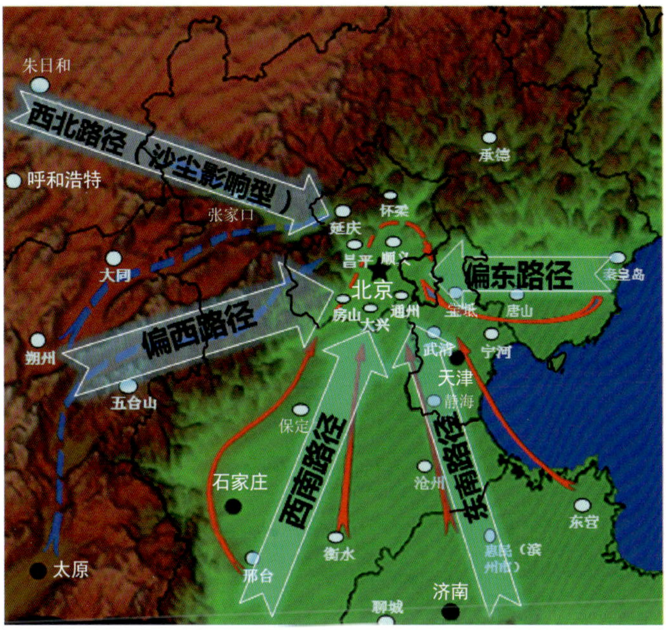

图 2.10　京津冀地区污染传输通道

由于受太行山的阻挡和背风坡气流下沉作用的影响，使得沿北京、保定、石家庄、邢台和邯郸一线的污染物不易扩散，形成一条西南—东北走向的高污染带，山西省的高浓度污染物亦在低空偏南气流输送下沿洋河河谷和桑干河河谷向北京输送，天津市和唐山市由于排放较强，污染物浓度在区域内也相对较高。大部分雾/霾过程中污染物高浓度具有自南向北先后出现的特点，体现出了污染物区域输送对雾/霾过程的影响，污染物总体上呈现由南向北输送的区域性分布特征（图 2.11）。

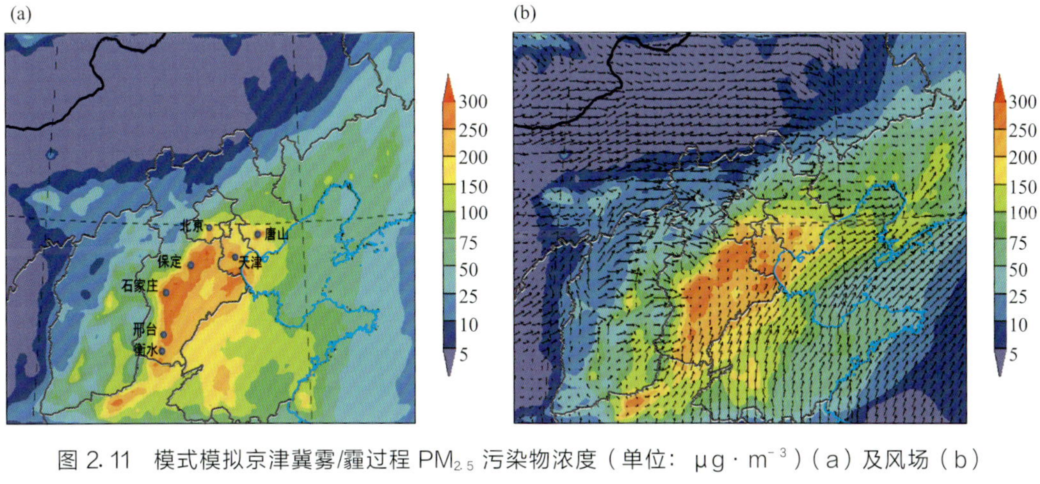

图 2.11　模式模拟京津冀雾/霾过程 $PM_{2.5}$ 污染物浓度（单位：$\mu g \cdot m^{-3}$）(a) 及风场 (b)

2.3 北京地区环境气象条件对 $PM_{2.5}$ 浓度的影响分析

2.3.1 北京地区 $PM_{2.5}$ 浓度特征分析

受北京及周边特殊地形、城市化发展和污染源排放等复杂因素的影响，北京地区污染物分布也有明显的空间差异，主要表现为“南高北低”的特点。图 2.12 分别是北京及周边地区的地形特征，以及北京气象局在城区海淀宝联站（BL）和密云上甸子区域大气本底观测站（SDZ）大气成分观测站点位置。

北京地区的 $PM_{2.5}$ 来源复杂，主要源于本地污染源排放、周边区域输送和光化学烟雾及非均相反应形成的二次气溶胶。根据 $PM_{2.5}$ 浓度连续监测（观测仪器为振荡天平法 TEOM1400a）数据统计结果（图 2.13）分析，2005—2012 年，$PM_{2.5}$ 浓度整体呈下降趋势，城区海淀宝联站（图 2.12b 中为 BL）和区域背景站上甸子站（图 2.12b 中为 SDZ）年平均浓度从 2005 年的 83.8 $\mu g \cdot m^{-3}$ 和 45.9 $\mu g \cdot m^{-3}$ 分别下降到 2012 年的 69.3 $\mu g \cdot m^{-3}$ 和 40 $\mu g \cdot m^{-3}$，下降比例分别为 17.3%和 12.9%，其中 2011 年后城区浓度呈现回升的趋势。海淀宝联站和上甸子区域本底站的年平均浓度从奥运会前 3 a（2005—2007 年）的平均值 87.1 $\mu g \cdot m^{-3}$ 和 53.4 $\mu g \cdot m^{-3}$ 分别下降到奥运会后 5 a（2008—2012 年）的平均值 67.7 $\mu g \cdot m^{-3}$ 和 42.1 $\mu g \cdot m^{-3}$。奥运会后 5 a 北京地区 $PM_{2.5}$ 年平均浓度变化不大，城区维持在 66～70 $\mu g \cdot m^{-3}$ 的高污染水平，约是国家二级标准的 2 倍，郊区浓度年平均值仍高达 40 $\mu g \cdot m^{-3}$。综上，虽然 2005—2012 年北京城区和郊区的 $PM_{2.5}$ 浓度呈缓慢下降趋势，但污染水平仍相对较高。

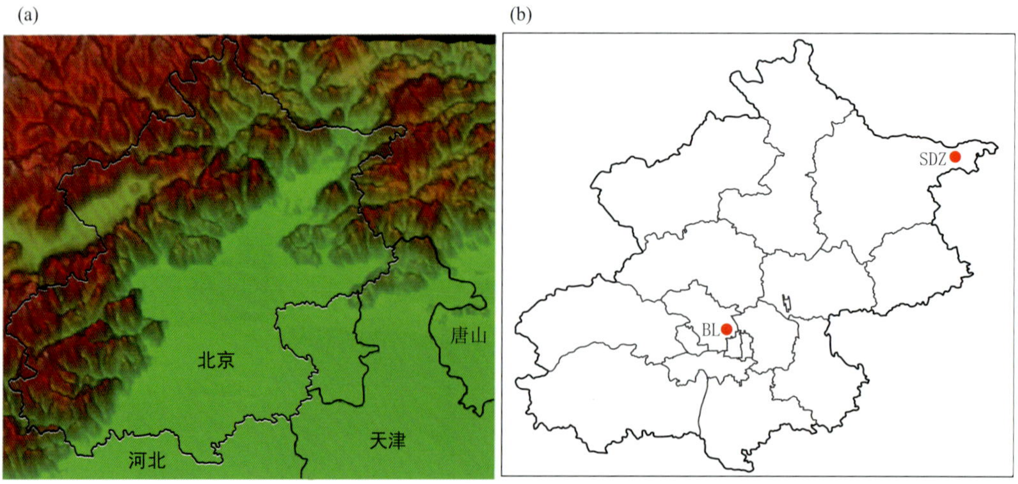

图 2.12 北京市（a）及海淀宝联站（BL）和上甸子区域大气本底观测站（SDZ）（b）地理位置示意

受不利气象条件、源排放和污染物的物理化学过程等综合影响，北京地区 $PM_{2.5}$ 浓度有明显的季节变化特征。城区海淀站监测数据显示，秋、冬季和夏季 $PM_{2.5}$ 污染都相对较重，

2005—2012 年季节平均浓度均超过 75 μg・m⁻³。夏季主要是受高温高湿和光化学作用，以及较强的偏南暖湿气流的区域输送条件影响，而秋、冬季主要是静稳天气条件和采暖季污染物排放量增加以及区域输送等影响。郊区上甸子区域本底站夏季污染相对较重，冬季浓度最低，但平均浓度仍不达标，说明京津冀及周边区域 $PM_{2.5}$ 的背景浓度较高。从 2005—2012 年的月平均浓度可知，城区站的 $PM_{2.5}$ 浓度在 6 月和 11 月最高，而冬、春季节交换的 3 月和夏、秋季节交换的 9 月 $PM_{2.5}$ 浓度相对最低。上甸子站 6、7 月平均浓度相对最高（与夏季偏南风比较大且频率高有关）。从 8 a 逐月浓度统计结果看，2005 和 2006 年北京城区 $PM_{2.5}$ 在秋、冬季月份污染很严重，月平均最大浓度分别达到 138 μg・m⁻³（2005 年 11 月）和 141 μg・m⁻³（2006 年 1 月）。2008—2012 年相比 2005—2007 年各月的平均浓度均有所下降。

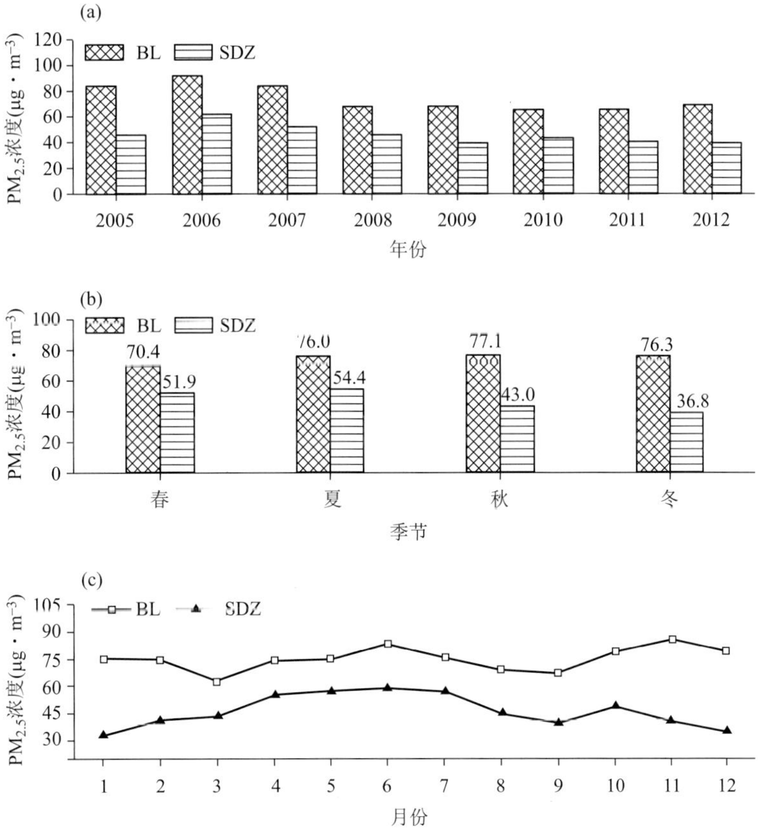

图 2.13　2005—2012 年海淀宝联站（BL）和上甸子站（SDZ）$PM_{2.5}$ 浓度的平均年（a）、季（b）、月（c）变化

图 2.14 为北京城郊代表站 8 a 四季 $PM_{2.5}$ 浓度的平均日变化曲线。城区海淀宝联站 $PM_{2.5}$ 平均浓度在各季的日变化趋势均为双峰双谷型，即北京时间 09—10 时和 21—22 时出现峰值，而低值阶段出现在 06—07 时和 15—16 时。郊区上甸子站各季节 $PM_{2.5}$ 平均浓度日变化趋势均为单峰型。城区白天的峰值主要是由于早上上班高峰时段行驶车辆增多，污染源排放增大等人类活动导致的，而郊区人为活动少，与城区白天的交通高峰期的 $PM_{2.5}$ 峰值形成显著对比。城区夜间的峰值是下班后出行车辆增多，大卡车夜间允许进城以及气象条件日

变化如混合层厚度减小等因素导致。此外，城区海淀宝联站 $PM_{2.5}$ 日变化在秋、冬季的白天峰值浓度低于夜间峰值浓度，而在春、夏季相反。这主要由于在秋、冬季燃煤取暖排放量大以及夜间边界层更低的原因。

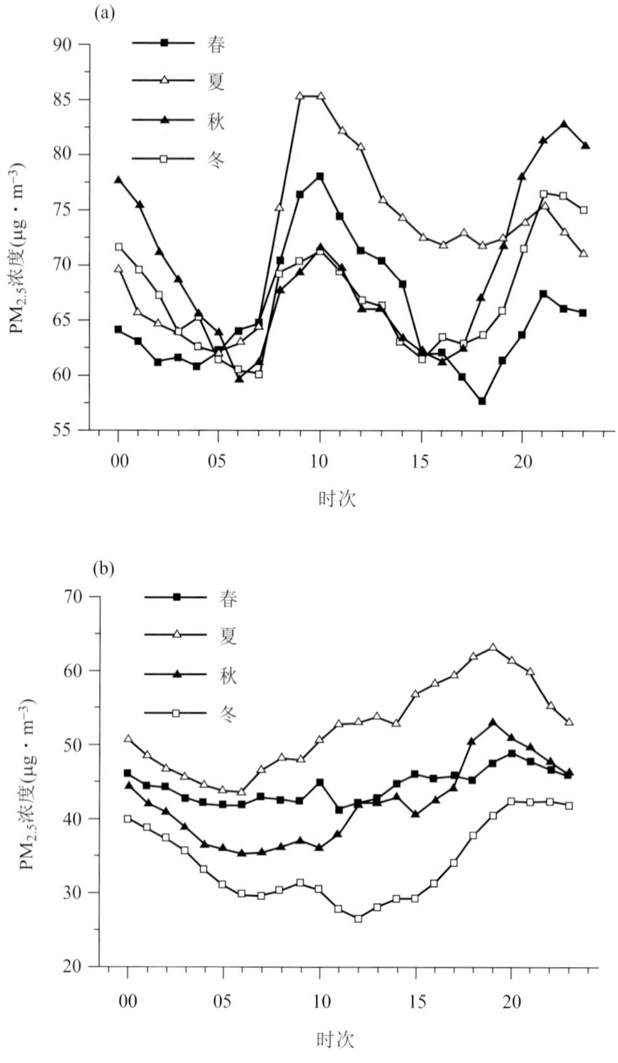

图 2.14　2005—2012 年北京海淀宝联站（a）和上甸子站（b） $PM_{2.5}$ 浓度四季平均日变化

2.3.2　气象条件对 $PM_{2.5}$ 浓度的影响分析

北京的地理位置和气候特征以及局地近地层气象条件对 $PM_{2.5}$ 浓度的日变化、月变化和季节变化有重要影响。2008—2012 年，北京年平均温度、风速、逆温频率、混合层厚度和通风系数相对稳定，降水量受局地强降水天气的影响，变化幅度较明显，2009 和 2010 年降水量偏少，其余 3 a 降水量偏多。地面气象要素与 $PM_{2.5}$ 浓度的相关关系统计表明，相对湿度与 $PM_{2.5}$ 浓度的正相关性最高（相关系数为 0.4），即相对湿度越高，$PM_{2.5}$ 浓度越大；其次为风速（相关系数为−0.33），风速越大，$PM_{2.5}$ 浓度越低；24 h 变压与变温对 $PM_{2.5}$ 浓度也有一定的影响。统计（表2.1—2.3）表明，日降水量在3 mm以上对$PM_{2.5}$的清除和冲刷效果显著，$PM_{2.5}$平均浓度较低；日降水量在3 mm以下时，$PM_{2.5}$清除不明显。日平均风速3 $m \cdot s^{-1}$以上时，$PM_{2.5}$平均浓度较低，为42.9 $\mu g \cdot m^{-3}$；日平均风速在2 $m \cdot s^{-1}$或1 $m \cdot s^{-1}$以下的小风或静风日，平均浓度较高；地面风速在3 $m \cdot s^{-1}$的频率高，对年平均浓度的影响较大。综合而言，风速小于2 $m \cdot s^{-1}$、相对湿度50%以上以及降水量小于3 mm的不利于污染物扩散的气象条件占全年的1/3以上，$PM_{2.5}$浓度相对较高（90 $\mu g \cdot m^{-3}$左右），对全年浓度的贡献较大。

表2.1 不同级别降水量对$PM_{2.5}$浓度的影响

降水量R	$R \geqslant 3$ mm	$R<3$ mm	$R \geqslant 1$ mm	$R<1$ mm	$R>0.1$ mm	无降水日
发生频率(%)	9.7	9.2	12.6	6.3	18.9	81.1
$PM_{2.5}$平均浓度($\mu g \cdot m^{-3}$)	56.9	69.2	60.7	67.2	62.9	68.5

表2.2 不同级别风速对$PM_{2.5}$浓度的影响

风速W	$W \geqslant 3\ m \cdot s^{-1}$	$W<3\ m \cdot s^{-1}$	$W \geqslant 2\ m \cdot s^{-1}$	$W<2\ m \cdot s^{-1}$	$1\ m \cdot s^{-1} \leqslant W <3\ m \cdot s^{-1}$	$W<1\ m \cdot s^{-1}$
发生频率(%)	18.3	81.7	54.8	45.2	78.9	2.8
$PM_{2.5}$平均浓度($\mu g \cdot m^{-3}$)	42.9	72.5	55.6	81	71.4	101.1

表2.3 不同级别相对湿度对$PM_{2.5}$浓度的影响

相对湿度RH	RH≥80%	60%≤RH<80%	40%≤RH<60%	RH<40%
发生频率(%)	74	32.0	27.8	32.8
$PM_{2.5}$平均浓度($\mu g \cdot m^{-3}$)	87.3	86.5	69.9	40.8

受极端不利气象条件、源排放和污染物的物理化学过程等综合影响，冬季和夏季均为$PM_{2.5}$高浓度频发的主要季节。从2008—2012年逐月平均气象要素分布（图2.15）来看，北京地区冬季和春季冷空气活动频繁，平均风速较大，相对湿度相对较低，但冬季采暖排放量大，逆温频率高；夏季高温高湿天气多但降水频次和降水量大。日平均风速小于2 $m \cdot s^{-1}$的发生频率逐月分布变化幅度比较大，风速小于3 $m \cdot s^{-1}$的频次逐月分布较为平缓，但均表现为春季频率最小，夏秋季较高，与$PM_{2.5}$月平均浓度有较好的对应关系（图2.16）。北京地区逆温发生频率高，全年有62%的天数有贴地逆温或低空逆温存在，逆温的季节变化明显（图2.17），秋冬季（10—12月和1—2月）逆温频率和强度明显高于春季和夏季，特别是近地层的贴地逆温在秋冬季表现更为显著，这使得污染物在垂直方向上的扩散和输送受到抑制，易造成污染物在近地层堆积。因此，夏季高浓度的$PM_{2.5}$主要是受高湿和光化学作用以及较强的偏南风输送条件影响，而冬季主要是受强逆温层结、采暖季污染物排放量增加和较弱的区域输送等影响。

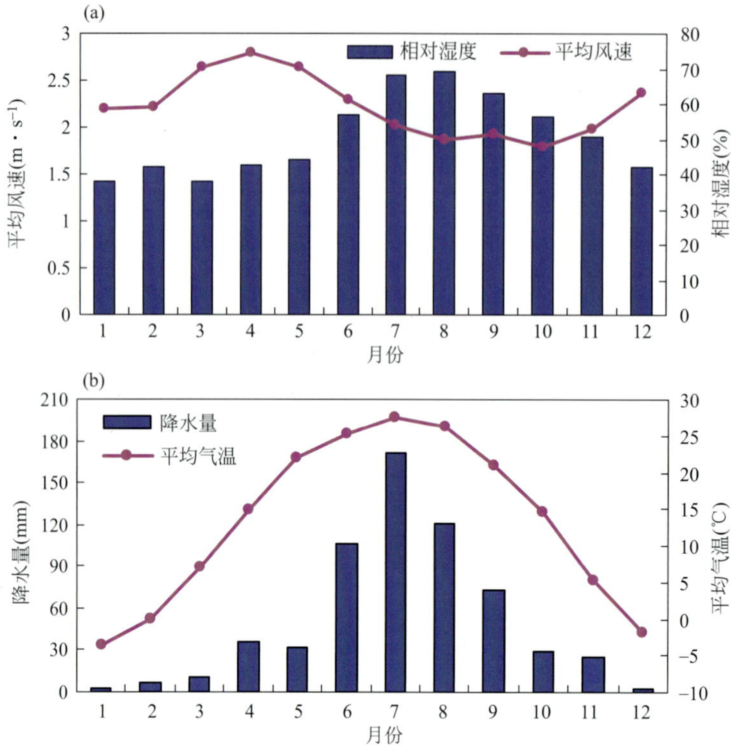

图 2.15　北京 2008—2012 年平均气象要素逐月变化

（a）相对湿度及平均风速；（b）降水量及平均气温

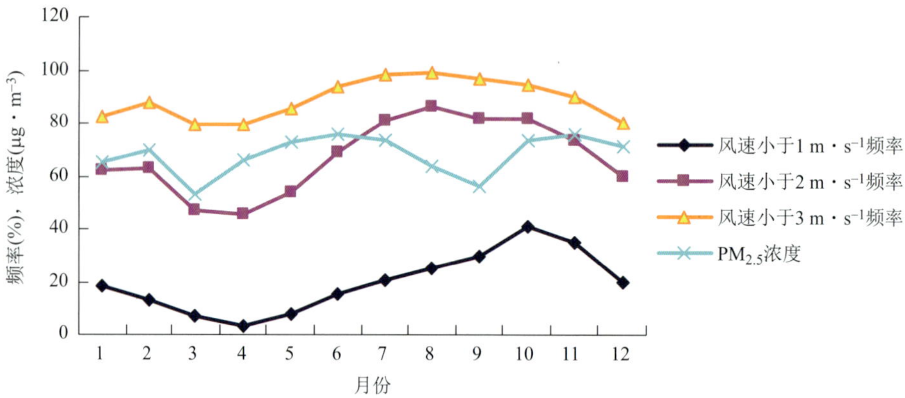

图 2.16　2008—2012 年逐月平均静小风频率及 $PM_{2.5}$ 浓度分布

2.3.3　不同污染等级 $PM_{2.5}$ 浓度与气象要素的关系

对 2008—2012 年北京城区海淀站 $PM_{2.5}$ 浓度达到三级轻度污染级别及以上等级的污染日浓度与相应的地面气象要素进行统计。如图 2.18 所示，北京城区 $PM_{2.5}$ 浓度达三级以上污染日（$PM_{2.5}$ 日均浓度在 75 $\mu g \cdot m^{-3}$ 以上）主要集中分布在地面风速小于 2 $m \cdot s^{-1}$ 的区间和相对湿度在 50%以上的区间（图 2.19）。其中，三级污染日主要发生在地面风速小于 3 $m \cdot s^{-1}$ 和相对湿度 40%以上的气象条件区间，四级和五级污染日主要发生在风速 2 $m \cdot s^{-1}$

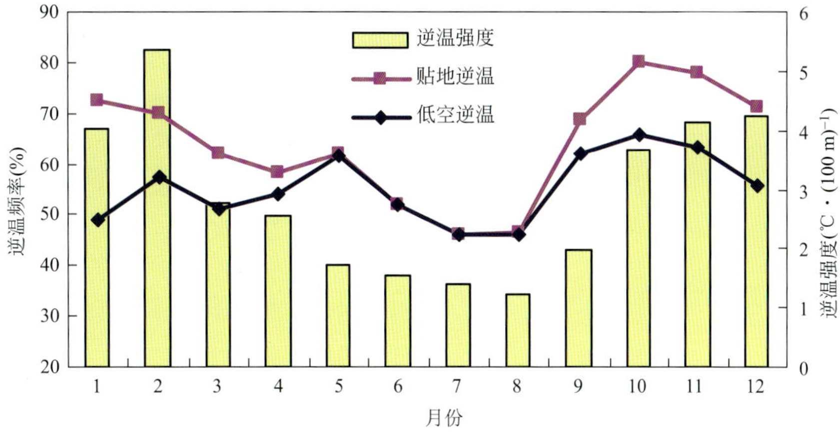

图 2.17　2008—2012 年逐月平均混合层高度和通风系数分布

以下，相对湿度在 50% 以上的极端不利气象条件区间，六级严重污染日主要发生在风速 1 m·s^{-1} 左右、相对湿度 60% 以上的大气非常稳定且湿度较高的气象条件区间。因此相对湿度在 60% 以上，风速较小等不利扩散气象条件下加大减排力度，减少 $PM_{2.5}$ 浓度的排放和生成，对降低 $PM_{2.5}$ 浓度比较有利。

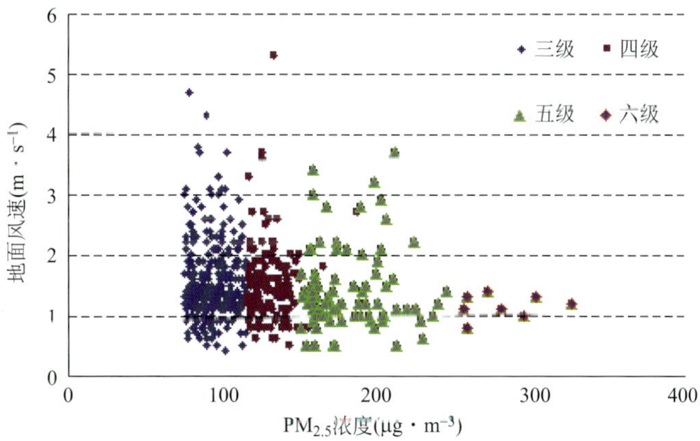

图 2.18　2008—2012 年北京城区海淀站 $PM_{2.5}$ 各污染等级与地面风速的分布关系

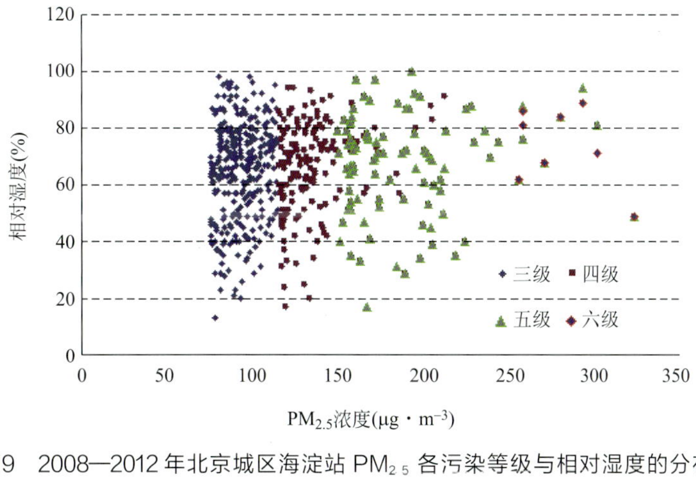

图 2.19　2008—2012 年北京城区海淀站 $PM_{2.5}$ 各污染等级与相对湿度的分布关系

2.3.4 $PM_{2.5}$三级以上污染日的地面气象影响因子的特征分析

表2.4和表2.5分别为2008—2012年北京城郊代表站的$PM_{2.5}$污染日与清洁日的地面气象要素对比，其中污染日是指$PM_{2.5}$日均浓度污染等级为三级以上即大于75 μg·m^{-3}的日期，而将空气质量为优、良级别的作为清洁日。总体上来看，北京城郊在各个季节出现的$PM_{2.5}$污染日相比清洁日的气象因子都呈现出高温、低压、小风、高湿和少降水的特点，风小不利于污染物的扩散，降水对空气污染物有清除作用，高温、高湿有利于$PM_{2.5}$的二次形成和转化。除了这些共性的特征以外，影响北京地区出现污染日的地面气象条件还存在一定季节差异。

表2.4 2008—2012年城区海淀宝联站四季$PM_{2.5}$污染日与清洁日的地面气象要素对比

季节	$PM_{2.5}$浓度分类	日数(d)	$PM_{2.5}$平均浓度(μg·m^{-3})	总降水量(mm)	降水日数(d)	平均气温(℃)	平均气压(hPa)	平均风速(m·s^{-1})	平均相对湿度(%)
春	清洁日	304	41.75	283.8	53	13.44	1018.0	2.37	41.1
	污染日	139	113.1	101.4	28	17.13	1004.7	1.86	55.9
夏	清洁日	283	48.17	1614.3	115	25.68	1000.0	1.52	67.4
	污染日	168	108.4	754.3	50	26.6	999.1	1.43	73.3
秋	清洁日	286	39.63	318.2	72	13.03	1014.2	1.54	59.9
	污染日	147	123.3	94.3	28	12.1	1012.7	1.17	74.1
冬	清洁日	281	35.64	32	39	−2.9	1031.8	2.34	36.6
	污染日	146	129.6	23.7	14	−1.34	1017.6	1.49	58.0

表2.5 2008—2012年郊区上甸子站四季$PM_{2.5}$污染日与清洁日的地面气象要素对比

季节	$PM_{2.5}$浓度分类	日数(d)	$PM_{2.5}$平均浓度(μg·m^{-3})	总降水量(mm)	降水日数(d)	平均气温(℃)	平均气压(hPa)	平均风速(m·s^{-1})	平均相对湿度(%)
春	清洁日	377	31.82	346.7	71	11.7	980.5	3.01	42.7
	污染日	69	102.8	50.3	16	14.5	975.5	2.94	57.5
夏	清洁日	362	36.22	1342.2	152	23.5	985.3	2.33	72.1
	污染日	93	109.3	345.7	29	25.0	972.0	2.32	78.8
秋	清洁日	372	27.78	555.6	65	10.5	985.0	2.37	59.8
	污染日	67	111.01	60.3	14	11.6	982.6	2.26	72.4
冬	清洁日	398	25.2	26.2	19	−6.06	997.3	2.64	41.2
	污染日	45	109.2	10.4	8	−1.71	983.6	2.34	61.78

城区海淀宝联站在春季污染日的气象要素与清洁日差异最大的是相对湿度和气压，其中污染日的平均相对湿度比清洁日高14.8%，而平均气压比清洁日低13.3 hPa。其次，污染日受高温控制，平均温度比清洁日高约4 ℃。此外，虽然风速是影响污染物扩散的重要因素，但表中统计的污染日的平均风速相比清洁日差异不明显，这是因为一方面当北京春季风速太大，会引起扬尘、沙尘等，使得$PM_{2.5}$浓度增加，而另一方面当风速太小时又不利于污染物扩散，统计时平均后使得风速的影响不够明显。

秋季污染日和清洁日气象要素差异最大的是相对湿度，其次是降水量。秋季出现的污染日的平均相对湿度比清洁日高 14.2%，降水总量比清洁日少 224 mm，是污染日降水总量的 2.4 倍。冬季出现的污染日与清洁日的气象要素差异最大的是相对湿度，其次是气压、风速，而总降水量和气温差异不明显。污染日的平均相对湿度比清洁日高 21.4%，平均气压比清洁日低 14.2 hPa，平均风速比清洁日低 0.85 $m \cdot s^{-1}$。

夏季污染日与清洁日气象要素差异最大的是总降水量，而其他气象要素差异均不明显。清洁日中有降水的日数是污染日的两倍左右，总降水量比污染日多 860 mm，是污染日总降水量的 1.14 倍，说明清洁日湿沉降明显。由于夏季平均气温高，垂直和水平方向混合较好，因此相比其他季节受风速、相对湿度以及温度的影响相对较小，而局地气流的扰动对污染物浓度的影响在其他季节就显得更加关键。

郊区上甸子站污染日与清洁日的总降水量差异在春、夏、秋季均很明显，气温差异在冬季最明显，气压差异在夏、冬季明显，相对湿度在春、秋、冬季明显。值得注意的是，上甸子站四季污染日与清洁日的风速差异均不明显。作为清洁对比站，其 $PM_{2.5}$ 主要来自城市上游输送，因此虽然风速不是其污染日最主要的影响因素，但是后面分析可以看到上甸子站污染物浓度受风向影响很大。

统计可知，郊区的上甸子站盛行风为东北偏东风和西南偏西风，城区海淀宝联站盛行风稍有不同，为东北偏北风和西南偏西风，城区的静风出现频率高于郊区。为了进一步探讨北京 $PM_{2.5}$ 浓度与风向的关系，对 2008—2012 年两站四季各个风向上 $PM_{2.5}$ 的平均浓度进行了统计。如图 2.20 所示，上甸子站的 $PM_{2.5}$ 浓度风玫瑰图呈现明显的南高北低的特征，当风向为西南风时，$PM_{2.5}$ 浓度明显高于在其他风向上的浓度，这是因为上甸子站人为污染源少，$PM_{2.5}$ 主要来自城区输送。城区海淀宝联站 $PM_{2.5}$ 浓度在风向上的特征没有上甸子站明显，但是仍呈现出南高北低的特征。由于污染排放源存在空间分布差异，以海淀宝联站点为中心，观测点南部方向污染排放源较强，而北面尤其是西北的排放源较弱，加上城区受人们生活节奏、污染排放源以及局地环流等更多复杂因素的共同影响，所以城区站风向与 $PM_{2.5}$ 浓度的对应关系不如上甸子站。

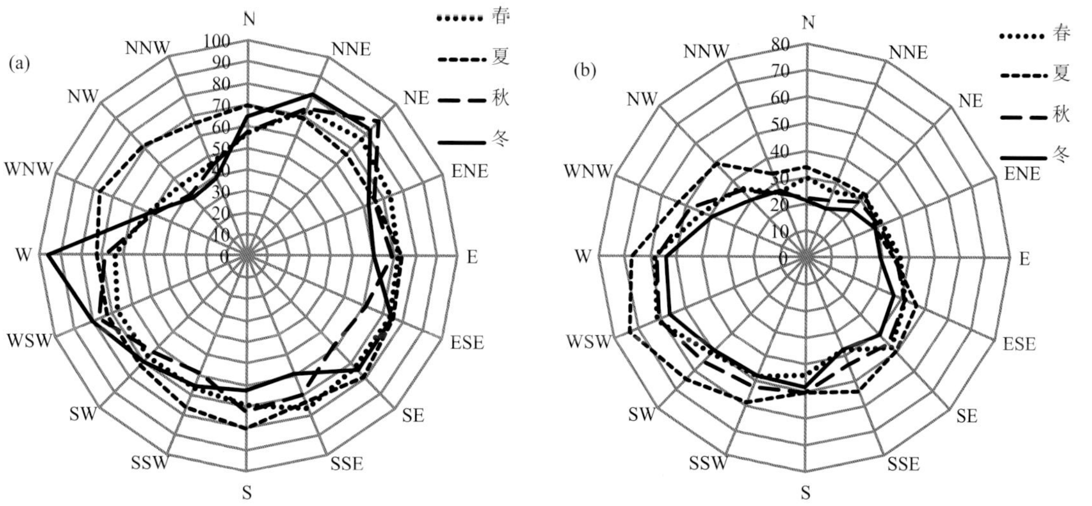

图 2.20　2008—2012 年北京城郊四季 $PM_{2.5}$ 平均浓度（单位：$\mu g \cdot m^{-3}$）风玫瑰图

（a）海淀宝联站；（b）上甸子站

2.3.5 $PM_{2.5}$与气象要素相关性的对比分析

利用2008—2012年北京城区宝联站（春、夏、秋、冬季的样本量分别为9739、9901、9535、9260）和郊区上甸子站（春、夏、秋、冬季的样本量分别为9652、10229、9456、9797）四季的$PM_{2.5}$浓度和自动气象站的逐时观测资料，分别计算地面气象要素和$PM_{2.5}$浓度的相关系数。由表2.6可知，$PM_{2.5}$浓度变化与相对湿度、温度呈正相关，而与风速和气压大多呈负相关。其中上甸子站$PM_{2.5}$浓度与温度的相关系数要好于城区宝联站，而$PM_{2.5}$浓度与风速的相关性则是城区宝联站好于上甸子站。从季节上来看，城区秋冬季$PM_{2.5}$浓度与相对湿度和风速的相关性明显好于夏季，这是因为夏季的平均温度高，垂直混合较好，而其他季节局地气流的扰动就显得比较重要。

表2.6 四季$PM_{2.5}$与气象要素相关性的对比

季节	相关系数							
	城区海淀宝联站				郊区上甸子本底站			
	温度	相对湿度	风速	气压	温度	相对湿度	风速	气压
春	0.2131	0.2507	−0.1956	−0.3397	0.1878	0.2651	0.0305	−0.3004
夏	0.1929	0.0717	0.0057	−0.0898	0.2211	0.1336	0.0683	−0.0269
秋	−0.0713	0.3551	−0.2555	−0.13	0.1442	0.2903	−0.068	−0.2232
冬	0.0556	0.4717	−0.3359	−0.2845	0.2615	0.4799	−0.1899	−0.3868

注：下划线表示相关系数通过$\alpha=0.1$的显著性检验。

从表2.7、图2.21和图2.22可以看出，相对湿度与$PM_{2.5}$浓度之间呈正相关，两者之间的相关系数在冬季达到最大，接近0.8，夏季最低介于0.2～0.3。分析了08时、14时、20时$PM_{2.5}$浓度和相对湿度之间的关系可以发现，08时两者之间的相关系数最大，这个最大值的出现除了与颗粒物本身吸湿增长原因之外，还与相对湿度的日变化，导致其夜间数值变大，同时夜间边界层高度下降、逆温容易出现造成污染物浓度升高有关。相对湿度与$PM_{2.5}$浓度两者的变化趋势相同也成为相关系数较高的部分原因。而能见度与$PM_{2.5}$浓度呈现负相关的关系，两者之间的负相关性在冬季达到最大，接近0.8，夏季两者之间的相关性最差，接近于0.5左右。不同时次两者之间的相关性分析表明，08时两者之间的负相关最好。

表2.7 2008—2012年北京市各月$PM_{2.5}$与相对湿度及能见度相关关系分析

月份	相关系数					
	能见度(08时)	相对湿度(08时)	能见度(14时)	相对湿度(14时)	能见度(20时)	相对湿度(20时)
1	−0.68	0.59	−0.68	0.48	−0.66	0.54
2	−0.63	0.46	−0.65	0.25	−0.66	0.34
3	−0.72	0.59	−0.75	0.45	−0.72	0.50
4	−0.70	0.45	−0.68	−0.16	−0.69	0.37
5	−0.60	0.31	−0.62	0.26	−0.64	0.14
6	−0.57	0.32	−0.63	0.25	−0.52	0.23
7	−0.58	0.30	−0.59	0.14	−0.54	0.18
8	−0.62	0.29	−0.67	0.18	−0.65	0.21
9	−0.70	0.47	−0.71	0.34	−0.63	0.34
10	−0.77	0.67	−0.68	0.52	−0.62	0.48
11	−0.72	0.66	−0.69	0.36	−0.61	0.52
12	−0.82	0.78	−0.76	0.67	−0.70	0.68

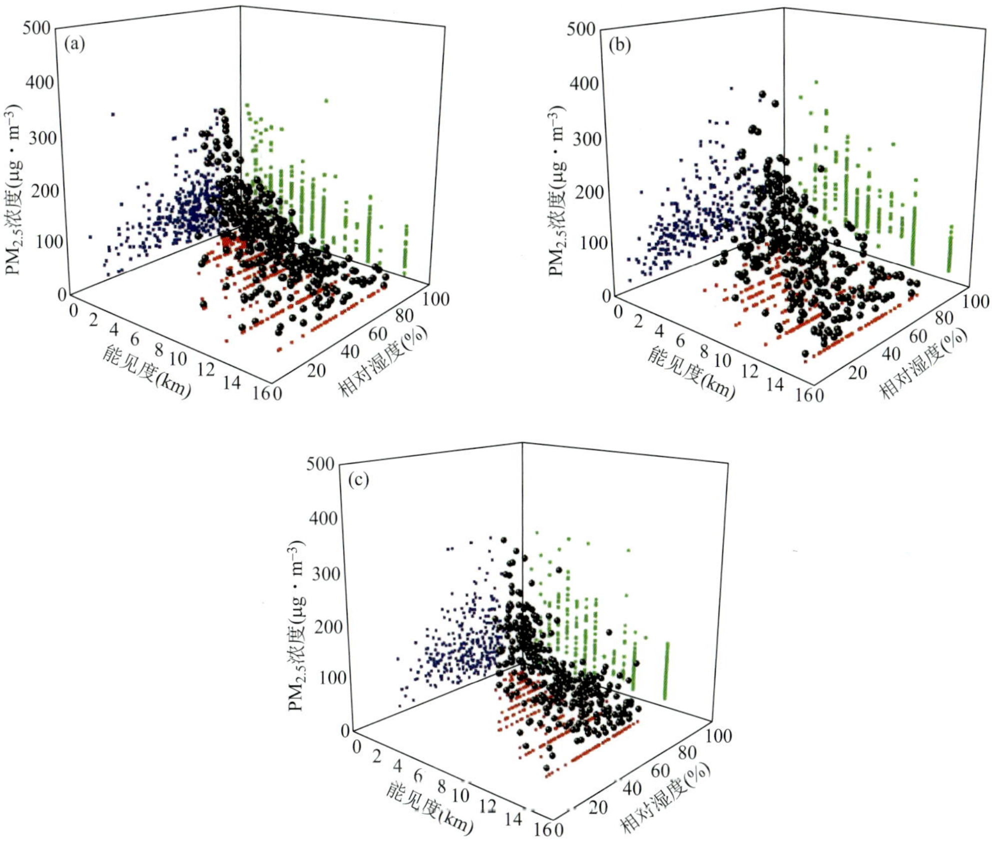

图 2. 21　2008—2012 年期间 08 时（a）、14 时（b）、20 时（c）$PM_{2.5}$ 浓度、能见度、相对湿度三者之间的关系

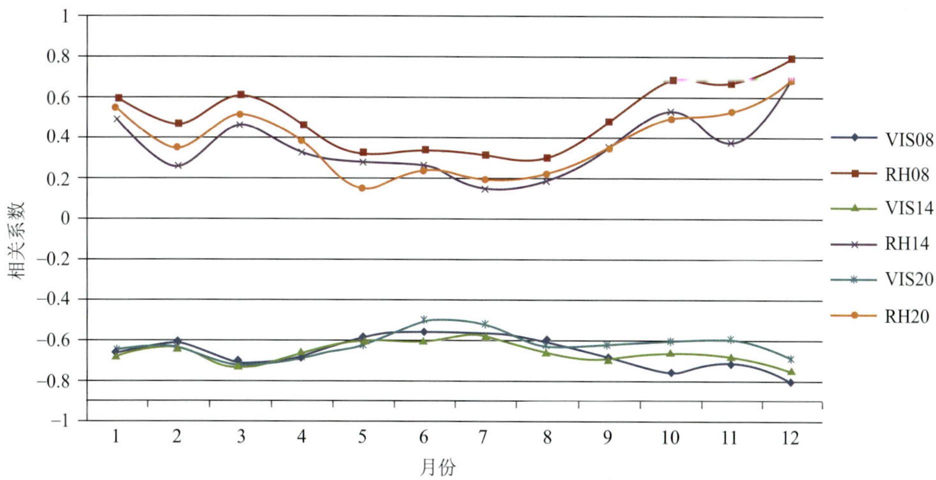

图 2. 22　2008—2012 年期间不同月份 08 时、14 时能见度、相对湿度与 $PM_{2.5}$ 浓度之间的关系

(VIS08：08 时能见度；RH08：08 时相对湿度；VIS14：14 时能见度；RH14：14 时相对湿度；VIS20：20 时能见度；RH20：20 时相对湿度)

2.4 大气扩散条件分析

2.4.1 大气污染扩散条件年代际变化

北京地区（经纬度范围 115°25′—117°30′E，39°26′—41°03′N）大气污染扩散条件的变化与大尺度热力、动力特征有着非常密切的联系，下面以 40°N 为中心，沿经向做垂直剖面，分析各种气象要素的垂直方向上的年代变化。

2.4.1.1 热力结构层结变化

从图 2.23a 可以看到，1980—1989 年，华北地区（110°—120°E）从近地面到 600 hPa 温度比多年平均值低 0.5 ℃左右，925 hPa 上下年代平均温度较多年平均值低 0.7 ℃左右。总体来说，从近地面到高空呈现出温度负距平的分布，说明冷空气整体较为活跃。

从图 2.23b 可以看到，1990—1999 年，北京及周边地区从近地面到 500 hPa 温度平均值出现正距平，600 hPa 以下整体增温 0.2 ℃，整层大气出现了暖化的趋势。在华北地区上空 700 hPa 附近和 925 hPa 以下出现了 0.3 ℃的增温，这样在 115°—120°E 之间就形成了一个比较弱的“距平逆温”。从图 2.23c 可以看到，2000—2015 年，平流层以下整层大气增温明显，500 hPa 以下出现温度正距平，距平为 0.3 ℃，相比于 1980—1989 年大气增温更加明显，在 925 hPa 附近出现了 0.4 ℃的正距平，“距平逆温”的高值中心由 1980—1989 年的 700 hPa 下降至 925 hPa，在近地面以上形成了比较明显的“距平逆温”。从图 2.23 可知，1990 年以后（925 hPa 的观测是从 1992 年开始）每年 850 hPa 以下逆温出现的频率都在 13%～20%，频率总体趋势稍有减少。经过分层计算，这 20 多年来 925～850 hPa 逆温频率基本维持不变，但是 1000～925 hPa 逆温出现的频率稍有减少，这与近年来城市热岛效应导致近地面温度升高有关系。总体来看，1990 年以后，逆温一直保持着比较高的频率，大气垂直结构比较稳定，不利于空气污染物的扩散。

冷空气对北京地区大气污染扩散条件的改善作用多体现在偏北风先达到高层，之后侵入到边界层内，进而到达近地层，上空的空气辐合导致近地层下沉气流层的形成，出现明显的下沉辐散运动，同时伴随着偏北风的增大。如果冷空气太弱，高空偏北风并没有侵入到边界层内，近地层仍然维持偏南风或小风，散度从高层到低层呈现辐合-辐散-辐合的结构。近地层的辐合导致周边的污染物向本地汇集，导致污染物浓度升高。通过计算冷空气出现的频次可以发现，20 世纪 90 年代后，850 hPa 出现降温而 925 hPa 未出现降温的频次增多（图 2.24），说明冷空气到达北京上空后，对下层的影响减弱或是冷空气强度不够，这样可能会导致高空偏北风无法侵入到边界层底部，近地层仍然维持动力辐合，不利于空气污染物的扩散。有研究表明，近地面 3、4 级风力条件下 $PM_{2.5}$ 扩散能力大大增强，污染物浓度明显降低。通过统计 1980 年以后近地面 3.4 m·s^{-1} 以上的北风（3 级以上）出现的频率，可以发现在 1980—1989 年，3 级以上北风出现的频率普遍都在 14%左右，1990—1999 年前期出现

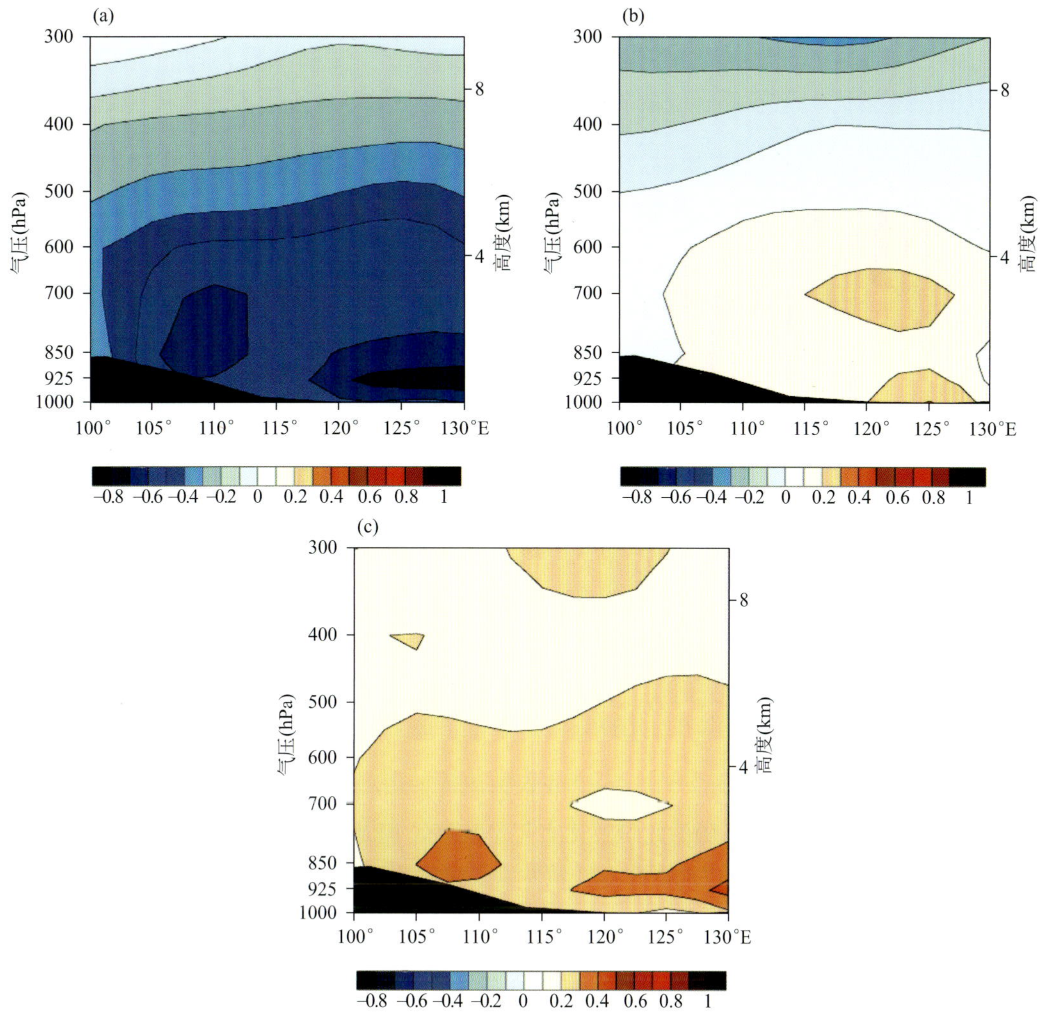

图 2.23　不同年代温度距平随高度的变化（单位：℃）
（a）1980—1989 年；（b）1990—1999 年；（c）2000—2015 年（黑色为山脉）

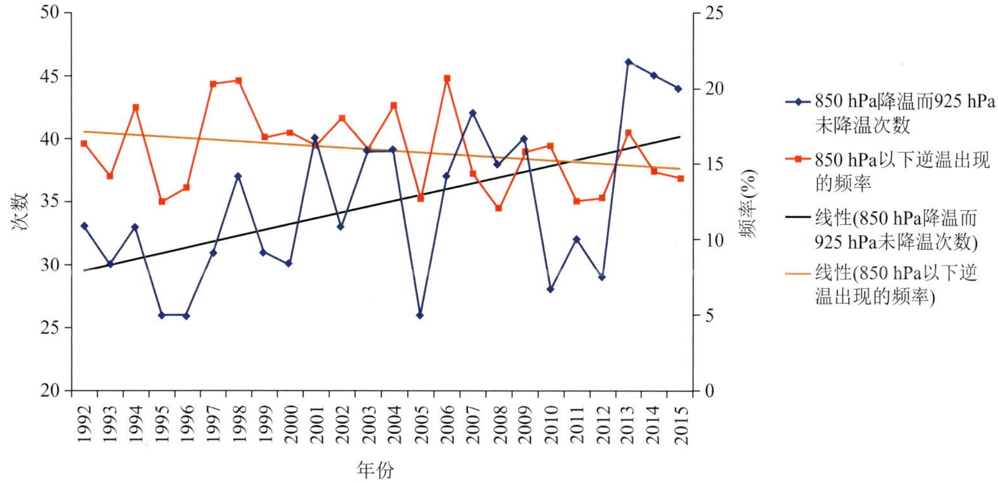

图 2.24　20 世纪 90 年代后北京地区 850 hPa 降温而 925 hPa 未降温的频次以及 850 hPa 以下逆温出现的频率

的频率较大，中后期维持在10%左右，而在2000年以后出现的频率逐渐减小，最小的是2014年，3级以上北风出现的频率刚刚超过6%（图2.25）。总体来看，1980年以后，冷空气到达北京上空后，对下层的影响减弱或是冷空气强度不够导致近地面北风风速减小，近地面污染扩散能力有所减弱。

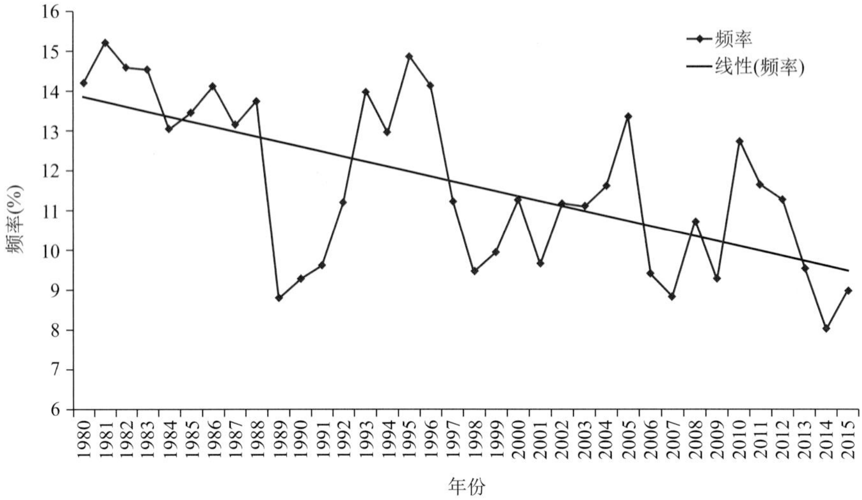

图2.25 1980年开始大于3.4 m·s^{-1}（3级）以上北风出现的频率

从图2.26a可以看到，1980—1989年，北京地区近地面到850 hPa平均比湿值较多年平均值高出0.04 g·kg^{-1}以上，整层的比湿要比多年平均高，但是增湿不是十分明显。1990—1999年，在对流层以下，华北及周边地区在600 hPa以下呈现出较多年平均更湿的情况，并且随着高度的下降，增湿更加明显，尤其是在115°—120°E地区，850 hPa到近地面比湿距平可以达到0.18 g·kg^{-1}（图2.26b），整层湿度的增加，导致气溶胶吸湿增长明显，云量增多，到达近地面的太阳短波辐射减小，地面长波辐射被限制在云层以内，大气稳定度增强，不利于空气污染物的扩散。2000—2015年，华北地区整层比湿表现出负距平的情况，并且随着高度的下降负距平数值越大，850 hPa以下115°—120°E区域比湿距平可以达到−0.16 g·kg^{-1}（图2.26c）。大气整层明显变干，水汽减少，这意味着气溶胶不能得以充分增长，云量减少，大气稳定度有所减弱。通过前面逆温的计算分析得知，1990年以后逆温出现的频率一直比较高，大气稳定度一直比较强，但是2000年以后整层湿度减小使得大气稳定度相对减弱。

综合来看，1980—2015年大气不断增温，1990年以后逆温明显，大气较为稳定，冷空气到达北京上空后对下层的影响减弱，3级以上北风减少，近地层辐合，污染物浓度升高。但是2000—2015年，由于湿度减小，大气稳定度相比于1990—1999年稍有减弱。

2.4.1.2 垂直运动的年代变化

如图2.27a所示，1980—1989年，北京地区近地面垂直速度与多年平均相比基本一致，但是中高层大气较多年平均相比表现出较明显的“下沉”运动。1990—1999年，相对于多年平均垂直速度，华北地区近地面表现出“下沉”运动，而中高层为“上升”运动，这一阶段是大气污染扩散条件由有利扩散向不利扩散形势的转折阶段（图2.27b）。2000—2015年，北京地区700 hPa以下相对于多年平均表现为“上升”运动，但是600～200 hPa之间则表现为“下沉”运动，这种高低空垂直气流的配置有利于水汽和大气污染物在低层大气积累

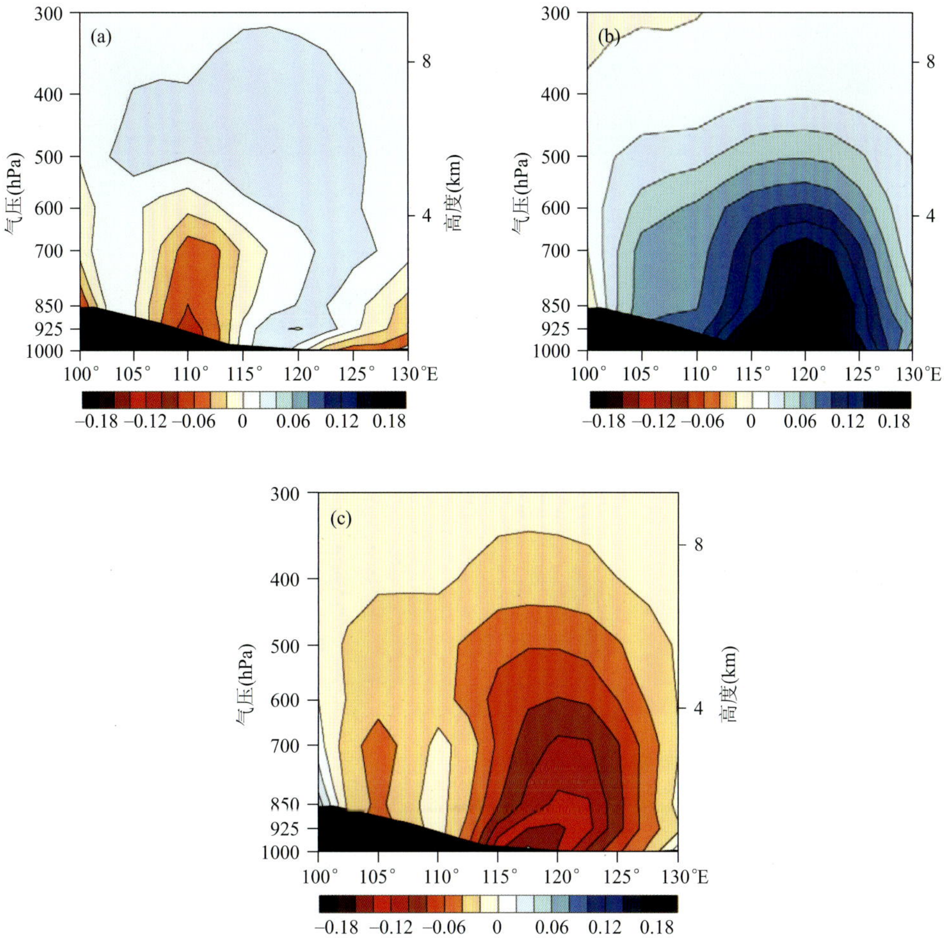

图 2.26　不同年代比湿距平随高度的变化（单位：g · kg^{-1}）
（a）1980—1989 年；（b）1990—1999 年；（c）2000—2015 年（黑色为山脉）

（图 2.27c）。这里需要指出的是，天气尺度的上升运动的数量级为 cm • s^{-1}，而近地层污染物浓度的辐合数量级为 m • s^{-1}，所以想要依靠天气尺度的上升运动将污染物带入高空而降低近地层浓度在区域空气重污染的背景下较难实现。只有中小尺度的对流系统和对北京地区边界层结构有特殊影响的偏东风，能够形成几十厘米每秒到米每秒的上升运动才能够将近地层污染物浓度抬升至高层清除。

2.4.2　大气自身容纳能力的变化

大气容量指数能够指示大气污染的变化趋势。

根据《制定地方大气污染物排放标准的技术方法》(GB/T 13201—91)，以箱体模型为基本模型推导出的宏观总量控制值法来进行大气污染物排放总量的测算。污染物的平均质量浓度$\overline{C}$ 为：

$$\overline{C}=C_b\times\frac{\sqrt{\pi}\times U\times H}{2}\left(1+\frac{2\times\sqrt{S}\times W_r\times R}{\sqrt{\pi}\times U\times H}\times 10^3\right)$$

式中，C_b 为国家标准中 $PM_{2.5}$ 的达标限（0.075 mg • m^{-3}），U 为平流＋伪扩散速度，m • s^{-1}；

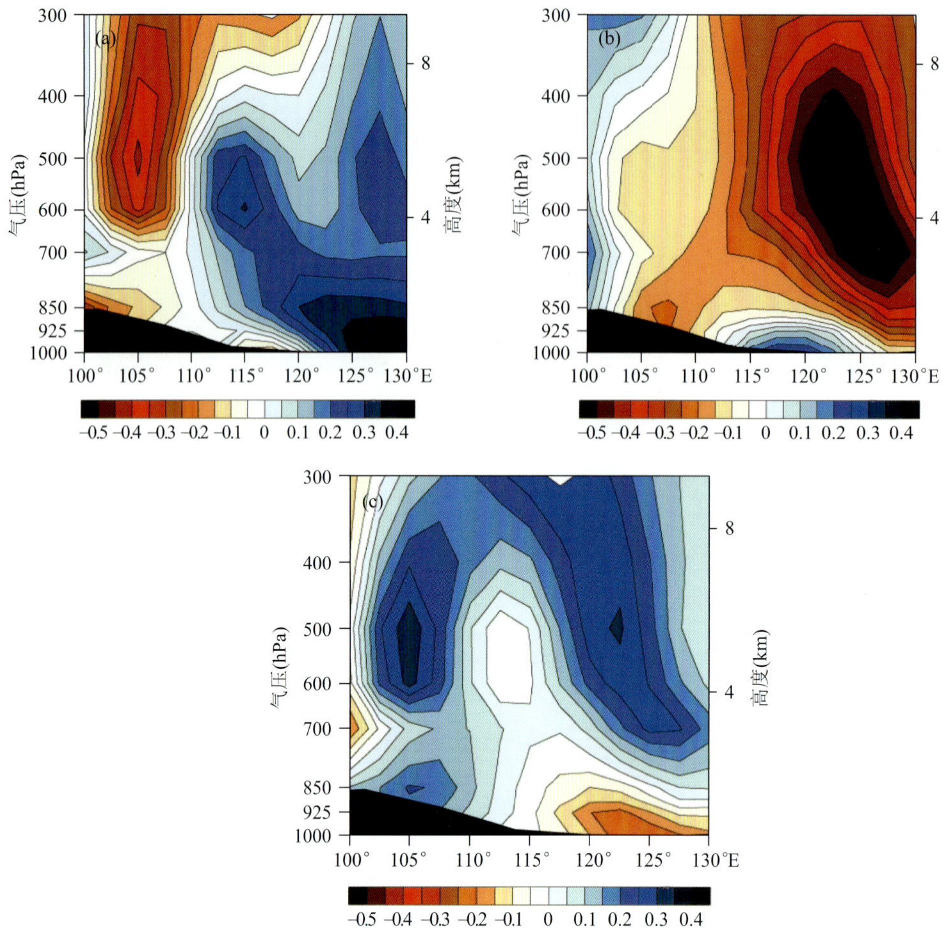

图 2.27 不同年代垂直速度距平随高度的变化（单位：$Pa \cdot s^{-1}$）

（a）1980—1989 年；（b）1990—1999 年；（c）2000—2015 年（黑色为山脉）

H 为大气边界层厚度，m；W_r 为清洗比，R 为降雨量，$mm \cdot h^{-1}$；S 为区域面积。

气象条件是判断环境大气对污染物容纳能力的关键因素。大气容量指数是一个综合表征这种能力的指标，它与近地面层空气的流动性、大气在垂直方向上的稳定性、稳定层的厚度以及是否有降水天气等有关。其值越小，则大气对污染物的容纳能力越低。大气流过地面时，地面上各种粗糙元，如草、沙粒、庄稼、树木、房屋等会使大气流动受阻，这种摩擦阻力由于大气中的湍流而向上传递，并随高度的增加而逐渐减弱，达到某一高度后便可忽略。此高度称为大气边界层厚度，它随气象条件、地形、地面粗糙度而变化，大致为 300～1000 m。

2.4.2.1 年代际变化

图 2.28a 计算了北京地区大气容量指数和年总降水量随时间的变化。可以看到，1980—1989 年大气容量指数比较平稳，都维持在 1.2～1.3，只有 1983 年超过了 1.5。从降水量的年变化上可以看到，1980—1989 年，年总降水量呈现出明显的逐渐上升趋势，尤其是 1985—1988 年，年总降水量均明显高于 600 mm，对空气污染物有明显的清除作用。大部分年份 3 级以上北风出现的频率都在 13%以上，有利于空气污染物的扩散。除了 1987 年边界层高度稍低，其他时间年均边界层高度都在 600～650 m（图 2.28b），有利于空气污染物在

垂直方向上的混合。各种条件显示，1980—1989年气象条件总体比较平稳，整体扩散条件较好，大气自身容纳能力比较稳定。

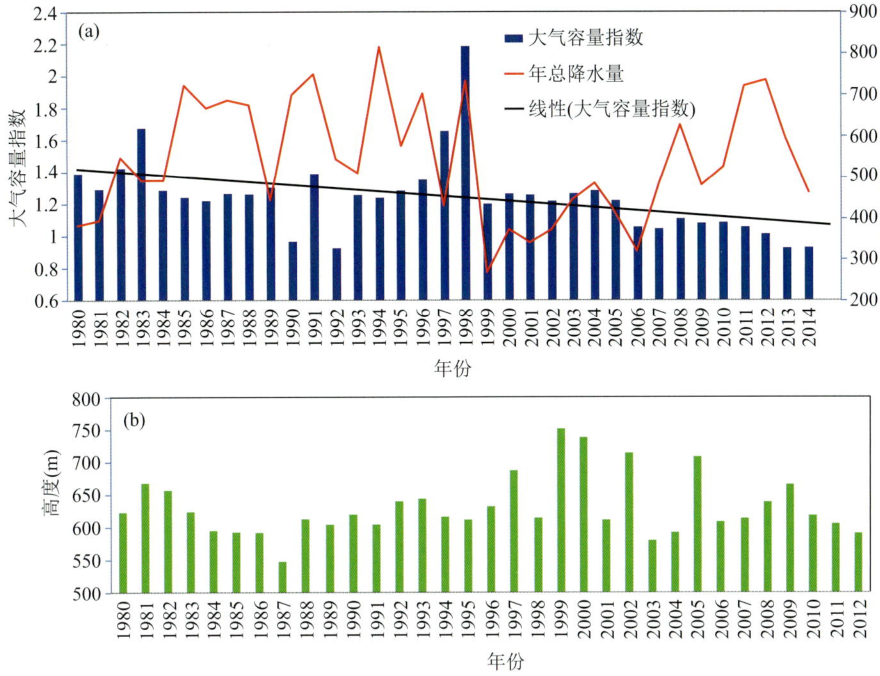

图2.28　大气容量指数、年总降水量、边界层高度随时间的变化
(a) 大气容量指数和年总降水量随时间的变化；(b) 边界层高度随时间的变化

1990—1999年，大气容量指数波动较大，1990年和1992年大气容量指数都小于1，而1997年达到1.5以上，1998年大气容量指数则大于2，其他时间都在1.2左右。1990—1999年，降水量也呈现出分布不均匀的趋势，1997、1998年年总降水量都超过了600 mm，而在1992年，年总降水量却只有不到400 mm（图2.28a）。1990—1999年前期，较大北风（3级以上北风）频率不断增加，但是后期明显下降，说明前期对空气污染物的扩散比较有利。1990—1999年边界层高度在600～650 m，但是1999年达到了750 m以上（图2.28b）。1992年大气容量指数低与降水量较低、较大北风出现的频率低有明显关系，而1997年大气容量指数较大则与边界层高度较高有利于污染物的垂直混合有关，1998年指数较大则与罕见的较大降水量有着明显的关系。从这里可以看出，1990—1999年大气自身容纳能力整体较好，但是出现了明显的波动性，各年变化较大。而大气自身的容纳能力与降水、风速、边界层高度等都有一定的关系，单独某一个要素不能够决定大气自身容纳能力的强弱。

2000年开始的前5 a，大气容量指数比较稳定，均为1.2～1.3，但是之后则表现为明显的下降趋势，尤其是2013年开始，大气容量指数出现了小于1的情况。2000—2015年年均降水量前期较少，不超过500 mm，但2008年以后降水明显增多，2011年和2012年都超过了700 mm（图2.28a）。2000年以后，较大北风出现的频率越来越低，都在13%以下，证明由于较大风速导致的有利于空气污染物扩散的条件越来越不明显（图2.28b）。2000年以后前期边界层高度出现明显波动，2000、2002、2005年三年都在700 m以上，2006—2009年边界层高度上升，2009年以后又不断下降（图2.28b）。总体来看，2000—2015年各年降水量和边界层高度出现明显波动，较大北风出现频率减小，大气自身容纳能力整体减弱。

从图 2.28a 大气容量指数趋势线上可以看到，这 30 多年（1980—2015 年）来大气自身的容纳能力呈现平缓的下降趋势。

表 2.8 显示了每个年代大气容量指数、边界层高度、降水量和较大北风出现频率的平均值。可以看到，1980—1989 年和 1990—1999 年大气容量指数均值基本一致，都在 1.3 左右，与 1980—2015 年平均值相比均增长了 5%～6%。可以明显看出，1980—2015 年中前 20 a 相比于大气自身容纳平均能力是较强的。这与前 20 a 年平均降水量 548.3 mm 和 601.0 mm 分别较多年平均持平和明显增加，较大北风出现的频率 13.8%和 11.7%较多年平均值 11.9%增加和持平有着密切的关系。2000—2015 年，大气容量指数平均值为 1.12，相比于 35 a 平均值下降了 11.8%，降水量和较大北风出现的频率较多年平均下降了 10%左右。这 3 个阶段边界层高度平均值比较稳定，没有较大的变化。总体来看，2000—2015 年大气自身容纳能力较差。

表 2.8 大气容量指数、边界层高度、年均降水量、较大北风出现频率年代平均值比较

年份	大气容量指数	与多年平均相比(%)	边界层高度(m)	与多年平均相比(%)	年均降水量(mm)	与多年平均相比(%)	较大北风出现频率(%)	与多年平均相比(%)
1980—1989	1.34	5.5	612.7	−2.9	548.3	0.4	13.8	23.8
1990—1999	1.35	6.3	642.9	1.8	601.0	10	11.7	−2.2
2000—2015	1.12	−11.8	638.4	0.2	490.0	−10.4	10.6	−10.8
1980—2015	1.27	—	631.3	—	546.3	—	11.9	—

2.4.2.2 季节变化

由上面的分析可知，近 15 a（2000—2015 年）来北京地区大气自身的容纳能力相比于多年平均是较差的，那么究竟是哪个季节大气容纳能力较差，下面进行分析。

进一步计算每个年代四个季节大气容量指数和边界层高度，如图 2.29a 所示。可以发现，在 1980—1989 年，春季和冬季大气容量指数较高，夏季和秋季大气容量指数较低。一般来说，春季和夏季大气自身的扩散能力是比较好的，因为春季北风大，夏季降水多，但是 1980—1989 年却与我们固有的认知有着比较明显的差异。这是因为 1980—1989 年期间春季和冬季较大北风出现的频率较多，并且春季边界层高度还比较高（图 2.29b）。1990—1999 年和 2000—2015 年，大气容量指数都表现为春季、夏季较高，秋季、冬季较低，并且无论哪个年代，春季都是大气容量指数最高的季节，这与较大北风频率高、边界层高度较高有着密切的关系。而随着年代的变化，春季的大气容量指数又在不断降低，1980—1989 年和 1990—1999 年都在 1.6 以上，而 2000—2015 年小于 1.6。夏季大气容量指数总体较春季明显减小，1980—1989 年和 2000—2015 年夏季大气容量指数都在 1.1 上下，1990—1999 年达到 1.3，这应该与 1980—1989 年中某些年份降水量较大、较大北风出现频率较多导致大气容量指数平均值整体较大有关系。秋季大气容量指数也是在 1990—1999 年最高，1980—1989 年次之，最小的是 2000—2015 年，平均大气容量指数不到 1。冬季大气容量指数年代变化呈现下降的趋势，可以看到，1980—1989 年 1 月、2 月、12 月的大气容量指数分别为 1.8、1.5、1.4，1990—1999 年都在 1.2 附近，而 2000 年以后在 1 以下。总体来看，1980—1989 年春季和冬季大气自身容纳能力较好，1990—1999 年春季和夏季大气自身容纳力较强，2000 年以后，无论哪个季节，大气自身的容纳能力都是在减弱的，季节差异性变小。从这 30 多年月平均边界层高度可以看到，春季和夏季大部分时间边界层高度都在 600 m 以上，而秋季和冬季大部分时间不足 500 m（表 2.7）。总体看来，边界层高度在这 35 a（1980—2015 年）来都是春季和夏季较高，秋季和冬季明显降低，各个年代边界层高度变化不大。

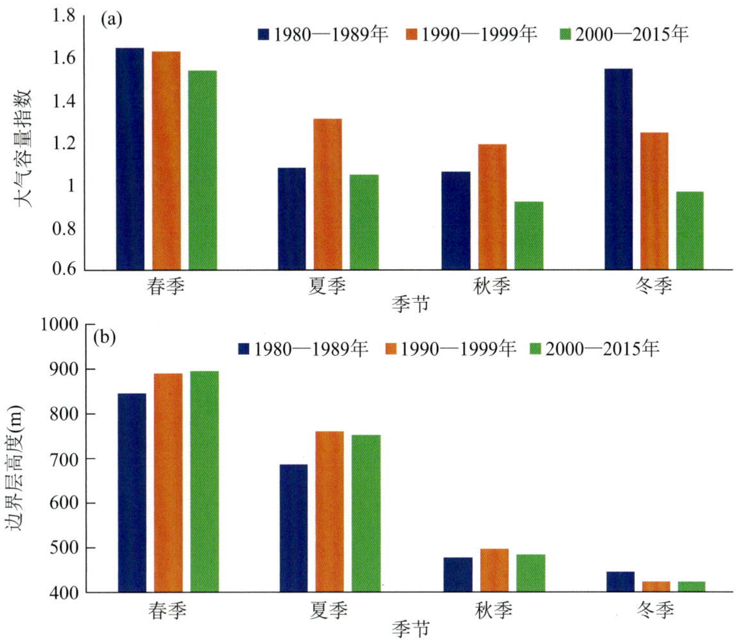

图 2.29　四季大气容量指数和边界层高度的变化

（a）大气容量指数；（b）边界层高度

表 2.9　年代月平均大气容量指数 A、边界层高度 U 的变化

年份	项目	月份											
		1	2	3	4	5	6	7	8	9	10	11	12
1980—1989	A	1.8	1.5	1.6	1.84	1.5	1.3	1.0	0.9	1.1	1.0	1.1	1.4
	U(m)	414.5	521.5	695.9	882.2	951.4	904.1	652.4	497.4	483.4	502.1	449.6	397.9
1990—1999	A	1.2	1.3	1.5	1.4	1.9	1.5	1.2	1.2	1.2	1.1	1.2	1.2
	U(m)	376.8	519.1	708.4	943.2	1021.2	997.9	737.2	548	526.5	520	444.5	371.9
2000—2015	A	0.9	1.0	1.5	1.6	1.5	1.1	1.0	1.0	1.0	0.9	0.9	1.0
	U(m)	385.3	469.7	760.3	922.5	999.5	966.3	726.6	561.9	516.7	500.1	440.4	411.9

2.4.3　结论

（1）从热力条件来看，1980—2015 年大气不断增温，1990 年以后逆温明显，大气较为稳定，冷空气到达北京上空后对下层的影响减弱，3 级以上偏北风频率减少，近地层辐合，不利于空气污染物扩散。但是 2000—2015 年，由于湿度减小，大气稳定度相比于 1990—1999 年稍有减弱。

（2）2000 年以后，中高层下沉运动位置不断下压，低层上升运动加强，由于天气尺度的上升运动的数量级远小于近地层污染物浓度的辐合数量级，所以低层上升运动被限制在边界层以内，这样会导致污染物积聚。

(3) 大气容量指数能够反映大气自身对污染物的容纳能力。大气容量指数与降水量、较大风速出现频率、混合层高度等都有着明显的关系，是多种要素综合作用的结果。1980—1989 年大气自身容纳能力较为稳定，1990—1999 年大气容量指数出现波动，而 2000—2015 年大气容量指数呈现明显减小的趋势。总体来看，1980—2015 年大气自身的容纳能力呈现一个平缓的下降趋势。

(4) 1980—1989 年春季和冬季大气自身容纳能力较好，1990—1999 年春季和夏季大气自身容纳力较强，但是 2000 年以后，无论哪个季节，大气自身的容纳能力都是在减弱的，季节性差异变小。

(5) 边界层高度在 1980—2015 年都是春季和夏季较高，秋季和冬季明显降低，各个年代边界层高度变化不大。

2.5 污染天气概念模型

2.5.1 重污染日的环流形势和地面气压分布特征

对 2008—2014 年的重污染日高空和地面环流形势进行普查，发现重污染天气发生时 500 hPa 可分为纬向环流型和经向环流型，经向型占 41.6%，纬向型占 58.4%。

北京地区出现重污染时，地面形势分别为低压辐合区、高压后部、高压底部、弱气压场、高压前部、低压倒槽、弱高压、鞍型场、华北地形槽，其中低压辐合区占 38.3%，高压后部占 18.8%、高压底部占 14.9%、弱气压场占 11.7%、高压前部占 9.1%、低压倒槽占 3.9%、弱高压占 1.9%、鞍型场占 1.3%、华北地形槽占 0.6%。

研究过程中发现，每次重污染天气都是逐渐演变的过程，500 hPa 多为偏西气流或者是槽前西南气流，850 hPa 特征明显，为西南气流且暖平流控制，地面为不利扩散形势场。根据筛选的个例过程，将重污染天气可能出现的垂直结构天气形势归纳为以下几种：高压后部型、低压辐合区型、华北地形槽型、鞍型场型、高压底部型、倒槽型和均压场型（图 2.30）。

2.5.2 典型季节重污染个例分析

北京地区出现重污染天气过程都是逐渐累积的过程，地面形势逐渐演变，众多天气形势中，当北京处于高压后部转低压辐合区控制时，是北京最易出现的重污染天气形势，占较高比例。主要是由于北京长时间处于高压后部，弱南风造成湿度的增加以及河北中南部污染的输送，同时转为低压辐合区以后，污染物进一步聚集，达到污染过程的峰值。选取北京地区出现频率最高的三个天气形势进行个例分析：高压后部型、弱气压场型、低压辐合区型。

2.5.2.1 高压后部型

当北京地区处于高压后部时，在秋冬季节最易造成重污染天气过程。这类天气形势的主

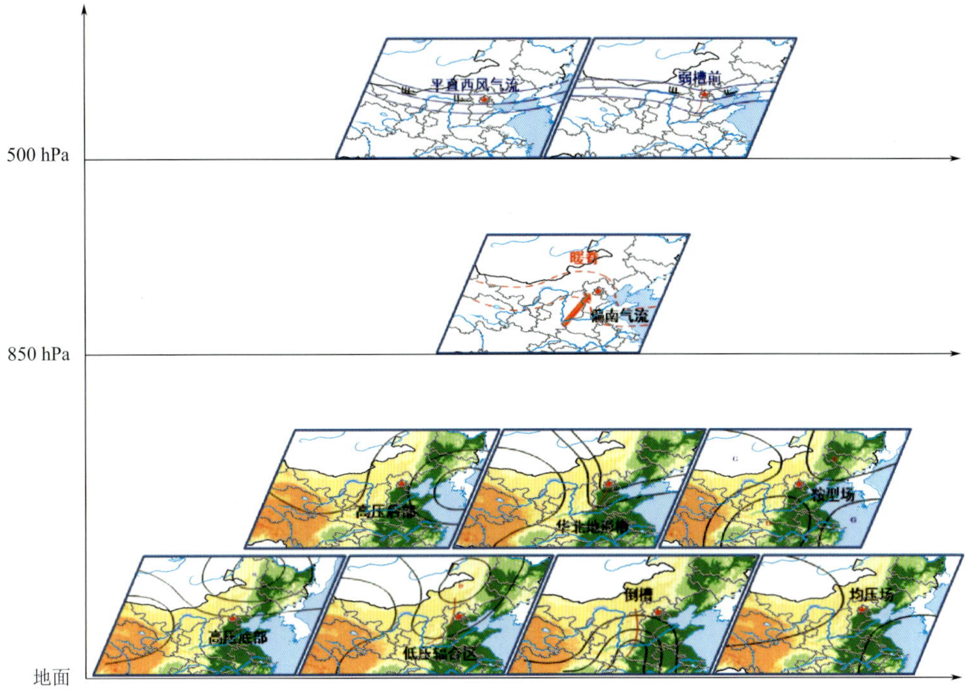

图 2.30　重污染天气概念模型

要特点就是持续时间长、污染程度重，高压后部偏南风的地面形势造成河北中南部污染向北京地区源源不断的传输，形成北京本地污染加区域输送叠加的特征。

以 2014 年 2 月 20—26 日持续重污染天气过程为例，这次过程从 2 月 19 日夜间开始，一直持续至 26 日下午结束，北京地区能见度普遍在 3 km 以下，出现持续中度-重度霾天气长达 7 d。

这次过程大气环流形势稳定，500 hPa 高空维持偏西气流，地面为高压后部弱气压场控制，京津冀及周边地区持续静稳天气。

2014 年 2 月 20—26 日，河北中南部至北京南部存在辐合线，造成北京南部、石家庄、保定、邢台、邯郸一带为重污染高值区。北京大部分时间受弱的偏南或偏东气流影响，河北中南部的污染物和水汽向北京地区输送且在山前积聚。本地累积加之区域输送，造成北京地区重污染天气过程持续且逐渐加重。

由于前期温度偏低，近地面层大气回暖幅度很小，而受暖气团影响边界层顶气温显著回升，导致低层逆温增强。由于天气形势稳定，逆温层一直维持且增厚，垂直扩散条件较差。

从 $PM_{2.5}$ 变化曲线（图 2.31）来看，2 月 20—26 日期间，$PM_{2.5}$ 浓度持续偏高，且在 26 日 13 时达到峰值浓度，延庆、密云提前 2 h 达峰值。前期密云、延庆 $PM_{2.5}$ 浓度明显低于城区，后期各区域浓度差值缩小，表征区域污染进一步加重，污染物在山前堆积。

2.5.2.2　弱气压场型

弱气压场是造成重污染天气过程的典型形势之一，通常说的静稳天气基本都处于这种天气形势下。

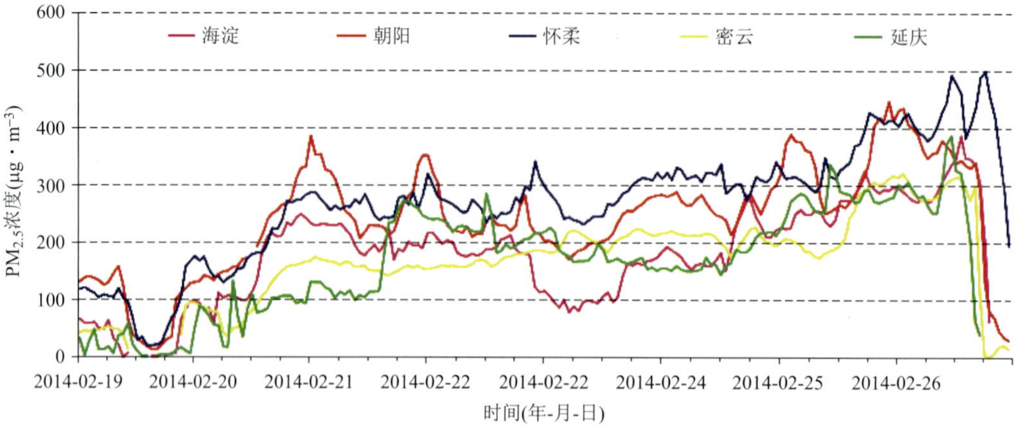

图 2.31　2014 年 2 月 19—26 日北京地区 $PM_{2.5}$ 浓度时序

以 2015 年 12 月 6—10 日过程为例，这次重污染天气过程高空以纬向环流为主，京津冀地区地面处于高压后部弱气压场或均压场控制中，大气的流动性差，造成大气长时间维持静稳状态（图略）。弱气压场明显特征之一就是低层风速小，6 日 08 时—10 日 08 时近地面平均风速为 1.3 m·s^{-1}，有 75%的时次风速小于 1.5 m·s^{-1}，北京地区以弱偏东风或偏东北风为主（出现频率达 68%），不利于污染物在水平方向扩散；同时偏东风的影响增加了地面湿度，平均相对湿度接近 80%，夜间部分时段达到 95%，高湿条件下气溶胶粒子的吸湿增长和液相反应促进气态污染物向颗粒物的转化，导致颗粒物浓度的增加和能见度进一步降低。弱气压场造成 6—9 日北京地区中低层存在较明显的逆温层（图 2.32）；同时混合层顶高度白天基本在 500 m 以下，夜间更低，其中 6 日早晨与 10 日早晨接近或不足 200 m，大气稳定度强，污染物在垂直方向上扩散能力很差。

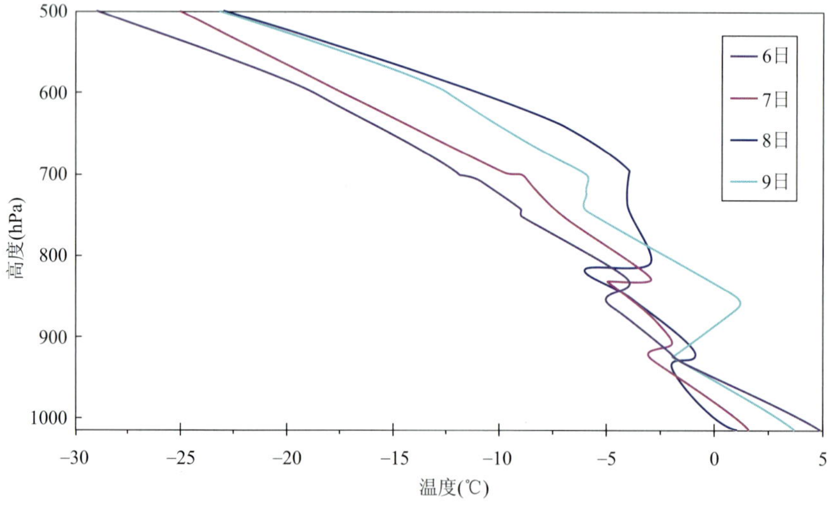

图 2.32　2015 年 12 月 6—9 日 20 时北京探空曲线

$PM_{2.5}$ 浓度变化曲线显示，6 日 08 时北京 $PM_{2.5}$ 浓度在 115 μg·m^{-3} 以下，至 7 日 08 时增长到 200 μg·m^{-3} 左右，8—9 日达到 250 μg·m^{-3}。期间浓度持续增长，达到重污染水平（图 2.33）。

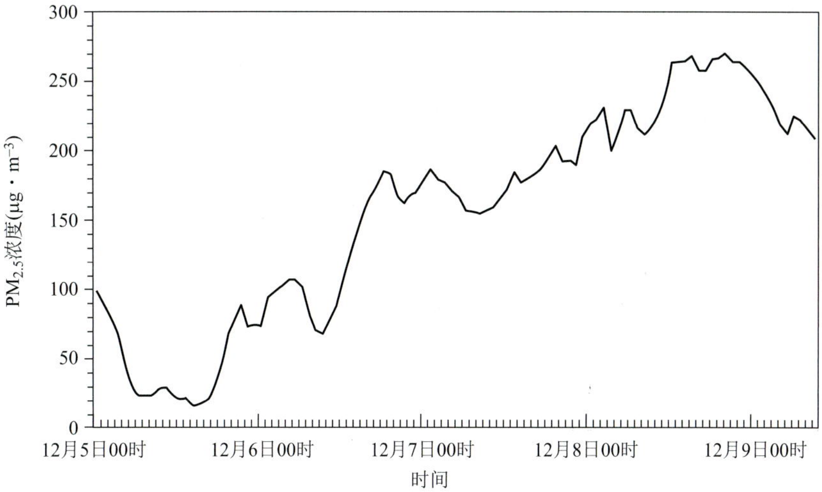

图 2.33　2015 年 12 月 5—9 日北京地区 $PM_{2.5}$ 浓度时序

2.5.2.3　低压辐合区型

任何一种污染天气过程都是积累的过程，天气形势逐渐发展和演变，而低压辐合区是所有形势演变的最终形势。前期的积累加上辐合的存在，在低压辐合区影响期间会达到重污染天气的峰值浓度。

以 2014 年 10 月 23—25 日为例，这是一次低压辐合区控制时间较长造成的重污染天气过程。此过程中，高空处于偏西气流，地面基本都受低压辐合区控制。期间京津冀地区风速持续较弱，且在沿山一带存在地形辐合线长时间维持。天气形势的辐合叠加地形的辐合造成能见度持续转差，能见度在后期大范围不足 1 km。

与弱气压场型的天气形势相比，此类型虽然持续时间短，但是浓度增长速度快，此次过程在 25 日 11 时达到峰值浓度，为 270 $\mu g \cdot m^{-3}$。且期间能见度快速转差至 2 km 以下，24 日夜间开始至 25 日夜间，能见度维持在 1 km 以下（图 2.34）。

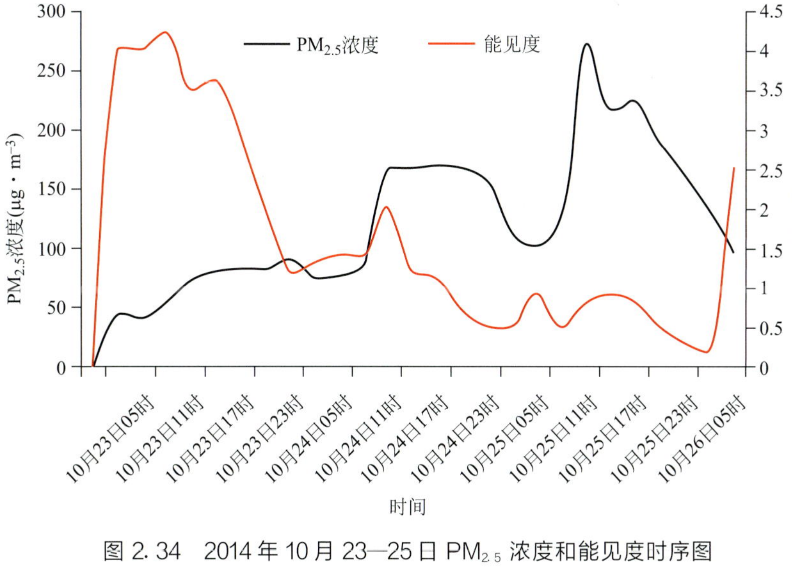

图 2.34　2014 年 10 月 23—25 日 $PM_{2.5}$ 浓度和能见度时序图

2.5.3 重污染天气季节特征研究

对于华北地区来说，重污染天气形势季节特征明显，前面数据分析表明一般秋、冬季节，稳定的大气环流形势易造成重污染天气，所以秋、冬季节重污染天气频发，以上重污染天气形势也以秋、冬季节为背景。

2.5.3.1 春季季节特点

春季环流形势处在变动时期，气层趋于不稳定，冷空气不如冬季强盛，但南下的次数却多于冬季，所以移动性的高压出现频繁。由于气旋活动增加，天气变化较大，造成春季偏北风、风沙等天气现象，重污染天气趋于减少。最典型的特点就是春季南风型，一般经验表明，南风尤其是西南风会带来河北上游重污染地区的污染气团，但是在春季时，如果黄海有高压，在北京地区形成南高北低，地面梯度较大时，则易造成春季偏南大风，同时湿度不大，与秋冬季的形势造成的结果明显不同，不易出现重污染天气过程，南风的增大反而有益于污染物的水平扩散（图 2.35）。

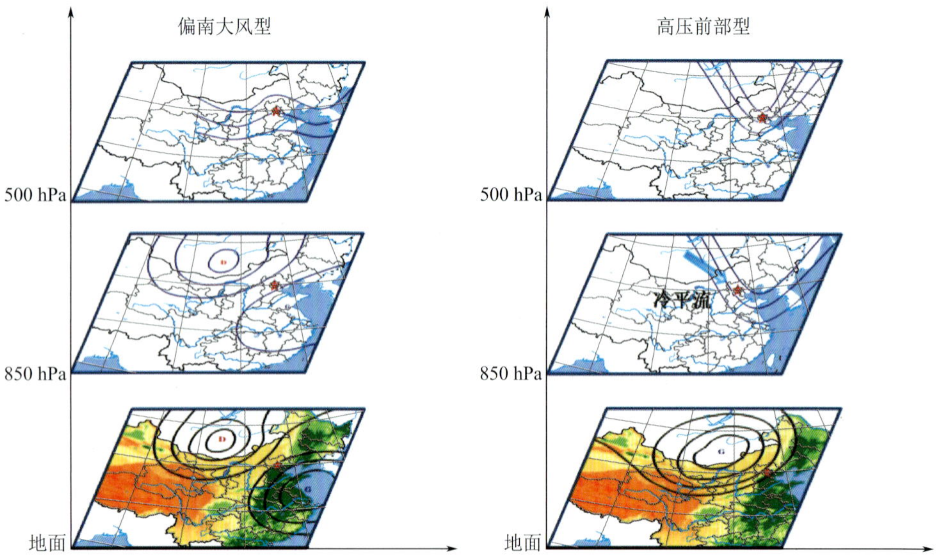

图 2.35 春季有利扩散模型

以 2013 年 3 月 10—11 日为例，是一个典型高压后部低压前部造成的偏南风天气形势，实况显示，虽然处于高压后部低压前部，但是两天的能见度均处于 10 km 以上，空气质量大部分时间段良好，没有造成严重的重污染天气过程。

2013 年 3 月 10—11 日，$PM_{2.5}$ 浓度总体趋势是缓慢上升，在 10 日白天浓度变化平稳，且保持较低水平，入夜后随着风速的下降，浓度开始缓慢上升。11 日，中午以后南风增强，$PM_{2.5}$ 浓度出现明显下降现象，由早上的 133 $\mu g \cdot m^{-3}$ 下降至 95 $\mu g \cdot m^{-3}$，傍晚以后随着风速的减弱，浓度开始上升。

从能见度实况来看，当 $PM_{2.5}$ 浓度达到峰值 204 $\mu g \cdot m^{-3}$ 左右时，能见度下降到 8 km 左右，其他时间段均保持在 10 km 以上（图 2.36）。

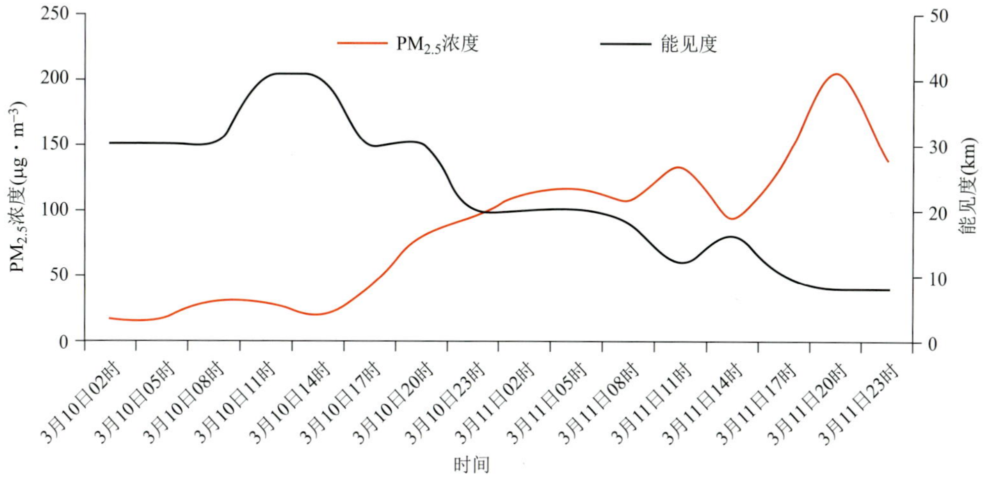

图 2.36 2013 年 3 月 10—11 日北京地区 $PM_{2.5}$ 浓度和能见度时序

此次过程平均风速为 2.6 $m \cdot s^{-1}$，偏南风为主导风向，出现频率为 85.7%，且多以西南风为主，出现频率为 63.2%。风速大于 2 $m \cdot s^{-1}$，频率达 51%，过程平均相对湿度为 31.2%。图 2.37 为 3 月 10—11 日北京地面气象要素逐时演变。整体来看，白天南风较大时，$PM_{2.5}$ 浓度变化平稳，保持良好水平，夜间风速减小，浓度缓慢上升，此次过程的峰值浓度出现在 11 日 20 时，为 204 $\mu g \cdot m^{-3}$。10 日日均浓度仅 38.2 $\mu g \cdot m^{-3}$，11 日日均浓度为 132.1 $\mu g \cdot m^{-3}$。

2.5.3.2 夏季季节特点

北京进入夏季以后，冷空气势力减弱，西风带北移，副热带高压北跳到 25°N 以北，中低空盛行偏南风。当偏南气流携带充分的水汽与南下的冷空气相遇时常造成低云降水和雷阵雨天气，有时还可出现雷雨大风和冰雹。垂直扩散条件的转好，造成夏季的扩散形势明显区别于秋冬季节。研究显示，副高外围型、台风外围型、槽前型、偏西气流型是夏季易造成重污染天气的几种类型（图 2.38）。空气流动性差、大气层结稳定、高湿是夏季雾/霾天气形成的主要气象条件。而夏季重污染常伴随臭氧超标，造成复合污染现象。

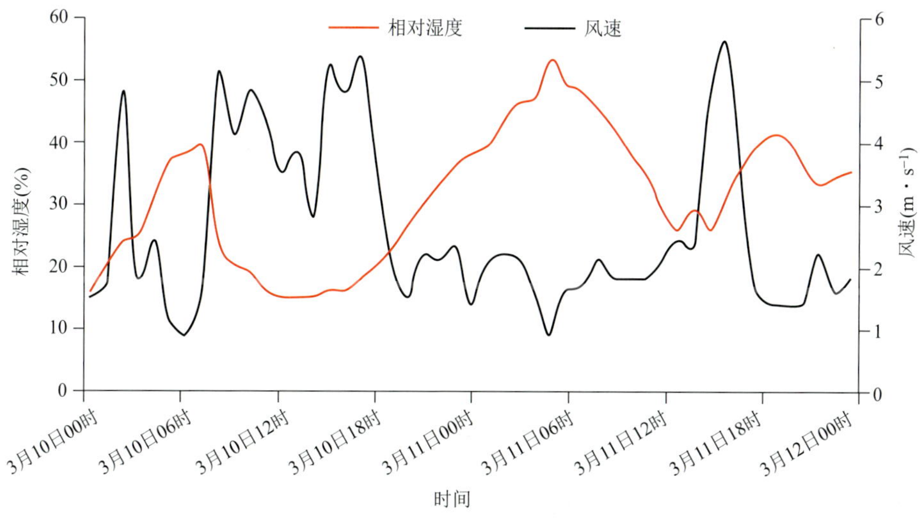

图 2.37 2013 年 3 月 10—11 日北京地区相对湿度和风速时序

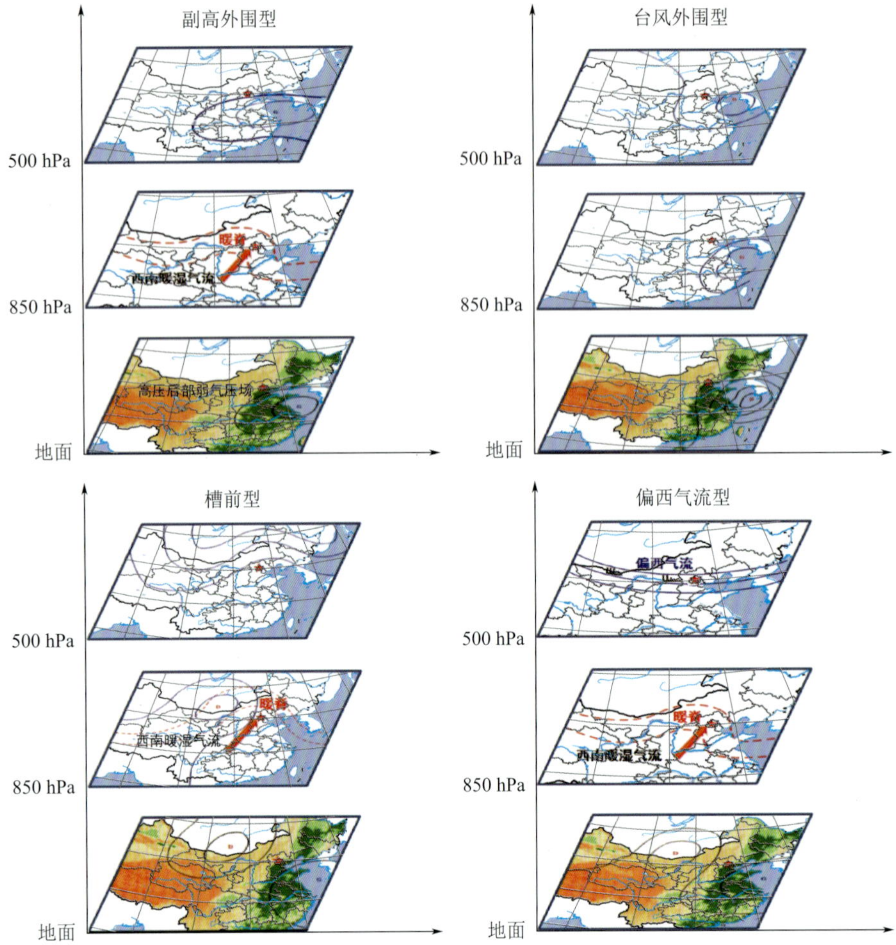

图 2.38　夏季不利扩散垂直模型

以夏季最常出现的副高外围型和偏西气流型为例。

（1）副高外围型

此类污染过程发生在西太平洋副热带高压稳定控制在华北上空的时段。过程的特点为污染物累积时间长、近地面层湿度大、温度高、对流层中下层为偏南风、地面有时出现偏东风、污染物浓度呈现逐日上升并在过程的后期达到最严重的演变特征。由于前期光照较好，白天有利于臭氧生成，因此发生臭氧和细颗粒物浓度同时超标的可能性较大。污染过程通常以副高东撤、冷空气南下影响华北区产生明显的对流性天气导致扩散条件改善而结束。

2005 年 8 月 24 日—9 月 1 日北京地区出现了轻度-中度霾，夜间有轻雾，空气质量 4～5 级。此次持续 9 d 的污染天气是 $PM_{2.5}$ 和 O_3 共同超标的复合污染，污染物浓度逐步增加(图 2.39)。2005 年 8 月 24 日—9 月 1 日 O_3 和 $PM_{2.5}$ 浓度高，其余反应性气体污染物均处于较低的浓度状态。8 月 24—25 日 $PM_{2.5}$ 日均浓度达 3 级污染水平，之后浓度增长，在 26—27 日升级为 4 级污染水平，并且在 27 日 O_3 浓度 8 h 滑动平均最大值超过 3 级浓度限值(215 $\mu g \cdot m^{-3}$)。随后 O_3 污染虽然有所减轻，但是 $PM_{2.5}$ 污染继续加重并维持，28—31 日 $PM_{2.5}$ 日均浓度持续 4 d 维持在 5 级重度污染水平，9 月 1 日受冷空气影响午后浓度开始明显下降，污染天气才基本结束。

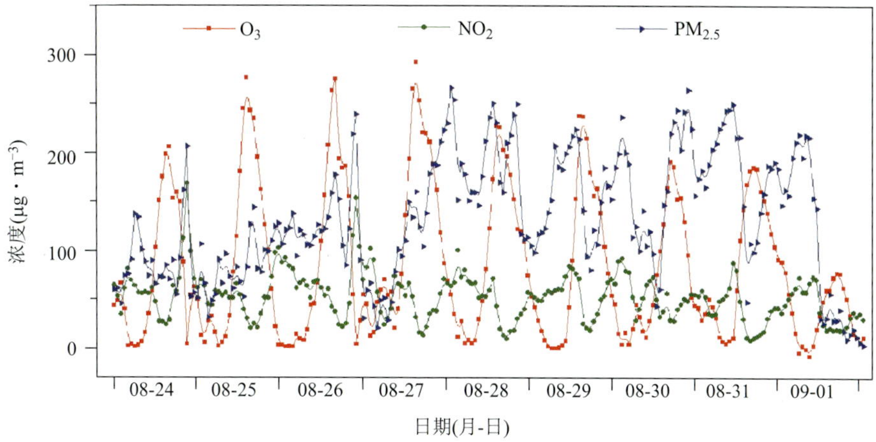

图 2.39　2005 年 8 月 24 日—9 月 1 日北京地区污染物小时浓度演变

从能见度实况来看，当 $PM_{2.5}$ 浓度达到 150 μg·m^{-3} 左右时，能见度下降到 5 km 左右。夏季雾/霾天气能见度日变化特征明显，能见度均在早上达到最低值，白天受热力条件影响，恢复到 5 km 以上，当夜间风速减小，热力湍流作用减弱时，能见度再次下降（图 2.40）。

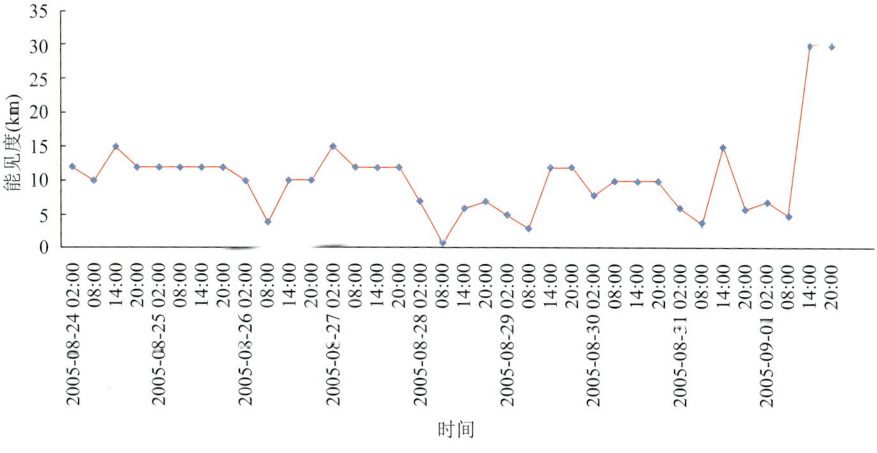

图 2.40　2005 年 8 月 24 日—9 月 1 日北京地区能见度时序

此次过程平均风速为 2 m·s^{-1}，偏南风为主导风向，出现频率为 54.6%。风速≤2 m·s^{-1} 的频率达 62.5%，风速≤1.5 m·s^{-1}（风力≤1 级）频率为 39.8%。过程平均相对湿度为 68.8%，其中高湿（相对湿度大于 80%）频率为 28.2%。图 2.41 为 2005 年 8 月 24 日—9 月 1 日北京地面气象要素与污染物浓度逐时演变。整体来看，$PM_{2.5}$ 浓度的上升与相对湿度增加、偏南风向及风速减小的气象要素特征有较好的对应关系，而 O_3 浓度上升则对应温度增加、相对湿度降低的趋势。$PM_{2.5}$ 浓度与风向的对应影响尤为明显。此过程中当 24 日、27 日受北风影响时，浓度浮动不大或有短暂时段的下降。其他时间受偏南风影响，浓度积累上升，在 28 日 00 时达此次过程的峰值 266.2 μg·m^{-3}。28 日由于持续受偏南风影响，日均浓度为此次过程最高值，为 188 μg·m^{-3}。随后几日偏南风仍为主导风向，维持高污染水平。直到 9 月 1 日受到明显偏北风影响，$PM_{2.5}$ 和 O_3 浓度才显著下降。

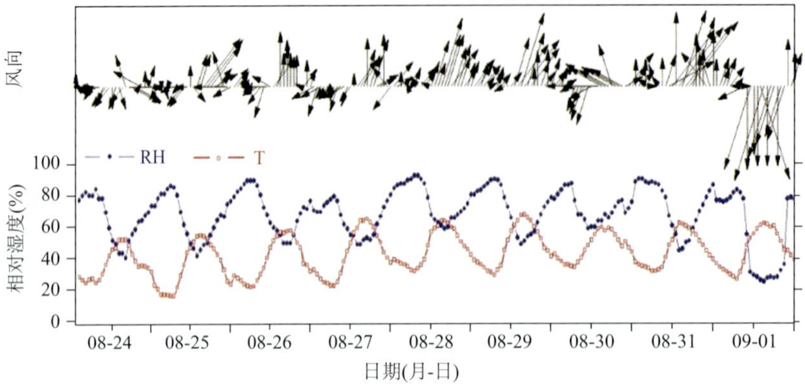

图 2.41　2005 年 8 月 24 日—9 月 1 日风场、相对湿度和温度时序

环境大气热力稳定层结逐渐建立并且加强不利于污染物的垂直扩散，逆温层发展加强。8 月 28—29 日白天，北京上空出现多层逆温，近地层逆温在白天消失，而 700～600 hPa 之间的逆温一直维持，边界层整层相对湿度在白天降低，夜间升高具有明显的日变化特征。且可以看出，边界层内以南风气流为主，在夜间受到局地山风环流影响，1000 hPa 出现偏北风，而近地层以上的边界层内的大气仍为偏南风，具有明显区域输送和边界层风向、风速分层特征，从浓度的日变化也可以看到这一点，白天污染物浓度的上升速度较快，为区域输送所致。29 日夜间受弱冷空气影响，边界层内出现了整层偏北气流，伴随有贯穿边界层的下沉运动，近地层为辐散流场，这种大气动力学条件不利于空气污染物的积累，$PM_{2.5}$ 浓度在夜间出现了较为显著地下降。但 30 日白天 1000 hPa 转为东南风，边界层中上层为西南风，风向随高度顺转为暖平流，有利于平流逆温的形成。31 日北京上空，受系统性偏南风的影响，边界层内山谷风风向转换特征消失，31 日边界层内出现明显的对流抑制能量，垂直方向的扩散条件也因此转差。1 日受较强冷空气影响，整层大气的气象条件都不利于空气污染物的积累，边界层内大气流动性增强。

（2）偏西气流型

这类污染形势一般发生在高空有弱冷空气活动，且当北京处于浅槽前或偏西气流时，地面静小风出现的频率很高，边界层内以偏南风为主，有利于污染物的区域传输。对流层低层大气呈现的热力稳定状态是限制污染物垂直扩散的主要机制，逆温层高度逐渐下降导致污染程度将进一步加重。近地面层湿度一般较大，夜间易出现轻雾天气。

2011 年 8 月 30—31 日北京地区出现了轻微～轻度霾，夜间有轻雾，空气质量 3～4 级。

天气形势的演变特点：冷空气影响结束后，500 hPa 转受高压脊控制，地面处在高压后部，扩散条件开始转差。此后，随着高空小槽靠近，地面进入锋面辐合区中，导致污染物浓度进一步升高。锋后冷空气南下后空气质量改善。

从 2011 年 8 月 30—31 日污染物浓度变化来看，O_3 和 $PM_{2.5}$ 高浓度明显，其余反应性气体污染物均处于较低的浓度状态，具有 $PM_{2.5}$ 和 O_3 共同超标的复合污染特征。8 月 30 日，$PM_{2.5}$ 日均浓度达 3 级污染水平，O_3 浓度 8 h 滑动平均最大值接近 3 级浓度限值（215 $\mu g \cdot m^{-3}$）。随后 31 日 O_3 污染有所减轻，但是 $PM_{2.5}$ 污染加重升级为 4 级中度污染水平（图 2.42）。

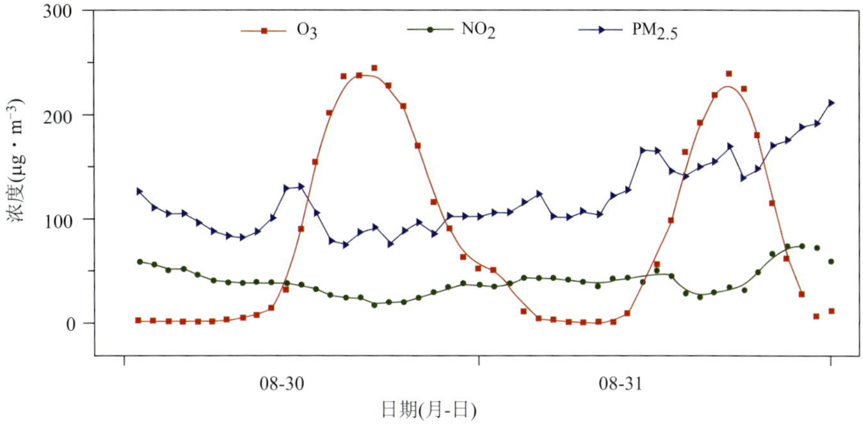

图 2.42　2011 年 8 月 30—31 日海淀宝联站污染物浓度演变

通过能见度变化曲线（图 2.43）可以看出，30—31 日能见度逐渐转差，在 31 日 08 时达到最低，在 3 km 左右，白天受热力条件等因素影响，14 时恢复到 5 km 以上。

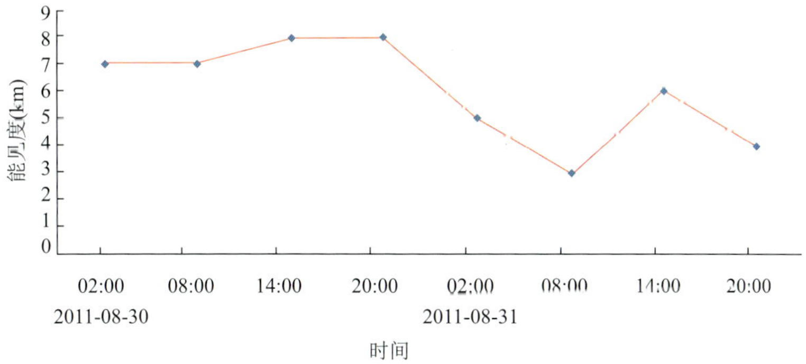

图 2.43　2011 年 8 月 30—31 日北京观象台能见度时序

此次过程平均风速为 1.59 $m \cdot s^{-1}$，整个过程基本为偏南风控制，偏南风出现频率达 89%。风速≤2 $m \cdot s^{-1}$ 的频率占 62.5%，风速≤1.5 $m \cdot s^{-1}$（风力≤1 级）的频率为 52.1%（图 2.44）。过程平均相对湿度为 74.8%，高湿（相对湿度≥80%）频率为 43.8%（图 2.45）。

30 日 08 时 700 hPa 和 850 hPa 之间出现逆温，逆温层以下大气湿度较大，逆温层以上大气湿度较小，30 日 20 时 850 hPa 以下大气湿度下降，逆温维持，逆温高度有所下降，逆温以下均为偏南风，31 日 08 时逆温层顶高度继续下降，接近 850 hPa。逆温层顶以下大气再次增湿，至 31 日 20 时逆温层顶继续下降到 925～850 hPa，说明大气垂直方向的扩散能力在进一步变弱，31 日夜间逆温层顶以下大气出现 4～8 $m \cdot s^{-1}$ 的偏东风，大气湿度有所下降。1 日白天整层大气湿度下降，逆温消失，扩散条件转好。

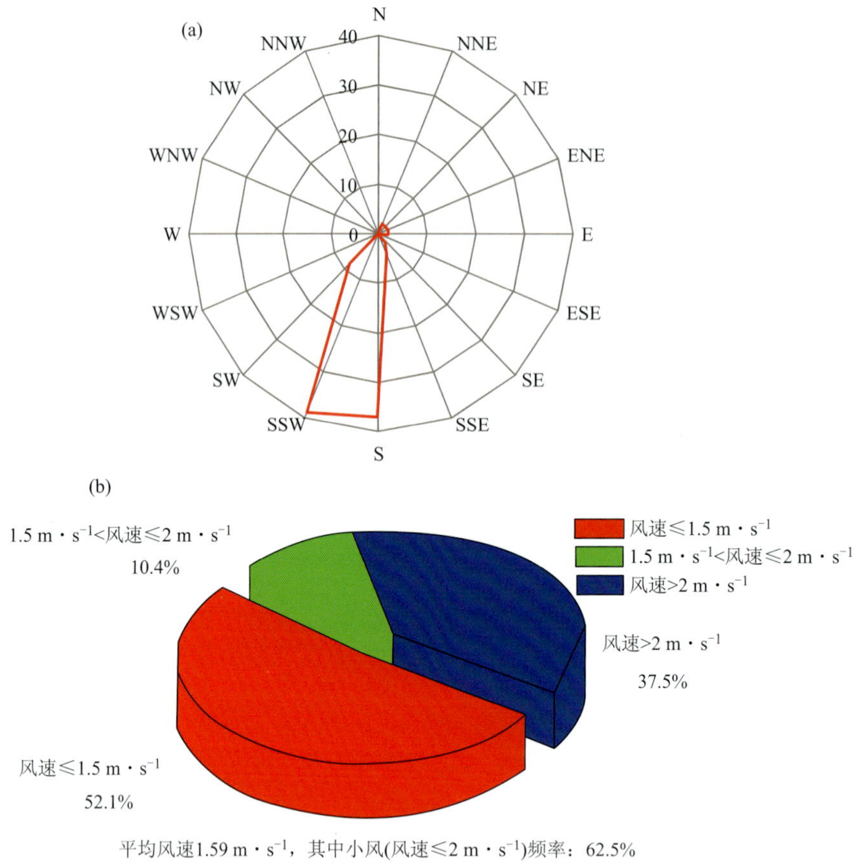

图 2.44　2011 年 8 月 30—31 日北京观象台风频（a）及风速（b）统计

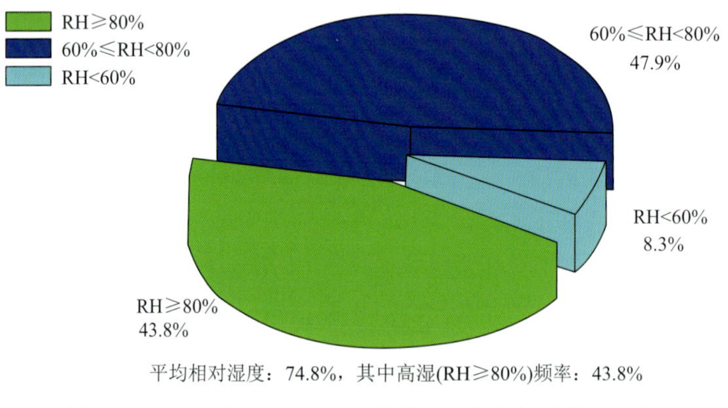

图 2.45　2011 年 8 月 30—31 日北京观象台相对湿度统计

2.5.4　结论

通过诊断及个例分析发现，北京地区雾/霾存在明显的季节变化特征，秋、冬季节为北京地区雾/霾多发季节。

（1）小风高湿输送是各个季节造成雾/霾天气的共同特点。

（2）高压后部型、低压辐合区型、华北地形槽型、鞍型场型、高压底部型、倒槽型和均压场型为北京地区秋冬季节最典型的雾/霾天气形势。

（3）春季偏南大风有异于秋冬季节偏南风对北京地区雾/霾天气的影响。

（4）夏季环流形势发生转变，一般重污染天气过程都是 $PM_{2.5}$ 和 O_3 的复合污染。

2.6 大气热力和动力结构对污染物输送和扩散条件的影响

2.6.1 气象要素时间序列变化

2015 年 10 月 13—17 日，北京地区近地面受偏南风和偏东风影响。偏南风主要出现在每日的午后至傍晚，将河北中南部污染物向北京、天津、河北东北部一带输送，导致污染物大量积累；其他时段为偏东风影响，对北京来说，偏东风主要来向为污染物已经大量积累的天津、河北东北部地区，因此偏南风、偏东风两支气流交替将污染物向北京输送，导致北京平原地区污染物快速积累和维持。垂直方向上北京中高空为弱的下沉气流，将偏南风压制在较低层次，使其所输送的污染物无法翻越太行山、燕山山脉，只能在山前积累，同时在高湿的条件下，颗粒物吸湿增长，导致能见度降低（图 2.46）。

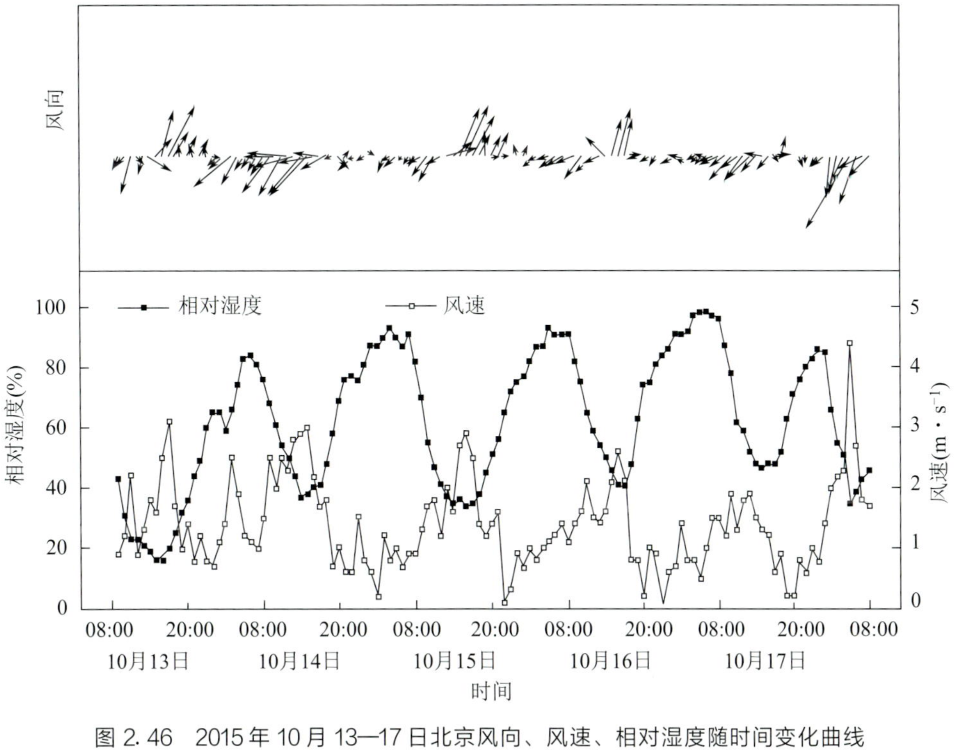

图 2.46 2015 年 10 月 13—17 日北京风向、风速、相对湿度随时间变化曲线

2.6.1.1 $PM_{2.5}$ 浓度及能见度时间序列变化

如图 2.47 所示，13—17 日京津冀地区出现一次空气污染事件。能见度从 13 日下午的 30 km 下降到 14 日的 5 km，$PM_{2.5}$ 浓度逐渐上升，14 日 20 时达到 150 $\mu g \cdot m^{-3}$ 左右。14 日夜间至 15 日受弱冷空气影响，$PM_{2.5}$ 浓度有所下降，能见度略有好转。16 日白天空气质量急剧恶化，其中北京地区 $PM_{2.5}$ 浓度连续 24 h 超过 250 $\mu g \cdot m^{-3}$，17 日下午超过 300 $\mu g \cdot m^{-3}$，能见度一直维持在 2 km 以下，局地小于 1 km，17 日后半夜冷空气南下，此次污染过程自北向南逐渐结束。

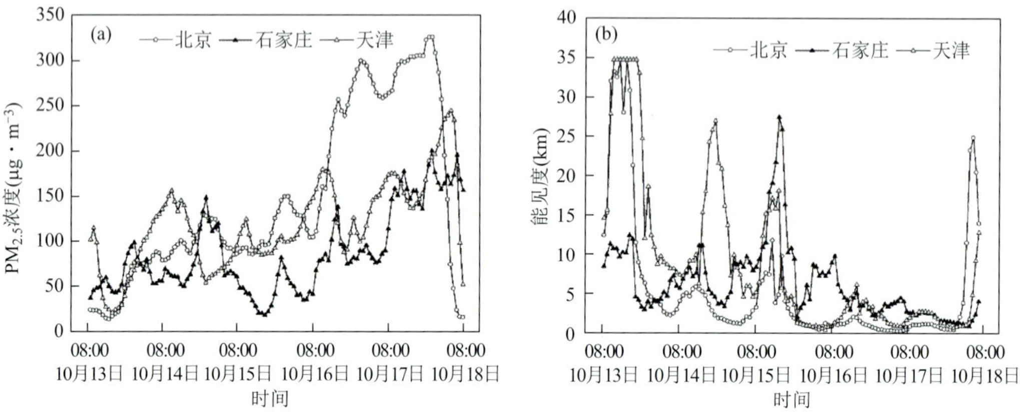

图 2.47 2015 年 10 月 13—17 日京津冀地区 $PM_{2.5}$ 浓度（a）和能见度（b）时间演变特征

2.6.1.2 京津冀地区地面风场和 $PM_{2.5}$ 空间分布

由图 2.48 可见，16 日 08—10 时，北京东南部、河北廊坊、天津三地交界处有一个 $PM_{2.5}$ 浓度为 300～500 $\mu g \cdot m^{-3}$ 的高浓度气团，空间尺度较小（约为几十千米），午后伴随着近地层偏南风明显增大，此高浓度气团向北移动，于 13 时前后到达北京城区，这一时间节点与图 2.49 中 $PM_{2.5}$ 浓度明显升高的时间相一致，受排放源分布及偏南风等不利于污染物扩散条件的影响，京津冀平原沿山地区形成了常见的“厂”字形污染带。

2.6.2 近地面 $PM_{2.5}$ 浓度急剧升高时段北京上空的消光系数

为了研究偏南风下污染物水平和垂直扩散条件，选取 $PM_{2.5}$ 浓度急剧增长的 16 日白天，分析激光雷达消光系数的时空演变趋势。1 km 以上北京上空无明显的消光系数增大现象，由北京地区 1 km 内的消光系数演变（图 2.49）可见，13—15 时出现了 3 个消光系数较高的层次，这 3 个层次分别处于高度 200～600 m、100 m 左右、近地层，消光系数数值最大区位于高度 200～600 m，大值中心的出现时间为 13 时前后，这与图中 $PM_{2.5}$ 高浓度气团到达北京城区的时间相一致，说明 16 日白天外源输送很可能是导致北京地区 $PM_{2.5}$ 浓度快速上升的主要原因，而且由于高层和低层消光系数大值中心同时出现，所以外源输送很可能在高层和低层同时进行。15 时左右原本位于高度 200～600 m 的消光系数大值区强度减弱，而且有向上移动的趋势，消光系数大值区与高层大气最大梯度由高度 600 m 上移至 900 m，整层大气消光系数有趋于均一的趋势，伴随着局地热力条件好转，1000 m高度大气混合作用增

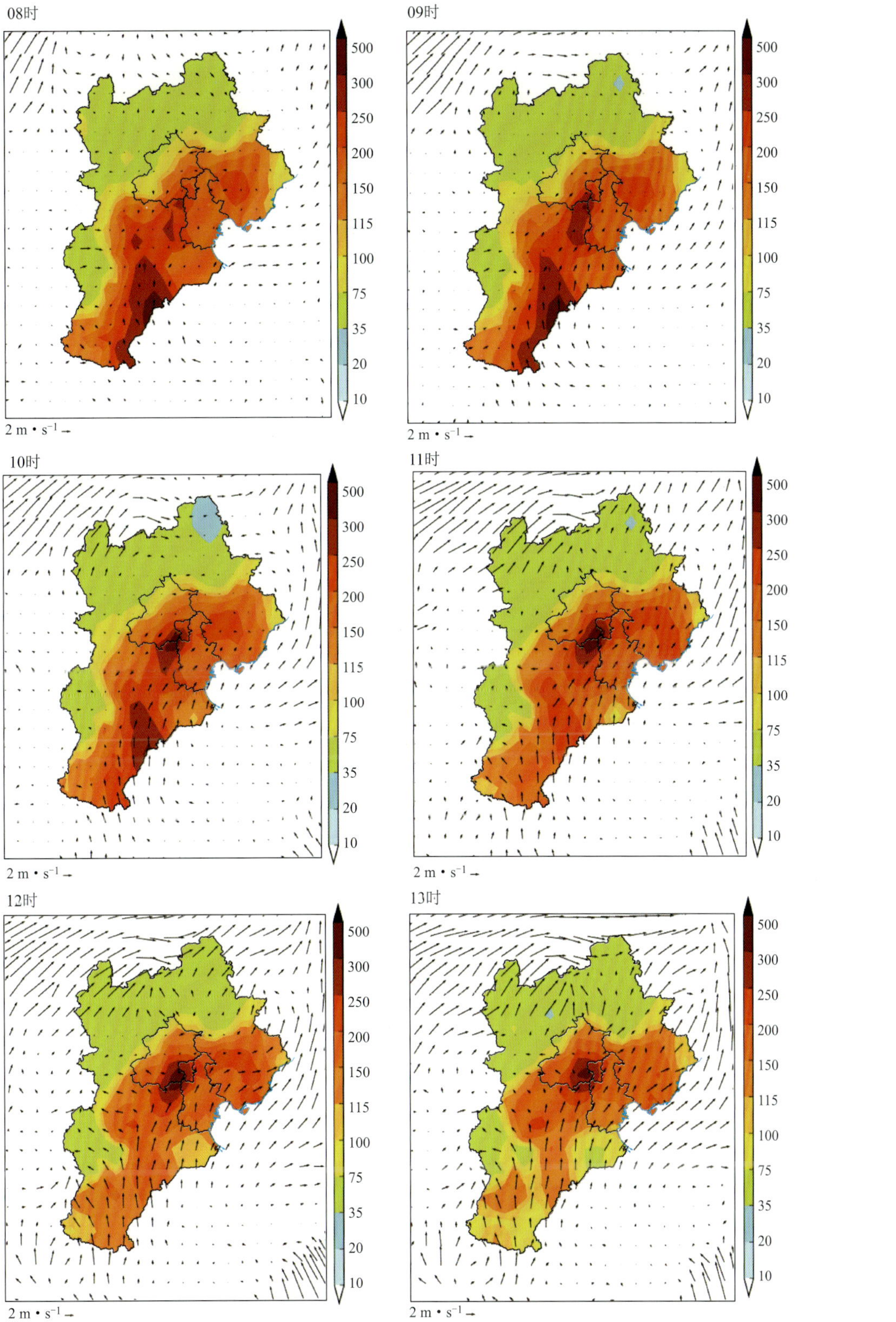
08时
09时
10时
11时
12时
13时
500
300
250
200
150
115
100
75
35
20
10
2 m · s⁻¹

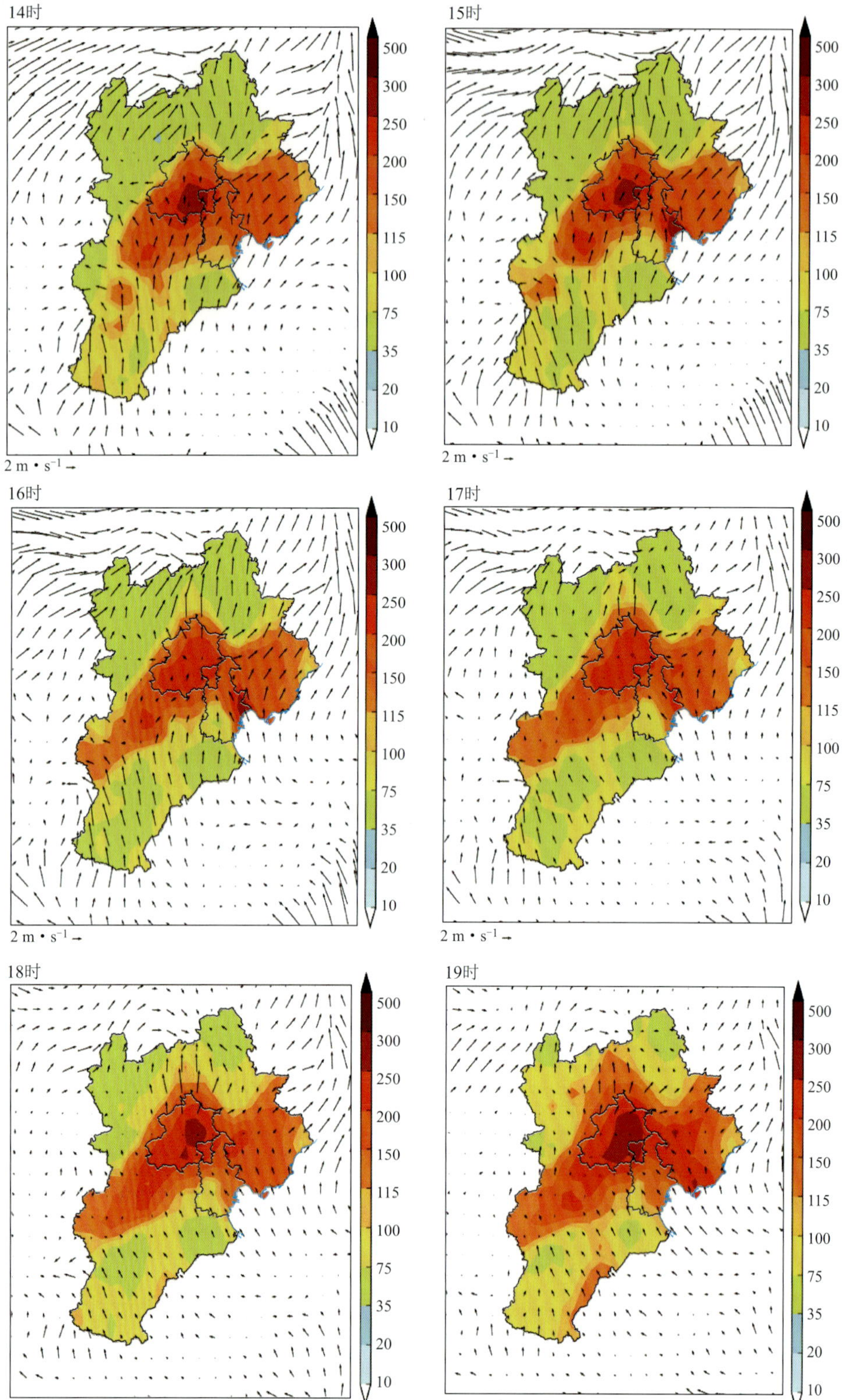

图 2.48　2015 年 10 月 16 日京津冀地区 08—19 时的地面自动站 10 m 风场和 $PM_{2.5}$ 浓度（单位：μg · m^{-3}）

强，15—16 时整层大气消光系数达到了 16 日白天最为均一的状态，16—17 时在 800 m 左右的高度再次出现消光系数大值中心，而且 17—19 时近地层的消光系数在明显增大，更为重要的是消光系数大值区随着时间出现了高值区向下伸展的现象，由高度 800 m 向下伸展至 200 m，甚至更低的高度。

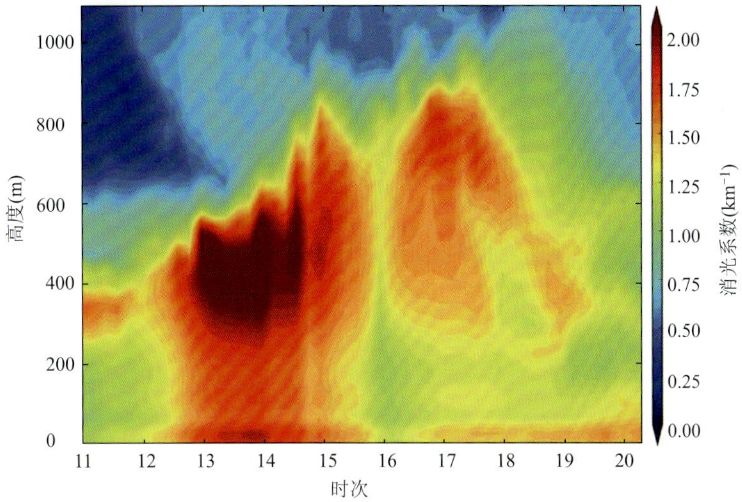

图 2.49　北京地区 2015 年 10 月 16 日 11—20 时激光雷达消光系数

2.6.3　大气动力过程影响

2.6.3.1　混合层高度变化

混合层高度的计算具有很大不确定性，因此采用罗氏法和湍流能量法（程水源和张宝宁，1997；马金和郑向东，2011）计算了混合层高度。如图 2.50a 和图 2.50b 所示，混合层高度均具有明显的日变化特征，其中在 14—16 日空气重污染期间，两种算法的混合层高度均在 2000 m 以下波动，其中 15 日受弱冷空气影响，混合层高度最高，16 日夜间至白天混合层高度均呈升高趋势。在 14—16 日的空气重污染期间，两种算法的混合层高度均在 2000 m 以下波动，两者的区别是罗氏法的计算结果对于近地层大气的动力、热力条件及大气稳定度更加敏感，湍流能量法对于低层大气垂直方向大气动力结构的改变更加敏感。

2.6.3.2　区域风场日变化分析

BJ-RUC v2.0 系统的空间区域共有 2 个，分辨率为 9 km（D1 区域）和 3 km（D2 区域），水平网格点数分别为 400×649 和 424×550，垂直方向分为 38 层，BJ-RUC v2.0 系统主要物理过程具体如下：WSM6 显式微物理方案；Kain-Fritsch 对流参数化方案（3 km 区域无对流参数化方案）；YSU 边界层方案；RRTM 长波辐射方案；Goddard 短波辐射方案；辐射方案每 15 min 计算一次；Noah LSM 陆面模式。

图 2.51a～f 反映了北京及周边地区 10 月 16 日地面风场变化，通过数值模式的预报结果能够看到近地层风场精细特征，经过综合分析我们可以得到如下规律。

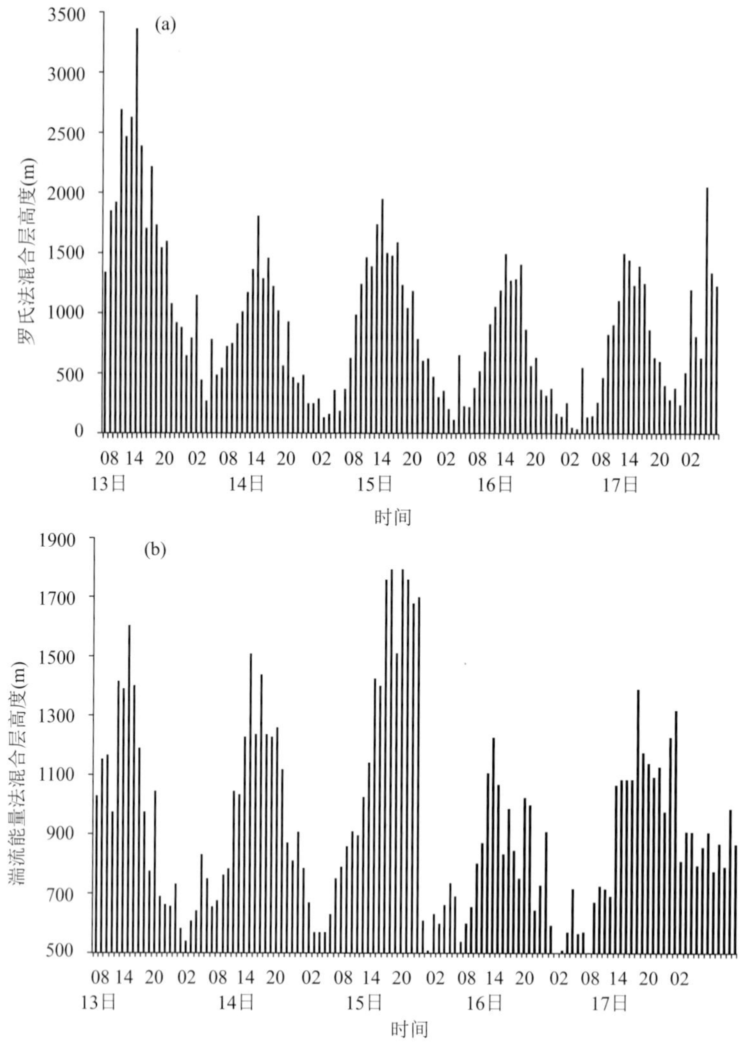

图 2.50 北京地区混合层高度

（a）罗氏法；（b）湍流能量法

（1）京津冀地区夜间近地层受辐射冷却效应影响，冷空气下泄，平原沿山地区夜间多为山风控制，但风速较小，在北京东北部的密云区、平谷区由于均三面环山，在其平原地区山风对应的冷空气明显下泄，山风风速较大，常形成异于北京平原地区的气象条件。

（2）早晨日照辐射作用加强后，近地层热力条件转好，谷风率先出现在山区，北京平原地区风场由山风控制转变为无固定的风场，京津冀沿山地区为风速较小的弱谷风控制，而此弱谷风控制区的东侧则为较明显的偏南风影响，自沿山地区向东偏南风的分量逐渐增大，会促进京津冀平原地区正涡度的形成，有利于沿山地区动力辐合作用的增强，这是京津冀沿山地区大气热力作用先变化，而后促使动力条件发生改变，从而有利于沿山地区污染物积累的有力证据。

（3）午后京津冀沿山地区受山地和平原上空空气热力梯度加强的影响，平原沿山地区的山风明显加强为较强的偏南风，在热力和动力条件双重加强下，平原沿山地区混合层高度也随之升高，大气对污染物的输送作用加强。

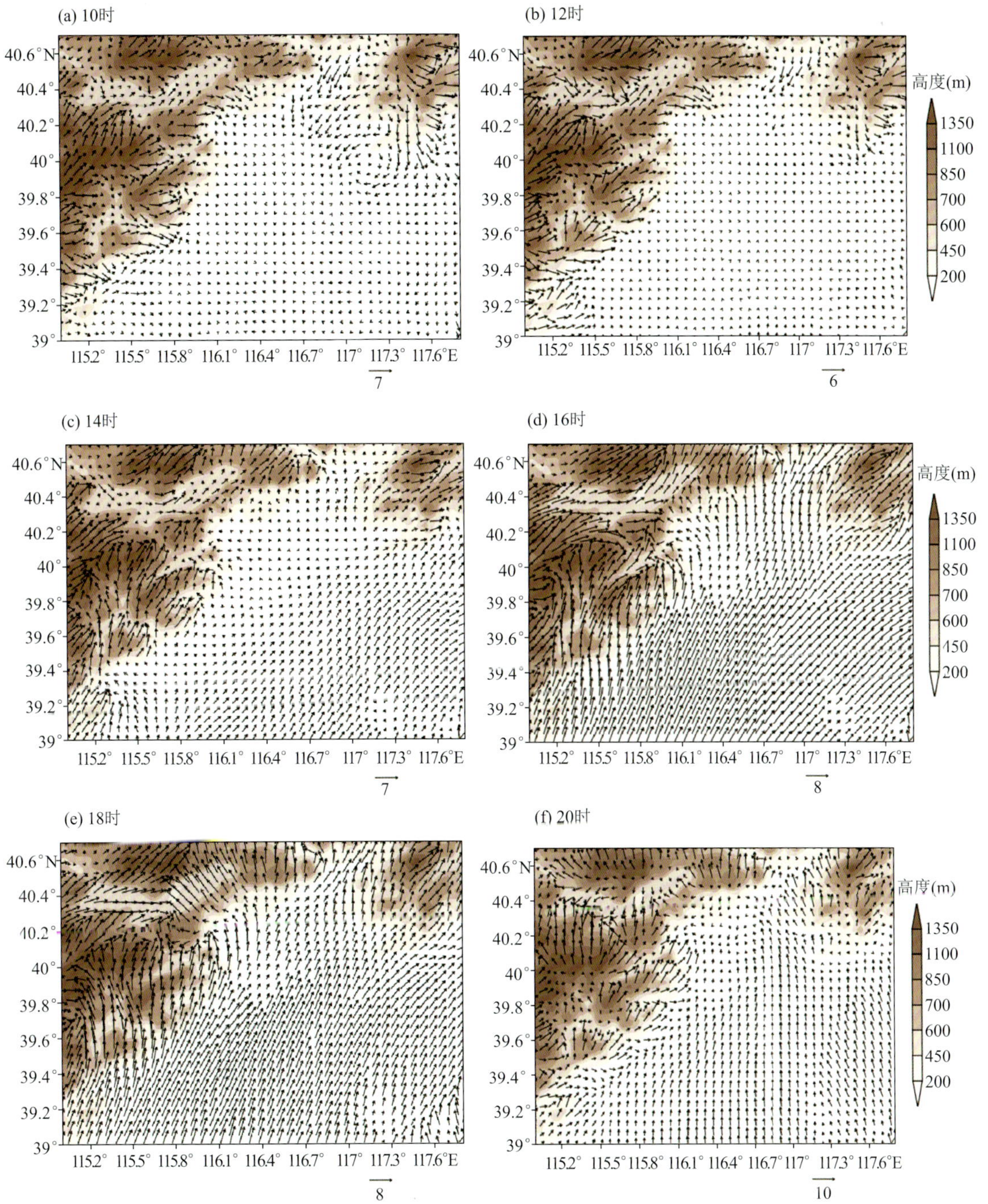

图 2.51　2015 年 10 月 16 日京津冀地区 10 m 风场分布（风速单位：m · s^{-1}，下同）

2.6.3.3　风廓线数据资料

如图 2.52a 所示，0～2000 m 高度上 16 日 10—20 时为一致的偏南风，高层风速较大，低层风速较小，大于 12 m · s^{-1} 的低空急流在 16 日 04—10 时出现在 1000 m 以上的高空，在 10—11 时、13 时前后、16—17 时急流的强度减弱，急流在时间序列演变中发生了断裂现象，这段时间也正是北京本地热力条件逐渐转好的时段。16 日 00—06 时北京近地层为一致的上升气流，高层为下沉气流，而在 06—10 时热力条件开始转好的时段，2000 m 高度以下的大气出现了明显的垂直上升和下沉气流，但在 10—17 时热力条件继续加强的阶段，垂直气流开始向远离山地的一侧倾斜，出现了垂直方向的斜升气流，总体看来上升运动的强度在 2000 m 高度内最大可大于 0.75 $m \cdot s^{-1}$，下沉运动则可大于 0.45 $m \cdot s^{-1}$，上升运动主要为热力强迫引起，而下沉运动更多为动力强迫造成，所以其强度小于上升运动，上升和下沉运动影响着北京地区污染物扩散和输送条件。

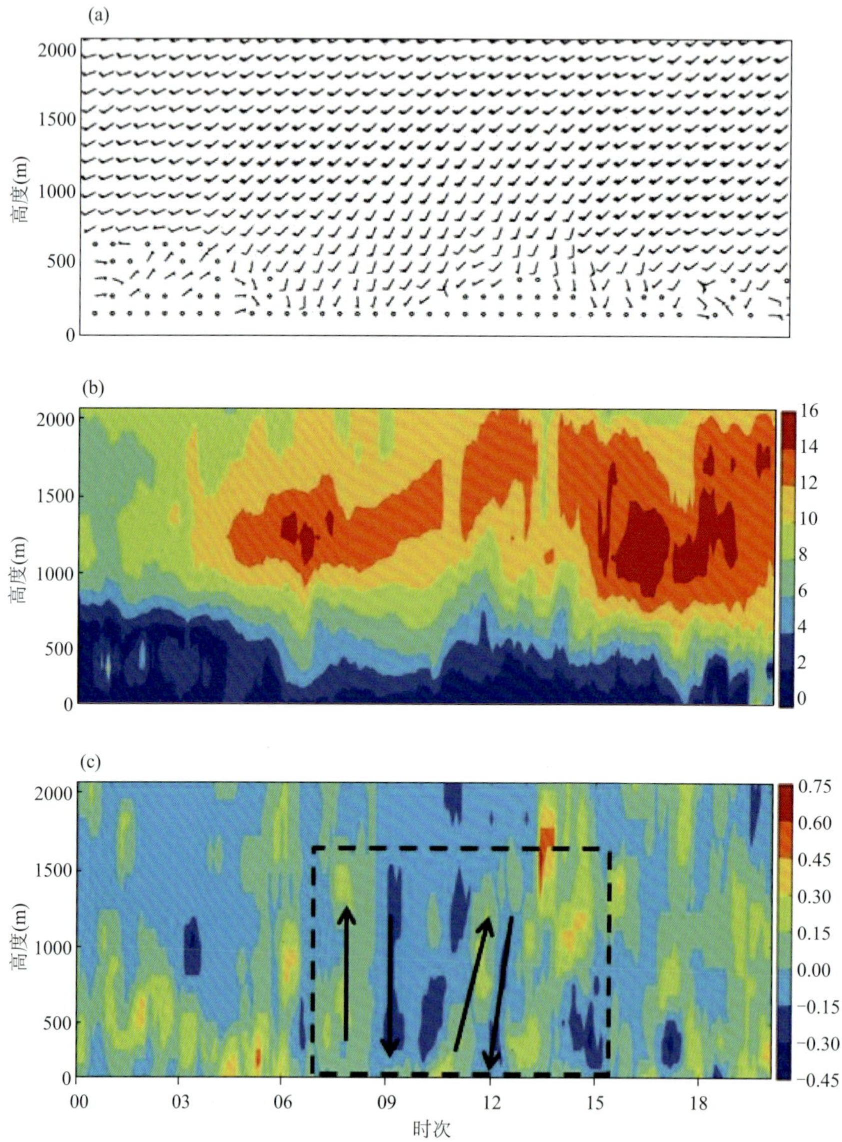

图 2.52　2015 年 10 月 16 日 00—20 时的北京风廓线

（a）水平风矢;（b）风速（单位：$m \cdot s^{-1}$）；（c）垂直速度（单位：$m \cdot s^{-1}$）

2.6.4 大气热力过程影响

2.6.4.1 中国科学院大气物理研究所320 m铁塔数据分析

由图2.53可见，早晨08时250～320 m高度间仍然存在逆温，至10时受热力条件转好影响，逆温层顶向上抬升至320 m以上的高度，320 m以下仍存在较弱的逆温，14—16时期间北京上空320 m高度内逆温基本消失，消光系数大值区出现也正好是320 m高度内逆温逐渐减弱消失的时段。伴随着午后热力条件显著转好（图2.54c），相对湿度的降低（图2.54d），偏南风明显增大（图2.54a和图2.54b），高层的偏南风在13：00—14：00明显增大，与消光系数有较好的对应关系，再次从风场角度印证了偏南风对污染物有明显的输送作用。

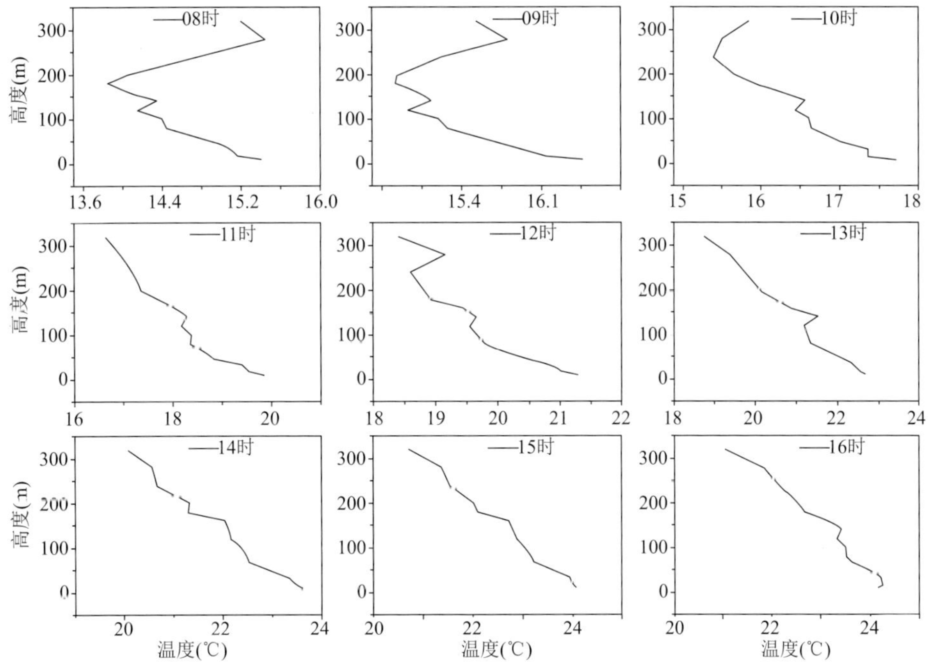

图2.53 320 m铁塔2015年10月16日温度廓线

2.6.4.2 垂直运动转变为倾斜运动的机制以及对污染物输送和扩散的影响

由图2.55所示，16日08时北京上空有逆温存在，平原上空等温面呈准东—西向分布，16日10时逆温层顶抬高，逆温的强度减弱，北京西部地区率先增温，西部地区等温面呈西北—东南向倾斜，这说明山区在无明显天气系统影响时，日出以后太阳辐射加热使山谷壁附近的空气变暖，其变暖速度要快于相同海拔高度上平原地区上空的空气，16日12时和14时北京上空的逆温已经消失，温度场受西部、北部山区热力加热的作用变为一致的西北—东南向。结合图2.55及图2.56，当北京上空存在逆温期间（08—10时）垂直方向的运动方向以上—下为主，当逆温消失期间（11—17时），伴随着等温面由准东西向转变为西北—东南向，垂直方向的运动向东倾斜，即垂直运动的方向总是倾向于尽可能与等温面正交的方向，

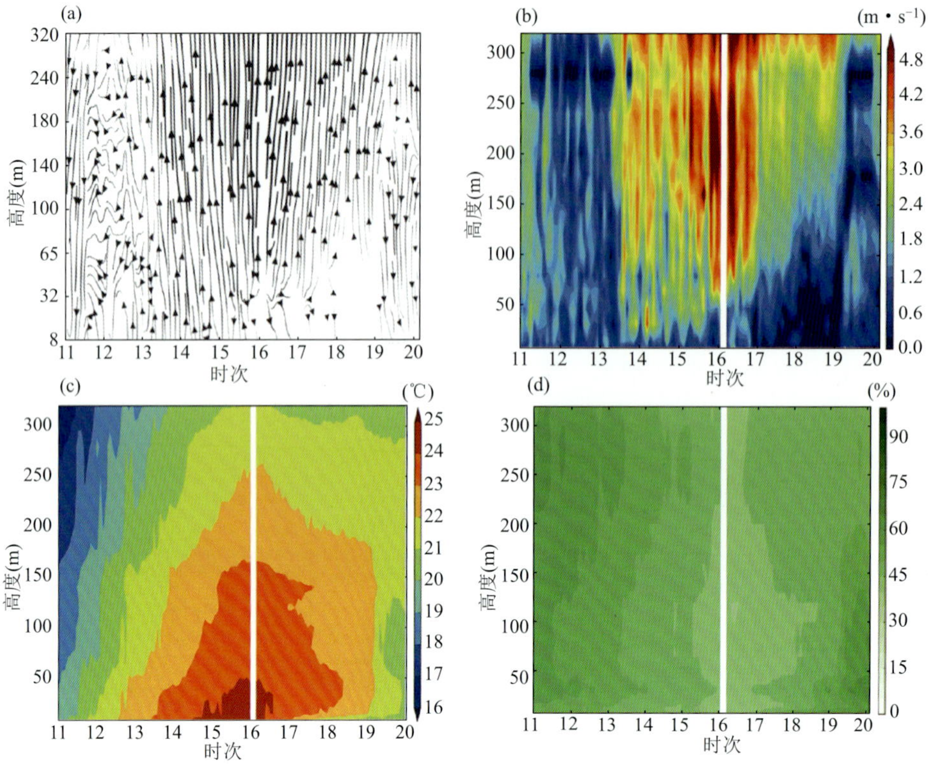

图 2.54 320 m 铁塔 2015 年 10 月 16 日 11—20 时气象条件变化过程

（a）风向；（b）风速；（c）气温；（d）相对湿度

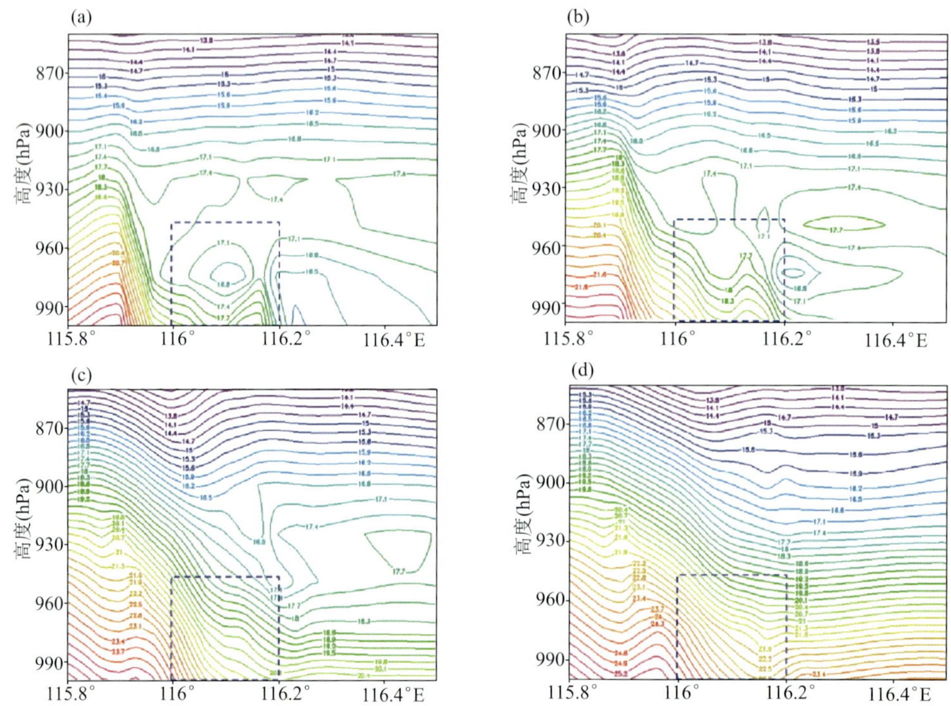

图 2.55 BJ-RUC 数值模式 2015 年 10 月 16 日 08—14 时温度场（单位：℃）

（a）08 时；（b）10 时；（c）12 时；（d）14 时

这种垂直运动的机制，保证了近地层被加热的空气以最大的效率穿过等温面，在分析天气尺度系统对扩散条件影响时，垂直运动影响比水平运动相对较弱，可以忽略不计，但是在本研究中空间尺度相当于中尺度运动的情况来说，垂直运动对扩散条件的影响则更为重要。

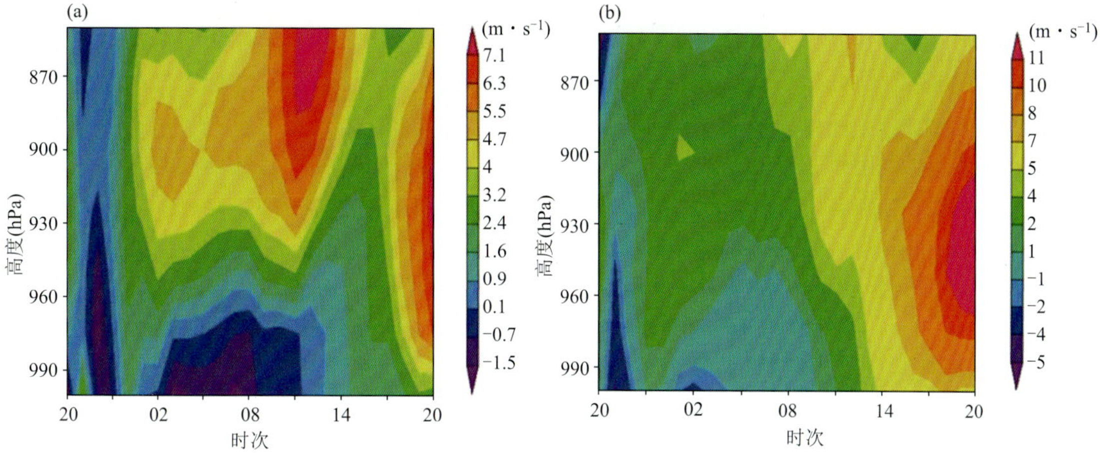

图 2.56　BJ-RUC 数值模式 2015 年 10 月 15 日 20 时—16 日 20 时 u 风（a）和 v 风（b）

15 日夜间至 16 日 08 时北京处于稳定层结的影响，由于多层逆温的存在且风速较小，大气对污染物的输送较弱，随着上述提到的等温面向东侧倾斜，以及垂直方向斜升气流的出现，水平方面上谷风加强。严格来讲，该谷风是中尺度系统对应的风与天气尺度高空槽前对应的偏南风叠加后，就是在铁塔和风廓线数据所观测的偏南风。由图 2.56 中的 v 风分量可见，11—17 时 2000 m 高度内偏南风增大，这也正是激光雷达显示的高消光系数所出现的时间，伴随着偏南风的增大，垂直运动的振幅也随之增大，污染物由河北中南部输送至北京地区，水平方向出现消光系数大值区，而且消光系数大梯度区向高空和近地层伸展，说明这种垂直运动振幅随着热力条件逐渐增大，而且垂直方向倾斜运动的气流会促进来自水平方向高浓度气团向高空和近地层扩散，近地层监测站所观测到的浓度也正是在这种极为复杂多尺度系统、多维度运动的结果。

图 2.57 为本个例中北京地区在无明显天气系统影响下垂直运动的概念模型，夜间北京大气层结稳定，有逆温存在，早晨太阳辐射加热近地层及山区，但热力条件仍较弱，相同海拔高度下，山区表面空气的加热速度快于同海拔高度的平原地区，上升运动首先在山区及沿山地区出现，上升运动则会将近地层较为温暖的空气和污染物向高空输送，直到遇到逆温层，此时被地面带入高空气块的温度小于上层的逆温层温度，因此受到负浮力的作用，此气块向下运动，被带入高层的污染物则在逆温层以下均匀混合，而此气块向下运动的同时也将温度较高逆温层中的暖空气向下夹卷，逆温层以下大气受到地表加热及高层夹卷共同作用，温度上升，逆温的强度随之减弱。随着太阳辐射作用的加强，北京地区由于地形的作用，等温面准东西向转变为西北—东南向，并且垂直气流的振幅增大，逆温强度减弱，逆温层以下大气污染物混合更加充分和均匀，垂直方向气流由上—下运动转变为向东侧倾斜的斜升和斜降运动，以使高低层大气之间的热交换效率达到最大。对于污染物的输送，在夜间稳定层结下，逆温层以下水平风速较小，对污染物的输送能力较弱，即使逆温层以上由于夜间地表对动量消耗减少而形成的低空急流，其能否明显将河北中南部沿山地区的污染物输送至北京仍

存在着极大的不确定性，以往鲜有研究，即使果真出现此夜间的低空急流对污染物的输送，由于逆温层的阻隔，逆温层以上低空急流所带来的污染物较难向底层输送，但是 08—10 时北京上空逆温在减弱的同时，逆温层以下的偏南风都在增大，逆温的存在虽然会阻隔高低空污染物的混合和交换，但是依然不会明显影响水平方向污染物的传输，这就是为什么 16 日白天无论逆温强弱和有无，近地面监测站污染物浓度一直持续上升的原因，当然这其中仍然存在热力条件激发的振幅不断放大的重力波在逆温消失前后所进行垂直方向大气污染物浓度混合的作用。此外，还值得注意的是，在等温面由于山体加热作用发生倾斜后，垂直方向气流发生倾斜运动，山体右侧温度梯度加大，水平方向南风分量加大，总体的结果就是，在太行山沿山一带排放源密集、污染最为严重地区的近地层的高浓度气团被这种倾斜上升而且向北运动的力量驱使，流向北京。

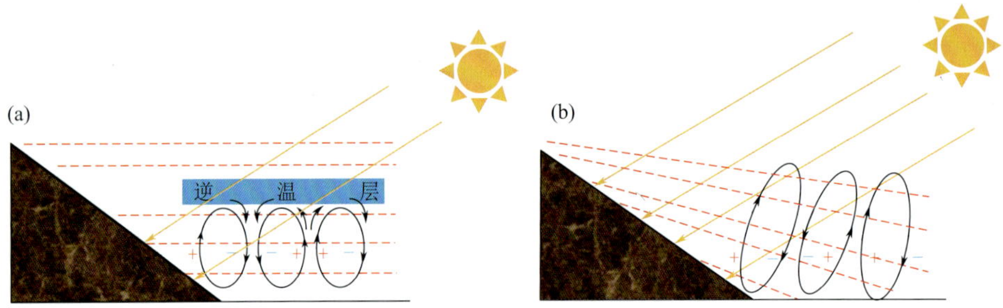

图 2.57　2015 年 10 月 16 日 08—14 时北京地区边界层垂直气流结构特征（+ 为上升运动，－为下沉运动）
（a）06—10 时；（b）10—17 时

图 2.58 是 Hooke（1986）所提出的经典的重力波能量和位相传播的示意图，$t=t_1$ 时刻由于北京西部和北部山地受太阳辐射热力作用强迫，开始激发重力波在波包中的波动产生了切变，到达 t_2 时刻（$t_2>t_1$），波包背离原地向右上方移动。在 t_3 时刻（$t_3>t_2$），波包继续向右上方移动，波的能量继续向这一方向传播，而波的位相则向右下方传播。在实际大气中，重力波的位相和能量的传播受诸多因素控制，如风切变、温度层结等因素，情况较为复杂。关于重力波的研究主要出现在对降水天气的动力学诊断和分析中，在大气环境领域所引起的关注较少，而重力波又是对大气污染物扩散和传输具有重要影响的一类波动，应当引起重视。对于短周期波动 $k_1^2 \ll k_2^2$，k_1 为垂直方向的波数，k_2 为水平方向的波数，位相传播接近于水平方向，能量传播接近于垂直方向，若大气不可压，则质点的运动与波的移动方向垂直，在本研究中由于地面可假设为刚体，所以波动不可能向地下传播，因此风廓线观测到的垂直方向的运动为上—下或倾斜运动，位相则为自西向东。

2.6.5　结论

2015 年 10 月 13—17 日北京地区出现了一次空气重污染过程。重污染过程期间，北京地区白天热力条件转好后，逆温减弱，垂直方向由上—下运动转变为倾斜运动，同时偏南风增大，污染物输送增强，造成这种动力结构的原因主要是热力条件加强后等温面由准东—西向转变为西北—东南向，使气流穿越等温面对近地面热量向上输送效率最大造成的。

空气重污染过程期间，由山地加热激发的重力波振幅在白天增强，造成高空输送至北京

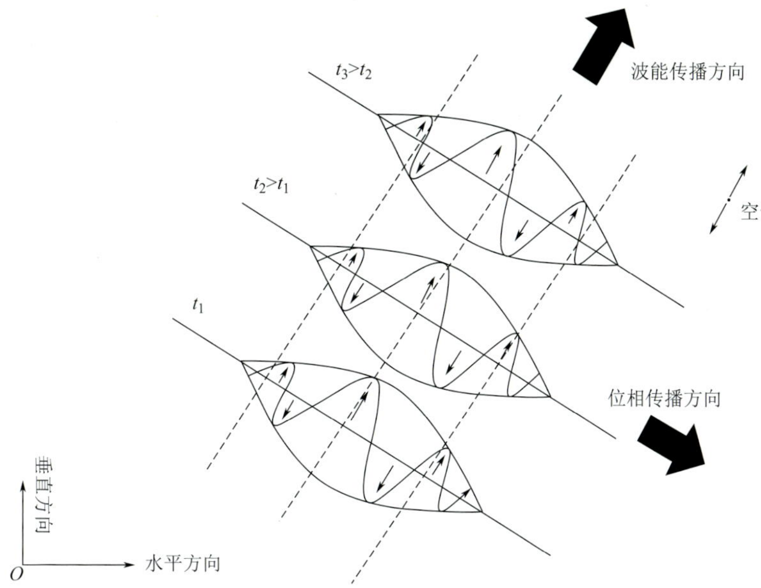

图 2.58　重力波能和位相的传播（Hooke，1986）

的污染物在垂直方向出现向上和向下的传输，16 日白天地面 $PM_{2.5}$ 浓度的快速升高，是在 $PM_{2.5}$ 存在一定垂直交换的情况下，近地面偏南风输送所形成的大气污染物输送和扩散机制可以在一定程度上解释区域重污染背景下，白天混合层高度升高，逆温减弱而近地层 $PM_{2.5}$ 浓度随之升高的现象。

2.7 本章小结

本章主要介绍京津冀地区大气污染形成的天气成因，以北京地区天气气候背景为基础，研究了京津冀地区的污染成因和传输路径，得出了以下重要结论。

（1）气象条件对 $PM_{2.5}$ 浓度的影响分析中发现，$PM_{2.5}$ 浓度和温度、相对湿度呈正相关，与风速和气压呈负相关，相关系数在冬天达最大。

（2）受北京及周边特殊地形、城市化发展和污染源排放等复杂因素的影响，北京地区污染物分布主要表现为“南高北低”的特点。北京地区 $PM_{2.5}$ 浓度有明显的季节变化特征。城区海淀宝联站监测数据显示，秋、冬季和夏季 $PM_{2.5}$ 污染相对较重，郊区上甸子本底站夏季污染相对较重，冬季浓度最低，但平均浓度仍不达标，说明京津冀及周边区域 $PM_{2.5}$ 的背景浓度较高。城区海淀宝联站 $PM_{2.5}$ 平均浓度在各季的日变化趋势均为双峰双谷型，即北京时间 09—10 时和 21—22 时出现峰值，而低值阶段出现在 06—07 时和 15—16 时。而郊区上甸子站各季节 $PM_{2.5}$ 平均浓度日变化趋势均为单峰型。城区白天的峰值主要是由于早上上班高峰时段行驶车辆增多、污染源排放增大等人类活动导致的，而郊区人为活动少，与城区白天的交通高峰期的 $PM_{2.5}$ 峰值形成显著对比。

（3）近些年大气不断增温，逆温逐渐增强，大气稳定度受每年的气象条件影响而变化，大气自身容纳能力呈现一个平缓的下降趋势，且季节差异性减小。边界层高度的季节特征显示，春季和夏季较高，在秋冬季节明显降低。

（4）北京出现重污染天气过程一般地面均为弱气压场或辐合区，高空呈纬向环流，春季偏南大风对空气污染扩散起到积极的效应，夏季重污染天气过程多为 $PM_{2.5}$ 和 O_3 的复合污染。

（5）重污染个例研究发现，白天热力条件转好后，边界层低层垂直方向气流由上—下运动转变为倾斜运动，同时水平方向偏南风增大，高浓度气团向北京移动，污染物输送增强，造成这种空间结构的原因主要是热力条件加强后等温面由准东—西向转变为西北—东南向，由于山地加热激发的重力波振幅在白天增强，高空水平方向输送至北京的污染物在垂直方向出现向上和向下的传输。

第3章 京津冀地区大气污染影响分析

3.1 偏东风对重污染天气影响分析

关于北京地区空气重污染的相关研究已经有较多成果。北京地区三面环山，特有的地形条件，使此地区的气象条件易受偏东风影响。已有学者关注到风的垂直切变对污染物浓度的影响，偏东风是北京地区一类特殊风系，而北京地区气溶胶的理化特征也会随着偏东风的影响而改变，偏东风影响北京时，由于西部为山区，会形成上升运动，但上升运动的层次、强度往往与偏东风的厚度、风速随高度的变化直接相关，进而影响边界层内气溶胶的浓度。

北京地区近年来重污染天气事件频发，但对偏东风与气溶胶之间关系的研究较为稀少，这导致边界层内气溶胶对不同强度偏东风的响应机制尚不清晰，与其他风向相比，偏东风对边界层气溶胶浓度的影响有几点不同。第一，由于偏东风并非地方性风，它的出现常带有突发性；第二，偏东风风速的大小、风速随高度的变化、偏东风的薄厚均会形成迥异的大气动力条件。选择 2015 年 12 月 19—27 日雾凇和偏东风影响下的边界层内污染物超标的个例作为代表，来揭示北京地区边界层内雾凇和偏东风对气溶胶不同的清除机制。

3.1.1 $PM_{2.5}$ 浓度的演变过程

2015 年 12 月 19—26 日北京地区经历了一次重污染天气过程（图 3.1）。此次重污染过程中，$PM_{2.5}$ 浓度出现了 3 次明显下降，对应 3 种不同的清除机制。$PM_{2.5}$ 浓度第一次下降出现在 12 月 22 日夜间，由 371.2 $\mu g \cdot m^{-3}$ 下降为 200.0 $\mu g \cdot m^{-3}$，浓度下降了 171.2 $\mu g \cdot m^{-3}$；$PM_{2.5}$ 浓度第二次下降出现在 12 月 23 日夜间，由 235.7 $\mu g \cdot m^{-3}$ 下降为 79.9 $\mu g \cdot m^{-3}$，浓度下降了 155.8 $\mu g \cdot m^{-3}$；$PM_{2.5}$ 浓度第三次下降主要出现在 12 月 26 日，由 408.3 $\mu g \cdot m^{-3}$ 下降为 33.8 $\mu g \cdot m^{-3}$，浓度下降了 374.5 $\mu g \cdot m^{-3}$，空气质量为优。

3.1.2 雾凇和弱冷空气对 $PM_{2.5}$ 清除过程

当过冷水滴碰撞到同样低于冻结温度的物体时，便会形成雾凇，它是由于雾中无数 0 ℃以下而尚未结冰的雾滴随风在树枝等物体上不断积聚冻粘的结果。雾凇出现，吸附微粒沉

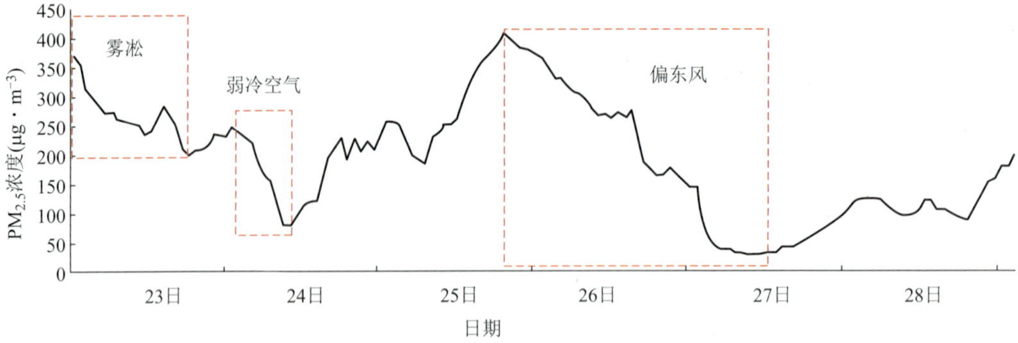

图 3.1　2015 年 12 月 23—28 日北京地区地面 $PM_{2.5}$ 浓度变化趋势

降，具有一定的净化空气作用。雾凇形成有两种情况：第一种情况是在微风严寒的天气里，水汽在物体表面凝华而成的针状雾凇，呈枝状的白色晶体，质地松散，容易震落；第二种情况是在微寒、浓雾、有风的天气，过冷雾滴在物体上冻结形成雾凇，本研究属于第二种情况。

有研究表明，高湿、逆温、低温是雾凇形成的重要条件。北京地区在 12 月 22 日夜间—23 日早晨，由图 3.2 可见 320 m 以下大气相对湿度均在 90%以上，且在 50～250 m 高度出现了明显逆温。由图 3.3 可见，入夜后大部分时间地面风速小于 1.5 m·s^{-1}，地面相对湿度均在 95%～100%，地面气温在 −3～0 ℃，均具备雾凇形成条件。由于大气湿度的增大，小液滴在各种并合过程中长大成雾滴，在过冷却状态下，冷雾滴在树枝、电线等物体表面撞冻或凝华形成冰晶沉积物，就是雾凇，$PM_{2.5}$ 浓度随之下降。

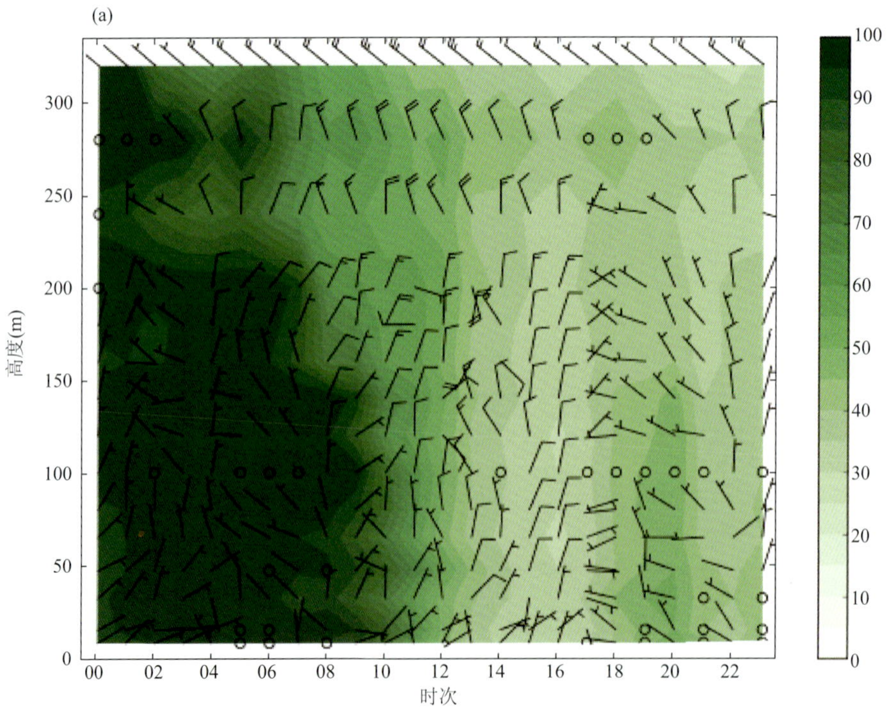

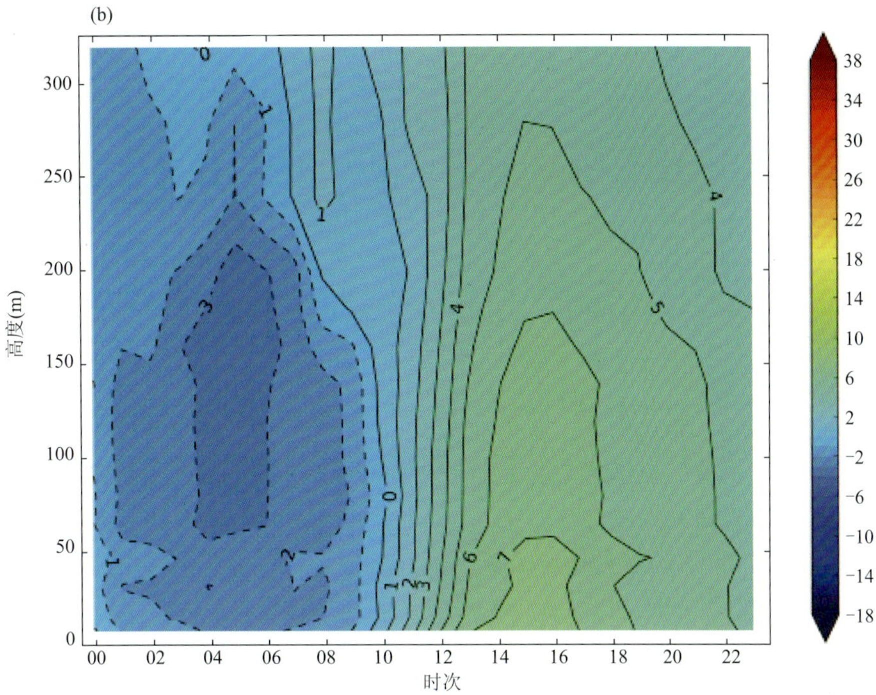

图 3.2　北京地区中国科学院大气物理研究所 320 m 铁塔数据

（a）风场和相对湿度（%）；（b）温度（℃）

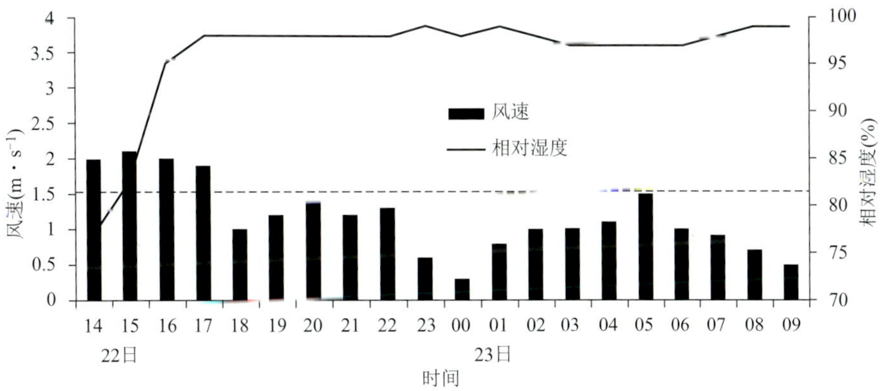

图 3.3　北京地区 10 m 风速和 2 m 相对湿度

12 月 23 日夜间 20 时—24 日上午 10 时，受弱冷空气影响，出现偏北风，从 23 日 20 时—24 日 10 时，相对湿度由 83%下降到 51%，气温由低于 0 ℃上升至 1.9 ℃，$PM_{2.5}$ 浓度第二次明显下降，关于冷空气对大气污染物的清除的研究成果较多，此处不再赘述。

3.1.3　偏东风对污染物清除的动力学机制

在 σ 坐标系下，

$$\zeta=\sigma=\frac{P}{P_s}$$

式中，P_S 为地面气压。

$$P_S = P_S(x, y, t)$$

在 σ 坐标系下的连续方程为：

$$\frac{\mathrm{d}}{\mathrm{d}t}(\ln P_S) + \nabla_\sigma \cdot \mathbf{V} + \frac{\partial \dot{\sigma}}{\partial \sigma} = 0$$

由于 P 不随 σ 变化，

$$\frac{\partial P_S}{\partial \sigma} = 0$$

因此上式写为：

$$\frac{\partial P_S}{\partial \sigma} = -\nabla \cdot (P_S \mathbf{V}) - \frac{\partial}{\partial \sigma}(P_S \dot{\sigma})$$

式中，$\dot{\sigma}$ 为垂直速度，边界条件为：

当 $\sigma=1$（地面），$\dot{\sigma}=0$，$u=u_0$（t）<0。

当 $\sigma=0$（大气顶），$\dot{\sigma}=0$，$u=0$。

如果仅仅对一定高度的大气积分，例如从 $\sigma=0$ 到 σ_0 积分，可以得到 σ_0 高度处的垂直速度 $\dot{\sigma}$ 的方程：

$$\sigma \frac{\partial P_S}{\partial t} + \int_0^{\sigma_0} \nabla \cdot (P_S \mathbf{V}) \mathrm{d}\sigma = -P_S \dot{\sigma}$$

在 25 日夜间偏东风影响时段，查阅实况数据后发现，P_S 可以近似为一个常量，因此假设它不随时间变化，$\frac{\partial P_S}{\partial t}=0$，上式简化为：

$$-\int_0^{\sigma_0} (\nabla \cdot \mathbf{V}) \mathrm{d}\sigma = \dot{\sigma}$$

不考虑气流在 y 方向上的变化，理想化风场只存在于 x 方向 $\nabla \cdot \mathbf{V} = \frac{\partial u}{\partial x}$。

有研究将浅薄的偏东风在垂直方向上近似为随高度线性减弱，本研究为便于讨论也采用此假设，同时实况显示偏东风也随高度减弱，而且未超过北京西部太行山的高度，由上边界条件可知：

$$u(x, \sigma, t) = u_0(t)[1 - \sigma(x)/\sigma_0]$$

则 $\nabla \cdot \mathbf{V} = \frac{\partial u}{\partial x} = -\frac{u_0}{\sigma_0}\frac{\partial \sigma}{\partial x}$，代入连续方程后，得到：

$$\dot{\sigma} = \int_0^{\sigma_0} \left(\frac{u_0}{\sigma_0}\frac{\partial \sigma}{\partial x}\right) \mathrm{d}\sigma$$

当偏东风之时 $u_0<0$，在迎风坡 $\frac{\partial \sigma}{\partial x}<0$，因此 $\dot{\sigma}>0$，存在上升运动。地形迎风坡的上升运动取决于低空最大东风层的风速大小和山体的坡度，由图 3.4 中的阶段 1 可见北京 300 m 高度以下均为偏东风，300 m 高度以上为明显的偏西风，偏东风随高度减小，$\dot{\sigma}>0$，对应着风廓线数据中的上升运动；阶段 3 中 500 m 高度以下为偏东风，500 m 高度以上为偏西风，此阶段偏东风随高度增大，最大东风层就位于 400～500 m 的高度上，上升运动最大值也位于此高度上，在阶段 3 中 500 m 高度以上为偏西风，500 m 高度以下为偏东风，上升运动发展至 1000 m 以上的高度，上升运动最大强度超过 1 $m \cdot s^{-1}$。

对于阶段 2 的偏东风随高度增大的相关讨论，下面给出动力学解释。

假设偏东风随高度线性增大，边界条件为：

当 $\sigma=1$（地面），$\dot{\sigma}=0$，$u=u_0(t)<0$。

当 $\sigma=0$（大气顶），$\dot{\sigma}=0$，$u=U(t)$，$U(t)<u_0<0$。

得到风速为 $u(x,t)=u_0(t)-\dfrac{u_0(t)-U(t)}{\sigma_0}\sigma(x)$，则

$$\nabla\cdot\mathbf{V}=\frac{\partial u}{\partial x}=\frac{(U-u_0)}{\sigma_0}\frac{\partial\sigma}{\partial x}$$

代入 $-\int_0^{\sigma_0}(\nabla\cdot\mathbf{V})\mathrm{d}\sigma=\dot{\sigma}$ 中，有 $\dot{\sigma}=-\int_0^{\sigma_0}\left[\dfrac{(U-u_0)}{\sigma_0}\dfrac{\partial\sigma}{\partial x}\right]\mathrm{d}\sigma$，说明在偏东风风速随高度线性增加过程中，在迎风坡 $U-u_0<0$，$\dfrac{\partial\sigma}{\partial x}<0$，水平辐散，出现下沉运动，下沉运动的强度与偏东风垂直风切变大小有关，切变越大下沉运动越强，因此从图 3.4 的第二阶段可见在偏东风垂直切变最强的 300～600 m 高度上出现了 A、B、C 这 3 个下沉中心。

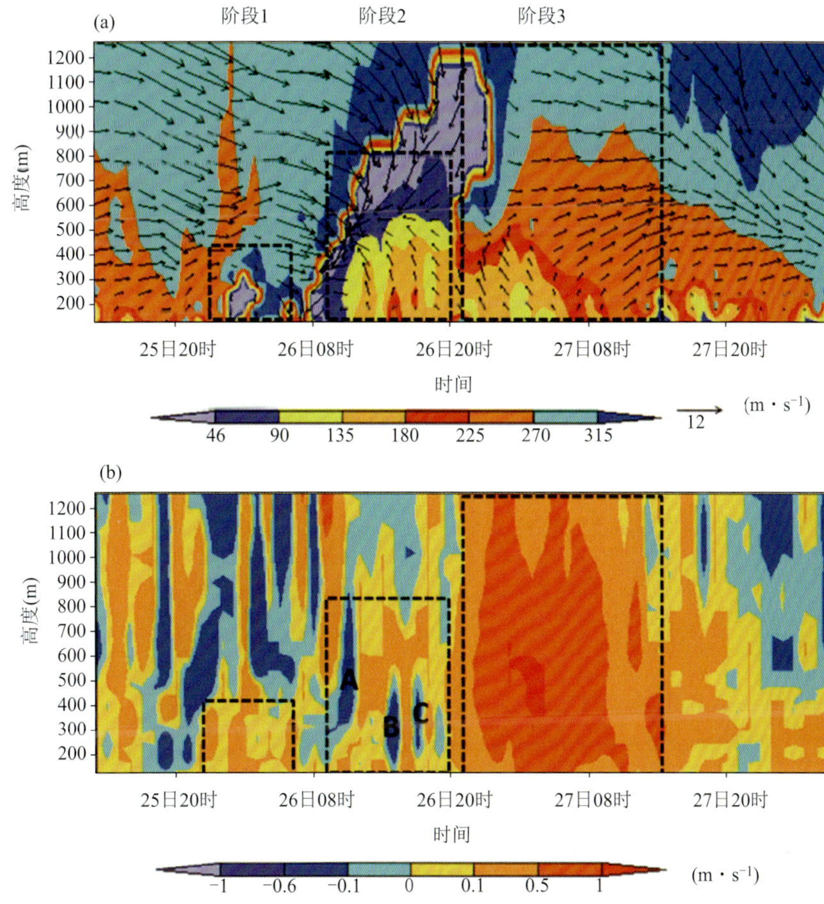

图 3.4　北京地区风廓线数据

（a）风场，箭头为风向；（b）垂直速度

有研究表明气溶胶通常在一定高度 Z_{max} 以下浓度最高，而此高度以上大气非常清洁，第一种分类是在 Z_{max} 高度以下，气溶胶的垂直分布为高斯型，在 Z_{max} 以下为高斯分布，Z_{max} 以上为自然气溶胶，呈指数分布；第二种分布称为指数型，在整个高度上气溶胶的浓度随高度呈指数分布，此种分布对应于不稳定天气条件；第三种为均匀型，在 Z_{max} 以下均匀分布，而 Z_{max} 以上仍为自然气溶胶，所以无论气溶胶在 Z_{max} 以下以何种形式分布，一旦较强的上升运动冲破 Z_{max} 高度，Z_{max} 以下的气溶胶将被带入更高层大气，所以从空气污染物清除的角度看，上升运动的起始高度最好源于地面或者在较低层次，此外上升运动的强度要强，如果仅仅达到天气尺度系统的上升速度 $cm \cdot s^{-1}$ 量级，不足以明显降低近地层大气污染物浓度。

3.1.4 偏东风作用下沿山山区和平原地区 $PM_{2.5}$ 浓度变化

由于偏东风的作用，300 m 以下整层大气出现了上升运动，北京地区处于山前，受地形影响较大的地区对偏东风的作用会更加敏感，因此受偏东风抬升作用影响，山区 $PM_{2.5}$ 浓度自中午开始出现明显下降，城区 $PM_{2.5}$ 浓度变化不大（图 3.5），2015 年 12 月 26 日北京地区白天受下沉气流影响，与第一阶段比，偏东风层次变厚、风速变大（图 3.6），对 $PM_{2.5}$ 浓度影响主要有两点：第一，伴随着平原地区污染物浓度下降，变厚的偏东风会将平原地区污染物向沿山地区输送；第二，下沉气流的出现会压缩边界层底层的大气容积，降低大气对污染物的容纳能力。廖晓农等（2015）研究成果表明，地面到高空垂直速度呈上升-下沉-上升的分布，而且散度呈辐合-辐散-辐合的结构。近地层的辐合导致周边的污染物向本地汇集，上升运动则将它们送向空中。但是，叠置在其上空的、长时间维持的下沉气流层却阻止了污染物继续向上运动，从而导致近地面层的污染物浓度升高。垂直运动出现“分层”是由于高空偏北风并没有侵入到边界层内，近地层仍然维持偏南风或小风，冷空气太弱或者没有冷空气活动是高空偏北风不能到达近地层的主要原因，而下沉气流层的形成则与其上空的空气辐合有关，该辐合层源自偏北气流中的风速脉动。本研究从动力学的角度揭示了东风切变产生的下沉运动，600 m 高度以上的大气的偏东风较快增大，相当于出现风速脉动，这与以往的分析结果相一致。当上升运动强度、高度都逐渐增强、增高后山区和城区的污染物浓度均呈现一致下降趋势。

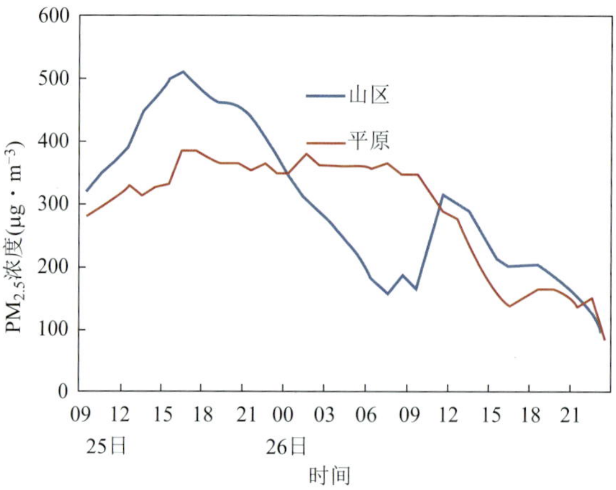

图 3.5 北京地区 2015 年 12 月 25—26 日山区和平原的 $PM_{2.5}$ 浓度演变

（山区：怀柔、平谷、石景山；平原：昌平、观象台、大兴、朝阳、房山、海淀）

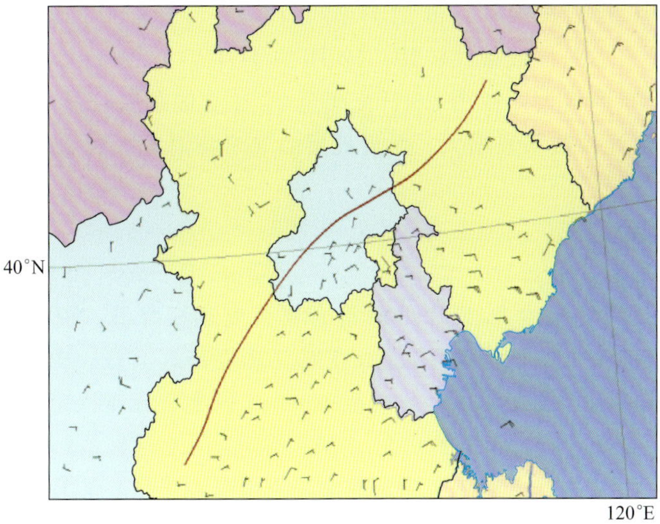

图 3.6　2015 年 12 月 26 日 08 时的地面风场

3.1.5　偏东风作用下山区和平原地区 $PM_{2.5}$ 浓度变化

激光雷达对获取气溶胶的垂直高度信息具有独特的优势，从图 3.7 可见 2015 年 12 月 19—22 日白天 1 km 以下大气消光系数，尤其是近地层的消光系数明显升高，大气污染物浓

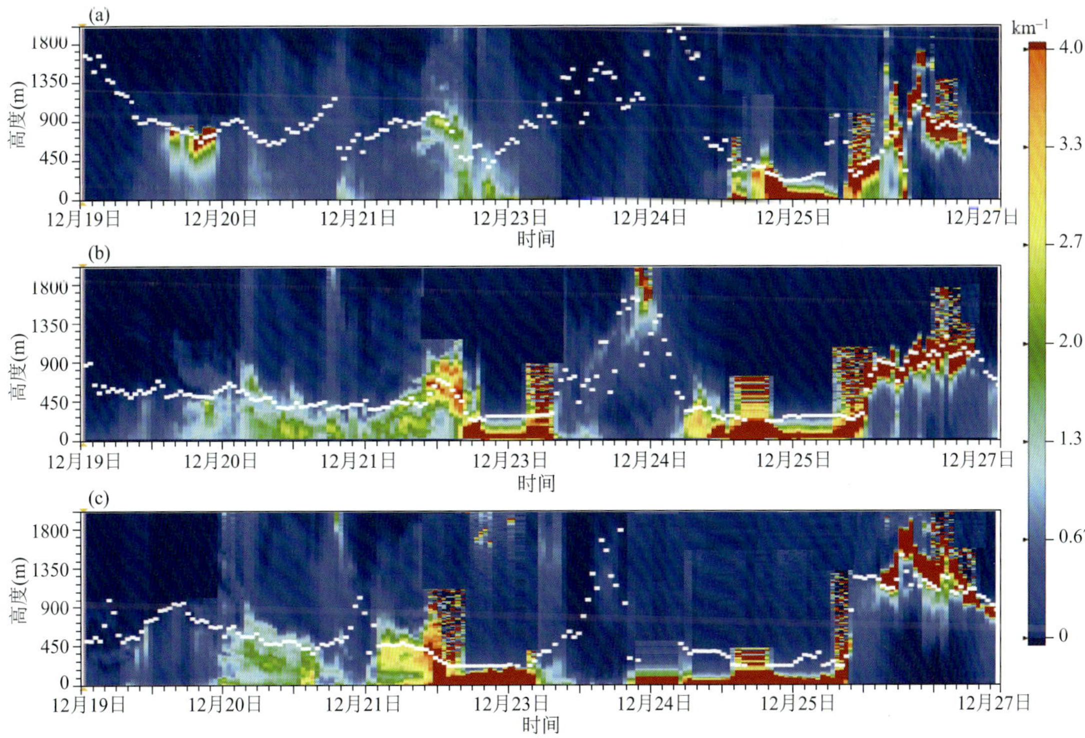

图 3.7　2015 年 12 月 19—27 日北京地区定陵（a）、永乐店（b）、琉璃河（c）激光雷达气溶胶消光系数（km^{-1}）

度逐渐升高，受 12 月 22 日夜间雾凇和 12 月 24 日白天弱冷空气的清除作用影响，气溶胶消光系数明显下降，垂直方向扩散条件转好，12 月 24 日午后至 25 日傍晚前后大气污染物再次累积，气溶胶消光系数增大，12 月 25 日夜间至 26 日受偏东风较强的抬升作用影响，1～2 km 高度的气溶胶消光系数明显增大，而近地层的气溶胶消光系数显著降低。

3.1.6 混合层高度变化

由图 3.8 可见，2015 年 12 月 19—23 日混合层高度逐渐降低，夜间混合层高度可降低至 100 m 以下，大气垂直方向扩散条件较差，$PM_{2.5}$ 浓度持续上升。12 月 23 日夜间至 24 日上午受弱冷空气影响，混合层高度短时升高至 1000 m 以上。12 月 25 日受近地层偏东风影响，混合层高度上升至 1000 m 左右的高度，$PM_{2.5}$ 浓度开始下降。12 月 26 日白天北京上空出现弱的下沉运动，而且下沉运动并未抵达地面，近地层内 $PM_{2.5}$ 容积减小，同时在偏东风的地形辐合作用下，山区 $PM_{2.5}$ 浓度有所上升，平原地区 $PM_{2.5}$ 浓度变化不大。12 月 26 日入夜后上升运动强度增大，发展的高度增强，混合层高度发展至 1200～1800 m，$PM_{2.5}$ 浓度显著下降。

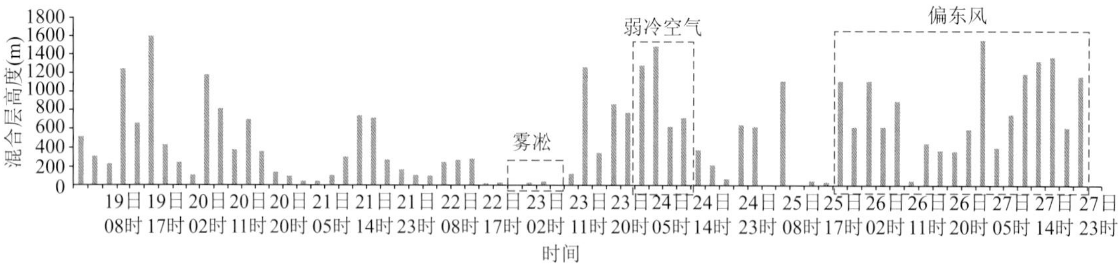

图 3.8 北京混合层高度变化趋势

3.1.7 结论

（1）雾凇对 $PM_{2.5}$ 的清除是不同于偏北风和降水天气的一种清除机制，伴随着雾凇的出现，$PM_{2.5}$ 浓度随之下降。

（2）偏东风是北京地区一类特殊风系，当偏东风随高度减小时，能够形成较强的上升运动将 $PM_{2.5}$ 从近地层抬升至高层而清除；当偏东风随高度增大时，容易形成弱的下沉运动，当下沉运动不能抵达地面时，近地层大气对 $PM_{2.5}$ 容量变小，有利于 $PM_{2.5}$ 浓度的升高。

（3）偏东风对 $PM_{2.5}$ 的清除能力取决于两点：一是偏东风所形成的上升运动的强度与发展的高度；二是此偏东风所形成上升运动的起始高度。

（4）混合层高度与 $PM_{2.5}$ 具有较好的对应关系，当混合层高度明显降低时，$PM_{2.5}$ 浓度显著升高；偏东风出现后，伴随着上升运动达到 $m \cdot s^{-1}$ 的量级，混合层高度升高至 1200～1800 m，$PM_{2.5}$ 浓度也随之下降。

3.2 降水对气溶胶粒子的影响

3.2.1 降水过程中不同粒径颗粒物的浓度变化

对朝阳、昌平站 2013—2015 年平均 2036 个降水时次进行了详细统计（表 3.1），分析 PM_{10}、$PM_{2.5}$、PM_1 浓度变化。利用降水前后浓度对比，反映的应是降水湿沉降和大气动力耦合的共同结果。分析表明，随着降水雨强（1 h 降水量）增大，3 种粒径颗粒物下降时次比例、浓度下降比例均有所增大，粗颗粒物（PM_{10}）的下降幅度大于细颗粒物（$PM_{2.5}$、PM_1）；当雨强为 0～1 mm・h^{-1} 时，PM_{10} 浓度上升 582 个时次，占总样本的 45%；$PM_{2.5}$ 浓度上升 691 个时次，占总样本的 51%；PM_1 浓度上升 677 个时次，占总样本的 52%。降水过程对不同粒径的颗粒物清除效果不明显，尤其 $PM_{2.5}$ 和 PM_1 浓度超过 50%的时次都不降反升，且浓度上升比例显著大于 PM_{10}；当雨强≥10 mm・h^{-1} 时，PM_{10} 下降时次占总样本 71%，浓度平均下降 35%；$PM_{2.5}$ 下降时次占总样本的 70%，浓度平均下降 32%；PM_1 下降占总样本的 67%，浓度平均下降 31%。降水过程对不同粒径的颗粒物清除效果明显，对粗颗粒物的清除效果尤为显著。总体上，结论与已有研究结果基本一致。虽然雨强增大时对颗粒物的清除作用增强，但即使雨强≥10 mm・h^{-1}，仍有 28%～33%的时次不同粒径颗粒物浓度上升，且相同雨强下，颗粒物浓度时而下降时而上升，这与降水的类型和天气系统的特点密不可分，所以还需进一步分析降水性质及对应的大气垂直和水平动力作用。

表 3.1　不同雨强下 PM_{10}、$PM_{2.5}$、PM_1 浓度变化

颗粒物	雨强 (mm・h^{-1})	样本数(个)		比例(%)		浓度上升(%)	浓度下降(%)
		升	降	升	降		
PM_{10}	0～1	582	707	45	55	15	−15
	1～5	156	256	38	62	19	−2
	5～10	29	42	41	59	24	−31
	≥10	14	34	29	71	24	−35
$PM_{2.5}$	0～1	691	665	51	49	13	−13
	1～5	187	245	43	57	17	−18
	5～10	26	46	36	64	14	−25
	≥10	14	32	3	7	15	−32
PM_1	0～1	677	618	52	48	14	−12
	1～5	188	225	46	54	16	−17
	5～10	27	44	38	62	23	−25
	≥10	16	32	33	67	16	−31

3.2.2 不同类型降水过程对气溶胶粒子的影响

2013—2015 年共计降水 151 次，根据降水类型进行分类，其中对流性降水（降水伴有雷电、冰雹、雷暴大风、短时强降水等强对流性天气）114 次，样本时次 1177 个；稳定性降水 37 次，样本时次 499 个；雨夹雪及降雪过程 14 次，样本时次 360 个。

3.2.2.1 对流性降水过程

通过对 1177 个对流性降水样本时次进行统计（表 3.2），结果显示，随着雨强增大，PM_{10}、$PM_{2.5}$、PM_1 下降时次比例、浓度下降比例都显著增大，结论与表 3.1 相似，但 3 种粒子浓度下降比例增幅更大。

表 3.2 对流性降水不同雨强下 PM_{10}、$PM_{2.5}$、PM_1 浓度变化

颗粒物	雨强 ($mm \cdot h^{-1}$)	样本数(个)		比例(%)		浓度上升(%)	浓度下降(%)
		升	降	升	降		
PM_{10}	0~1	287	329	47	53	17	−15
	1~5	110	177	38	62	19	−23
	5~10	28	38	42	58	24	−33
	≥10	14	34	29	71	24	−35
$PM_{2.5}$	0~1	347	333	51	49	15	−14
	1~5	136	173	44	56	18	−21
	5~10	25	42	37	62	14	−26
	≥10	14	32	3	7	15	−32
PM_1	0~1	323	299	52	48	16	−13
	1~5	131	155	45	54	18	−21
	5~10	26	40	39	61	25	−26
	≥10	16	32	33	67	16	−31

以 2014 年 6 月 6 日一次典型对流性降水为例，在 12—13 时小时降水量最大的时段中，PM_{10}、$PM_{2.5}$、PM_1 浓度分别从 73、60、40 $\mu g \cdot m^{-3}$ 快速降至 10 $\mu g \cdot m^{-3}$ 以下（图 3.9）。

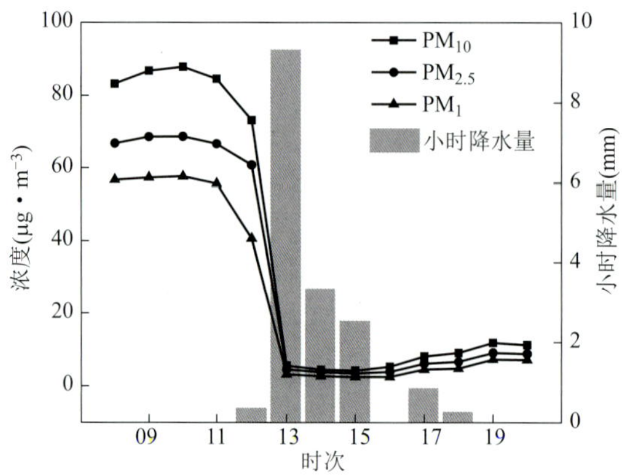

图 3.9 朝阳站 2014 年 6 月 6 日 PM_{10}、$PM_{2.5}$、PM_1 浓度和降水量

强对流天气发生过程中，大气运动极为剧烈。图 3.10 是用 2014 年 6 月 6 日 12 时的观象台地面温度订正了 08 时的温度压力对数图（又称探空图），灰色阴影代表 CAPE（大气不稳定能量）的大小，阴影越大则不稳定能量越大。本次降水前 CAPE 达 1327 $J \cdot kg^{-1}$。14 时前后 700～500 hPa 出现最大值为 0.42 $m \cdot s^{-1}$ 的上升运动，而天气学中天气尺度系统的上升运动量级为 10^{-2} $m \cdot s^{-1}$，0.42 $m \cdot s^{-1}$ 已接近中小尺度系统的上升量级（10^{0} $m \cdot s^{-1}$），故大气垂直方向上强上升运动极有利于气溶胶粒子的扩散和稀释；与此同时，13 时前后地面还出现了雷暴大风天气，雷暴大风一旦产生不仅短时间内在大气垂直方向上下沉运动剧烈，本个例中最大下沉速度达 7 $m \cdot s^{-1}$ 以上，远超出了天气尺度垂直运动的量级（图 3.11），同时，水平风速突增，13 时朝阳地区水平风速达 8～10 $m \cdot s^{-1}$（图 3.12），即 5 级风力。总体上，该次降水发生过程中强上升与中小尺度的强下沉运动共存，大气运动剧烈，极有利于气溶胶粒子的扩散和清除，故在 1 h 甚至更短时间内对不同粒径的颗粒物都有快速而显著的清除效果。王莉莉等（2010）通过分析天气型表明槽或槽前降水常使区域环境质量达到谷值，为清除天气型，而该类降水大气多为不稳定状态。

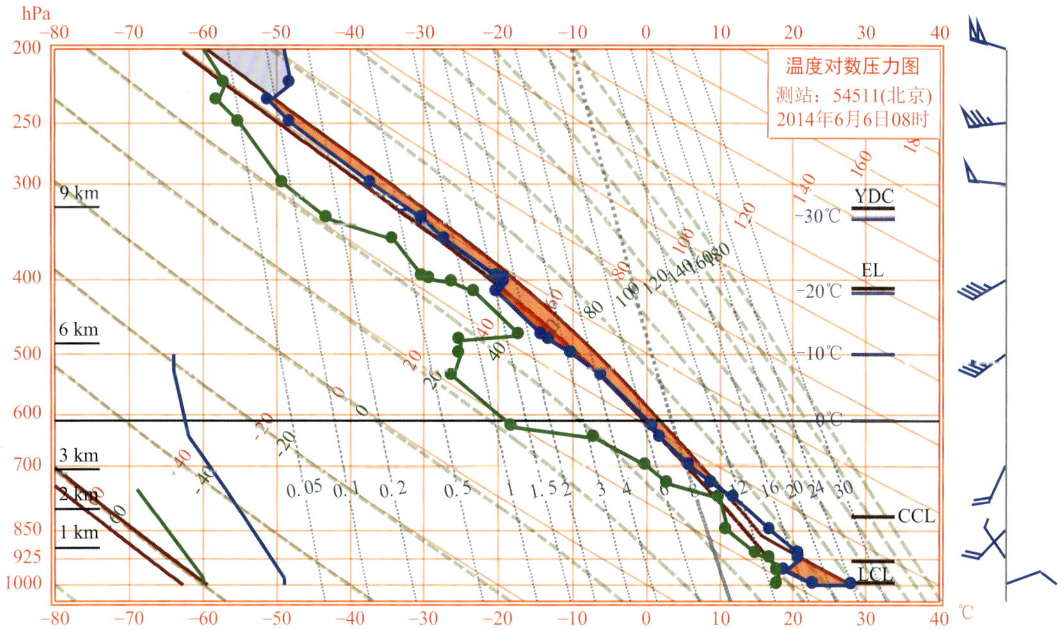

图 3.10　北京市观象台 2014 年 6 月 6 日探空图

3.2.2.2　稳定性降水过程

非对流性（稳定性）降水雨强较小，统计时段内未有雨强≥10 $mm \cdot h^{-1}$ 的个例。499 个降水时次中（表 3.3），随着雨强增大，PM_{10} 下降时次和浓度下降比例呈增大趋势，而 $PM_{2.5}$、PM_1 虽然下降时次比呈增大趋势，但浓度下降比例在 1～5 $mm \cdot h^{-1}$ 时基本无变化，≥5 $mm \cdot h^{-1}$ 呈减小趋势，说明在稳定性降水中细颗粒物浓度变化较为复杂。当降水过程中大气运动不剧烈时，细颗粒物浓度变化与多种因素有关，如降水前空气质量、冷空气强度、区域传输、气溶胶吸湿增长等条件。根据细颗粒物变化情况，再将稳定性降水分为显著冷空气型、无显著冷空气有传输型、无显著冷空气无传输型。

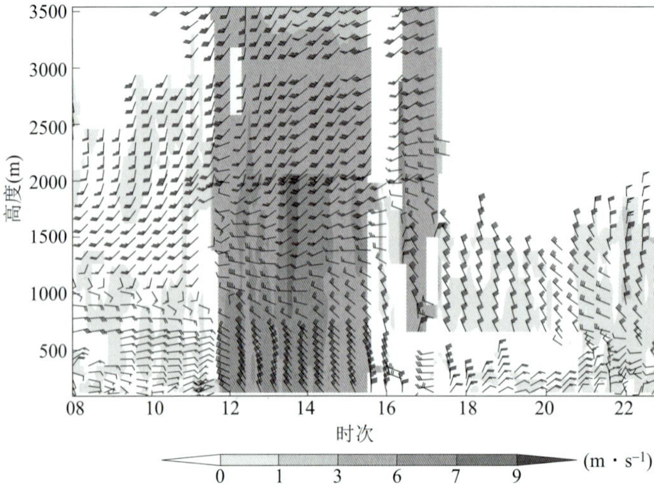

图 3.11 2014 年 6 月 6 日观象台风廓线风场和下沉速度

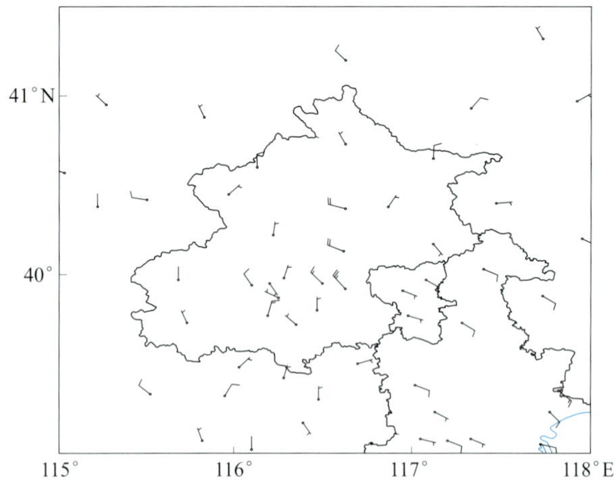

图 3.12 北京地区 2014 年 6 月 6 日 13 时地面风场

表 3.3 稳定性降水不同雨强下 PM_{10}、$PM_{2.5}$、PM_1 浓度变化

颗粒物	雨强 $(mm \cdot h^{-1})$	样本数(个)		比例(%)		浓度上升(%)	浓度下降(%)
		升	降	升	降		
PM_{10}	0～1	123	190	39	6	14	−15
	1～5	50	91	35	65	17	−16
	5～10	2	6	25	75	14	−18
$PM_{2.5}$	0～1	149	163	47	52	11	−12
	1～5	63	77	45	55	11	−12
	5～10	2	6	25	75	12	−1
PM_1	0～1	161	153	51	49	12	−12
	1～5	68	72	48	51	9	−12
	5～10	3	5	38	62	9	−5

3.2.2.3　显著冷空气型稳定性降水

图 3.13 为 2015 年 3 月 31 日一次稳定性降水，此次过程雨强均在 4 mm·h^{-1} 以内，未出现对流性天气现象。降水期间 08—13 时 3 种粒径的粒子浓度变化缓慢，$PM_{2.5}$、PM_1 在 09—10 时雨强最大时段未出现显著下降，11 时之后 3 种粒径粒子均缓慢下降，14 时 $PM_{2.5}$、PM_1 浓度回落至 100 μg·m^{-3} 以下。

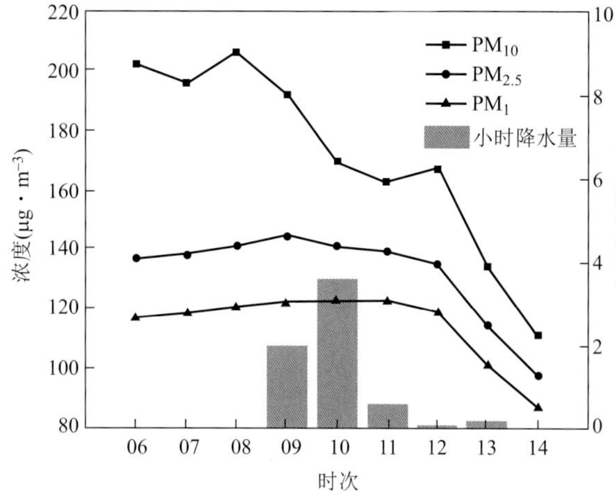

图 3.13　朝阳站 2015 年 3 月 31 日 06—14 时 PM_{10}、$PM_{2.5}$、PM_1 浓度和降水量

该次降水过程中，天气尺度上升运动较弱，但弱冷空气活动清晰，从 31 日 08 时高度为 850 hPa 的 8 ℃等温线不断下降（图 3.14），说明低层有冷平流影响，冷空气的下沉运动从最大雨强出现后的 11 时开始逐渐加强，最强出现在 20 时，与 3 种粒径的气溶胶粒子开始缓慢下降的时间段相同，且粒子浓度下降幅度增大时段（11—14 时）与下沉运动加强时段一

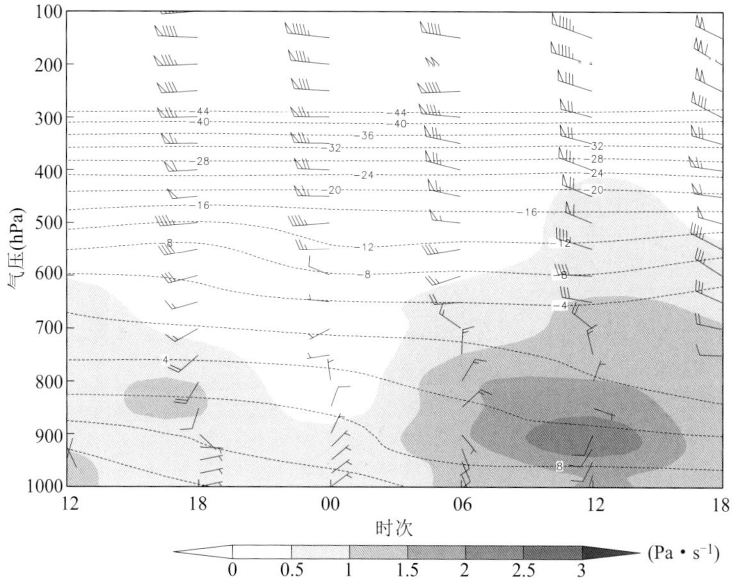

图 3.14　2015 年 3 月 30—31 日 NCEP 再分析资料垂直分布

致；期间地面风场一直维持 2～3 $m \cdot s^{-1}$ 的偏东风，粒子浓度下降时段与冷空气下沉增强时段基本一致。综合看来，冷空气的垂直下沉运动与降水清除作用共同导致 3 种粒径粒子浓度缓慢下降。

3.2.2.4 无显著冷空气有传输型稳定性降水

北京地区大气污染过程中颗粒物浓度迅速增长大多与对流层底层西南风或东南风的区域输送密切相关。图 3.15 为 2015 年 2 月 20 日一次稳定性降水过程，该降水 23 时前为小雨，之后转为雨夹雪或雪。从 13 时开始 PM_{10}、$PM_{2.5}$、PM_1 浓度一直呈陡升趋势，同时从 100 $\mu g \cdot m^{-3}$ 以下上升至 170 $\mu g \cdot m^{-3}$ 以上，19—23 时降水期间 3 种粒径的气溶胶粒子浓度仍快速上升。

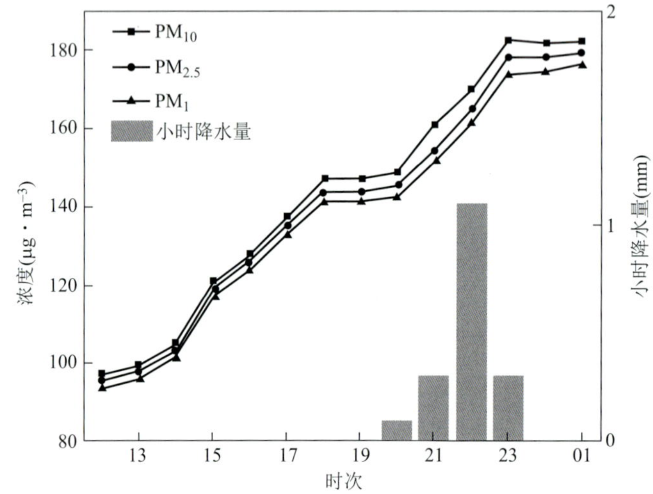

图 3.15 朝阳站 2015 年 2 月 20—21 日 PM_{10}、$PM_{2.5}$、PM_1 浓度和降水量

20 日 13 时京津冀地区 $PM_{2.5}$ 浓度分布呈南高北低模态，$PM_{2.5}$ 浓度高值区位于河北邯郸一带，随着对流层底层南风流场维持，21 时 $PM_{2.5}$ 浓度高值区北推至河北中部太行山沿山一带，北京地区的 $PM_{2.5}$ 浓度随之显著升高（图 3.16）。后向轨迹分析（图 3.17）表明，

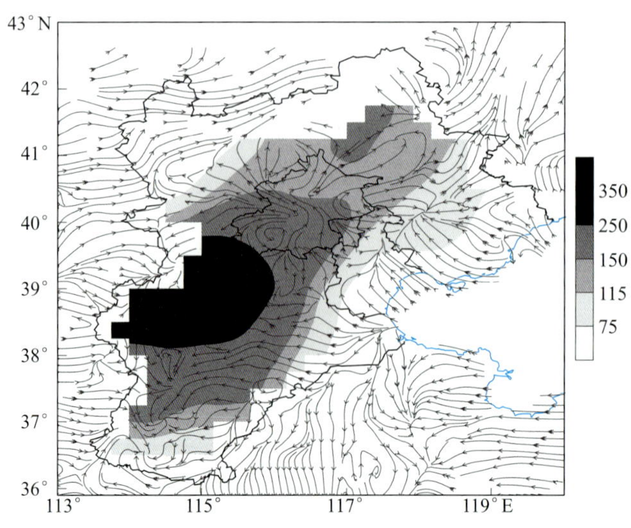

图 3.16 京津冀地区 2015 年 2 月 20 日 21 时 $PM_{2.5}$ 浓度（单位：$\mu g \cdot m^{-3}$）和流场

地面 10 m、500 m 气团来源于北京以南地区，500 m 移速略大于 10 m、1000 m 气团，来自高空下沉，进一步验证了北京地区近地面污染物来源于河北中部区域输送，而降水对气溶胶的湿沉降作用远远小于气溶胶区域输送作用。所以，当在区域重污染背景下有明显污染物输送的稳定性降水过程中，弱降水的湿沉降作用基本可被忽略，而且因地面水汽和雨滴在空气中蒸发会增加空气中的相对湿度，颗粒物吸湿度增长，在雨滴和颗粒物共同消光作用下能见度进一步降低。

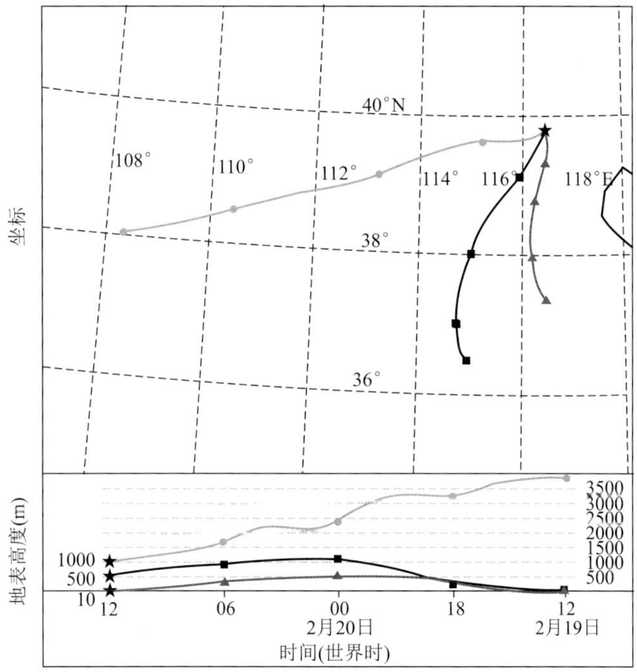

图 3.17 北京地区 2015 年 2 月 19 日 20 时—20 日 20 时后向轨迹分布

3.2.2.5 无显著冷空气无传输型稳定性降水

此类降水过程中气溶胶粒子浓度变化机制较为复杂，为重污染天气预报的难点之一。本研究提出几种可能机制。图 3.18 为 2014 年 5 月 24 日一次稳定性降水，雨势平缓，未伴随对流性天气现象。04—12 时降水期间，除 05—06 时小时雨强大于 5 mm 时，3 种粒径粒子浓度略有下降之外，其他时次基本稳定维持或略有上升，其中 06—08 时上升幅度较大。

京津冀地面流场（图 3.19）显示，06—08 时北京盛行偏东气流，但风速不大，上游 $PM_{2.5}$ 浓度较北京略低。但在湿偏东气流影响下，北京的相对湿度在 02—06 时升高了 50%（图 3.20），露点升高了 3.3 ℃，说明北京地区的绝对水汽含量大幅上升，且 08—09 时相对湿度略有下降的同时气溶胶粒子浓度也略有下降，二者变化趋势接近，故推断气团快速增湿导致气溶胶粒子吸湿增长可能是粒子浓度上升的气象原因。05—06 时小时雨量大于 5 mm 时气溶胶粒子浓度略有下降，考虑可能与雨滴湿沉降作用有关。当不存在明显区域输送，大气垂直和水平运动并不剧烈的条件下，降水湿沉降作用可能有所凸显，影响规律基本遵循 3.2.2.2 部分的统计结果，但与此同时，近地面湿度的增大又对气溶胶粒子吸湿增长有正贡献，此类过程中气溶胶粒子浓度上升还是下降的不确定性较大。

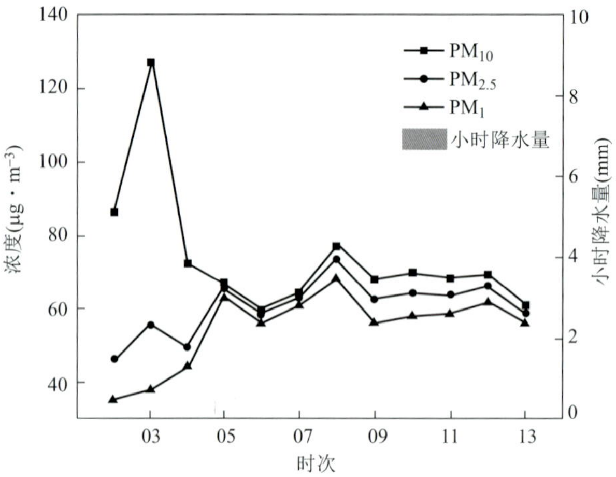

图 3.18　朝阳站 2014 年 5 月 24 日 PM_{10}、$PM_{2.5}$、PM_1 浓度和降水量

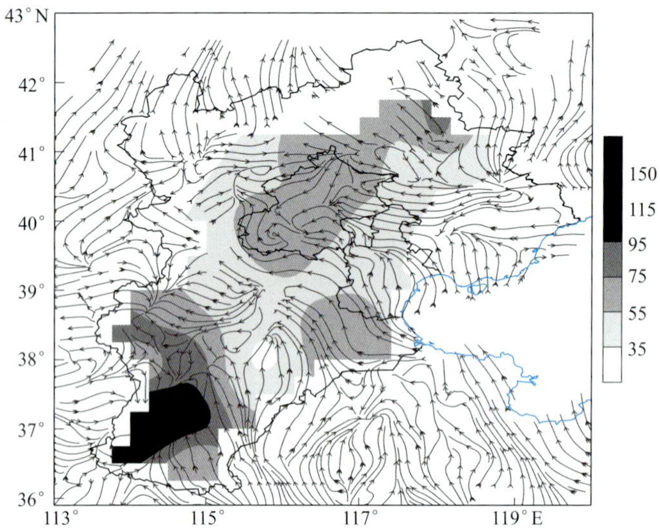

图 3.19　京津冀地区 2014 年 5 月 24 日 06 时 $PM_{2.5}$ 浓度（单位：$\mu g \cdot m^{-3}$）和流场

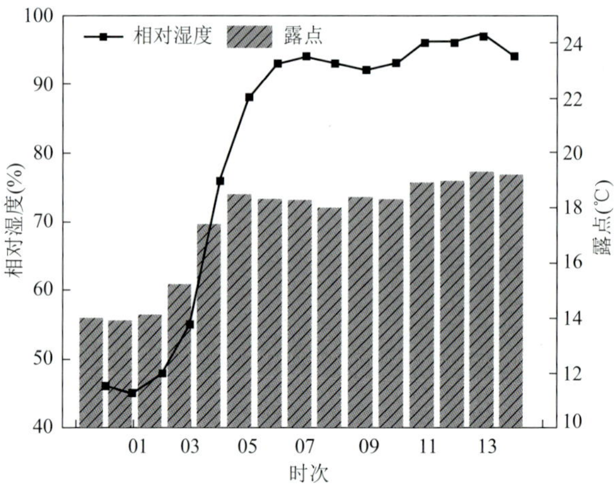

图 3.20　朝阳站 2014 年 5 月 24 日露点和相对湿度

3.2.2.6　降雪或雨夹雪过程

通过统计降雪或雨夹雪 360 个时次（表 3.4）显示，随着小时降雪量增大，3 种粒径的粒子浓度下降百分比都呈增大趋势，但浓度下降时次百分比呈抛物线变化，1～2 mm 时下降时次百分比最大，随着降雪量增大或者减小，下降时次百分比均减小。

表 3.4　降雪或雨夹雪过程中 PM_{10}、$PM_{2.5}$、PM_1 浓度变化

颗粒物	小时降雪量(mm)	样本数(个)		比例(%)		浓度上升(%)	浓度下降(%)
		升	降	升	降		
PM_{10}	0～1	147	147	50	50	13	−13
	1～2	11	21	34	66	18	−16
	≥2	2	2	50	50	11	−20
$PM_{2.5}$	0～1	164	132	55	44	12	−11
	1～2	10	22	31	69	18	−16
	≥2	2	2	50	50	13	−19
PM_1	0～1	166	128	56	43	11	−10
	1～2	8	23	25	72	16	−16
	≥2	2	2	50	50	13	−19

以 2013 年 2 月 3 日中雪过程为例，小时降雪量均小于 1 mm，降雪期间 PM_{10}、$PM_{2.5}$、PM_1 浓度呈上升趋势（图 3.21）。降雪期间无明显冷空气影响，对流层中低层垂直温度梯度小，925 hPa 维持−4 ℃左右，且无强烈垂直运动（图 3.22）。气溶胶粒子的浓度变化受降

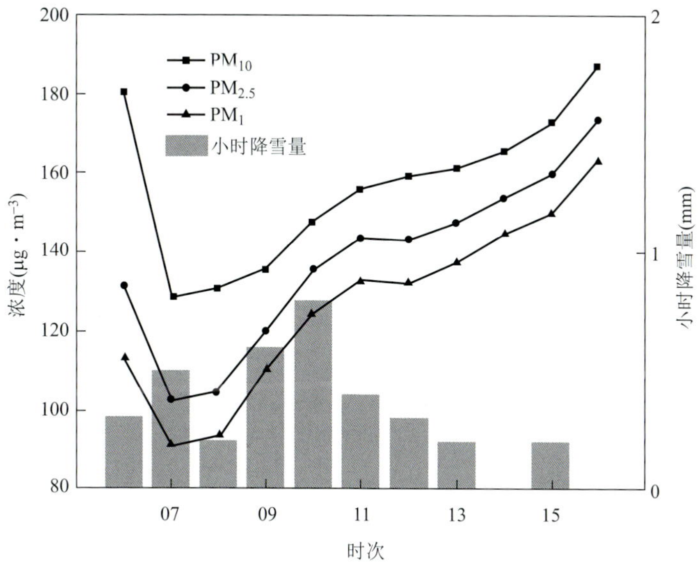

图 3.21　朝阳站 2013 年 2 月 3 日 PM_{10}、$PM_{2.5}$、PM_1 浓度和降雪量

雪湿清除影响较小，主要是由于区域传输以及气溶胶内部因素等影响。

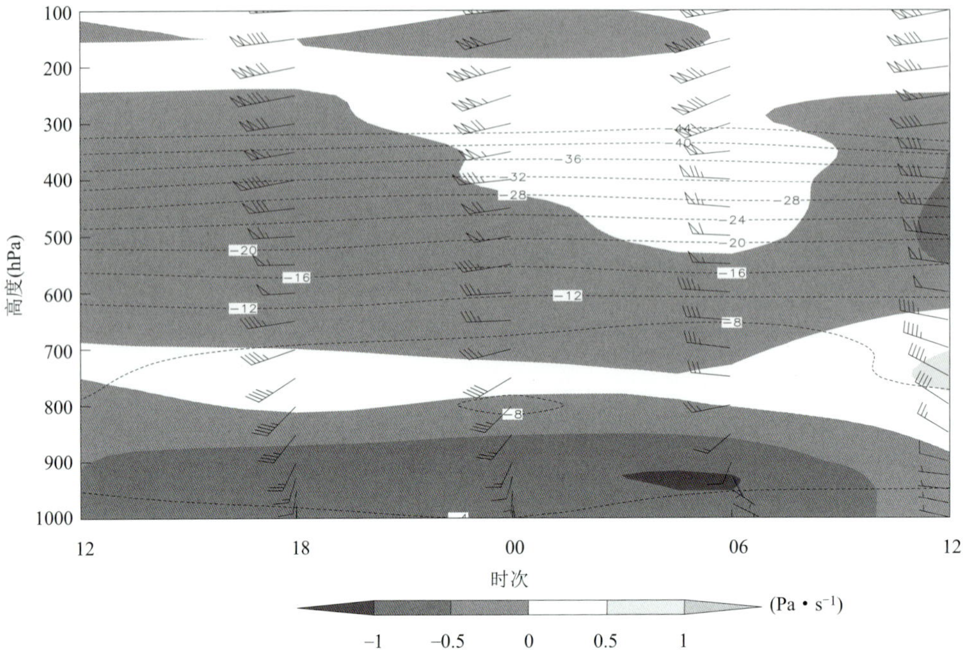

图 3.22　2013 年 2 月 2—3 日 NCEP 再分析资料垂直分布

（注：世界时，阴影部分为垂直速度 Pa・s^{-1}，虚线为温度）

3.2.3　小结

（1）通过对 2013—2015 年观测数据统计显示，随着降水强度增大，PM_{10}、$PM_{2.5}$、PM_1 3 种粒径粒子下降时次比例、浓度下降比例均有所增大，但 PM_{10} 的下降幅度大于 $PM_{2.5}$ 和 PM_1。当雨强在 0～1 mm・h^{-1} 时，$PM_{2.5}$、PM_1 上升比例均显著大于 PM_{10}；当雨强≥10 mm・h^{-1} 时，降水过程对不同粒径的颗粒物清除效果明显，对粗颗粒物去除效果尤为显著。

（2）对流性降水由于大气运动剧烈，不同粒径的颗粒物浓度能在短时间内迅速降低，且随着雨强增大，下降时次比例和浓度下降比例越大。

（3）显著冷空气型稳定性降水可使 3 种粒径粒子浓度缓慢下降；无显著冷空气有传输型稳定性降水对气溶胶粒子的湿沉降作用基本可忽略，以传输作用为主；无显著冷空气无传输型稳定性降水的气溶胶粒子浓度变化机制较为复杂，本研究提出几种可能机制，气团快速增湿时气溶胶粒子吸湿增长可能导致粒子浓度不会下降。

（4）降雪或雨夹雪过程随着降雪强度增大，气溶胶浓度下降比例增大，但下降时次比例呈指数或对数变化，降雪量在 1～2 mm・h^{-1} 下降时次比例最大。

3.3 $PM_{2.5}$ 浓度爆发性增长特征分析

3.3.1 2016 年 12 月 16—21 日北京地区 $PM_{2.5}$ 浓度变化

2016 年 12 月 16 日 20 时—21 日北京市发布空气重污染红色预警，且为 2016 年唯一一次发布红色预警的重污染天气过程（图 3.23）。此次重污染过程中，$PM_{2.5}$ 浓度变化分为 3 个阶段，第 1 阶段为 12 月 16—18 日夜间，$PM_{2.5}$ 浓度存在明显日变化，呈单峰结构分布，其中 17 日 20 时出现第 1 阶段浓度峰值，为 301 $\mu g \cdot m^{-3}$；第 2 阶段为 12 月 19 日，$PM_{2.5}$ 浓度持续上升，其中，19 日 17 时—20 日 04 时上升了 201 $\mu g \cdot m^{-3}$，04 时达 388 $\mu g \cdot m^{-3}$；第 3 个阶段为 20—21 日，$PM_{2.5}$ 浓度一直维持在 350～430 $\mu g \cdot m^{-3}$，基本无日变化特征。为研究 $PM_{2.5}$ 浓度爆发性增长及维持的气象条件，将主要针对第 2、3 阶段进行进一步分析。

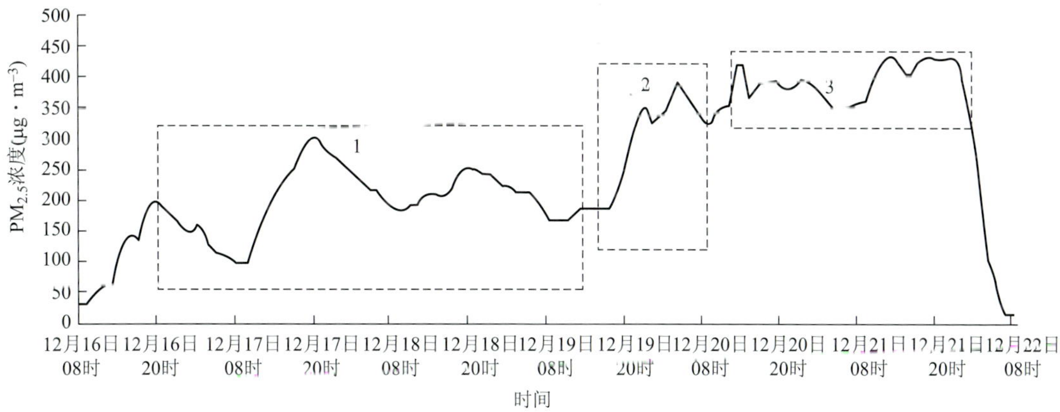

图 3.23 2016 年 12 月 16—22 日北京地区 $PM_{2.5}$ 浓度变化

3.3.2 12 月 19 日 $PM_{2.5}$ 浓度爆发性增长的气象条件分析

3.3.2.1 京津冀地区 $PM_{2.5}$ 浓度空间分布及演变特征

北京地区 $PM_{2.5}$ 浓度在 19 日 17 时—20 日 04 时上升了 201 $\mu g \cdot m^{-3}$。19 日 12 时，$PM_{2.5}$ 浓度大于 500 $\mu g \cdot m^{-3}$ 的区域分布在河北邯郸至石家庄沿山一带，其中石家庄世纪公园站达 1015 $\mu g \cdot m^{-3}$，北京地区 $PM_{2.5}$ 浓度基本在 250 $\mu g \cdot m^{-3}$ 以下，东北部山区空气质量为良，污染物分布呈北低南高（图 3.24a）；20 时，邯郸至石家庄沿山一带的高污染带依然维持，北京东南部 $PM_{2.5}$ 浓度增长至 350 $\mu g \cdot m^{-3}$ 以上，250 $\mu g \cdot m^{-3}$ 等值线显著北抬，覆盖整个城区（图 3.24b）；20 日 06 时，京津冀地区出现两个高污染大值中心，一是位于邯郸至石家庄沿山一带，其中邯郸丛台公园站达 766 $\mu g \cdot m^{-3}$，二是位于北京城区，其中石景山古城站达 477 μg·m⁻³，150 μg·m⁻³ 等值线显著北抬（图 3.24c）。

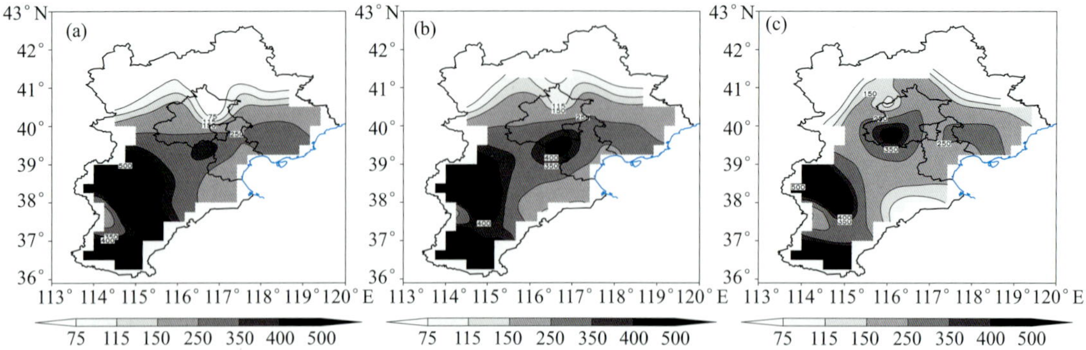

图 3.24　2016 年 12 月 19 日 12 时（a）、19 日 20 时（b）、20 日 06 时（c）京津冀地区 $PM_{2.5}$ 浓度分布（单位：μg·m⁻³）

按照京津冀地区从南往北的分布，挑选了石家庄、保定、京西南、京南、海淀、石景山 7 个代表站，研究 $PM_{2.5}$ 浓度时间变化特征（图 3.25）。总体来看，北京东南部和西南部 $PM_{2.5}$ 浓度在河北石家庄和保定达到最高峰值后 4～6 h 达到峰值，北京城区在南部地区达到峰值后 4～6 h 达到峰值。

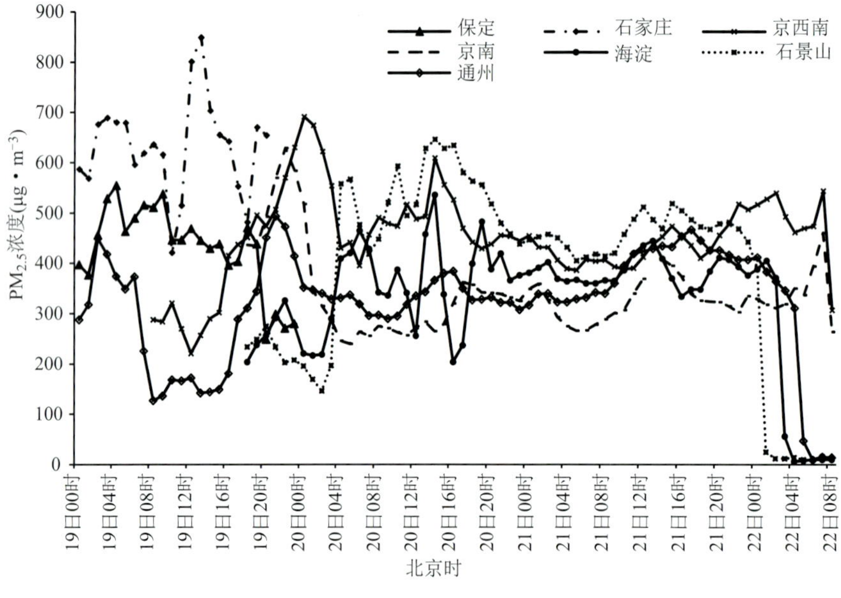

图 3.25　2016 年 12 月 19—22 日京津冀地区部分站点 $PM_{2.5}$ 浓度变化

3.3.2.2　边界层风场和动力场特征

边界层风场和动力场直接影响气溶胶的输送和累积。19 日京津冀地区地面受均压场控制，平均风速在 2 m·s⁻¹ 以下，19 日 17 时—20 日 03 时东北—西南向地面辐合线在北京北部地区生成并维持，河北中部至北京城区处于南风流场之中（图 3.26a、图 3.26b），地面辐合线的辐合作用使得污染物在北京聚集汇合。北京观象台的风廓线分布（图 3.27a）显示，12 时前后观象台开始转为偏南风，偏南风厚度由 1 层增厚至 6 层，即由 150 m 增厚至 700 m

左右，南风分量由 0.5 m·s^{-1} 增大至 1.5 m·s^{-1} 左右，维持至 00 时。00 时之后南风层次抬升至 1000 m，厚度约为 500 m，地面至 500 m 是弱北风，由于 1000 m 左右的南风分量增大导致南风平均分量增大。因此 00 时以前边界层南风集中在地面至 700 m，00 时之后地面至 600 m 转为弱东北风，南风分量集中在 700 m 以上，区域输送有所减弱；垂直速度的分布（图 3.27b）显示，23 时 400～800 m 均出现 0～0.1 m·s^{-1} 弱下沉运动。北京地区 $PM_{2.5}$ 浓度爆发性增长集中在 18—00 时，即南风分量逐渐增厚至 700 m 左右时段，外来污染物通过边界层偏南风影响北京地区，地面辐合线加剧了气溶胶颗粒在本地辐合，400～800 m 的弱下沉运动抑制了污染物垂直扩散，故此地面测到的 $PM_{2.5}$ 浓度出现陡升（图 3.28）。因此，南风分量增厚至 700 m 左右，分量增大至 1.5 m·s^{-1}，400～800 m 的弱下沉抑制作用，结合地面辐合线维持是致使本次北京地区 $PM_{2.5}$ 浓度爆发性增长的主要气象原因。

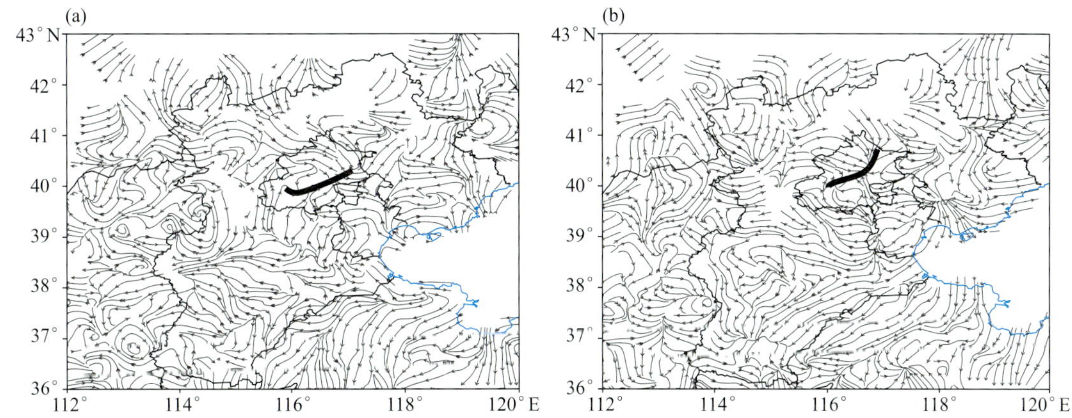

图 3.26 2016 年 12 月京津冀地区地面流场

（a） 19 日 17 时；（b） 20 日 03 时

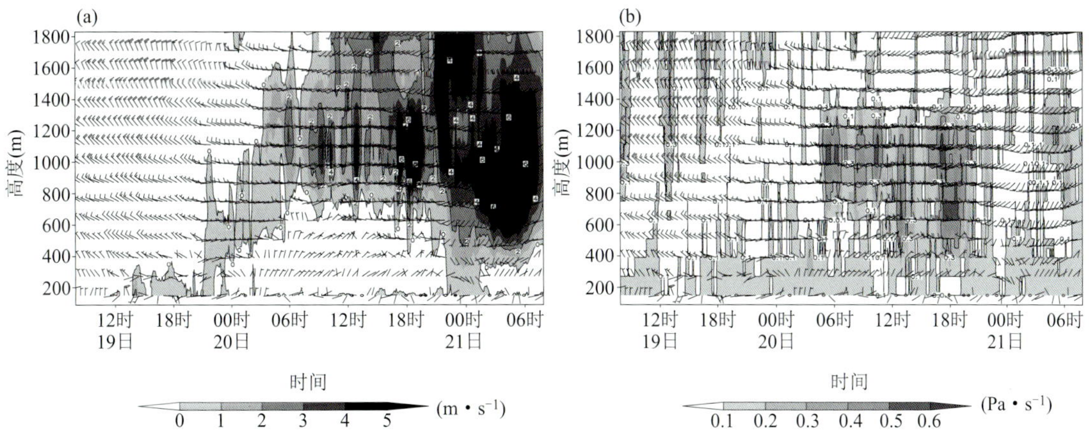

图 3.27 2016 年 12 月 19—21 日北京观象台风廓线

（a）风场和南风分量；（b）风场和下沉速度

3.3.2.3 后向轨迹分布

为进一步确定污染物的传输来源，从北京地区（代表站北京市观象台）19 日 20 时—20 日 20 时逐小时后向轨迹（图 3.29）可得，400 m、800 m 高度的气团 24 h 前位于北京境外

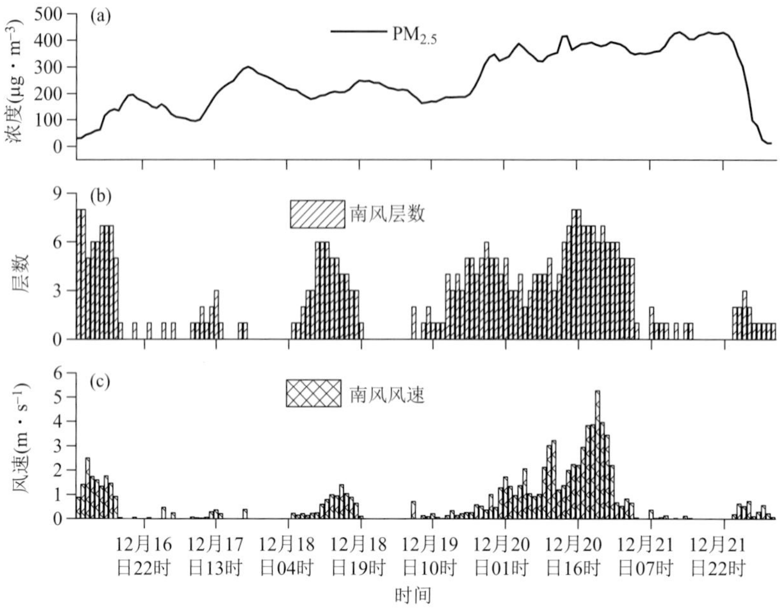

图 3.28 2016 年 12 月 16—22 日北京地区 $PM_{2.5}$ 浓度（a）、南风分量层数（b）与平均风速（c）

西南部地区，即河北涿州到保定一带，10 m 高度气团在 20 日 08 时之前在北京西部地区，08 时之后自南向北输送，与边界层南风流场输送条件分析一致；从垂直高度上显示，20 日白天 400 m 以下的气团来自 1000 m 以上的高度，与弱下沉运动对应。

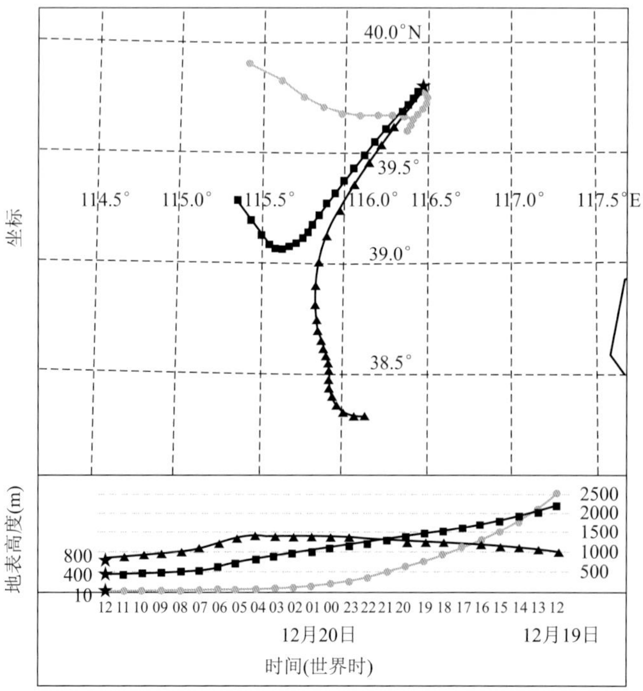

图 3.29 北京地区 2016 年 12 月 19 日 20 时—20 日 20 时逐小时后向轨迹分布

3.3.3 $PM_{2.5}$浓度维持高值的气象原因研究

2016年12月20—21日，北京地区$PM_{2.5}$浓度在前期爆发性增长之后一直维持350～450 $\mu g \cdot m^{-3}$，基本无日变化特征，空气质量持续严重污染。北京地区16—21日始终有逆温层，地面辐射降温、空中增温是2个导致逆温层发生发展的主要机制。该期间逆温层的变化分2个阶段：一是有明显日变化，即第1阶段16—19日白天，每日20时前后逆温出现在地面至500 m左右（图3.30，正值表示逆温），00—05时逆温强度最强，08时之后随着气温升高逆温消失；根据0.1、0.5、1.0、1.5 km四层高度上温度演变特点（图3.31）来看，16—19日的逆温具有辐射逆温特性。二是日变化并不明显，即第2阶段19日夜间至21日白天，19日入夜之后，逆温层厚度逐渐增加，逆温强度逐渐增强，最强出现在20日00—12时，逆温厚度最大达700 m左右，最强逆温幅度出现在350 m左右，为2.5 ℃，20日12时—22日02时200～500 m逆温一直维持，地面至200 m逆温在21日中午前后气温略有升高时消失；19日夜间0.1 km温度降幅较前期更大，最低温度降至其他三个高度以下，同时1.5 km温度前期日变化较小，该时段回暖2 ℃左右，21—22日4.5 km高度以下相对湿度显著增大（图3.32），尤其2～3 km高度接近饱和，所以21日天空云量增多至9成，致使近地面0.1 km温度上升不及0.5 km，气温日变化明显减小，逆温层维持。

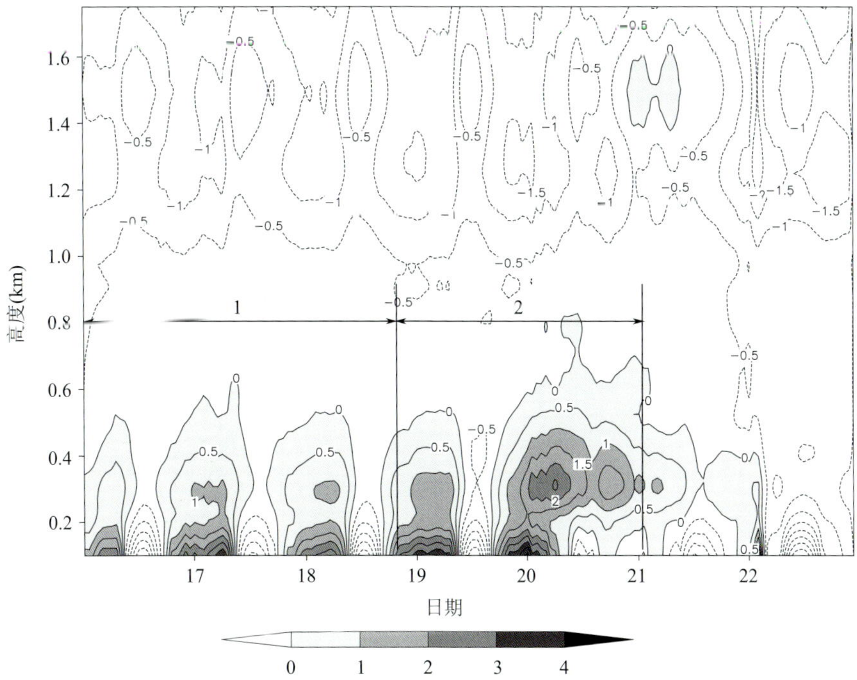

图3.30　2016年12月16—22日北京地区温度垂直变化（单位：℃）

逆温层表征边界层处于稳定状态，不利于空气污染物的扩散。结合图3.33可知，16—19日白天，近地面逆温层出现时，混合层厚度降低至100 m以下，气溶胶浓度一般较高；逆温层消失时，混合层厚度升高到350～500 m，气溶胶浓度一般较低；气溶胶浓度、混合层厚度与逆温层日变化密切相关。21—22 日整层大气增湿显著，天空云量较厚，致使近地面温度上升受限，而低空 1.5 km 出现弱回暖，从而导致逆温层显著增厚增强且无明显日变化，所以 $PM_{2.5}$ 浓度一直维持在 350～450 μg·m^{-3}，基本无日变化特征。

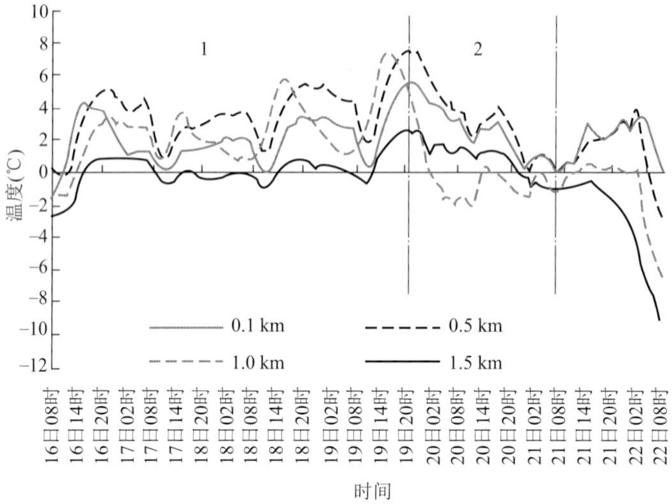

图 3.31　2016 年 12 月 16—22 日北京地区四层高度的温度变化

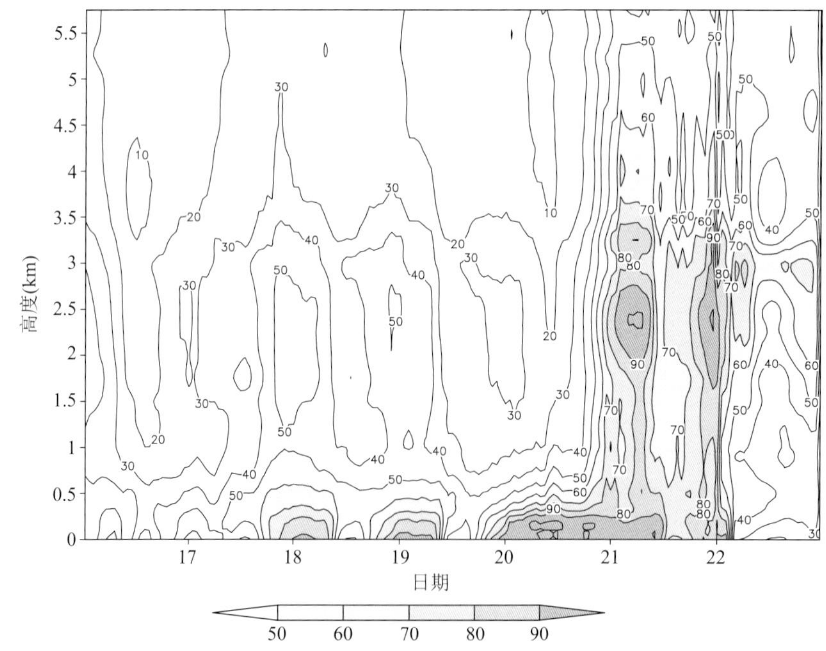

图 3.32　2016 年 12 月 16—22 日北京地区相对湿度（单位：%）变化

3.3.4　与 2017 年 1 月 3 日南风输送的对比分析

为进一步研究边界层南风厚度与污染物浓度陡升的相关性，对比分析 2017 年 1 月 3—4

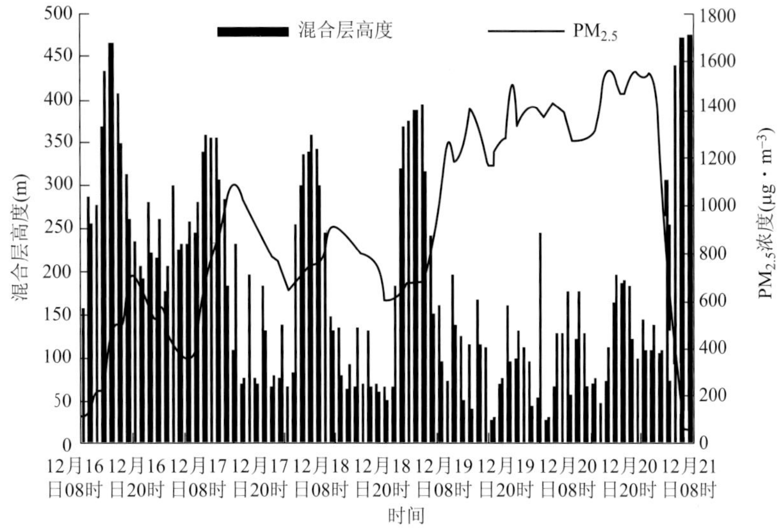

图 3.33 2016 年 12 月 16—22 日北京地区混合层厚度和 $PM_{2.5}$ 浓度变化

日北京持续性雾和霾天气过程中南风输送特点。3 日 14 时—4 日 01 时，北京城区 $PM_{2.5}$ 浓度由 221 $\mu g \cdot m^{-3}$ 升至 482 $\mu g \cdot m^{-3}$（图 3.34），保定 $PM_{2.5}$ 浓度由 422 $\mu g \cdot m^{-3}$ 降至 199 $\mu g \cdot m^{-3}$，重度污染带从河北中南部移至北京城区，且中心强度显著增强（图 3.35），4 日 01 时北京城区东四站 $PM_{2.5}$ 浓度高达 662 $\mu g \cdot m^{-3}$。所以，北京城区及以北地区在 3 日 14 时—4 日 01 时出现了 $PM_{2.5}$ 浓度陡升现象，升高最快时段为 3 日 14—20 时。

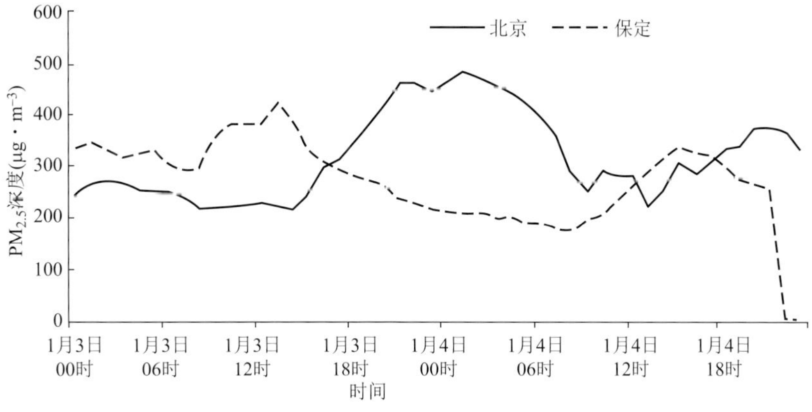

图 3.34 2017 年 1 月 3—4 日北京和保定 $PM_{2.5}$ 浓度变化

北京观象台风廓线雷达（图 3.36）显示，3 日 14 时后边界层南风分量逐渐增厚，由 300 m 增厚至 500 m，20 时增厚至 700 m，南风分量从 0.5 $m \cdot s^{-1}$ 增大至 1 $m \cdot s^{-1}$。20 时之后 400 m 以下转为北风分量。南风增厚的时段和 $PM_{2.5}$ 浓度陡升时段基本一致，与此同时，北京北部地区与城区交界处地面辐合线自 3 日 09 时生成并维持至 4 日 01 时（图 3.37），逆温层自 3 日下午至夜间逐渐增强增厚，但强度和厚度较 2016 年 12 月 19—20 日（简称前次过程，下同）弱（图 3.38）。相对于前次过程，本次过程南风分量厚度及风速大小、地面辐合线持续时间基本一致，但河北中南部一带 $PM_{2.5}$ 浓度峰值、逆温层厚度和强度并没有前

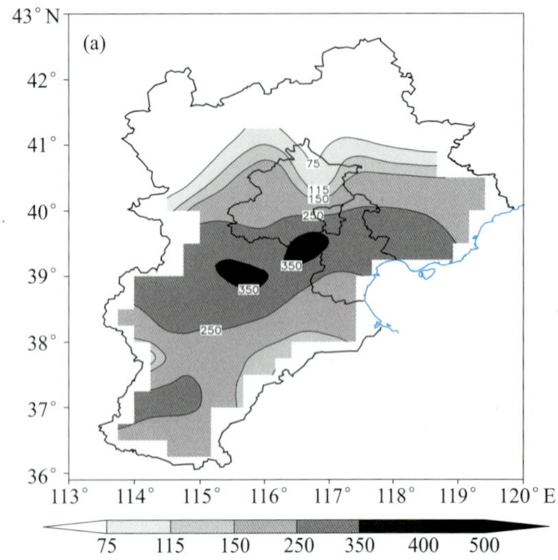

图 3.35　2017 年 1 月 3 日 14 时（a）、 4 日 01 时（b）京津冀地区 $PM_{2.5}$ 浓度（单位：μg · m^{-3}）

次过程强，从气象条件上来看，气象条件对污染物的积累及输送并没有前次过程有利，但北京地区 $PM_{2.5}$ 浓度增长幅度及峰值均较高。考虑出现以上现象的原因，可能是由于前次过程发布重污染红色预警，本次过程只发布了重污染橙色预警，北京本地减排力度较小，外来污染物的输送叠加本地排放辐合所致。由于气象部门并不掌握污染实时排放数据，所以还须进一步深入联合研究。

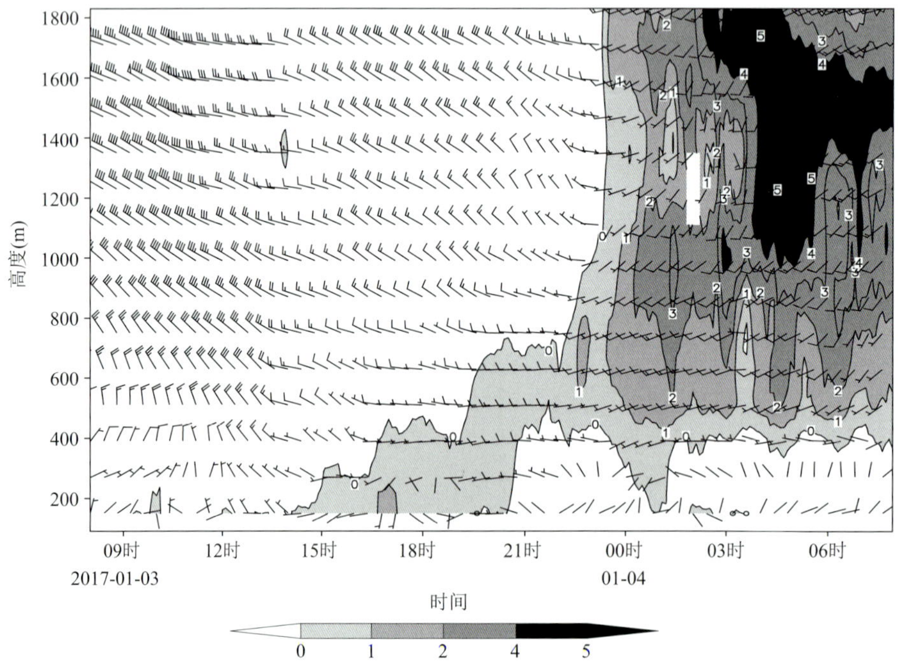

图 3.36　2017 年 1 月 3—4 日北京观象台风廓线和南风分量（单位：m · s^{-1}）

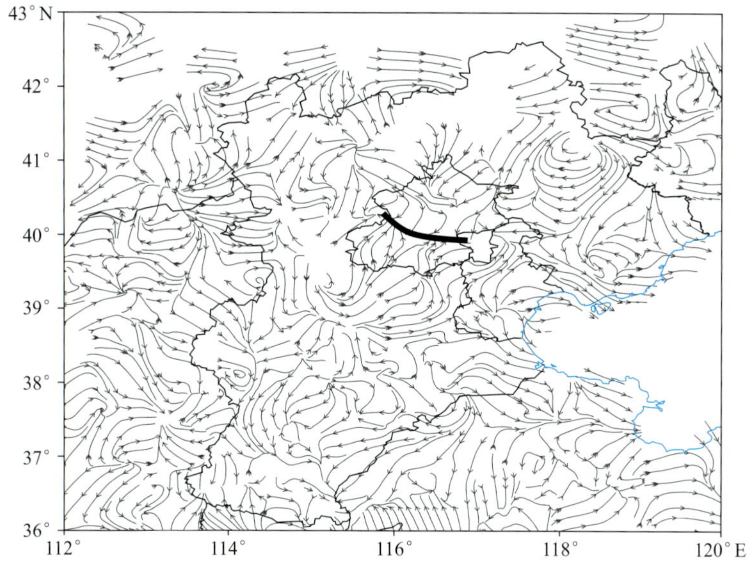

图 3.37 2017 年 1 月 3 日 22 时京津冀地区地面流场

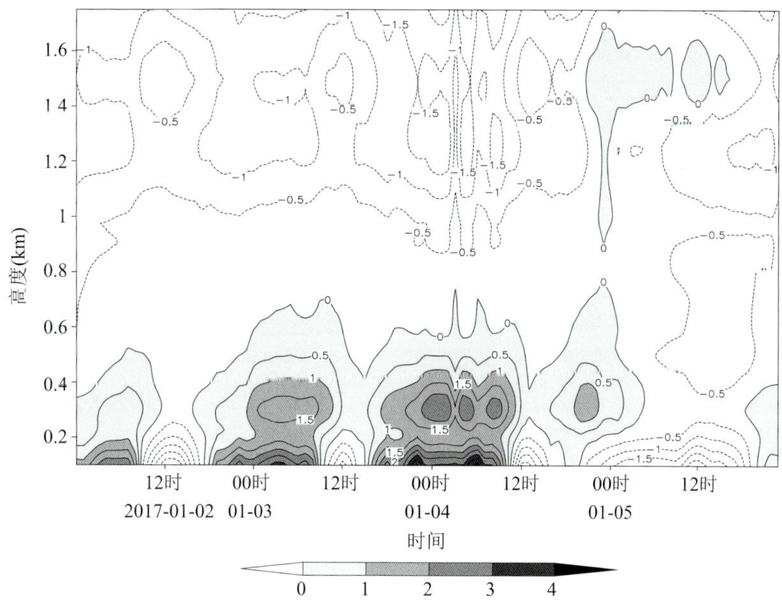

图 3.38 2017 年 1 月 2—5 日北京地区温度（单位：℃）垂直变化

3.3.5 结论与讨论

(1) 2016 年 12 月 19—20 日北京城区及南部地区的 $PM_{2.5}$ 浓度出现爆发性增长，20—21 日北京地区 $PM_{2.5}$ 浓度维持高值且无日变化特征。北京东南部和西南部 $PM_{2.5}$ 浓度在河北石家庄和保定达到最高峰值后 4～6 h 达到峰值，北京城区在南部地区达到峰值后 4～6 h 达到峰值。

（2）北京地区 19—20 日 $PM_{2.5}$ 浓度爆发性增长的主要气象原因是南风分量增厚至 700 m 及低层弱下沉抑制作用，结合地面辐合线维持，后向轨迹分布验证此分析。20—21 日北京地区 $PM_{2.5}$ 浓度维持高值且无日变化特征是由于 21—22 日近地面温度日变化减小，低空 1.5 km 出现弱回暖，导致逆温层显著增厚增强且无明显日变化，而逆温层直接影响到混合层厚度和气溶胶浓度的变化所致。

（3）相对于 2016 年 12 月 19 日，2017 年 1 月 3 日北京地区 $PM_{2.5}$ 浓度增长幅度及峰值均较高，南风分量厚度及风速大小、地面辐合线持续时间与前次过程基本一致，但河北中南部一带 $PM_{2.5}$ 浓度峰值、逆温层厚度和强度弱于前次过程，总体来看，污染物的积累及输送的气象条件并没有前次过程有利。考虑出现以上现象的原因，可能是由于北京本地辐合及减排力度较小，外来污染物的输送叠加本地排放积累所致。由于气象部门并不掌握污染实时排放数据，所以后者还需进一步深入联合研究。

（4）由于激光雷达并未业务化，故无法判断气溶胶粒子垂直分布及高浓度带距地面的距离，从而难以判断哪一高度输送浓度最高，需要不断完善数据进行进一步分析。

3.4 小风和偏南风对北京地区大气污染的影响

风是影响大气污染的主要气象要素之一。在北京地区，$PM_{2.5}$ 的浓度与风向和风速密切相关。利用 2011—2013 年气象资料和北京城区 $PM_{2.5}$ 浓度（北京气象局在海淀宝联体育公园监测结果）分析得出以下结论：小风和偏南风是影响北京地区大气污染的重要气象条件。

（1）北京地区全年小风出现的平均频率接近 50%，一年四季均可出现。小风情况下空气流动性差，$PM_{2.5}$ 的浓度最高。

在平原地区，全年小风（风力≤1 级，即风速≤1.5 $m \cdot s^{-1}$）出现的频率为 39%，北部地区达到 55%左右，这说明北京地区的空气流动性不好。6—10 月小风占的比例最高，最大频率可达到 62%；3—5 月最低，在 25%～48%。太行山与燕山形成的“弧形山脉”、高建筑物增多、城市范围快速扩大等是导致近地面空气流动性较差的主要原因。

通过对不同风力等级与 $PM_{2.5}$ 浓度统计分析表明，风力小于 1 级（风速≤1.5 $m \cdot s^{-1}$）时，无论吹什么方向的风，$PM_{2.5}$ 浓度最高，可达到 70～80 $\mu g \cdot m^{-3}$ 以上。如果小风维持一天，污染浓度会持续增长，它反映了污染物在本地积累的特性过程。随着风力加大 $PM_{2.5}$ 浓度会逐渐减小，在风力达到 2～3 级（风速为 1.6～5.4 $m \cdot s^{-1}$）的偏北风情况下，$PM_{2.5}$ 浓度比小风情况平均减小了 27 $\mu g \cdot m^{-3}$。当风力达到和超过 4 级（风速≥5.5 $m \cdot s^{-1}$）时，$PM_{2.5}$ 浓度较小风情况平均减小了 49 $\mu g \cdot m^{-3}$。

因此，北京地区小风出现的频率高是导致大气污染的重要气象条件。风速达到 5.5 $m \cdot s^{-1}$ 及以上，有利于污染物的扩散。其中，西北风对污染物的清除作用最明显。

（2）偏南风是北京地区的盛行风之一

全年偏南风出现的平均频率为 37.3%，在区域污染物的输送中起关键性作用。平原地区全年偏南风出现的频率为 42.5%，北部地区为 32%左右。5—8 月偏南风出现的频率最高，最大值可达到 59%；11—12 月最低，为 30%左右。从图 3.39a 中可以看到，当北京吹偏南风 2～3 级（风速 1.6～5.4 $m \cdot s^{-1}$）时，与小风条件下相当，对应的 $PM_{2.5}$ 浓度偏高，也可达到 70～80 $\mu g \cdot m^{-3}$ 以上。

通常情况下，当北京转成偏南风后，几小时到十几小时后，污染物浓度会明显升高，且偏南风下的污染物浓度大于偏北风。这表明北京地区偏南风下存在着污染物的区域输送。当这种有利于污染物区域输送的条件与小风交替出现时，常常会引发持续性重污染天气。统计分析还表明，$PM_{2.5}$ 浓度存在季节性变化，冬季和夏季高、春季和秋季低。除了小风出现的频率高对本地污染物的积累影响外，偏南风对污染物的区域输送也是关键性因素。另外，一年四季中，冬季和夏季偏南风输送的特征明显强于春季和秋季（图 3.39b），从而导致北京地区冬、夏两季节污染日数多、$PM_{2.5}$ 浓度高。

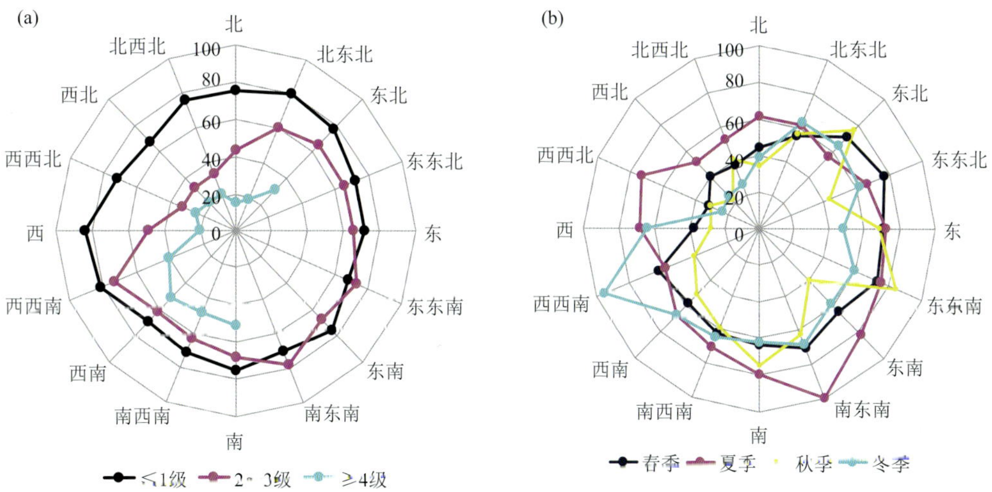

图 3.39 （a）不同风力等级各个风向 $PM_{2.5}$ 浓度；（b）2～3 级风四季各个风向 $PM_{2.5}$ 浓度（图中数值表示 $PM_{2.5}$ 浓度，单位：$\mu g \cdot m^{-3}$，16 方位为风的来向）

除了风向、风速对污染物浓度有影响外，湿度、温度、降水等气象要素与污染物的空间推移和二次转化都有着密切的关系。

3.5 弱冷空气对雾/霾天气的影响分析

2014 年 2 月 19 日夜间—26 日白天，北京出现长时间持续霾天气。19—24 日 500 hPa 高度场上中高纬维持偏西气流，24 日后半夜—25 日上午有浅槽过境，26 日转为偏南气流控制。850 hPa 上，19—21 日处于脊后南风气流影响，逐渐回暖，22 日夜间有弱冷空气沿东北路径影响北京，23—26 日，持续受温度脊控制，低层暖湿气流向北抵达北京，导致近地层湿度增大和增温，而地面早晚气温相对较低，地面与对流层之间形成较为深厚而稳定的逆温层，使得稳定的大气层结条件持续。对应的地面场上，19—21 日中国东部大部分地区处于带状高压后部偏南风影响，21—22 日高压主体北缩位于贝加尔湖以东，河套地区的低压辐合系统向北伸展，22—25 日高压主体向东移、南下入海，北京地区再次转受高压后部偏南气流影响，25 日 20 时位于河套的低压辐合区发展闭合，向东移动影响北京，北京地区地面辐合加强，26 日下午北京出现明显降水，对污染物浓度具有明显的清除作用，污染物浓度下降，能见度好转，霾天气结束。

受地形影响，此次过程河北中南部至北京南部存在辐合线，造成北京南部、石家庄、保定、邢台、邯郸一带为重污染高值区。北京大部分时间受弱的偏南或偏东气流影响，河北中南部的污染物和水汽向北京地区输送且在山前积聚。本地累积加之区域输送，造成北京地区重污染天气过程持续且逐渐加重。同时由于前期温度偏低，近地面层大气回暖幅度很小，而受暖气团影响边界层顶气温显著回升，导致低层逆温增强。此过程中，低层增温，而地面早晚气温较低，地面与对流层之间形成较为深厚而稳定的逆温层，使得稳定的大气层结条件持续。

3.5.1 气象要素与 $PM_{2.5}$ 浓度观测资料变化特征

本次过程分为两个阶段，第一个阶段为以水汽增加造成污染加重及能见度下降的阶段，第二阶段为湿度明显下降，以污染物浓度升高造成能见度下降的阶段。这是一次比较典型雾、霾重污染过程，即伴随高污染物浓度，能见度低，相对湿度较高，且有日变化特征。

如图 3.40 表述了 2014 年 2 月 19—26 日期间，海淀站气象要素和海淀区宝联站逐小时 $PM_{2.5}$ 浓度观测资料时间变化曲线，能见度为 26 个道面气象站逐小时平均值。可以看出，19—26 日期间，地面气压呈现 19 日夜间增大，而后下降，21 日夜间到 22 日白天缓慢上升，受高空不断回暖和东移低压系统影响，过程结束前海平面气压一直缓慢下降。气温和相对湿度呈现明显的反位相变化。本次过程，地面平均风速较小，大部分时间没有超过 2 $m \cdot s^{-1}$，接近静风时，能见度的降低尤为明显。海淀站能见度从 19 日 14 时的 19 km 下降到 20 日 08 时的 0.9 km，能见度基本没有超过 2 km；而由图 3.40 可见，26 个道面监测站的逐时能见度平均也可以看出这一相似趋势，随着第一阶段向第二阶段转换，能见度具有了明显的日变化，白天能见度好于夜间，白天能见度均未超出 3 km，夜间部分地区出现能见度小于 1 km，从 24 日开始能见度再次降低，于 25 日夜间达到此次过程能见度的最低点。

2 月 19—26 日期间，$PM_{2.5}$ 浓度在初期出现突增情况，19 日 19—20 时，朝阳站由 32 $\mu g \cdot m^{-3}$ 增长至 60 $\mu g \cdot m^{-3}$，小时内增长近 1 倍，至 20 日 19 时增长至 300 $\mu g \cdot m^{-3}$，24 h 内增长了近 9 倍，污染程度增速快。此后 $PM_{2.5}$ 浓度有小幅度变化，但是总体持续偏高，并在 26 日 13 时达到峰值浓度，延庆、密云提前 2 h 达到峰值。前期延庆、密云 $PM_{2.5}$ 浓度明显低于城区，后期各区域浓度差值缩小，表征区域污染进一步加重，污染物在山前堆积（图 3.41）。

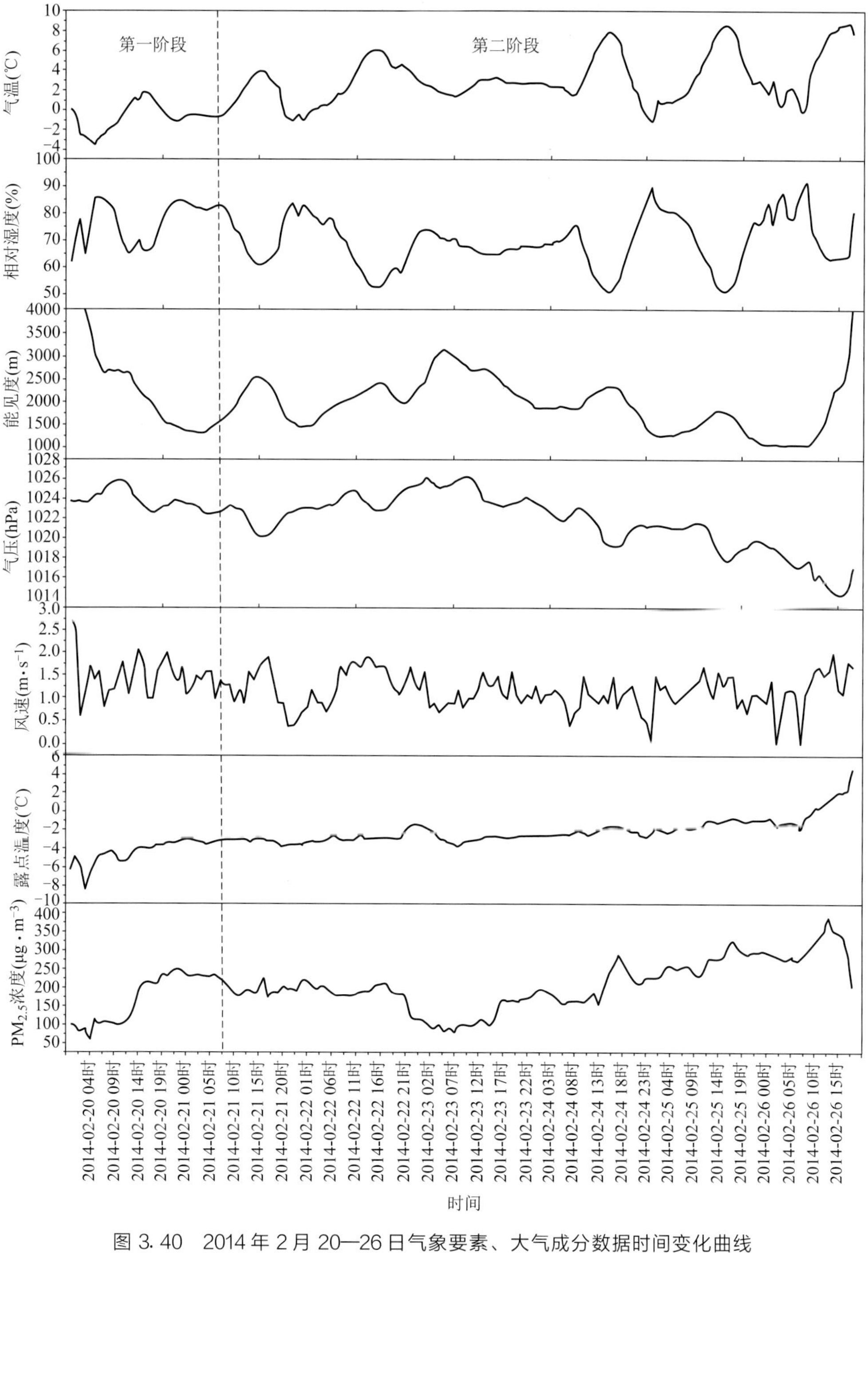

图 3.40　2014 年 2 月 20—26 日气象要素、大气成分数据时间变化曲线

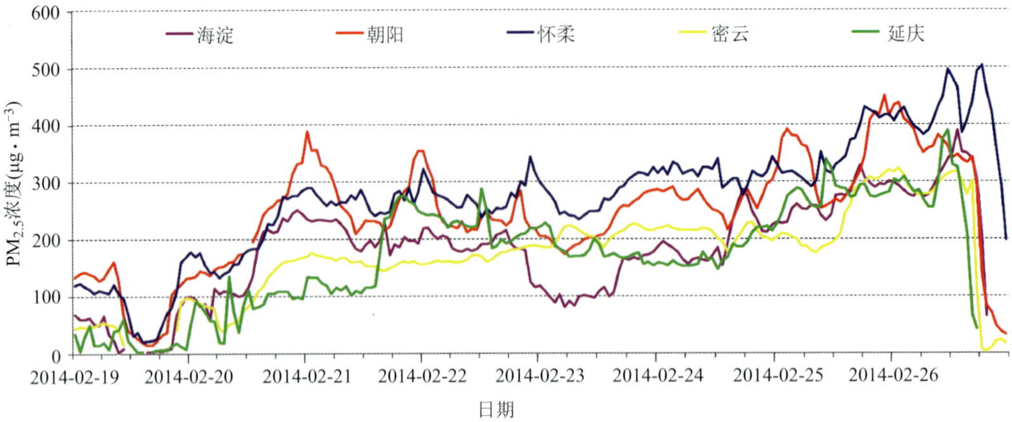

图 3.41　2014 年 2 月 19—26 日 $PM_{2.5}$ 浓度时间变化曲线

3.5.2　细颗粒物 $PM_{2.5}$ 浓度输送的路径和时间

对比分析 $PM_{2.5}/PM_{10}$ 浓度比值变化情况，得出 $PM_{2.5}$ 的入侵过程是自南向北逐渐发生的，$PM_{2.5}/PM_{10}$ 比值的上升先发生在大兴，而后逐渐向北推进，北京北部的延庆 $PM_{2.5}/PM_{10}$ 比值上升的最晚；从 20 日 02 时—20 日 09 时自南向北 $PM_{2.5}/PM_{10}$ 比值先后达到峰值，反映 $PM_{2.5}$ 高浓度气团入侵的方向，而延庆达到峰值的时间比其南部的昌平还要早 3 h，这反映出由于地形阻隔导致的 $PM_{2.5}/PM_{10}$ 比值变化的局地特征。20 日 20 时大兴达到 $PM_{2.5}/PM_{10}$ 的峰值为 0.84，朝阳为 0.79，顺义 0.76，昌平 0.72，从南向北逐渐降低，体现着 $PM_{2.5}$ 侵入的程度和范围。延庆由于受地形影响更多地体现局地特征，为 0.82。

$PM_{2.5}$ 的输送过程是自南向北逐渐发生的，采用监测站 $PM_{2.5}$ 浓度峰值出现的时间间隔来表征污染气团移动的方向（图 3.42）。$PM_{2.5}$ 的峰值在 20 日 20 时最先出现在南部的大兴，东部地区 4 h 后 21 日 00 时朝阳站和顺义站出现峰值浓度，再经过 1 h，北部和东北部的怀柔站和上甸子站出现峰值浓度。在北京西部沿山地区，海淀的宝联站峰值浓度在 20 日 22 时出现，比大兴站滞后 2 h，昌平的 $PM_{2.5}$ 浓度在 21 日 10 时前始终处于增长的趋势并未出现明显的峰值，而延庆的野鸭湖站浓度的增长速度远小于其他站，可能的原因是延庆离污染气团的距离较远，同时受位于昌平和延庆之间东北—西南走向的军都山山脉阻挡，污染物浓度较高的气流不易从南至北翻越山地，到达延庆，以往的观测经验也表明，延庆地区污染物浓度变化与其他测站相比更多地体现局地变化特征。

3.5.3　能见度和空气污染物浓度变化成因分析

19 日 23 时受西南风影响，北京南部开始增湿，大兴南部相对湿度大于 80%，北京存在城区热岛中心、平谷顺义交界的次热岛中心、房山东部的次热岛中心，20 日 05 时影响平原地区的西南风转为偏东风，此偏东风为一支冷湿气流，平原地区大面积降温。露点不断升高，说明平原地区绝对水汽含量不断增加，同时冷平流显著的降温作用使得平原地区的相对湿度迅速升高，房山大部分地区的相对湿度大于 90%，几近饱和，由此平原地区的相对湿

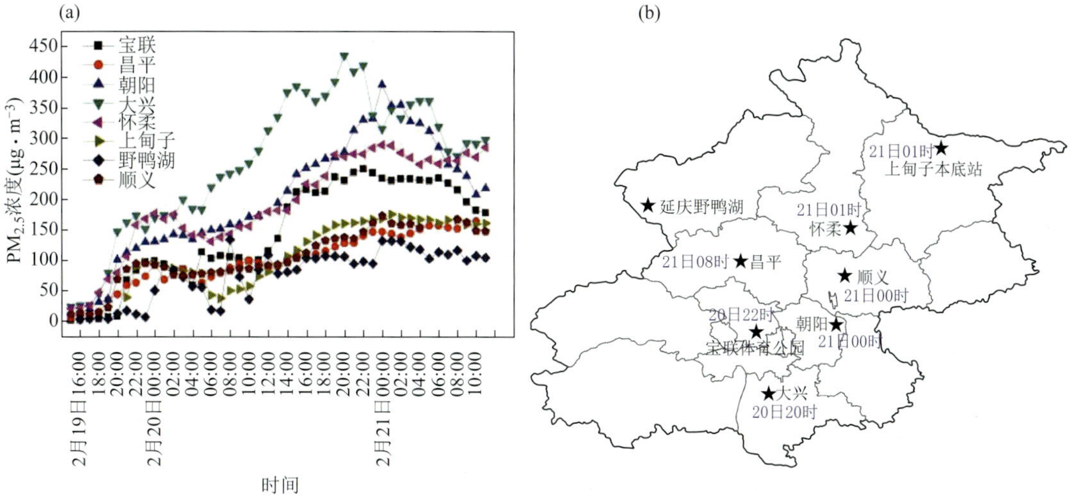

图 3.42　2014 年 2 月 19—21 日 $PM_{2.5}$ 浓度时间序列曲线（a）及监测站 $PM_{2.5}$ 峰值浓度出现的时间（b）

度都达到 80%。20 日 08 时此时相对湿度大于 80%的区域达到了雾过程以来的最大覆盖区域，20 日 08—11 时北京地区的能见度不再继续下降，保持在 2700 m，$PM_{2.5}$ 浓度也不再升高，维持在 100 $\mu g \cdot m^{-3}$，这一阶段 $PM_{2.5}$ 的浓度较前期明显升高，这有利于能见度的进一步下降，但相对湿度的下降和气温的升高不利于能见度的进一步下降，最终反映在能见度上，有利和不利因素持平，能见度维持不变。20 日 11—20 时，地面气温升高，城区相对湿度下降至 60%～70%，能见度并未好转，反而下降至 1500 m，说明此时相对湿度已经不是造成能见度下降的主要原因，$PM_{2.5}$ 浓度急剧攀升至接近 250 $\mu g \cdot m^{-3}$，此时 $PM_{2.5}$ 浓度的上升才是能见度下降的主要原因（图 3.43）。

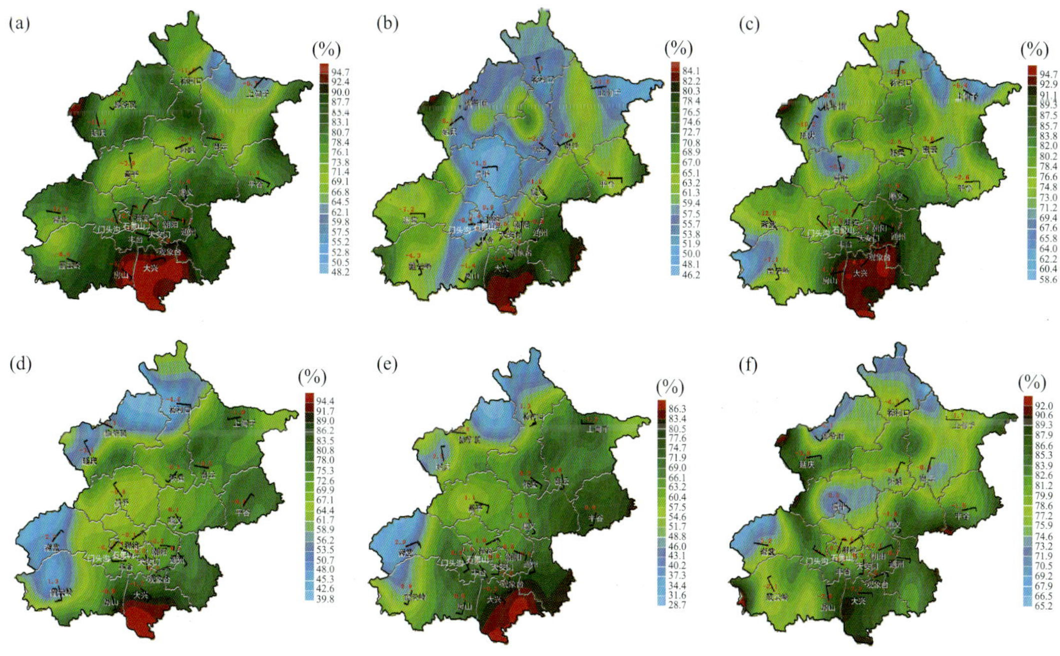

图 3.43　2014 年 2 月 19—20 日北京地区气温（单位：℃）、风场、湿度场分布

（a）19 日 23 时；（b）20 日 05 时；（c）20 日 08 时；（d）20 日 11 时；（e）20 日 14 时；（f）20 日 20 时

3.5.4 重污染过程中的弱冷空气对能见度、$PM_{2.5}$浓度的影响分析

本次重污染过程持续7 d，延庆风廓线观测结果如图3.44所示，黑色箭头表示风向和风速，阴影表示不同的风向，风向之间以45°为间隔。重污染维持期间边界层有四次明显偏北风活动，重污染期间的弱冷空气活动，对能见度和$PM_{2.5}$浓度的改善至关重要，边界层内偏北风能否到达地面？偏北风的出现是否就对应着冷空气的出现？无冷空气对应的偏北风对污染物浓度和扩散条件有何影响？以下即分析这四次北风过程对能见度、$PM_{2.5}$浓度变化的影响。

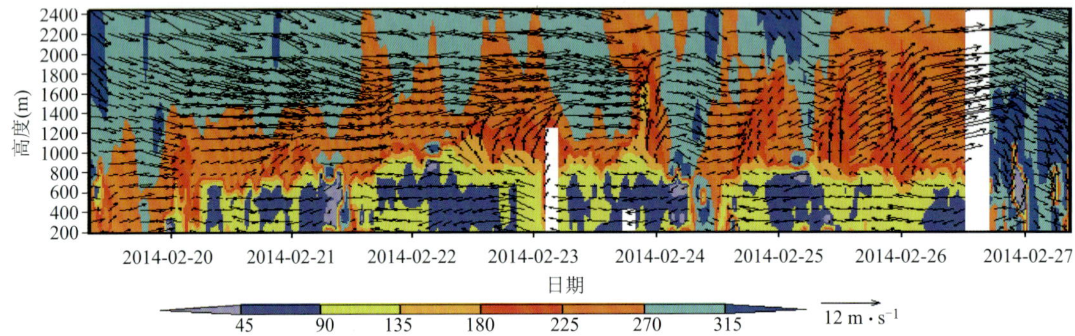

图3.44　2014年2月20—27日延庆风廓线观测结果

第一次北风活动由图3.44中蓝色区域可以看出为21日08—20时，且偏北风已经触及边界层底，露点缓慢上升，说明近地层绝对湿度在增加，水汽含量并未减少，但是相对湿度在明显下降，说明温度露点差（相对湿度）中的T（气温）在明显上升，20日14时观象台气温为−1 ℃，21日14时观象台气温上升为3 ℃，21日北京上空相对湿度较20日白天已减小，地面接收更多太阳辐射，从而利于近地层气温升高，地面气温的升高将有利于边界层高度增高和湍流活动加强，逆温层下的扩散条件略有改善，因此$PM_{2.5}$浓度也有一定下降，能见度有所好转。

由图3.45可见，此次偏北风活动850 hPa和925 hPa气温升高，说明此次偏北风主要作用是边界层内混入的是干暖空气而非冷空气。至21日20时，整层相对湿度明显下降，地面的相对湿度降低为60%，且相对湿度降低的程度地面大于高层说明了源头为近地面的热力作用。自此次干暖空气混入至过程结束，1000 m以下再未较长时间地出现具有一定厚度的相对湿度大于90%的大湿度层，如果将这次过程划分为两个阶段：①以湿度增加造成能见度显著下降的阶段；②以污染物浓度增加造成能见度下降的阶段，这次干暖空气的混入就成为两个阶段的分割点。

第二次偏北风活动为21日夜间到22日夜间，此次偏北风活动21日夜间已经抵达北京，但并未影响到边界层低层，21日20时850 hPa气温为−1 ℃，22日08时气温降低为−6 ℃，925 hPa气温没有变化，说明此时冷空气还并未向更低层渗透，边界层500 m以下均为偏东风，22日上午北风开始向下传导并到达地面，这24 h内$PM_{2.5}$浓度和相对湿度显著下降，能见度明显好转，成为此次重污染过程最好的时段。这次冷空气活动进一步降低了边界层内的相对湿度，在露点（绝对水汽）未明显降低的条件下地面气温由21日14时的

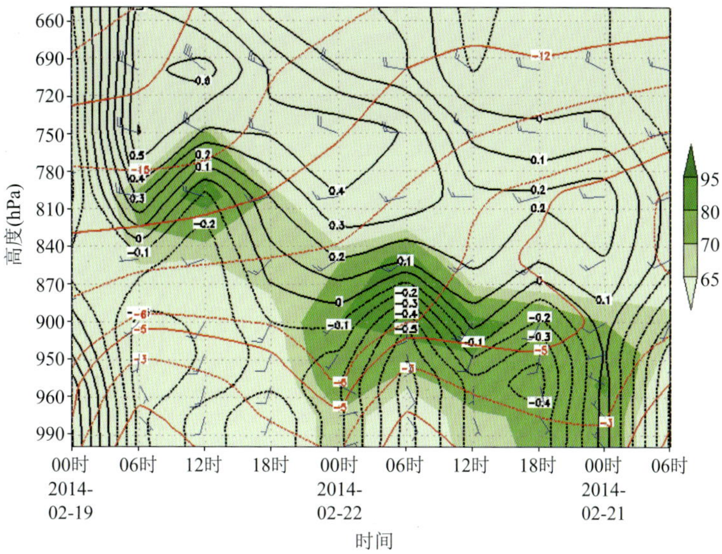

图 3.45　北京地区 2014 年 2 月 19—21 日相对湿度、温度、风场、垂直速度时间剖面（红色虚线表示温度（单位：℃），黑色虚线表示垂直速度（单位：$Pa \cdot s^{-1}$），绿色的阴影表示相对湿度（%））

3 ℃升高为 22 日 14 时的 5 ℃，此次地面升温是整层相对湿度减小和北风作用下地面湍流输送增强的共同结果。由图 3.46 可见，23 日 800～1000 m 高度上逆温再次出现，由微波辐射计和探空曲线都可知 23 日高层增湿大于低层增湿，地面相对湿度维持在 60%～70%。这次冷空气满足对污染物扩散产生明显作用的三个条件：①存在偏北风活动；②偏北风造成了大气气温降低；③大气气温降低的层次应抵达地面。

第三次北风活动为 23 日夜间到 24 日上午，有高空槽经过北京，24 日 20 时上游地区对应 850 hPa 气温为 4～6 ℃，由图 3.47 可知，此时控制北京地区气团 850 hPa 的气温只有 1～2 ℃，所以此高空槽后的偏北风带来的并非冷空气，而是暖空气。24 日 08 时 1000～1400 m 有相对湿度超过 90%，接近饱和。24 日 20 时受暖气团东移影响，由图 3.46 可见，此饱和层消失，原本在贴地逆温的逆温层顶抬升至 1200 m 左右，同时在 1200 m 和 200 m 以下的层次出现双逆温层。25 日 08 时在这两层逆温之间又形成一层逆温，此逆温层的形成主要是污染层顶向大气释放辐射能量自身冷却降温造成的，因此对应的 1000 m 的高度上又形成一浅薄的大湿度层。

因此，高空槽经过北京，虽在边界层造成了偏北风到达地面，但是偏北风并无冷空气的对应，同时高层回暖的程度大于底层，逆温强度增强，垂直方向扩散条件进一步转差，24 日 20 时逆温层降低到 200 m 以下（图 3.46），逆温层顶的下降，北京地区的谷风与高压后部偏南风相叠加，造成河北中南的污染物向北京地区强烈输送，污染物浓度明显升高，能见度恶化。

第四次偏北风活动发生于 25 日后半夜到 26 日上午，由图 3.44 可以看出此偏北风接地的时间并不连续，同时高空并无系统对应，整层大气依然处于回暖的趋势之中，污染物浓度继续升高，能见度持续恶化。

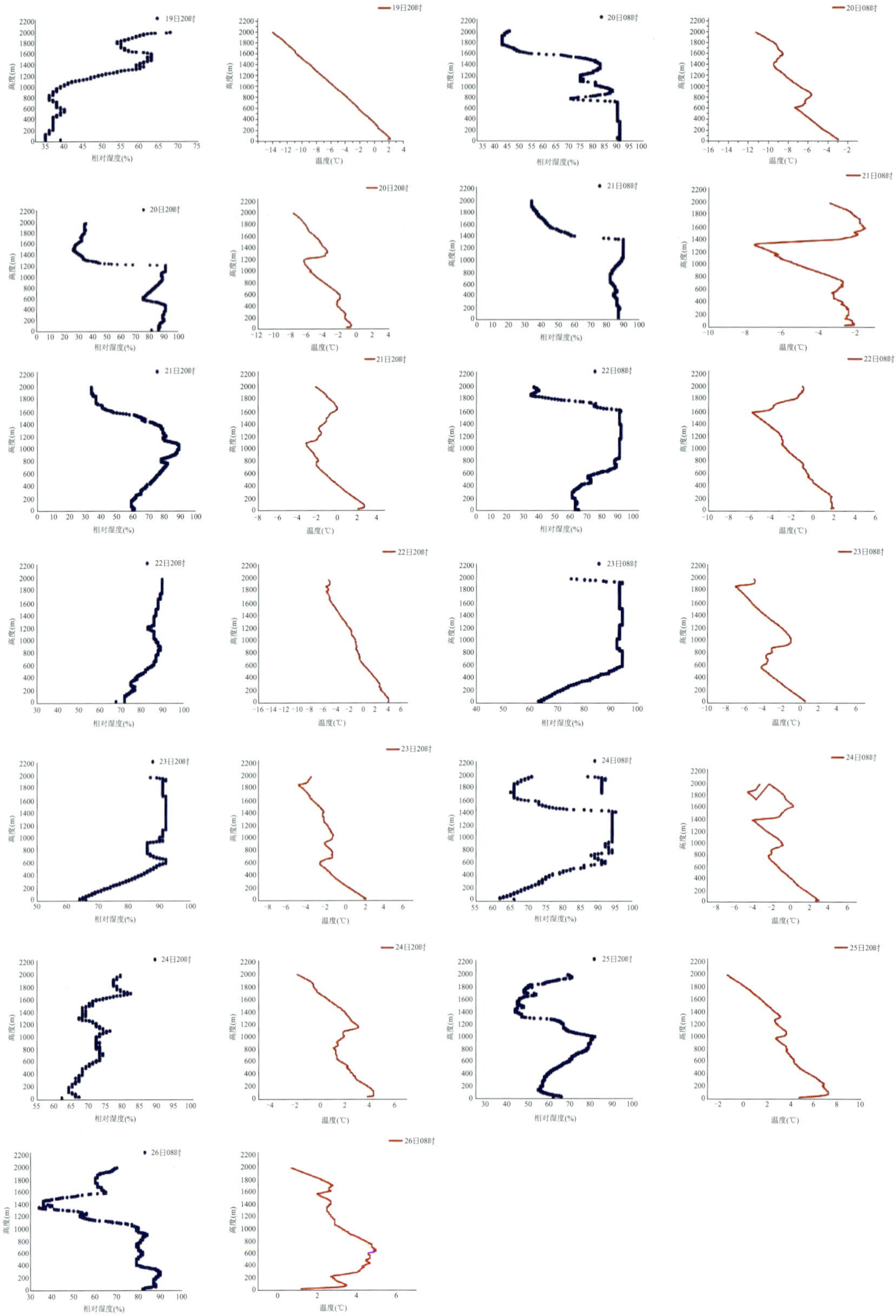

图 3.46　2014 年 2 月 19—26 日重污染过程边界层相对湿度、温度垂直分布结构

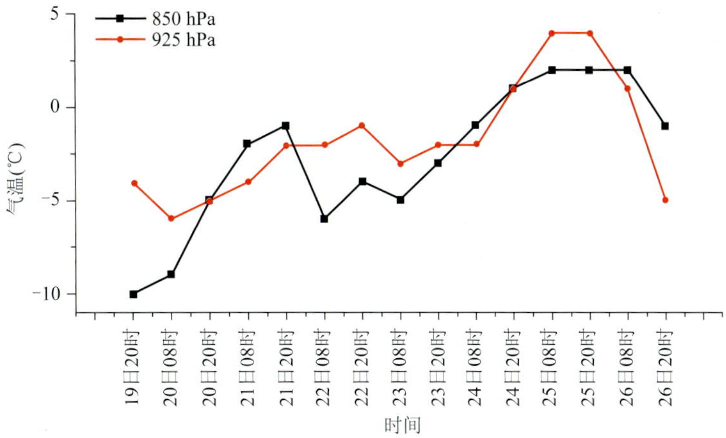

图 3.47　2014 年 2 月 19—26 日北京 850 hPa 和 925 hPa 气温时间序列变化

3.5.5　小结

（1）此次重污染天气过程持续 7 d，依据能见度下降的主要原因，过程被分为以湿度增加造成能见度下降的阶段和以污染物浓度增加造成能见度下降的阶段。第一阶段，东南风带来的冷湿平流，及此平流与山风辐合将水汽带入高空冷却凝结，大湿度区到达地面的共同作用，促使能见度因湿度增长以较快的速度下降；第二阶段，边界层湿度明显下降，空气污染物浓度显著升高，是此阶段能见度下降的主要原因。

（2）干暖空气混合于湿度较大的边界层和地面气温的升高是第一阶段向第二阶段转换的重要条件，大气污染物浓度和湿度条件的配比关系是能见度变化的关键因素。

（3）本过程中，边界层存在四次偏北风活动，只有满足三个条件：①存在偏北风活动；②偏北风造成了大气气温降低；③大气气温降低的层次应抵达地面。缺少任何一个条件，所谓的弱冷空气对扩散条件的改善将不存在，能见度不会升高、污染物浓度不会降低。

（4）高浓度 $PM_{2.5}$ 气团对北京的输送自南向北发生，监测站 $PM_{2.5}$ 峰值浓度自南向北逐渐出现，$PM_{2.5}$ 的输送为第一阶段向第二阶段做必要准备。

（5）研究低能见度事件时，完整地衡量大气水汽含量，通常用绝对湿度和相对湿度共同表征，两者同样重要。

3.6 烟花爆竹燃放对空气质量影响分析

3.6.1　2006—2014 年 $PM_{2.5}$、SO_2、NO_x 日平均浓度变化特征分析

利用北京市海淀区大气成分观测站观测到的北京城近郊区主要污染物的资料，分析

2006—2014 年 $PM_{2.5}$ 浓度变化情况，近 9 a 集中燃放期间，$PM_{2.5}$ 浓度均出现陡增的情况，其中除夕峰值浓度均出现在 01 时，正月初五、正月十五峰值浓度集中在 21—23 时，与烟花爆竹燃放有着明显的相关性。

2006—2014 年 $PM_{2.5}$ 小时浓度数据显示，2012 年除夕峰值浓度最高，达 1485.6 $\mu g \cdot m^{-3}$，其他年份，除 2007 年 365.1 $\mu g \cdot m^{-3}$、2014 年 403.4 $\mu g \cdot m^{-3}$ 以外，均大于 500 $\mu g \cdot m^{-3}$。正月十五为集中燃放的另一个高峰期，2008 年峰值浓度最高，达 1298.0 $\mu g \cdot m^{-3}$，除 2007、2012 年，其他年份均大于 300 $\mu g \cdot m^{-3}$。正月初五峰值浓度偏低，2007 年最高，为 571.5 $\mu g \cdot m^{-3}$。根据中华人民共和国国家标准《环境空气质量标准》（GB 3095—2012），当 $PM_{2.5}$ 24 h 平均浓度超过 75 $\mu g \cdot m^{-3}$ 时，空气质量处于超标情况，2006—2014 年除夕、正月初五、正月十五 $PM_{2.5}$ 日均浓度平均值均大于 75 $\mu g \cdot m^{-3}$，处于超标情况，可见烟花爆竹的燃放直接影响了空气质量的变化。重污染蓝色预警定义为未来 1 d 出现重度污染时即达到预警级别，2006—2014 年除夕均达到重污染蓝色预警标准，正月十五有 6 个年份达到预警标准，正月初五达到预警的年份较少。由于受爆竹燃放影响较大，集中燃放过后，$PM_{2.5}$ 浓度出现明显下降的情况，所以均未达到重污染黄色预警以上级别。

进一步对比分析 2006—2014 年春节期间 $PM_{2.5}$、SO_2、NO_x 日平均浓度（00—23 时）变化情况（图 3.48）。将 2006—2013 年资料做平均值，可以看出，2014 年除夕到正月十五 $PM_{2.5}$、SO_2、NO_x 日平均浓度（00—23 时）均明显低于 2006—2013 年平均值，其中 $PM_{2.5}$ 平均浓度为 68.3 $\mu g \cdot m^{-3}$，与 2006—2013 年平均值（84.8 $\mu g \cdot m^{-3}$）相比下降了

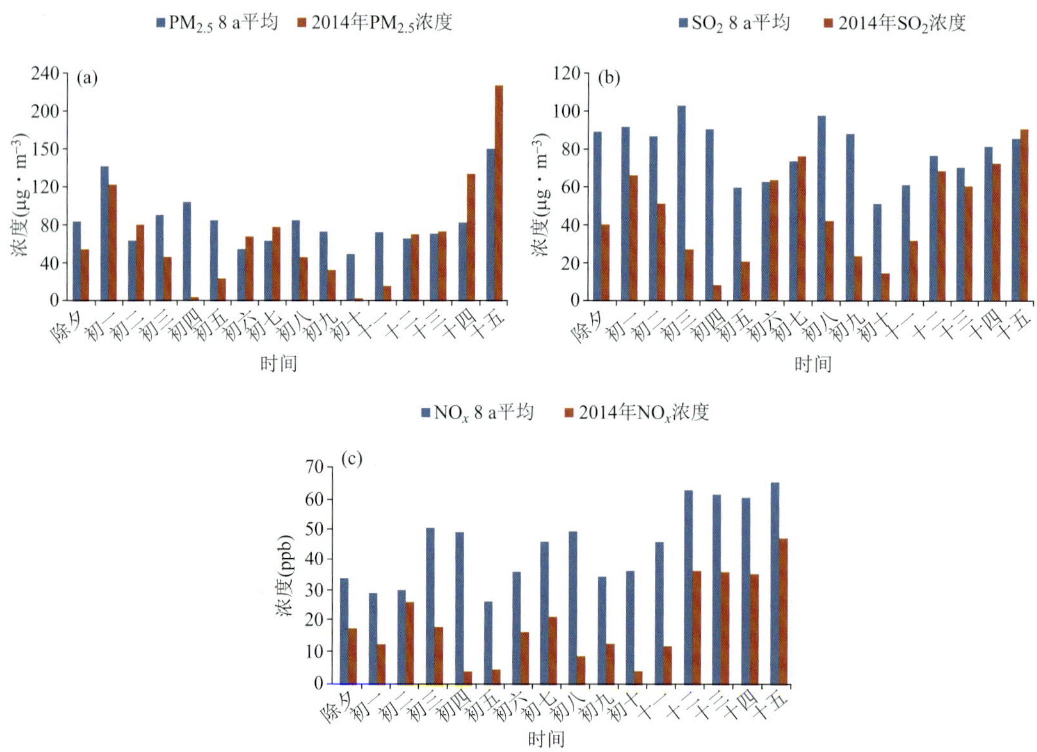

图 3.48　2006—2014 年春节期间 $PM_{2.5}$（a）、SO_2（b）、NO_x（c）日均浓度变化直方图

20%；SO_2 平均浓度为 47.1 μg·m⁻³，比近 8 a 平均值（80.3 μg·m⁻³）下降了 41%；NO_x 平均浓度为 19.4 ppb，比 2006—2013 年平均值（44.8 ppb）下降了 58%。这与减少烟花爆竹燃放有直接关系，由于政府正面引导，公众理性消费等因素，烟花爆竹销售量比往年同期大幅下降，2014 年春节期间北京市烟花爆竹销售量为 19.5 万箱，比上年同期下降 37.7%。

3.6.2 除夕、正月初五、正月十五集中燃放期间 $PM_{2.5}$、SO_2、NO_x 变化特征分析

3.6.2.1 春节燃放烟花爆竹期间大气中 $PM_{2.5}$ 浓度变化特征分析

春节期间北京城区烟花爆竹集中燃放对局地大气中 $PM_{2.5}$ 浓度有显著影响，在除夕、正月初五、正月十五烟花爆竹集中燃放时段，城区 $PM_{2.5}$ 小时浓度急剧增长并出现峰值。2014 年除夕、正月初五峰值浓度低于 2006—2013 年平均值，正月十五峰值浓度高于 2006—2013 年平均值（图 3.49）。

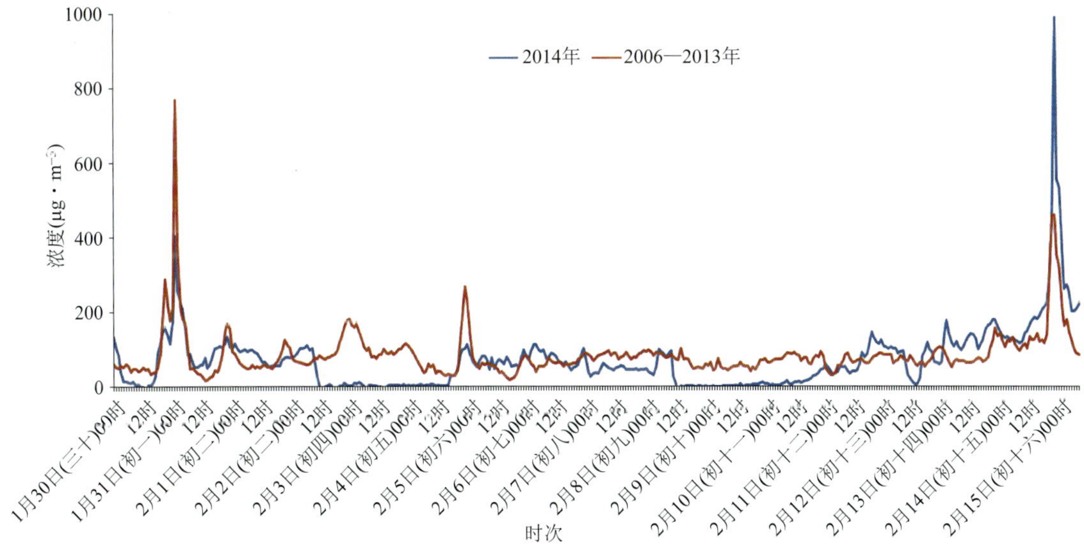

图 3.49 2014 年春节期间北京 $PM_{2.5}$ 小时浓度变化曲线

在 2014 年除夕傍晚至正月初一凌晨烟花爆竹集中燃放时段，城区 $PM_{2.5}$ 小时浓度急剧增长并出现峰值。除夕有两个峰值，第一个峰值出现在 21 时，达 154.6 μg·m⁻³，之后的 3 h 略有下降，从 00 时开始 $PM_{2.5}$ 浓度再次急剧上升，至 01 时 $PM_{2.5}$ 浓度达到第二峰值 403.4 μg·m⁻³，1 h 内增加 227.0 μg·m⁻³，较 2006—2013 年平均值（768.5 μg·m⁻³）下降了 48%。

“破五”的习俗使得正月初五 20—23 时燃放比较集中，$PM_{2.5}$ 浓度在 23 时达到峰值 114.2 μg·m⁻³，峰值浓度明显低于除夕，与 2006—2013 年平均值（269.0 μg·m⁻³）相比，下降了 58%。

正月十五受不利扩散条件影响，20 时起 $PM_{2.5}$ 浓度快速上升，在 22 时达到峰值

988.9 $\mu g \cdot m^{-3}$，1 h 内浓度上升 545.9 $\mu g \cdot m^{-3}$，明显高于除夕峰值浓度（403.4 $\mu g \cdot m^{-3}$）和单小时浓度上升值，是 2006—2013 年均值（460.5 $\mu g \cdot m^{-3}$）的 2 倍。

春节非集中燃放期间，傍晚到前半夜 $PM_{2.5}$ 浓度呈波动上升，由于燃放量减少，波动较小，选取燃放相对比较多的正月初一至正月初三时段。正月初一 08 时至正月初三 08 时，北京地面逐渐转受低压辐合区和弱气压场控制，扩散条件明显转差。分析北京昌平、顺义、朝阳、海淀、大兴各大气观测站点的 $PM_{2.5}$ 浓度变化，发现 $PM_{2.5}$ 浓度变化曲线在傍晚到前半夜这个阶段，出现上下起伏的小波动状态。期间由于人为因素，烟花爆竹燃放比较分散，各观测站点峰值出现时次均不太相同，但波动范围保持在 17 时至次日 02 时，刚好与燃放烟花爆竹时间段比较吻合，考虑这一变化主要由燃放烟花爆竹导致，从 $PM_{2.5}$ 浓度数值变化来看，单小时浓度上升最大值在 20～40 $\mu g \cdot m^{-3}$。

3.6.2.2 集中燃放烟花爆竹对大气中 PM_{10}、$PM_{2.5}$、PM_1、SO_2、NO_2 的特征影响对比分析

分析大气成分观测站昌平站 2014 年 1 月 30 日（除夕）—2 月 14 日（正月十五）各颗粒物浓度变化，由图 3.50 可以看出，在除夕、正月初五、正月十五集中燃放时段 PM_{10}、$PM_{2.5}$、PM_1、SO_2 的曲线变化趋势一致，除夕夜均表现出相似的突增现象，小时浓度峰值出现在 01 时，次峰值出现在 21 时，与烟花爆竹的集中燃放直接相关，而 PM_{10}、$PM_{2.5}$、PM_1 的浓度曲线依次递减，PM_{10} 受燃放烟花爆竹影响数值浮动最大，除夕 00—01 时，PM_{10} 达到峰值浓度，小时浓度由 114.6 $\mu g \cdot m^{-3}$ 上升至 194.5 $\mu g \cdot m^{-3}$，小时浓度上升 69.7%，$PM_{2.5}$ 浓度上升 65.8%，PM_1 浓度上升 67.1%，而 SO_2 小时内增长 1 倍，说明燃放烟花爆竹对 SO_2 的影响最大，粗粒径颗粒物和细粒径相比，粗粒径受到的影响略大于细粒径。分析 NO_2 的浓度变化发现，NO_2 的浓度在集中燃放期间变化平缓，峰值出现时段与烟花爆竹集中燃放时段并不相符，与 PM_{10}、$PM_{2.5}$、PM_1、SO_2 的走向也并不相符，说明 NO_2 的浓度变化与燃放烟花爆竹联系并不紧密，且在春节长假期间浓度值明显下降，考虑可能与春节期间机动车流量减少等因素有关。由此分析得出，集中燃放烟花爆竹对 PM_{10}、$PM_{2.5}$、PM_1、SO_2 浓度增加有影响，但对 NO_2 浓度的影响不明显。

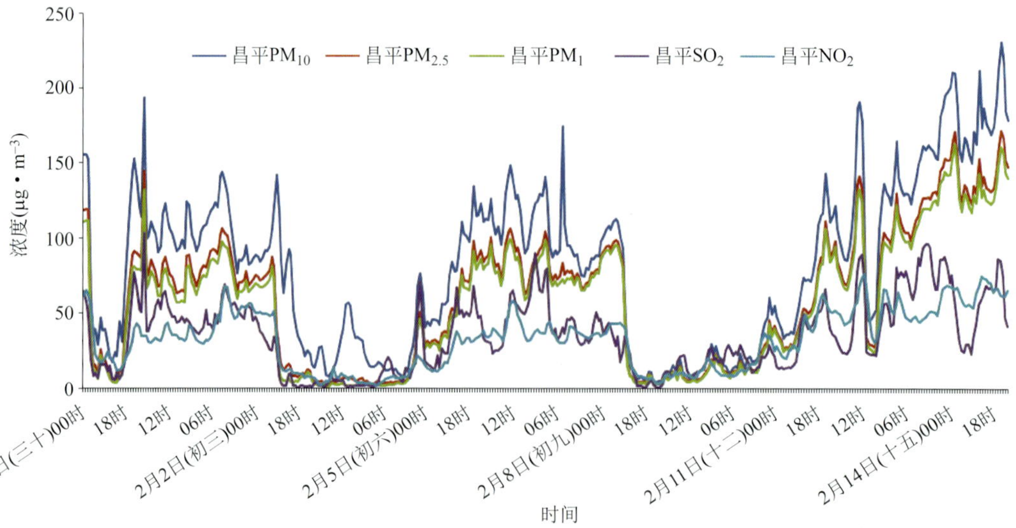

图 3.50 2014 年 1 月 30 日—2 月 14 日污染物浓度变化曲线

为进一步分析 NO_2 浓度变化特征，选取1月30日—2月28日 NO_2 日均值数据（图3.51），大气环境观测资料采用昌平站，考虑此站点位于八达岭高速路附近，NO_2 变化特征明显。分析得出，1月30日—2月28日期间，NO_2 日均浓度整体依次递增。在假日期间的除夕到正月初七（1月30日—2月6日），NO_2 峰值浓度为48.2 $\mu g \cdot m^{-3}$，正月初八到正月十五（2月7—14日），峰值浓度为75.8 $\mu g \cdot m^{-3}$，正月十六（2月15日）以后，峰值浓度上升为123.4 $\mu g \cdot m^{-3}$。相似的环流形势及能见度相同情况下，春节期间2月1日（正月初二）NO_2 日均浓度48.2 $\mu g \cdot m^{-3}$，比2月22日（108.3 $\mu g \cdot m^{-3}$）下降55.6%。NO_2 这种变化特征主要与春节期间污染源结构和气象条件的变化有关，春节假日期间工厂放假，机动车流量减少，工业排放和汽车尾气排放量大大降低。

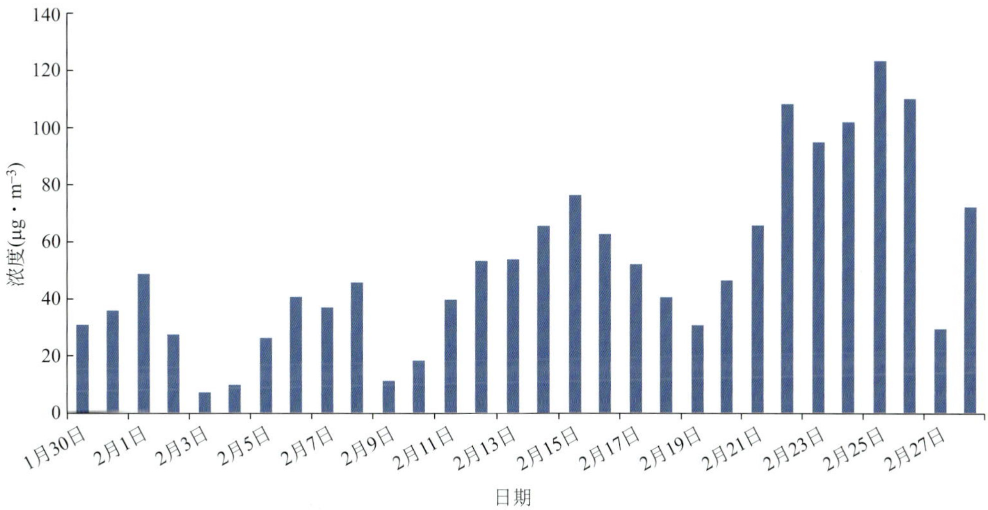

图3.51　2014年1月30日—2月28日 NO_2 日均浓度变化情况

3.6.3　气象条件对春节期间 $PM_{2.5}$、SO_2、NO_2 等污染物浓度变化的影响分析

3.6.3.1　春节期间气象条件分析

分析1月30日—2月14日期间，北京地区02、08、14、20时四个时次地面风速、能见度和 $PM_{2.5}$ 浓度的特征变化（图3.52），期间有两次冷空气影响北京，地面风速、能见度与 $PM_{2.5}$ 浓度呈反相关。

1月30日—2月14日期间，主要受两次冷空气影响，即2月2—4日和2月8—10日。地面风速在一定程度反映了低层大气的扩散能力，冷空气活动期间，地面风速在3 $m \cdot s^{-1}$ 以上，其中2月2日14时风速达8 $m \cdot s^{-1}$，8日20时达6 $m \cdot s^{-1}$，期间能见度保持在10 km以上，$PM_{2.5}$ 浓度在10 $\mu g \cdot m^{-3}$ 以下，较大的风速是大气污染物扩散的有利条件。另外，7日出现明显降雪，虽然风速不大，能见度较低，但是明显的降雪对空气污染物起到清除作用，$PM_{2.5}$ 浓度下降到50 $\mu g \cdot m^{-3}$ 以下。

其他时间，北京地区天气相对稳定，地面风速小于2 $m \cdot s^{-1}$，出现污染物的不断积累，

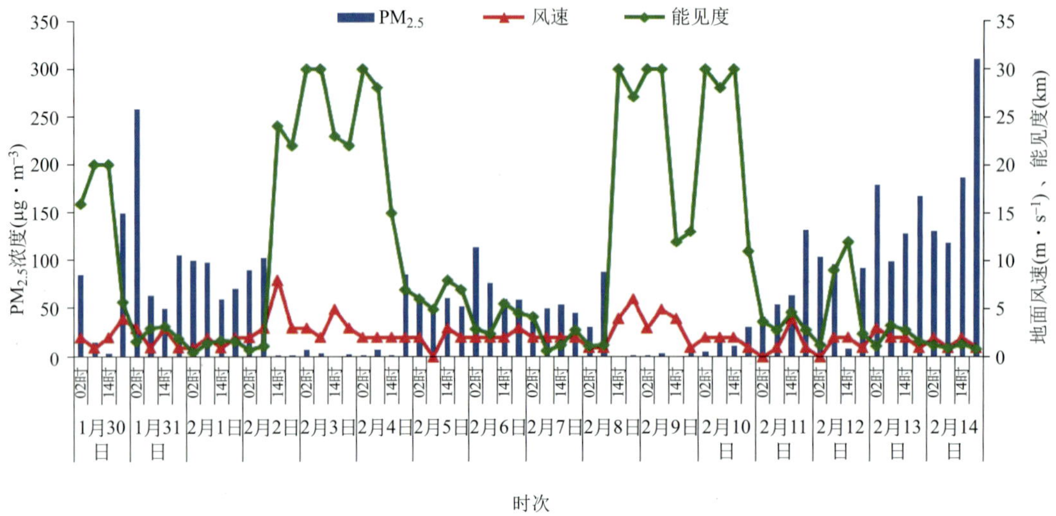

图 3.52　2014 年春节期间地面风速、能见度、$PM_{2.5}$ 浓度变化曲线

$PM_{2.5}$ 浓度增加，当地面风速在 2 m·s^{-1} 以下，并持续一段时间后，地面污染物出现持续性偏高的情况，其中 1 月 31 日—2 月 1 日有轻度—中度霾，6—7 日有中度—重度霾，11 日有轻度—中度霾，13—14 日有中度—重度霾，能见度均小于 5 km。

3.6.3.2　集中燃放期间气象条件分析

选取除夕、正月初五、正月十五集中燃放时段 20 时—次日 00 时，根据南郊观象台地面观测数据对地面风速进行分析，除夕地面风速 1～4 m·s^{-1}，正月初五 1～2 m·s^{-1}，正月十五小于 1 m·s^{-1}。除夕地面风速明显大于正月初五和正月十五。其中除夕、正月初五均受小股冷空气影响，正月十五地面处于均匀场控制，且 2 月 13 日起地面风速小于 2 m·s^{-1} 并长时间维持，正月十五集中燃放期间，地面风速小于 1 m·s^{-1}，受燃放烟花爆竹影响，污染物浓度出现陡增现象，$PM_{2.5}$ 浓度是除夕的 2.5 倍，说明地面风速直接影响污染物扩散能力，是正月十五峰值浓度明显高于除夕的直接原因（图 3.53）。

3.6.4　结论

综合前面分析可以看出，春节烟花爆竹集中燃放期间，污染物浓度上升速度加快，说明烟花爆竹燃放对短时间内气溶胶的增加和空气质量的影响显著，同时春节期间的气象条件对空气中的污染物浓度的演变和分布有非常重要的影响。2014 年春节期间污染物及影响因素的主要特征为：

（1）春节燃放烟花爆竹对城市空气质量有一定的影响，对 PM_{10}、$PM_{2.5}$、PM_1、SO_2 浓度均有明显的影响，对 NO_2 浓度的影响不明显，特别是除夕集中燃放时段 PM_{10}、$PM_{2.5}$、PM_1、SO_2 浓度增加显著，NO_2 浓度增加幅度不大。

（2）PM_{10}、$PM_{2.5}$、PM_1 浓度日平均值的变化保持一致，集中燃放烟花爆竹时段对粗粒子影响略高于细粒子，2014 年除夕夜昌平站点 PM_{10}、$PM_{2.5}$、PM_1 浓度 1 h 内增加浓度分别为 79.9 μg·m^{-3}、58.0 μg·m^{-3}、53.3 μg·m^{-3}。

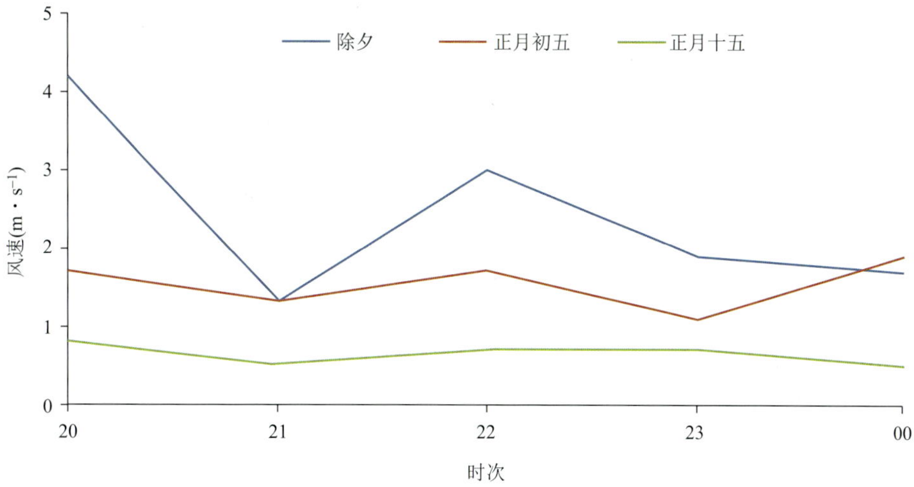

图 3.53　2014 年春节期间除夕、正月初五和正月十五的风速变化曲线

（3）复杂多变的气象条件对污染物浓度的变化有重要作用，风速的大小直接影响污染物的扩散能力。小风、逆稳不利于污染物的扩散，使污染物浓度不断积累，形成持续性污染过程，而冷空气活动及降水对污染物的扩散和清除有明显的作用。

3.7 秸秆燃烧对空气质量影响分析

3.7.1　秸秆燃烧造成的雾/霾天气过程实况

2015 年 10 月初期，京津冀地区出现两次程度严重的由于秸秆焚烧造成的雾/霾天气过程，10 月 4—7 日和 10 月 13—17 日。根据后向轨迹分析（图 3.54）表明，在北京地区 $PM_{2.5}$ 浓度上升期间，距地面 100～500 m 的气团（图中红色和蓝色）主要经过华北平原秸秆焚烧地区。

3.7.2　2015 年 10 月 4—7 日雾/霾天气过程分析

根据历史资料统计分析，京津冀地区持续性霾天气主要集中在北京、天津、河北西南部地区，占总数的 30%。2015 年 10 月 4—7 日这次过程，受湿度条件影响，白天以霾为主，夜间以雾为主。5 日，北京、天津有轻度—中度霾，6—7 日北京地区有中度—重度霾，6 和 7 日早晨北京出现大雾天气，能见度小于 1 km，局地小于 500 m。

秸秆集中燃烧导致最明显的 $PM_{2.5}$ 浓度变化特征就是突增。数据显示，4 日衡水的 $PM_{2.5}$ 浓度由 94 $\mu g \cdot m^{-3}$ 陡增至 412 $\mu g \cdot m^{-3}$，每小时浓度增长 24.5 $\mu g \cdot m^{-3}$，率先达到这个过程的峰值浓度。由于京津冀地区 5 日开始处于高压后部，持续受偏南风影响，污染物

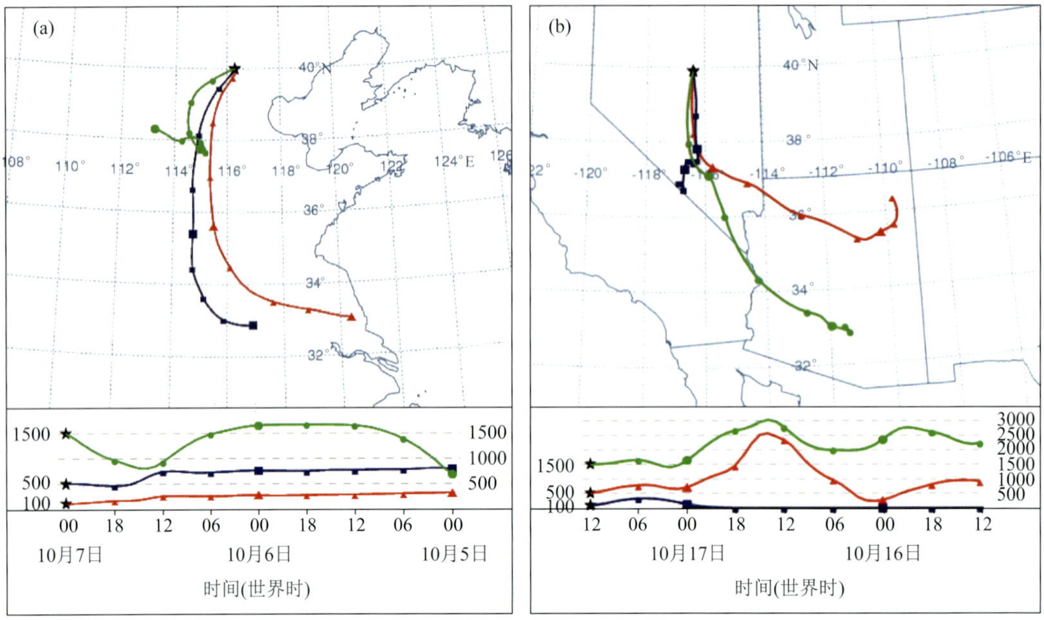

图 3.54 2015 年 10 月 7 日（a）及 17 日（b）后向轨迹

向北京方向输送，数据显示自西南向东北方向，衡水、保定、廊坊、北京、天津、唐山依次达到第一个峰值浓度。随后河北地区的污染物不断向北京地区输送，5—6 日京津冀地区的偏南风在 2～4 $m \cdot s^{-1}$，污染进一步向北京地区推进。数据显示，南风加大导致天津、唐山、河北中南部地区的污染物浓度下降，其中保定、廊坊出现先上升后下降的特征，仅有北京地区持续增长，污染物在燕山山脉前堆积。其中北京地区 4 日上午 12 时之前 $PM_{2.5}$ 浓度为 60 $\mu g \cdot m^{-3}$ 左右，午后浓度迅速增加，至 20 时达到第一个峰值浓度 224 $\mu g \cdot m^{-3}$，8 h 内增加了 3 倍多，单小时浓度增长 7.9 $\mu g \cdot m^{-3}$，且浓度振荡持续增长，至 6 日夜间 01 时达到最高值 401 $\mu g \cdot m^{-3}$，随后受较强冷空气影响，$PM_{2.5}$ 浓度下降，雾/霾天气过程结束（图 3.55）。这次过程发展期间，保定小时增长 5.9 $\mu g \cdot m^{-3}$，廊坊小时增长 12.8 $\mu g \cdot m^{-3}$，异于普通重污染天气过程，这次石家庄地区的污染并不是特别严重，$PM_{2.5}$ 浓度平均每小时增长 4 $\mu g \cdot m^{-3}$ 左右。

从气象资料分析来看，这次过程北京明显处于小风高湿阶段，期间平均风速仅为 1.4 $m \cdot s^{-1}$，平均相对湿度达 75.3%。北风出现概率为 48.6%，平均风速为 1.2 $m \cdot s^{-1}$，南风出现概率为 51.4%，平均风速 1.3 $m \cdot s^{-1}$。可见 5—7 日处于非持续性南风影响，基本上属于北风和南风相互转换，半夜到上午受北风影响，下午到前半夜受南风影响，风速较弱，北风影响时段湿度大，风速小对空气质量无有效改善作用，南风影响时段有利于北京西南部污染物向北京输送，所以就形成了夜间风速小湿度大，污染物增长，白天南风影响污染物向北京输送，$PM_{2.5}$ 浓度持续增长的结果（图 3.56）。

此外，此次过程大气稳定度强、低层风速小，3 日夜间北京上空开始出现逆温，且逆温层一直维持至 7 日白天，稳定的大气层结不利于污染物向高层扩散。

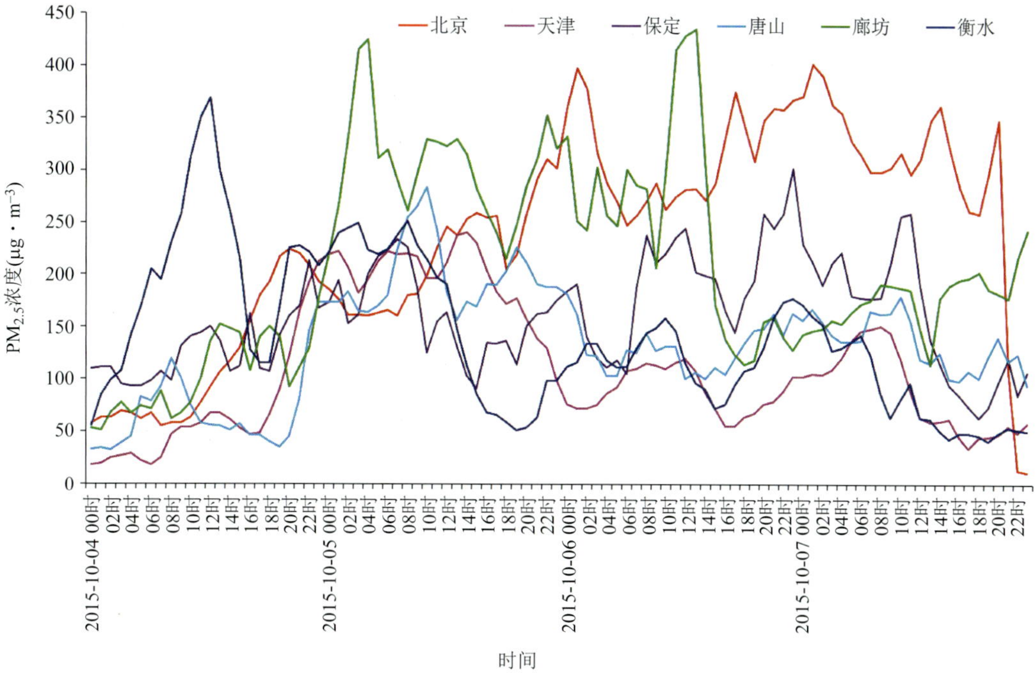

图 3.55　京津冀地区 2015 年 10 月 4—7 日 $PM_{2.5}$ 浓度曲线

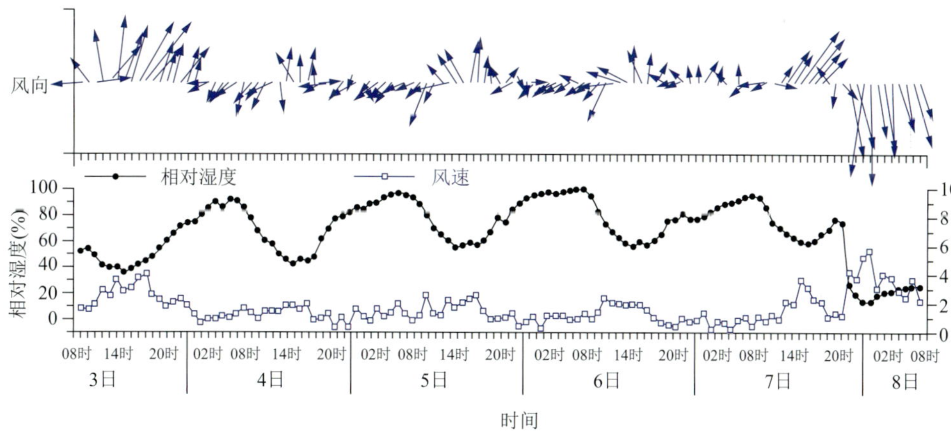

图 3.56　北京地区 2015 年 10 月 3—8 日风向风速和相对湿度时序图

3.7.3　2015 年 10 月 13—17 日雾/霾天气过程实况分析

2015 年 10 月 13—17 日京津冀地区受秸秆燃烧影响再次出现持续性雾/霾天气过程，其中前期雾/霾主要出现在天津、河北中部地区以轻度—中度霾为主，北京地区受弱的偏北风影响，13 日夜间南部地区出现轻雾，14 日白天平原地区有轻微—轻度霾，夜间有轻雾。14 日夜间冷空气对北京地区的能见度和空气质量有所改善，15 日傍晚受偏南风影响，北京南部地区出现轻微—轻度霾，夜间轻雾，16—17 日湿度增加，扩散条件持续转差，京津冀大部分地区出现中度—重度霾天气，夜间有雾，局地大雾。

从空气质量监测数据来看，这次浓度上升特点与上次相同，13 日夜间廊坊第一个达到浓度高值，其次是保定、天津、唐山、北京依次达到高值。规律不同的是，这次由于前期受弱的北风影响，北京浓度较低且上升速度缓慢，14 日夜间到 15 日受弱冷空气影响，$PM_{2.5}$ 浓度有不同幅度的下降，后期由于受南风影响，衡水浓度下降，廊坊浓度先增长后下降，污染物在山前堆积，北京浓度持续增长。

这次过程虽然持续时间长，但是浓度增长缓慢，尤其期间有弱冷空气影响，污染物浓度呈现下降波动。北京地区 13 日至 14 日白天（13 日 00 时—14 日 20 时），$PM_{2.5}$ 浓度平均每小时上升 2.5 $\mu g \cdot m^{-3}$，于 14 日 20 时前后达到第一个峰值 139 $\mu g \cdot m^{-3}$；14 日夜间至 15 日前半夜，受弱冷空气的影响，北京 $PM_{2.5}$ 浓度有不同幅度的下降；第二次过程从 15 日 12 时浓度开始快速增长，至 16 日晚上（20 时），北京地区 $PM_{2.5}$ 浓度平均每小时上升 4.7 $\mu g \cdot m^{-3}$，于 17 日 00 时前后达到第二个峰值 350 $\mu g \cdot m^{-3}$。廊坊增长速度较快，平均每小时增长 13.3 $\mu g \cdot m^{-3}$，峰值浓度达到 364 $\mu g \cdot m^{-3}$。由于冷空气移动速度较慢，17 日夜间至 18 日白天各地污染物浓度呈下降趋势，雾/霾天气逐渐结束（图 3.57）。

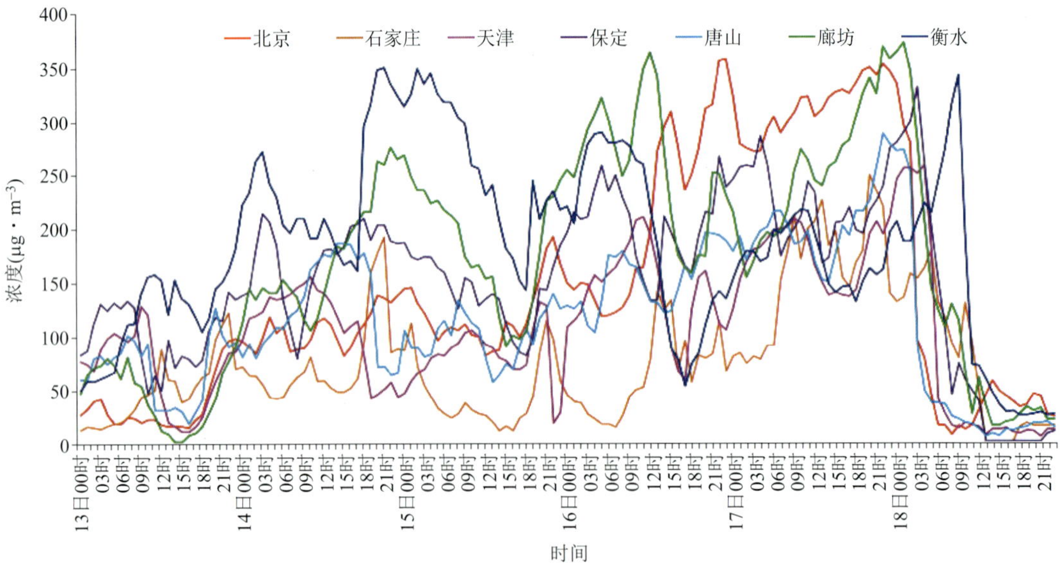

图 3.57　2015 年 10 月 13—18 日京津冀地区 $PM_{2.5}$ 浓度时序

此次过程平均风速为 1.4 $m \cdot s^{-1}$，大部分时间北京受北风控制，所占比例为 73.5%，南风仅占 26.5%，北风平均风速为 1.26 $m \cdot s^{-1}$。从相对湿度来看，白天的最小相对湿度在 40%左右，平均相对湿度 62.1%。15 日以后南风控制时间增长，且湿度增加，有助于河北中南部地区污染物向北京输送，造成北京地区的重污染天气过程。前期弱冷空气造成北风控制时间增长，且风速在 2～3 $m \cdot s^{-1}$，是这次雾/霾过程轻于上次，浓度上升缓慢的主要原因（图 3.58）。

从垂直方向来看，2015 年 10 月 13—17 日，北京地区逆温维持时间长，低空 150 m 以下一直存在较强的逆温层，不利于污染物垂直扩散。

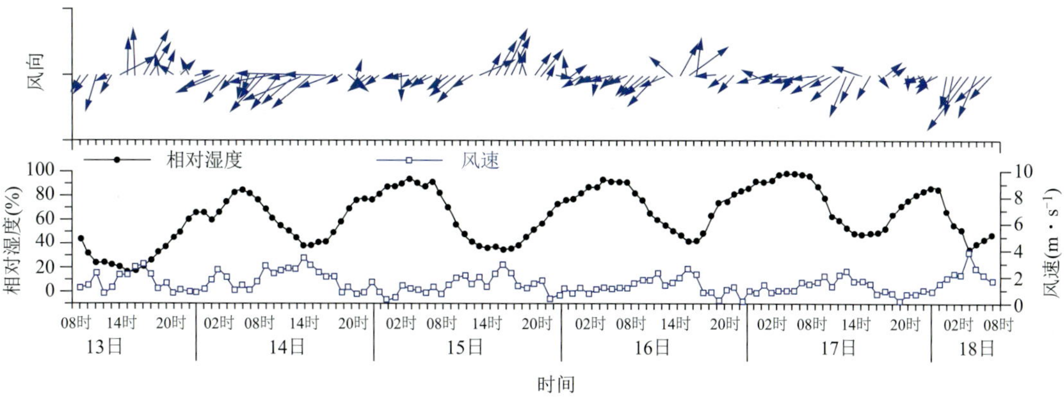

图 3.58　北京地区 2015 年 10 月 13—18 日风向风速和相对湿度时序图

3.7.4　非秸秆燃烧期雾/霾天气过程实况分析

筛选同期相同天气形势的雾/霾天气过程 2014 年 11 月 25—26 日。三次天气过程高空都处于平直西风气流，有小槽波动，850 hPa 西南气流，地面处于高压后部转低压辐合区控制。

虽然处于无秸秆燃烧的影响前提下，但是此次过程已进入供暖期，仍造成比较明显的雾/霾天气过程。此次过程 $PM_{2.5}$ 浓度依次达到高值的顺序是衡水、保定、石家庄、北京、廊坊、天津，污染重值区出现在保定，其次是石家庄（图 3.59）。

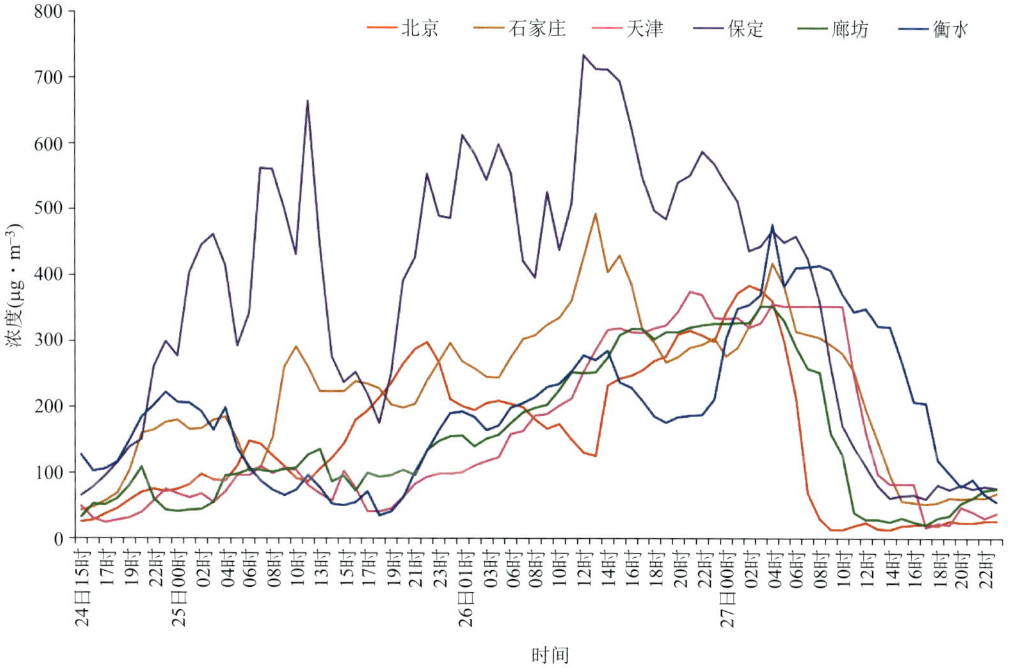

图 3.59　2014 年 11 月 25—26 日京津冀地区 $PM_{2.5}$ 浓度时序图

此次过程特点，重污染区域集中在保定地区，其次是石家庄。保定地区 24 日 15 时 $PM_{2.5}$ 浓度 64 μg・m⁻³，22 时增长到 260 μg・m⁻³，6 h 浓度增长至 4 倍左右，每小时增长 32.7 μg・m⁻³，12 h 后浓度增长至 461 μg・m⁻³，达 7 倍多，平均每小时上升 33.1 μg・m⁻³。石家庄地区，24 日 15 时 $PM_{2.5}$ 浓度 42 μg・m⁻³，6 h 后增长至 159 μg・m⁻³，达 4 倍左右，每小时增长 19.5 μg・m⁻³，19 h 后浓度增长第一个峰值浓度，为 290 μg・m⁻³，涨幅是初期 7 倍，每小时增长 13.1 μg・m⁻³。对于北京、天津、廊坊这些上游地区来说，这次过程浓度缓慢增长，北京地区每小时浓度平均上升 6.3 μg・m⁻³，29 h 后浓度长至第一个峰值浓度 347 μg・m⁻³。天津和廊坊稳定持续增长，分别在 53 h 和 58 h 后达到峰值浓度 369 μg・m⁻³、352 μg・m⁻³，每小时增长 6.1 μg・m⁻³ 和 5.5 μg・m⁻³。

分析此次过程的气象要素，北京地区平均风速 1.4 m・s⁻¹，平均相对湿度 72.4%，南风概率 42.5%。25 日白天的南风加大，下午南风达到 4 m・s⁻¹ 左右，明显加快了河北中南部的污染向北京地区输送（图 3.60）。

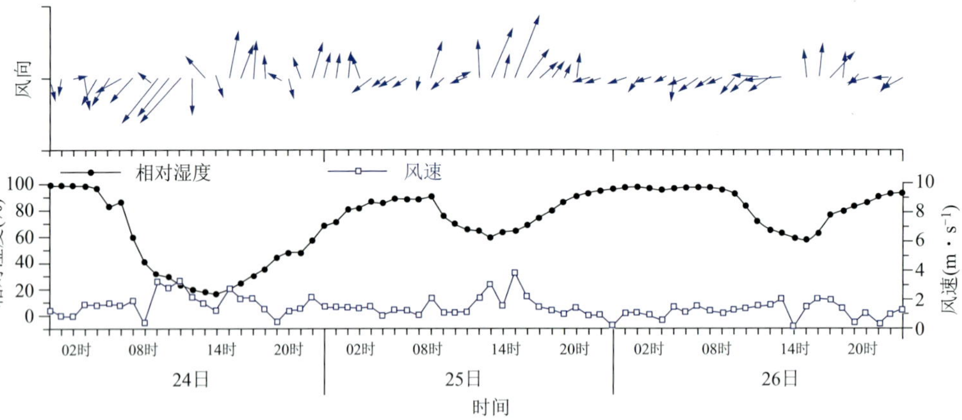

图 3.60 北京地区 2014 年 11 月 24—26 日风向风速和相对湿度时序图

3.7.5 雾/霾期间的环流形势和气象要素特征对比分析

以上三次雾/霾天气过程，地面均为高压后部转低压辐合区，高空处于平直西风带，低层风速小且有逆温层存在，是造成北京地区雾/霾的典型天气形势。

从 $PM_{2.5}$ 浓度变化特征来看，秸秆燃烧期浓度的重值区集中在衡水、廊坊、北京三个城市。衡水的 $PM_{2.5}$ 增长速率最快，且不断向廊坊、北京传输，达到峰值浓度的顺序分别为衡水、廊坊、北京，峰值浓度超过 350 μg・m⁻³。在污染后期，衡水浓度明显下降，主要污染区域集中在廊坊、北京地区。而非秸秆燃烧期，浓度最高区域集中在保定地区，其次是石家庄，保定地区峰值浓度超过 700 μg・m⁻³，石家庄超过 500 μg・m⁻³，北京、廊坊后期浓度增长，峰值浓度在 300 μg・m⁻³ 左右，有无秸秆燃烧造成的浓度变化特征和区域分布明显不同。

从 $PM_{2.5}$ 浓度增长速率来看，对比相对湿度和南风比例相差不大的两次过程，即 2015 年 10 月 3—7 日和 2014 年 11 月 24—26 日，两次过程平均相对湿度均在 70%以上，南风影响概率在 50%左右。通过分析可以看出，对于北京地区来讲，秸秆燃烧期的浓度增长速率和非秸秆燃烧期相差不大，达到第一个峰值浓度北京地区平均每小时浓度增长均为 10 $\mu g \cdot m^{-3}$ 左右。

从气象要素对比分析来看，三次过程的平均风速均为 1.4 $m \cdot s^{-1}$，南北风所占比重均略有不同，北风控制时间长且增加的过程，浓度相对增长缓慢。三次过程平均相对湿度略有不同，但均大于 60%。但从逐小时湿度特征可以看出，秸秆燃烧期的湿度日变化特征比较明显，白天湿度小夜间湿度明显增加，最小相对湿度仅有 40%左右，而供暖污染期，最小相对湿度达到 60%左右，且秸秆燃烧期污染的持续时间明显要长于供暖期。

由此可见，秸秆燃烧和供暖期在不利于污染物扩散的天气形势下，均会对京津冀地区造成较明显的影响，不过不同影响期 $PM_{2.5}$ 浓度分布特征明显不同。风向风速在有无秸秆燃烧情况下差异性不大，主要差别取决于相对湿度。相同程度下的雾/霾天气过程，秸秆燃烧期间的湿度条件远低于普通污染过程，秸秆燃烧期间最小相对湿度在 40%左右，即可达到普通过程最小相对湿度 60%所造成的结果。

3.8 污染天气对健康影响分析

3.8.1 北京地区奥运会期间 $PM_{2.5}$ 对心脑血管疾病的影响

大量的流行病学研究表明，大气污染物浓度的升高与人群心脑血管疾病、呼吸系统疾病的发病率的升高关系密切，同时年龄、性别、气象要素等与大气颗粒物之间存在交互效应。随着工业化和城市化进程的加快，能源消耗的过度增加造成的大气环境污染问题日益突出，因此，定量评价大气颗粒物污染的健康危害并进行经济学评价，对控制大气污染、保护人民群众身体健康具有重要意义。近年来北京地区多次出现持续性的严重污染天气，人群具有较高的暴露水平。2008 年奥林匹克夏季运动会在北京召开，为了此次重要活动顺利开展，从 2008 年 7 月 1 日—9 月 20 日近 3 个月采取了严格的机动车限行制度，超标排放的大型运输车被禁止上路，北京及周边地区向大气中排放污染物的工厂被责令关闭。因此，奥林匹克夏季运动会的召开，为北京提供了一个难得的机遇来评估减排所形成健康效应与减排前后年份健康效应的关系。

由于气象条件在很大程度上影响着污染物浓度的变化，本研究定义了一个表征空气污染积累的气象参数，叫作湿静稳指数，用湿静稳指数来说明奥运期间及奥运前后年份近地层气象要素对污染物浓度的影响。在此基础上，利用国际上通用的基于时间序列的广义相加模型（GAM）和危险度评价方法定量评估了 2006—2010 年 7 月、8 月、9 月 $PM_{2.5}$ 的日均浓度变化与人群心脑血管疾病入院人数之间的关系。

3.8.1.1　湿静稳指数的建立

基于研究时段处于夏季及秋初的气象特征，本研究定义了一个湿静稳指数（WSS，wet statical stability index）来表征研究时段内气象因素对污染物及健康效应的影响，空气污染物的浓度与气象要素的关系密切，北京三面环山，受太行山及燕山山脉的影响，污染物一旦积聚，在无明显冷空气的条件下便较难扩散，在弱气压场的影响下，大气趋于静稳，此时若相对湿度也随之增加，大气中的颗粒物会迅速吸湿增长，同时发生二次反应，北京地区就会出现重污染天气，所以持续性的小风和高湿是北京地区出现重污染天气的重要局地气象特征。

湿静稳指数（WSS）被定义为：

$$\mathrm{WSS}=\mathrm{RH}/\sum_{i=1}^{i=n}V_i \tag{3.1}$$

式中，RH为相对湿度，为空气中水汽压与饱和水汽压的百分比（%）；V_i 表示逐小时的10 m风速，$\sum_{i=1}^{i=n}V_i$ 则表示从 $i=1$ 至 $i=n$ 小时内累计风速之和，例如7月2日08时的 $\sum_{i=1}^{i=n}V_i$ 取 $n=12$，则表示从7月1日20时—7月2日08时地面10 m风的加和，其中 n 的取值采用统计计算结合经验的方法来取值。北京地区在弱气压场影响之下，主要受局地的山谷风影响，山风和谷风转换的周期近似为12 h，同时统计计算了从01—24时的累计风速与 $PM_{2.5}$ 浓度之间的相关关系，结果表明12 h累计风速与 $PM_{2.5}$ 具有最高的相关关系，因此本研究 n 的取值为12。当12 h累计风速越小，相对湿度越大，说明大气越趋于静稳的状态，且水汽在不断地积累，WSS也将不断增大，气象条件有利于污染物浓度升高。

3.8.1.2 GAM模型的建立

广义相加模型（GAM）是对广义线性模型（GLM）的非参数扩展，适用于处理应变量和众多解释变量间过度复杂非线性的关系。GAM模型通过对部分或全部的解释变量采用平滑函数的方法建立模型。它排除了长期趋势、季节趋势、日历效应、气象因素、污染因素等混杂因素对健康效应终点的影响，将污染物浓度日变化作为因子变量引入模型，分别观察其对健康效应终点人数的影响。对于总人群来说，日心脑血管疾病的发病属于小概率事件，分布近似泊松分布。

采用半参数广义相加模型（GAM），具体模型如下：

$$\mathrm{Log}[E(Yk)]=\alpha+\mathrm{DOW}+\beta\times Xk+s(\mathrm{time},\mathrm{d}f)+s(Zk,\mathrm{d}f) \tag{3.2}$$

式中，Yk 为的心脑血管疾病入院人数；$E(Yk)$ 为心脑血管疾病入院人数的期望值；β 为回归系数，称为暴露-反应关系系数；Xk 为污染物浓度；s 为非参数样条平滑函数，排除长期趋势、季节性、日历效应、气象等混杂因素的影响；$\mathrm{d}f$ 为自由度；考虑到居民每日心脑血管疾病入院人数在一周内有“星期几效应”的显著性不明确，为排除“星期几效应”可能带来的影响，所以引入虚拟函数DOW；time为日历时间；Zk 为某种气象要素。通过此模型对心脑血管疾病入院人数与日均 $PM_{2.5}$ 的浓度进行非线性拟合，求得暴露-反应关系系数 β，从而建立了 $PM_{2.5}$ 与逐日心脑血管疾病入院人数之间的暴露-反应关系。

赤池信息准则（AIC）是一种用来反映模型拟合数据能力的统计方法，可以对模型进行因子选择与优度检验。根据AIC准则，AIC值越小，模型的拟合优度越好，AIC值最小的模型即为最优模型。

根据GAM模型估算出暴露-反应关系系数β，当$PM_{2.5}$变化单位浓度时，每日心脑血管疾病入院人数自然对数的相对改变量为相对危险度（RR）。本研究的单位浓度变化为污染物浓度的四分位间距（IQR）。RR的形式如下：

$$RR=\exp(\beta\times IQR) \tag{3.3}$$

在此基础上计算出RR的95%的可信区间（95%CI）为：

$$\exp[(\beta\pm1.96SE)\times IQR] \tag{3.4}$$

式中，SE为标准误差。污染物浓度每增加10 $\mu g\cdot m^{-3}$，疾病平均日入院人数变化的百分比由公式（3.5）计算得到。

$$[(10/IQR)\times(RR-1)]\times100\% \tag{3.5}$$

按照上述原则分不同年份建立模型，估算$PM_{2.5}$对人群健康的影响。利用AIC准则进行模型拟合优度检验，并考察模型的滞后效应。

3.8.1.3 结果

（1）湿静稳指数与$PM_{2.5}$浓度之间的关系

$PM_{2.5}$浓度受排放源、周边地区输送、二次气溶胶生成、气象条件等多种因素影响，由图3.61可见，湿静稳指数对$PM_{2.5}$浓度变化具有一定的指示意义，当湿静稳指数增大时，说明大气低层相对湿度增大，大气低层的空气流动性在持续变差，一方面利于颗粒物吸湿增长，另一方面利于污染不断积聚，所以可以用湿静稳指数来表征北京地区大气污染的气象潜势。由图3.62a可见，2006—2010年7—9月湿静稳指数的年变化趋势并不显著，均处于7～7.5区间，从图3.62b中可见，2008年由于奥运会前后的减排作用$PM_{2.5}$浓度为2006—2010年中的最低值60.6 $\mu g\cdot m^{-3}$。

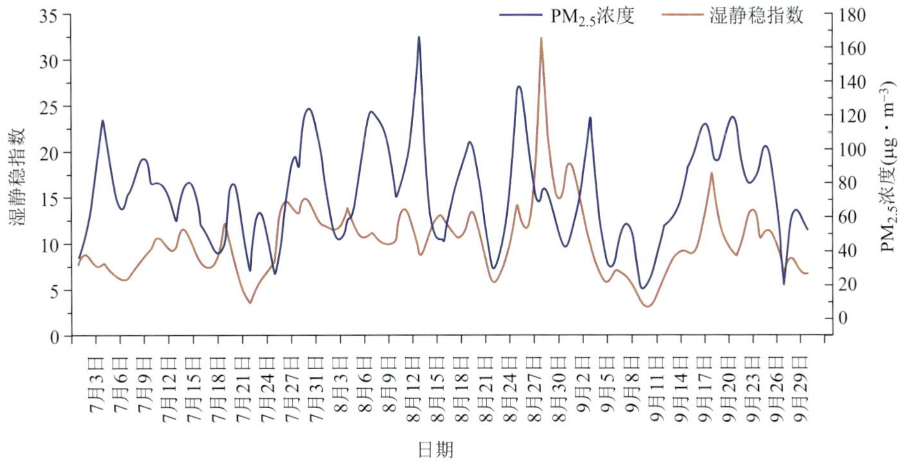

图3.61 2006年7—9月湿静稳指数与$PM_{2.5}$浓度之间的关系

（2）心脑血管疾病每日入院人数、大气污染物的浓度及气象因素频率分布

2006—2010年7—9月北京市$PM_{2.5}$日均浓度、主要气象因子和心脑血管疾病入院人数的描述性统计结果见表3.5。平均每天心脑血管疾病入院人数为9例左右。2006—2010年7—9月平均气温为25.01 ℃，相对湿度为67.2%。

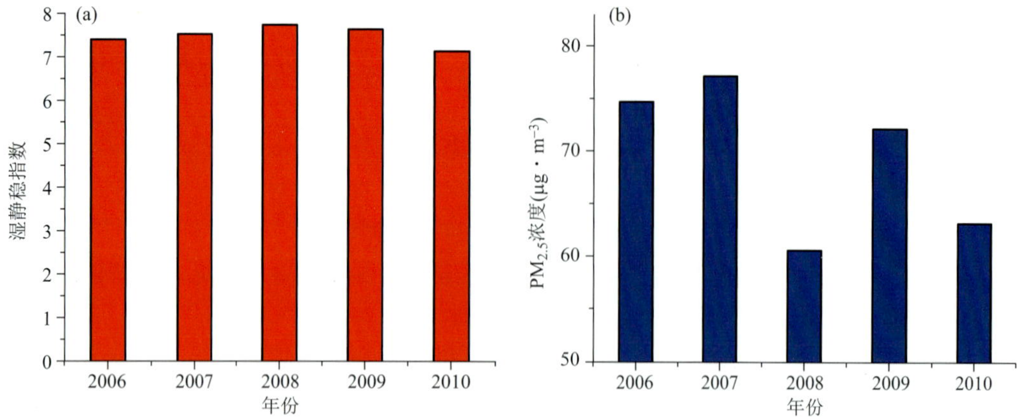

图 3.62　2006—2010 年 7—9 月湿静稳指数（a）和 $PM_{2.5}$ 浓度时间序列变化（b）

表 3.5　2006—2010 年 7—9 月北京地区心脑血管疾病、 $PM_{2.5}$ 及气象因素的描述性统计

类型	指标	平均值±标准方差 $\overline{x}\pm s$	最小值 min	第 25% 大的数 P_{25}	中位数	第 75% 大的数 P_{75}	最大值 max	P_{25}-P_{75} IQR
颗粒物	$PM_{2.5}$(mg·m^{-3})	0.029±0.04	0.011	0.044	0.061	0.091	0.219	0.047
气象要素	最高气温(℃)	29.78±3.76	17.4	27.7	30.25	32.4	40.6	4.7
	最低气温(℃)	20.86±3.70	8.2	18.9	21.6	23.5	29.2	4.6
	平均气温(℃)	25.01±3.52	12.5	22.85	25.55	27.5	34.5	4.65
	气压(hPa)	1004.6±5.84	991.0	1000.3	1004.0	1008.4	1021.8	8.1
	相对湿度(%)	67.2±12.72	21.0	60.0	68.0	76.0	94.0	16
心脑血管系统疾病	入院人数(人·d^{-1})	9.1±4.01	1	6	9	12	26	6

（3）2006—2010 年 7—9 月心脑血管疾病与 $PM_{2.5}$ 的健康效应

由图 3.63 可以看出，2006—2010 年 7—9 月，统计学意义上 $PM_{2.5}$ 对心脑血管疾病日入院人数的影响存在一定的滞后效应。北京地区的 $PM_{2.5}$ 浓度水平对居民心脑血管疾病存在影响。全人群、男性人群、女性人群的滞后时间为 lag0～lag2 滞后 0～2 d。对于 3 类人群，RR 最小值均出现在 2008 年，男性人群 RR 为 1.006（95%置信区间：0.880～1.151），女性人群 RR 为 1.003（95%置信区间：0.825～1.218），全人群的 RR 仅为 0.973（95%置信区间：0.863～1.096）。

当北京地区 $PM_{2.5}$ 日均浓度增加 10 μg·m^{-3}，2008 年 3 类人群日入院人数增加的风险分别为男性人群 0.18%，女性人群 0.07%，全人群近 0，而 3 类人群日入院人数增加的风险最大值分别为男性人群 3.43%（2009 年）、女性人群 2.10%（2009 年）、全人群 2.97%（2009 年），与 2008 年相比均出现明显的上升。

2008 年 7—9 月的减排和限行措施的实施，不但降低了心脑血管疾病的相对危险度，同时降低了 $PM_{2.5}$ 日均浓度增加 10 μg·m^{-3}，心脑血管疾病日入院人数增加百分比。

3.8.1.4　结论

（1）北京地区的 $PM_{2.5}$ 浓度水平对居民心脑血管疾病存在影响。全人群、男性人群、女

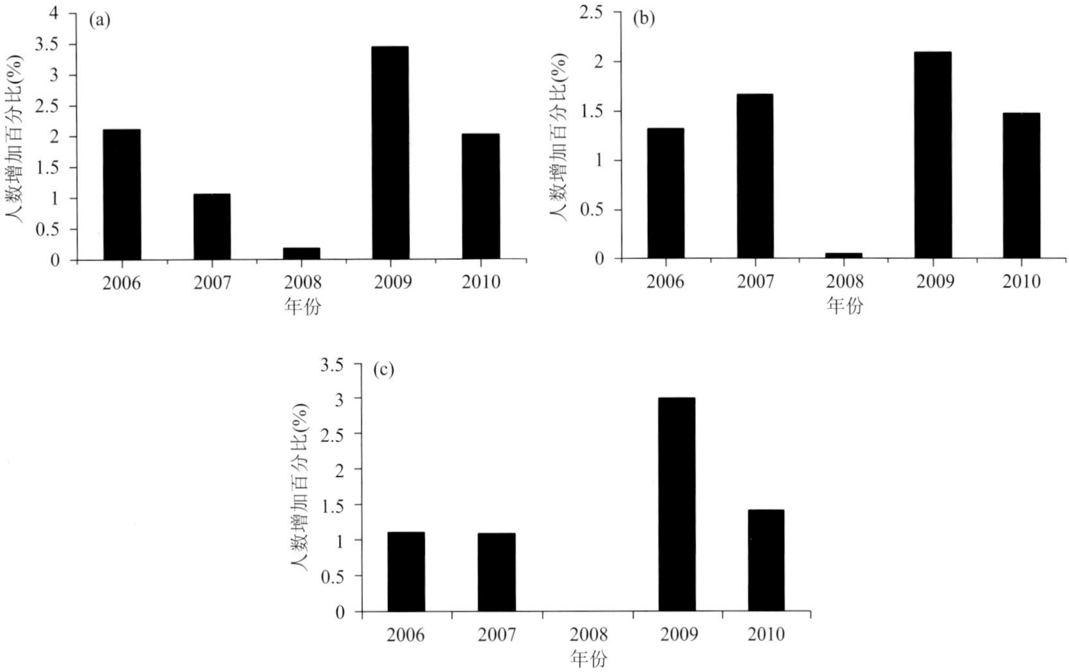

图 3.63　北京市 $PM_{2.5}$ 影响不同人群心脑血管疾病日入院人数的相对危险度
（a）男性人群；（b）女性人群；（c）全人群

性人群的滞后时间为 lag0～lag2。对于 3 类人群，RR 最小值均出现在 2008 年，男性人群 RR 为 1.006（95%CI：0.880～1.151），女性人群 RR 为 1.003（95%CI：0.825～1.218），全人群的 RR 仅为 0.973（95%CI：0.863～1.096）。

（2）北京地区 $PM_{2.5}$ 日均浓度增加 10 $\mu g \cdot m^{-3}$，2008 年 3 类人群日入院人数增加百分比分别为男性人群 0.18%，女性人群 0.07%，全人群近 0，而 3 类人群日入院人数增加百分比分最大值分别为男性人群 3.43%（2009 年）、女性人群 2.10%（2009 年）、全人群 2.97%（2009 年），与 2008 年相比均出现明显的上升。

（3）2008 年限行和减排措施的实施，降低了北京市居民的暴露水平，降低了心脑血管疾病的发病风险。

3.8.2　大颗粒物对人体健康的影响分析

春季受大气环流场和季风气候影响，我国北方地区盛行强劲而干燥的西北风，再加上 3—5 月地表增温大，风力场和热力场极不稳定，地表容易发生蠕动，产生沙尘天气。依据地面水平能见度大小，沙尘天气分为浮尘、扬沙、沙尘暴、强沙尘暴和特强沙尘暴 5 个等级。沙尘天气发生时，强风将地面尘土、沙粒卷入空中，空气混浊，颗粒物浓度较高，人群具有较高的颗粒物暴露水平。已有的流行病学研究证实：大气颗粒物浓度升高与呼吸系统、心脑血管疾病发病率上升有关。我国西北地区沙尘天气频发，沙尘天气对该地区居民人体健康的影响引起我国诸多学者的关注，研究表明该地区人群的心脑血管疾病、呼吸系统疾病发病率与沙尘天气的出现关系密切。

北京处于干旱、半干旱气候带，易遭受沙尘天气侵袭。同时，近年来该地区经济高速发展，城市化进程加快，大量污染物排放在特殊的地形及不利气象条件下造成雾/霾等污染事件频发，对该地区居民生活和身体健康造成严重影响。有关沙尘天气对北京地区人群健康影响的研究较少，沙尘天气与其他类型污染对该地区人群健康影响的对比研究也不多见。因此，开展沙尘及其他污染类型下，如霾污染颗粒物对人群健康的影响特别是与颗粒物浓度密切相关的心脑血管疾病影响，对于保护居民身体健康和有针对性地开展污染健康预警有一定的现实意义。霾天气是人为排放污染物在复杂化学反应之下与气象因子共同作用产生的低能见度事件，沙尘天气是自然界粗粒子浓度明显上升而引起消光作用所形成的低能见度事件，虽都是低能见度事件，都有大气颗粒物浓度的上升，但两者形成机制不同，颗粒物成分不同，对人体健康影响的效果自然不同，在霾和沙尘天气出现时，$PM_{2.5}$ 与 PM_{10} 均在其中起到了重要的作用，因此利用半参数广义相加泊松回归模型（GAM），对北京地区 2006—2010 年沙尘天气、非沙尘天气及霾污染类型下，颗粒物（PM_{10}、$PM_{2.5}$）与居民心脑血管疾病日入院人次的关系进行了研究。

表 3.6 为 2006—2010 年北京地区，每年沙尘天气的日数、$PM_{2.5}$、PM_{10} 浓度及气象要素。在沙尘天气出现时，PM_{10} 浓度较高，超过了国家空气质量 4 级标准，$PM_{2.5}$ 浓度位于国家空气质量 3～4 级，日均相对湿度较低，为 30%～40%，风速慢时有所增大。沙尘天气一般出现在大气湿度较小的时段，本研究中平均相对湿度为 20%～40%，有些研究所选择的地点位于我国西北，西北地区在春季沙尘天气多发，因此将 3—5 月作为整体进行研究，其间有沙尘天气的间歇时段，粗颗粒物浓度较低，故平均下来其 PM_{10} 浓度可能低于本研究中 PM_{10} 的平均浓度。有研究表明，北京香河地区 $PM_{2.5}$ 与 PM_{10} 的比值 0.56，夏季为 0.70，而且比例关系随着季节产生变化，但一般都在 0.4～0.7 区间内波动，有学者认为平均值为 0.57，而本研究中的 $PM_{2.5}$ 与 PM_{10} 的平均浓度比值为 0.39，明显低于其他学者的研究结果，原因是其他研究成果并未明显区分北京地区沙尘天气与非沙尘天气，在沙尘天气中粗粒子所占比例会明显上升，这就是本研究两者比例低于其他研究的可能原因，虽然 $PM_{2.5}$ 与 PM_{10} 的平均浓度比值较低，但是在某些时段，如 2006 和 2007 年比值分别为 0.48 和 0.67，这说明其中某些沙尘天气发生时可能仍然存在人类活动排放的污染物的影响。

表 3.6　2006—2010 年北京地区沙尘天气期间心脑血管疾病平均入院人次、气象因素平均值分析

年份	沙尘日数 (d)	$PM_{2.5}$ 浓度 ($mg \cdot m^{-3}$)	PM_{10} 浓度 ($mg \cdot m^{-3}$)	平均气温 (℃)	气压 (hPa)	相对湿度 (%)	风速 ($m \cdot s^{-1}$)	入院人次 (人·d^{-1})
2006	13	0.14	0.29	12.40	1007.9	33.9	3.0	15
2007	1	0.16	0.24	23.80	996.8	42.0	2.5	8
2008	6	0.12	0.50	21.00	1000.7	29.3	3.4	7
2009	3	0.08	0.19	1.00	1014.2	40.0	2.7	9
2010	3	0.08	0.55	13.20	1004.6	35.7	3.0	12

3.8.3　沙尘天气、非沙尘天气和霾污染天气下的 GAM 模型结果

图 3.64 描述了 2006—2010 年北京市非沙尘天气期间 $PM_{2.5}$、PM_{10} 对全人群心脑血管疾病入院人次影响的 GAM 模型分析结果。从图 3.65 中可以看出，非沙尘天气下不同等级

的 $PM_{2.5}$ 和 PM_{10} 对心脑血管疾病入院人次的影响均表现为一定的滞后效应，但是不同等级的 $PM_{2.5}$ 和 PM_{10} 最佳滞后日数有较大差异。图 3.64a 显示随着 $PM_{2.5}$ 浓度级别提升，最佳滞后日数也逐渐减小，而由等级 1 的滞后 5 d 减小为等级 6 的滞后 1 d，而且 RR 值呈上升趋势，RR 值在等级 1 为 1.032（0.987～1.080），等级 6 的 RR 值则上升至 1.174（1.026～1.342）。综合看来，随着 $PM_{2.5}$ 浓度的上升，心脑血管入院人数入院危险度在上升，入院的滞后时间在缩短。图 3.64b 显示 PM_{10} 浓度从 1 级上升为 4 级，RR 呈增加的趋势，RR 值在等级 1 之内为 1.002（0.947～1.062），等级 4 之内 RR 值上升为 1.119（1.049～1.195）。最佳滞后日数无明显的趋势规律，PM_{10} 在等级 5 和等级 6，RR 值呈下降趋势。

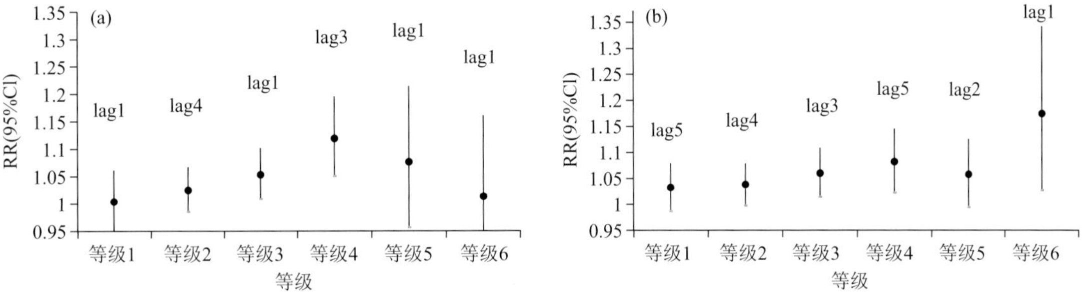

图 3.64　北京市非沙尘天气下全人群心脑血管疾病模型分析结果

（a）$PM_{2.5}$；（b）PM_{10}

图 3.65 说明非沙尘天气下在不同的 $PM_{2.5}$ 和 PM_{10} 等级之下，当颗粒物日均浓度增加 10 $\mu g \cdot m^{-3}$ 时日入院人次增加的百分比。由图 3.65a 可见，随着 $PM_{2.5}$ 浓度等级的提升，与之对应的心脑血管疾病日入院人次增加百分比分别为 2.5%、3.0%、4.7%、6.5%、4.5%、13.7%，除等级 5 的入院人次增加百分数值略有下降外，整体呈上升趋势。由图 3.65b 可见，随着 PM_{10} 浓度等级的提升，与之对应的心脑血管疾病日入院人次增加百分比分别为 0.2%、1.9%、4.2%、9.3%、6.0%、1.0%。

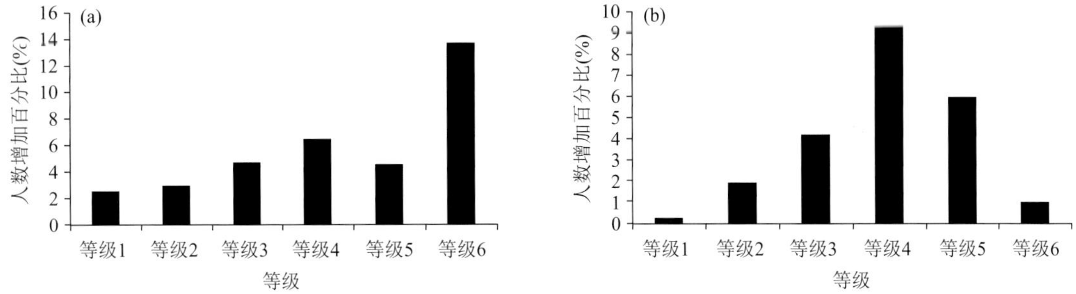

图 3.65　颗粒物日均浓度增加 10 $\mu g \cdot m^{-3}$ 时心脑血管疾病日入院人次增加百分比（%）

（a）$PM_{2.5}$；（b）PM_{10}

在沙尘天气出现时，北京地区心脑血管疾病入院人次的 GAM 模型分析结果见表 3.7。由表 3.7 可以看出，$PM_{2.5}$ 和 PM_{10} 最佳滞后日数均为 lag4，RR 分别为 1.08（0.97～1.22）和 1.08（0.94～1.24）。

图 3.66 为不同霾天气等级下的心脑血管疾病的暴露-反应关系系数，可见轻微霾天气出现时，β（暴露-反应关系系数）为 0.15（lag2），轻度霾和中度霾天气出现时，β 分别为 0.5（lag1）和 0.3（lag1），当重度霾天气出现时，β 最高，为 1.69（lag2）。

表 3.7 2006—2010 年沙尘天气对北京地区心脑血管疾病日入院人次影响的 GAM 分析结果

颗粒物	RR					
	lag0	lag1	lag2	lag3	lag4	lag5
$PM_{2.5}$	1.053 (0.905～1.226)	0.985 (0.855～1.135)	1.034 (0.908～1.176)	1.068 (0.948～1.204)	1.085 (0.967～1.216)	1.022 (0.916～1.140)
PM_{10}	1.053 (0.905～1.226)	0.951 (0.819～1.104)	0.981 (0.845～1.139)	1.040 (0.903～1.199)	1.081 (0.941～1.244)	1.008 (0.877～1.158)

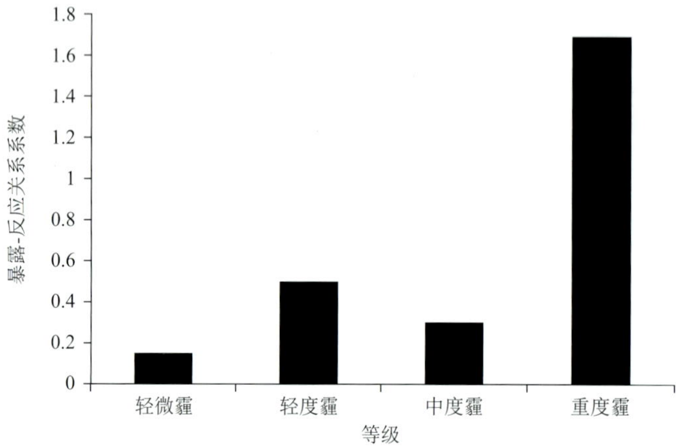

图 3.66 不同等级霾天气下的心脑血管疾病的暴露反应-关系系数

对于沙尘天气，空气中不同粒径的颗粒物会迅速增加，重金属元素和非金属元素及有机物的浓度高于平时，同时也会吸附在颗粒物之上。随着大气中 PM_{10} 浓度的增加，呼吸系统和心脑血管疾病的入院人数、死亡率增加。在本研究中，北京地区出现沙尘天气时，PM_{10} 日均浓度为 354 $\mu g \cdot m^{-3}$，在非沙尘天气时 PM_{10} 浓度变化幅度较大，为了定量说明沙尘天气与非沙尘天气下 PM_{10}、$PM_{2.5}$ 的健康效应，将这两种颗粒物分为 6 个等级，分别考察不同等级下颗粒物的健康效应及其与沙尘天气下颗粒物健康效应的关系。

研究结果表明，沙尘天气对心脑血管疾病日入院人次增加的影响具有滞后效应，滞后效应出现的可能原因是，沙尘天气结束后若干天内，颗粒物会停留在大气中，随着目标人群暴露日数的增加，体内颗粒物计量累积增加，引发或加重呼吸系统及循环系统疾病的发生，也有研究表明沙尘天气出现时，不同性别的人群健康效应具有明显差异，如男性人群的 RR 高于女性，这可能与男性居民从事户外工作的比例较高有关。

在非沙尘天气出现时，本研究的成果表明，就 6 个等级 RR 平均情况来看，$PM_{2.5}$ 的 RR 数值大于 PM_{10} 的 RR 数值，说明 $PM_{2.5}$ 对人体的危害更大，其粒径更小，能够穿透肺泡，直接进入体内，而且不易排出体外。而沙尘天气出现时，$PM_{2.5}$ 和 PM_{10} 最佳滞后日数均是 lag4，且 RR 值都为 1.081～1.085，说明沙尘天气出现时，$PM_{2.5}$ 对人体危害的统计结果与 PM_{10} 较为接近，可能的原因是沙尘天气与一般的重污染天气不同，沙尘天气出现时颗粒物的粒径主要集中于粗颗粒的部分，而细颗粒所占数浓度的比例相对较小，有研究表明沙尘天气出现时，总悬浮颗粒物可高达 6000 $\mu g \cdot m^{-3}$，其中的 $PM_{9.0}$ 占 76.9%，$PM_{2.1}$ 只占 16.1。而沙尘颗粒的毒性一般低于重污染天气下的细颗粒物，同时沙尘天气中颗粒物的组分也发生了变化，沙尘天气期间，颗粒物主要组成为矿物颗粒，沙尘天气过后仍然可以检测到烟尘和飞灰，其中黏土矿物和石英含量较高。

在非沙尘天气期间，$PM_{2.5}$ 的 RR 随着浓度级别的上升，RR 总体也呈上升趋势，等级 1 到等级 5 期间，RR 增加幅度较为缓慢，而从 5 级上升至 6 级过程中 RR 数值迅速上升至 1.174（1.026～1.342），当 $PM_{2.5}$ 浓度在此区间浓度内上升 10 $\mu g \cdot m^{-3}$ 时，与之对应的心脑血管疾病日入院人次增加了 13.7%。PM_{10} 的 RR 值有先上升后下降的趋势，从 1 级至 4 级随着 PM_{10} 浓度上升 RR 随之增大，4 级时至最大为 1.119（1.049～1.195），5 级和 6 级均出现了明显下降。下降的原因可能是：第一，去除沙尘天气后，5 级和 6 级下的 PM_{10} 日均浓度有一定的下降，这会在一定程度上影响 GAM 模型拟合的效果；第二，5 级和 6 级的个例数目较 1～4 级少一些，也可能会在一定程度上加大过分散效应；第三，所用的沙尘天气的数据都为观测员依据气象行业沙尘天气的相关标准进行观测所记录的结果，由于沙尘天气观测规范较为严格，在实际业务中会出现轻微的浮尘或者局地尘卷风等造成的 PM_{10} 浓度明显上升的情况，但是其消光作用还达不到沙尘天气的行业标准，因此未被记录，这就造成非沙尘天气下浓度为 5 级和 6 级的个例对应实际天气可能就是以上所描述的情况，最终 PM_{10} 浓度显著上升，风速的加大已经使得真正的人为排放大气污染物浓度降低到国家标准优或良的水平，而只有以矿物成分为主的 PM_{10} 浓度较高，在无多种污染物协同效应作用下，其得到的 RR 值相对较低。

沙尘天气下 PM_{10} 的平均浓度为 354 $\mu g \cdot m^{-3}$，RR 为 1.08（0.94～1.24），其浓度大致相当于非沙尘天气下 4 级（PM_{10} 浓度：250～350 $\mu g \cdot m^{-3}$）上限的水平，而 PM_{10} 在浓度为 4 级时 RR 为 1.119（1.050～1.195），也就是说在 PM_{10} 相同的暴露浓度下，沙尘天气的 RR 比非沙尘天气更低。因为在重污染天气时，PM_{10} 的化学组成以黑炭、芳烃有机物、细菌、病毒等为主，对人体毒害作用较大，而沙尘天气时 PM_{10} 的组成以矿物元素为主。沙尘天气下的 $PM_{2.5}$ 平均浓度为 116 $\mu g \cdot m^{-3}$，RR 为 1.085（0.967～1.216），其浓度大致相当于 4 级下限，而 $PM_{2.5}$ 浓度为 4 级的 RR 为 1.082（1.022～1.146），两者基本接近。

大量极细微的干尘粒子均匀地浮游在空中，使水平能见度（V）小于 10.0 km 的空气普遍混浊现象，分别为轻微霾（5.0 km$\leqslant V<$10.0 km）、轻度霾（3.0 km$\leqslant V<$5.0 km）、中度霾（2.0 km$\leqslant V<$3.0 km）、重度霾（$V<$2.0 km）。而影响霾等级的因素主要为大气中的干尘粒子浓度和相对湿度。$PM_{2.5}$ 为大气中粒子的种类之一，大气中除了 $PM_{2.5}$ 外，还有 TSP（总悬浮颗粒物）、PM_{10} 等其他粒子，此外大气湿度也会影响粒子吸湿增长的效果，也是影响能见度的重要因素，所以霾天气和大气重污染有联系，也有区别。随着大气中风速减小，湿度增大，霾天气逐渐加重，一般来讲大气中污染物浓度都会随之升高，研究结果表明霾天气对心脑血管疾病的影响具有滞后效应，为滞后 1 d 或滞后 2 d，轻微霾的 β 最低，轻度霾和中度霾的 β 次之，重度霾的 β 最大，随着霾天气加重，其对人群心脑血管疾病危害也越大。

3.8.4　结论

（1）沙尘天气 PM_{10}、$PM_{2.5}$ 能引起心脑血管疾病入院人次的增加，且存在滞后效应，$PM_{2.5}$ 与 PM_{10} 的 RR 值较为接近。

（2）非沙尘天气下，$PM_{2.5}$、PM_{10} 与心脑血管疾病入院人次的 RR 存在一定的剂量效应关系。对于 $PM_{2.5}$，随着浓度的上升 RR 值逐渐增大；对于 PM_{10}，随着浓度的上升 RR 先增大而后逐渐降低。

（3）在相同的 PM_{10} 暴露浓度下，沙尘天气的 RR 低于非沙尘天气，在相同的 $PM_{2.5}$ 暴露浓度下，沙尘天气与非沙尘天气的 RR 基本接近。

（4）霾天气对人群心脑血管疾病之间具有滞后效应，随着霾天气加重，对心脑血管疾病危害也在加重。

3.9 混合型污染天气过程

2018 年 3 月 3—4 日，北京出现了一次人为排放形成的空气重污染天气过程。3 日白天到夜晚北京近地面为 $PM_{2.5}$ 造成的重度污染，沙尘气团影响到了河北山区和北京的高空而未明显影响到北京的地面，4 日凌晨北京近地面空气质量转为优—良级别，4 日早晨到上午北京近地面又受到偏东路径沙尘天气的影响，转为中度—重度污染。为什么这一过程前期沙尘影响到北京山区和高层大气而影响不到平原，而后期在空气质量转好的情况下沙尘以偏东路径影响北京，先后出现的两个现象以往时常出现而未被充分研究，经验表明，这可能与下垫面的地形及复杂的山区大气结构有关（图 3.67）。本研究将利用常规和特种气象观测资料、气溶胶资料，结合 WRF 模式（Weather Research and Forecasting Model）对大气动力和热力结构的模拟结果，以此次沙尘天气为例，深入分析北京地区地形对冷空气的屏障作用和沙尘气团的回流效应。

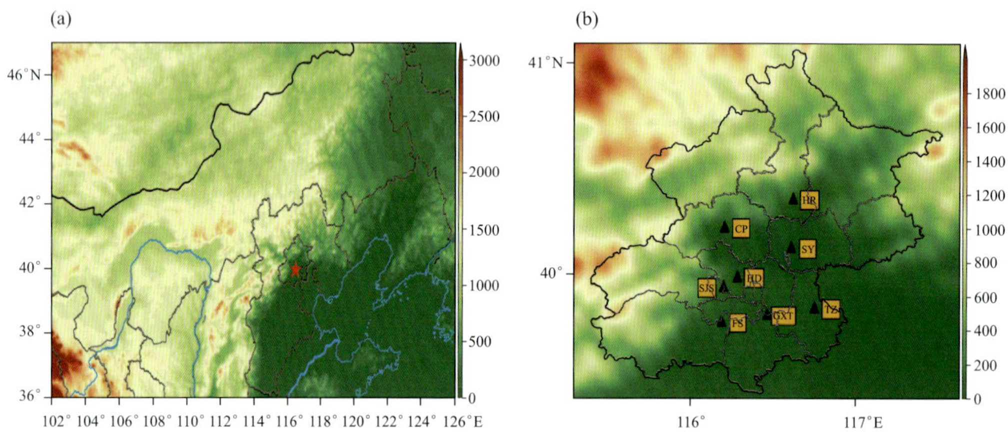

图 3.67　中国北部地区（a）和北京地形（b）（阴影为海拔高度，单位：m）及站点信息（HR：怀柔；CP：昌平；SY：顺义；SJS：石景山；HD：海淀；FS：房山；GXT：观象台；TZ：通州）

3.9.1　探测结果分析

沙尘天气过程的初始发展及华北区域 PM_{10} 和 $PM_{2.5}$ 时空演变：3 月 2 日白天贝加尔湖地区受高空偏西气流中的低槽影响，高空槽前有明显的正涡度平流输送，与低层的暖气团共同作用（图 3.68a），使位于蒙古国的低压强烈发展为中心气压低于 990 hPa 的深厚的蒙古气旋（图 3.68b）。由于蒙古国南部下垫面是大片的戈壁沙漠区，在蒙古气旋形成的强上升运动和大风作用下，2 日午后开始在蒙古国南部到中蒙边境地区出现了大范围的沙尘暴天气，成为此次北京沙尘天气过程的初始源区。

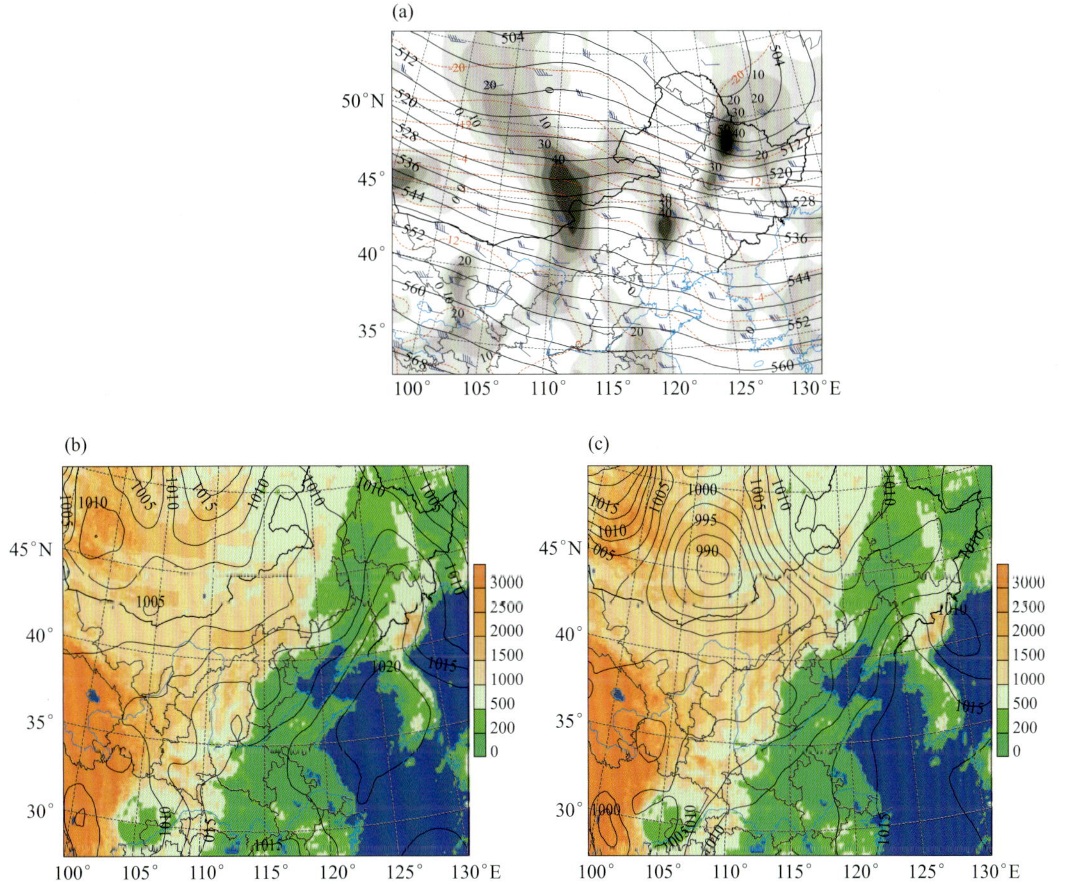

图 3.68　2018 年 3 月 2 日 20 时 500 hPa 位势高度（黑色线）、风场、正涡度平流（单位：$10^{-10}s^{-2}$）（阴影）与 850 hPa 温度（单位：℃）（红色虚线）（a）；2 日 08 时（b）和 2 日 20 时（c）的海平面气压场（单位：hPa）（不同颜色代表海拔高度，单位：m）

3 月 2 日夜间蒙古国的沙尘气团向下游移动至中国内蒙古的中部地区，此时京津冀平原地区处于高压后部（图略），低层的偏南风在 1500 m 以下建立了较强的逆温结构，水平和垂直扩散条件转差。3 月 3 日 08 时河北中南部出现重度—严重污染，北京出现中度污染，首要污染物为人为排放形成的 $PM_{2.5}$（图略）。

3 日上午蒙古国的沙尘气团到达河北西北部山区，14 时河北西北部偏北风风速达到 $8\ m\cdot s^{-1}$，地面 PM_{10} 浓度超过 1000 $\mu g\cdot m^{-3}$，由于沙尘气团并未下山，此时京津冀平原地区依然为 $PM_{2.5}$ 为主的空气污染（图略）。下午沙尘天气也未影响到北京的平原地区，到 3 日 19 时太阳落山，河北西北部 PM_{10} 浓度下降至 200 $\mu g\cdot m^{-3}$ 以下，但河北东北部 PM_{10} 和 $PM_{2.5}$ 浓度同位相升高，京津冀平原地区依然维持人为排放形成的高污染状态（图略）。

3 月 3 日半夜前后冷空气沿太行山、燕山向下缓慢逐渐渗透至平原地区，北京西部和北

部地区 PM_{10} 和 $PM_{2.5}$ 浓度一致下降，此时两种颗粒物浓度下降，说明人为排放形成颗粒物浓度的下降，但平原东南部地区颗粒物浓度依然较高，同时后半夜渤海湾沿海的陆地均出现了 4～12 m·s^{-1} 偏东风，从海上吹向陆地，近地面人为排放形成的 $PM_{2.5}$ 受偏东风影响，浓度显著下降（图 3.69）。3 月 4 日 05—07 时京津冀地区 $PM_{2.5}$ 浓度均降低为优—良级别为主，但从 3 月 4 日 07 时开始北京地区近地面被偏东风带来的含有大量粗颗粒物气团所占据，4 日 14 时全市 PM_{10} 浓度达到 350 μg·m^{-3}（图 3.69）。

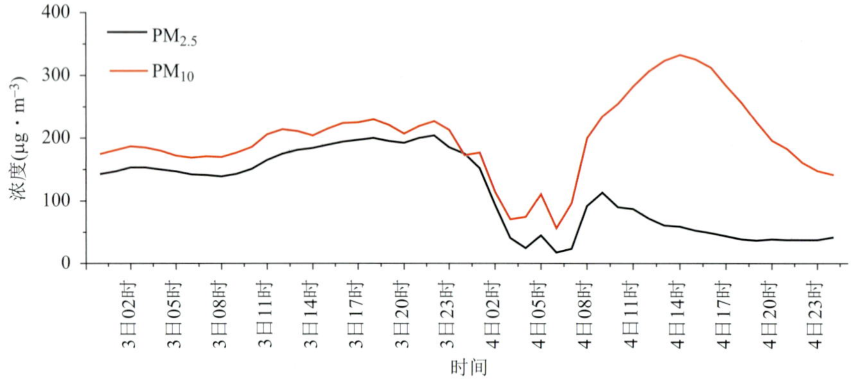

图 3.69　2018 年 3 月 3 日 00 时—5 日 00 时北京地区 12 个国控站 $PM_{2.5}$ 和 PM_{10} 平均浓度逐时变化

3.9.2　北京地区气溶胶垂直结构特征

由北京激光雷达的消光系数、退偏比时空演变（图 3.70）和北京地区 12 个国控站 $PM_{2.5}$、PM_{10} 平均浓度的逐时变化（图 3.69）可见，3 月 3 日白天北京地区边界层内消光系数较大，但 1 km 以下大气退偏比很低，说明此时边界层内大气的消光现象主要是由人为排放形成的细颗粒物 $PM_{2.5}$ 导致的。但是午后 1～3 km 的大气层内，出现了一条由沙尘形成的粗颗粒物带，这条沙尘带随着时间出现了向高层大气和近地层两个方向伸展的现象，向高层大气伸展的沙尘带退偏比数值较大，而向近地层伸展的沙尘带退偏比数值相对较低，这说明 1 km 以上高层大气中的粗颗粒物浓度较高。3 日夜间边界层内的消光系数降低，退偏比数值略有增大，说明清洁气团的缓慢渗透替代了北京地区污染气团，但此时风速并未明显增大，在对人为排放细颗粒物清除的同时，气团中的粗颗粒物背景浓度对地面略有影响，此时地面的 $PM_{2.5}$ 与 PM_{10} 浓度均下降至优—良级别（图 3.69）。

在 4 日 08 时开始北京地区出现了分层的气溶胶结构。500 m 以下大气消光系数较低，但是退偏比较高，500～1500 m 高度退偏比数值小而消光系数较大，1500～3000 m 高度上退偏比和消光系数均增大，地面的 PM_{10} 浓度显著上升，而 $PM_{2.5}$ 浓度较低。这说明从低层到高层大气出现了沙尘气溶胶-人为排放气溶胶-沙尘与人为排放混合的气溶胶，三层“三明治”的气溶胶垂直结构。4 日白天 500 m 以下近地面层以沙尘气溶胶为主。从前面分析可以看出，3—4 日激光雷达近地层消光系数和退偏比的变化与北京地面 $PM_{2.5}$ 和 PM_{10} 浓度的时间变化趋势（图 3.69）相符合。但是在垂直结构上，为何过程前期沙尘粒子主要存在于 1 km 以上的大气，未向下传输，而过程后期沙尘粒子又主要存在于近地层，有关于这两个问题，我们将在后文中进行阐述。

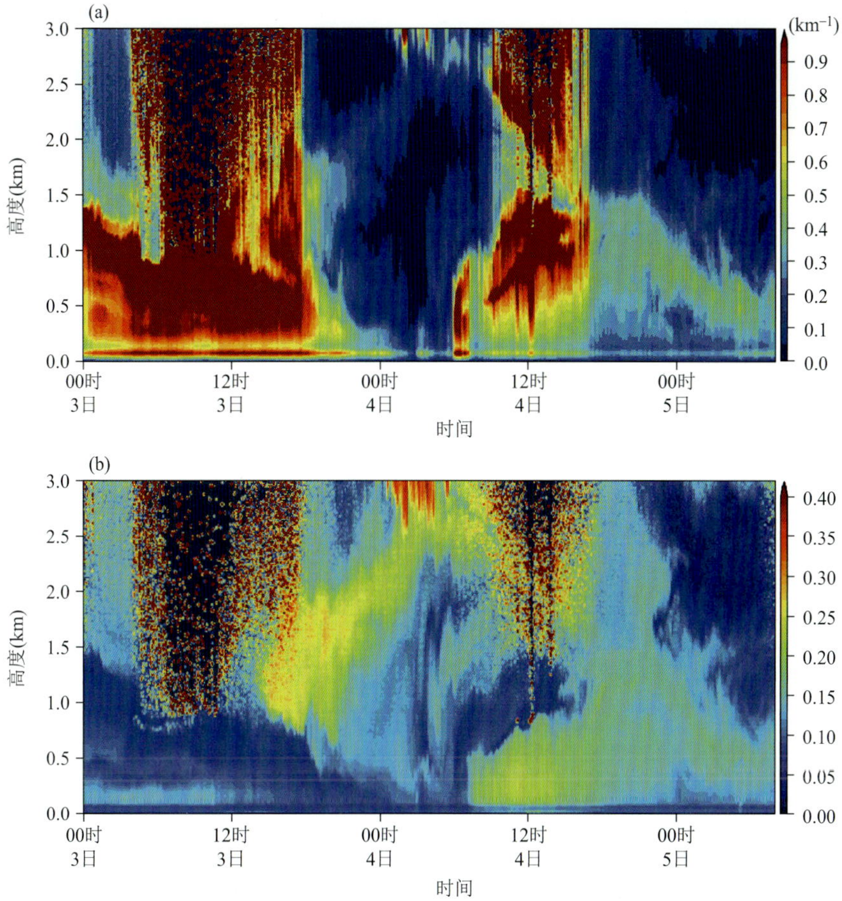

图 3.70　2018 年 3 月 3—5 日北京观象台激光雷达消光系数（a）和退偏比（b）时空演变

3.9.3　地形对冷空气的屏障作用

众所周知，沙尘粒子是伴随冷空气活动的，因此沙尘气溶胶的垂直结构与冷空气的垂直结构是密不可分，尤其是低层冷空气对其影响最为显著。北京的西北方向为山区，当冷空气由山区向平原移动时，冷空气热动力的垂直结构会发生变化。弗劳德数（Fr）是讨论气流过山的重要参数，$Fr=U/Nh$，其中 U 为基本气流的平均速度，N 为大气的静力稳定度，h 为山体高度。本节将基于组成弗劳德数的三个变量分别开展对过山气流性质的讨论。

针对地形高度 h，顾伟和伍荣生（1995）用非线性浅水理论研究过山气流时发现，当地形高度较小时背风坡下游的气流为波状气流，随着地形的升高，会出现明显的定常波，当地形继续变高，在背风坡下游，部分气流出现破碎，这种波破碎的现象与开尔文-亥姆霍兹（Kelvin-Helmholtz）波的演变较为相似。其他两项不变，只有地形变化时，当 $Fr<1$ 时，不论地形扰动是否加大，背风坡下游只会出现破碎气流；而当 Fr 很小时，在迎风坡上气流将阻塞，背风坡形成滞留区；当 $Fr>1$ 时，地形扰动的强度决定着背风坡气流性质，背风坡可能出现定常波、水跃、波破碎。由图 3.71c 风廓线的实况监测和图 3.72a WRF 模拟风场都可以看出，3 日下午影响河北西北部山区的弱冷空气到达下游背风坡的北京时，无法使

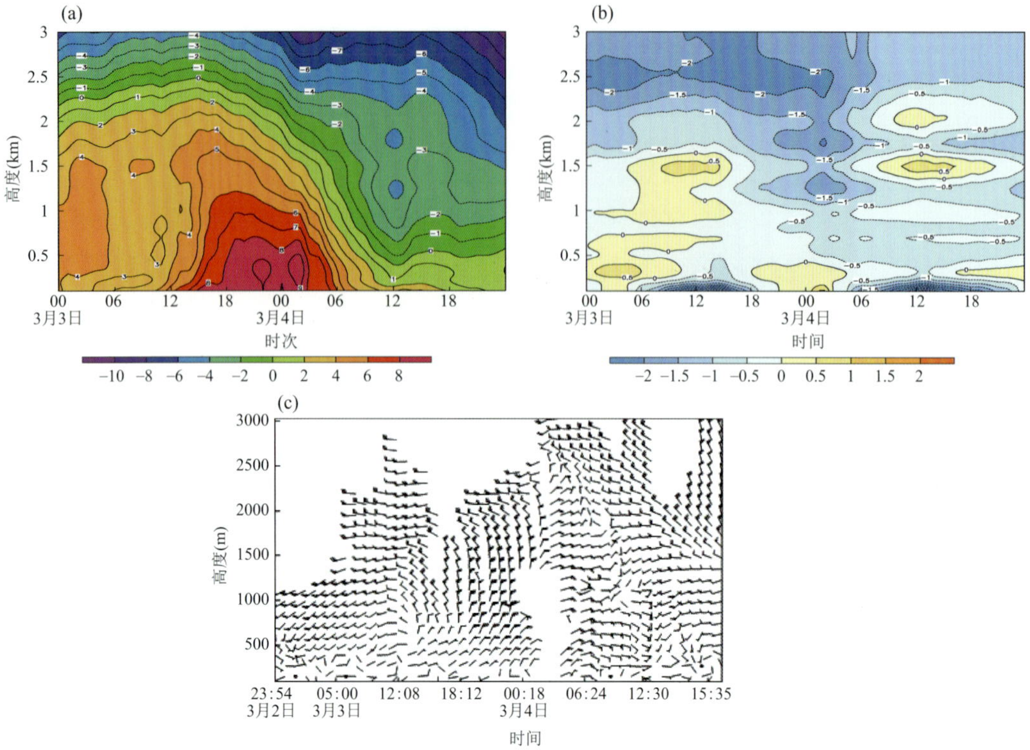

图 3.71　2018 年 3 月 3 日 00 时—5 日 00 时北京观象台微波辐射计温度（单位：℃）(a)、上下相邻两层的温差（单位：℃）(b) 和风廓线时间剖面（单位：$m \cdot s^{-1}$）(c)

近地面层的风速加大，在近地面形成了小风速的气流停滞区，因此此时沙尘粒子主要存在于北京 1 km 以上的大气中，地面仍以人为排放的气溶胶为主。

弗劳德数也与大气层结中的静力稳定度 $N\left(N^2=\frac{g}{\theta_0}\frac{\partial\bar{\theta}}{\partial z}\right)$ 密切相关。对于理想的钟形山地，地形固定，且基本气流 U 为 10 $m \cdot s^{-1}$ 时，背风坡形成槽，向西倾斜，背风坡出现北风气流，北风气流有一定的厚度，而且气流过山时会受到扭转，在背风坡出现下沉增温，增温中心随着大气层结而变化，有时增温中心出现在山顶附近，有时出现在山体中部，由于大气层结的变化在背风坡将形成不同的大气动力和热力结构。这种下沉增温效应，是因为在迎风坡，气流在山前辐合产生上升运动，而在背风坡产生辐散下沉，在东北大兴安岭山区这种过山气流的绝热下沉增温效应可达 4.1～6.5 ℃（齐瑛和傅抱璞，1992）。本研究中近地层气温夜间升温幅度可达 4～6 ℃，与大兴安岭山区过山气流形成的增温效应有相似之处。此外，有研究表明，在静力稳定度不随高度变化的整层大气与两层大气（每一层中静力稳定度为常数），得到的大气中地形波动两者差别很大，大气层结条件对过山气流的影响很大（Durran et al.，1986；Ikawa et al.，2007）。尽管越过山顶时低层气流被加速，但是由于背风坡形成的下沉运动引起的增温，形成了负的气压梯度力，一定程度上终止了下坡风的发展。在低层，背风坡的上部气压梯度项为正值区，而在山谷谷底之上气压梯度项为负值区。由于迎风坡上的爬坡运动对等位温面抬升作用，在谷底形成位温槽，形成气压梯度负值区，产生减速作用，动力强迫产生上升运动，这将进一步加深位温槽，加强下山气流的减速作用，那么位温槽和减速运动相互促进（齐瑛和傅抱璞，1992）。

由图 3.71a、b 所示，3 日凌晨到上午北京上空存在多层逆温结构，中午 12 时后整层大气气温明显升高，逆温减弱，3 日入夜后偏北风逐渐从高层影响到 500 m 以下的大气（图 3.72c），逆温结构被破坏。按照日常气温变化规律，入夜后太阳短波辐射消失，近地层大气气温降低，而 3 日夜间气温却呈现反向变化，图 3.72a 显示 1 km 以下大气大幅度升温。主要原因是过山气流形成的下沉运动导致大气增温。WRF 模式对北京观象台大气风场和温度场的垂直结构的模拟结果（图 3.72a 和图 3.72b）与实况观测基本一致，3 日前半夜出现了比较明显的冷空气下沉增温效应。从图 3.72c 可以看到，18 时高空为明显的辐合，近地面辐散，这说明高空有着明显的下沉气流，由于过山下沉气流的增温作用高于高空下沉气流的降温程度，导致近地面形成气压梯度力的负值区，从而增温。这一作用在图 3.73 表现更为清晰，3 日太阳辐射消失后北京地区地面气温开始下降，但 3 日 21 时后昌平地区地面气温率先升高，怀柔、顺义、石景山、海淀、房山地面气温也随之升高，而离山地直线距离最远的通州地区气温变化不大，这也说明了夜间气温的升高与沿山地形因素相关。虽然偏北风侵入了边界层内部，但是地形的增温效应阻止了冷平流进一步侵入北京平原地区，因此沙尘气团也无法从偏北路径直接进入北京。

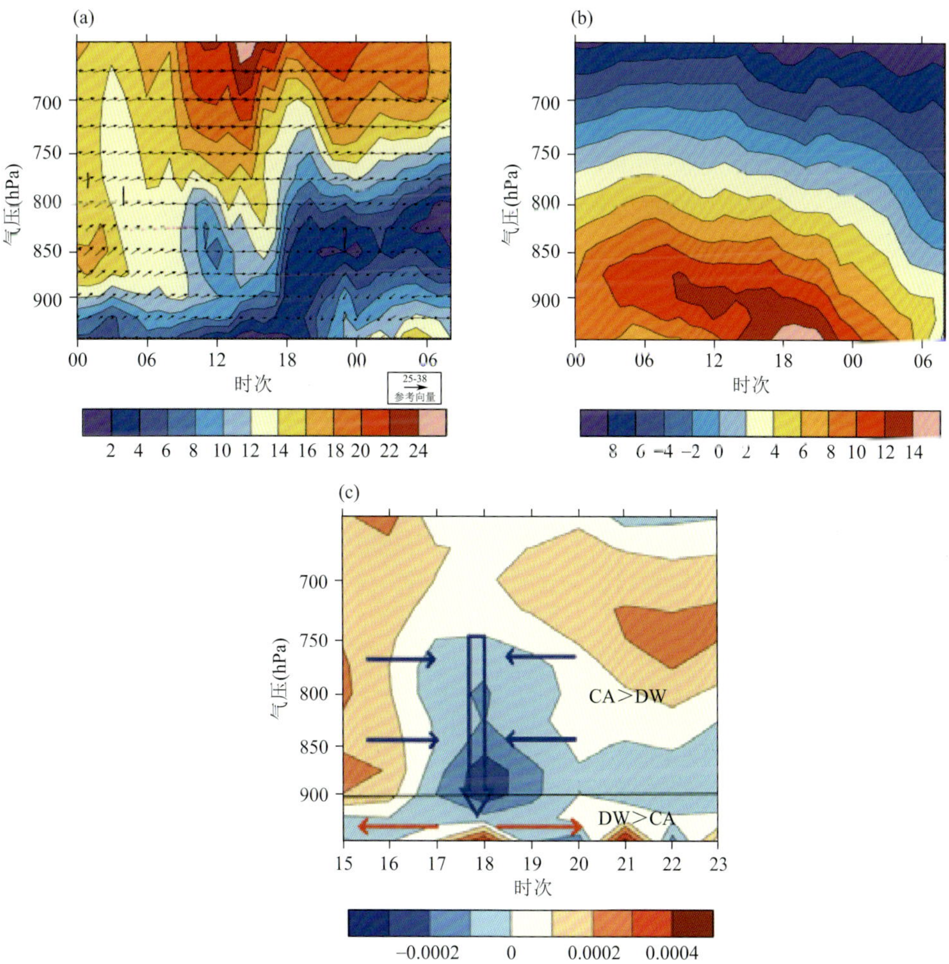

图 3.72　WRF 模拟的风场（单位：m · s^{-1}）(a)、气温（单位：℃）(b) 和散度（单位：s^{-1}）(c)（其中蓝色空心箭头为高空下沉气流， CA：冷平流； DW：下沉气流）

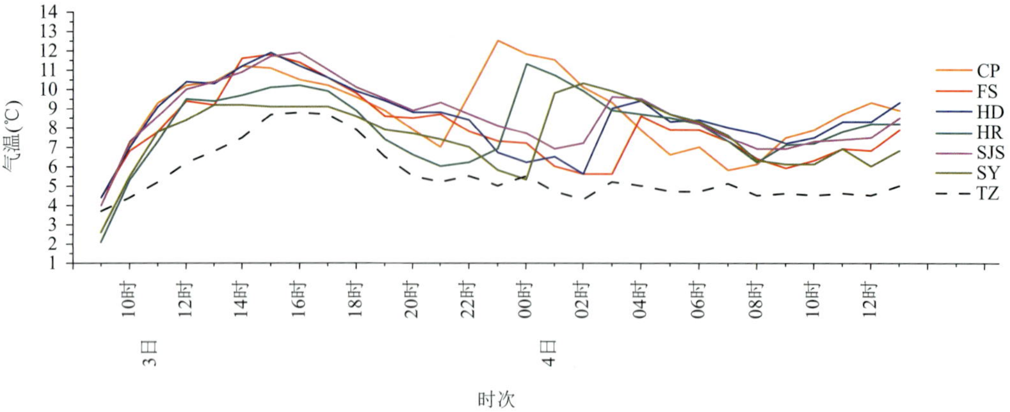

图 3.73 2018 年 3 月 3 日 09 时—4 日 14 时北京地区地面气象站气温逐时变化
（CP-昌平； FS-房山； HD-海淀； HR-怀柔； SJS-石景山； SY-顺义； TZ-通州）

以上讨论了地形、大气层结对过山气流的影响，下面讨论第三个影响因素，即基本气流的影响。为了研究不同路径冷空气对应的基本气流对沙尘天气的影响，我们选择了 2018 年春季北京地区 6 个受冷空气影响出现沙尘天气的个例，根据北京地区 08 时和 20 时的常规高空探测，对比分析沙尘发生期间风场的垂直分布。由表 3.8 所示，发现在东路冷空气影响时，近地层为偏东风，850 hPa 风速为 6～11 m·s^{-1}，沙尘天气类型为浮尘。西北路冷空气影响时，近地层为西北风，850 hPa 风速为 16～22 m·s^{-1}，沙尘天气类型为扬沙。偏东风路径沙尘天气与本研究的个例较为相似，受山地阻挡，沙尘气团无法直接翻越太行山或燕山山脉，只能以绕流方式（偏东风）影响北京地区，而西北路径冷空气影响下，西北风风速大，气流与山脉正交的分量也较大，气流的翻山能力也较强，沙尘气团多从西北方向侵袭北京。因此，基本气流的方向和强度与能否翻越山地密切相关，对基本气流的方向和强度更为确切的说法，应该是基本气流与山地正交分量大小决定着基本气流能否将沙尘气团搬运过山。

表 3.8 不同路径沙尘天气 850 hPa 风向、风速

东路冷空气			西北路冷空气		
日期	850 hPa 风速(m·s^{-1})	850 hPa 风向	日期	850 hPa 风速(m·s^{-1})	850 hPa 风向
3 月 4 日	9	西北风	4 月 5 日	22	西北风
3 月 28 日	11	西北风	4 月 14 日	20	西北风
5 月 5 日	6	东北风	5 月 28 日	16	西北风

3.9.4 沙尘气团的回流效应

由上文的分析看出，由于地形对冷空气的屏障作用，3 日午后沙尘气团影响到了河北的西北部山区和北京的高层大气，但是未影响到北京的近地面。3 日夜间虽然清洁气团缓慢渗透到边界层内部，但是地形的增温效应阻止了冷平流进一步侵入北京平原地区，沙尘气团也无法从偏北路径直接移动至北京，因此冷空气主体携带沙尘气团在河北北部山区堆积并逐渐

向东移动。东移过程中冷空气分为两部分，偏北的冷空气继续向东移动，偏南的冷空气在经过燕山东部地势较低的区域时发生绕流形成偏东风。

利用海淀站代表沿山平原地区，通州站代表远离山地的平原地区，通州站位于海淀的东侧，两地的气压差基本代表了北京平原近地层自东向西的气压梯度，计算了两站气压差（通州减去海淀）发现，3 日后半夜到 4 日白天北京东部平原地区的加压作用大于西部沿山地区。图 3.74 分析显示虽然通州的本站气压一直高于海淀，但 3 月 4 日 04 时开始，通州加压程度显著上升，通州与海淀的气压差由 04 时前的 3～3.5 hPa 升高为 4～4.5 hPa，邻近山地的平原与远离山地平原气压梯度的增大是北京地区出现偏东风的重要原因，偏东风将原本已经向东移动的沙尘气团重新带回北京地区。图 3.75 为空气质点的后向轨迹，也表明 4 日 08

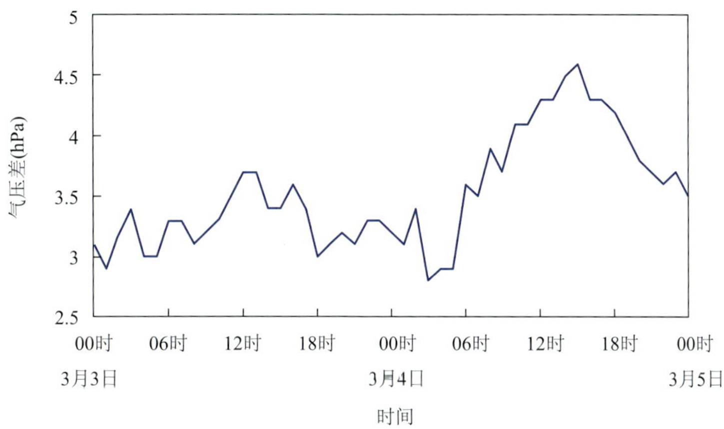

图 3.74 2018 年 3 月 3 日 00 时—5 日 00 时通州与海淀气压差（单位：hPa）

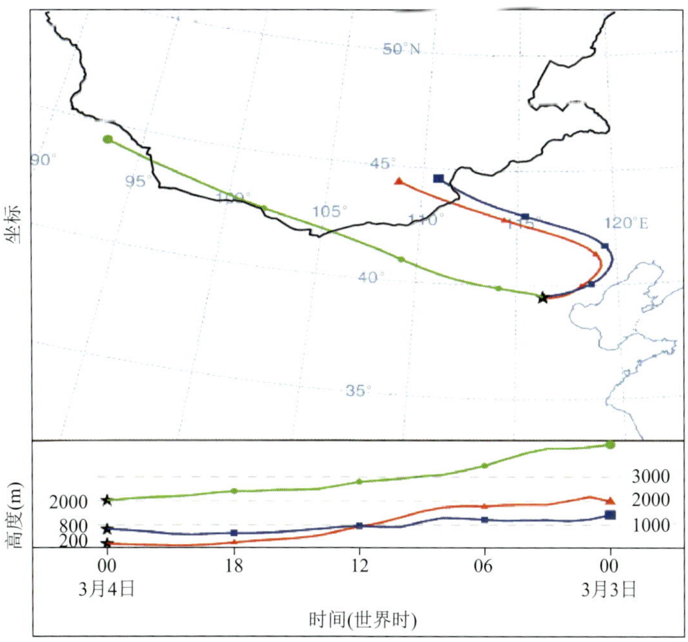

图 3.75 2018 年 3 月 4 日 08 时北京后向轨迹

时影响北京的气团来自于偏东路径，低层气流自西向东到达燕山东侧海拔较低的地区后向东绕行，将已经到达北京下游地区的沙尘气团自东向西推送至北京地区。

所以，综合来看正是前期山地阻止了冷空气明显影响平原地区，北京平原才没有形成偏北风或者西北风，才能够使向东移动的沙尘气团在近地层较强气压梯度的强迫下重新回到北京地区，造成近地面粗颗粒物浓度明显升高。

3.9.5 结论

（1）山区地形对冷空气的屏障作用导致沙尘过程前期和后期气溶胶的垂直结构存在显著差异，也造成了沙尘的回流效应。山地地形、大气层结、基本气流是影响过山气流热动力性质和垂直结构的关键因素。

（2）一定高度山地地形的存在使弱冷空气到达背风坡下游时，无法使近地面层的风速加大，并形成气流滞留区，导致过程前期出现下层为人为气溶胶、上层为外来沙尘气溶胶的垂直结构。

（3）携带沙尘气溶胶的冷空气过山后，在 900 hPa 高度以上冷平流降温作用大于下沉气流的增温作用，大气降温，在 900 hPa 高度以下下沉气流的增温作用大于冷平流的降温作用，近地层大气在夜间升温，阻止了携带沙尘气溶胶的冷气团进一步侵入低层大气，导致沙尘气团无法从常规偏北路径直接移动至平原地区。

（4）基本气流的方向和强度是气流过山直接影响平原地区，或是发生绕流的重要判据，其中基本气流与山地正交分量的大小决定了沙尘气团能否翻越过山，能否直接影响背风坡近地面层。

（5）携带沙尘气溶胶的冷空气受到地形屏障作用无法直接过山影响平原地区，东移到达下游地势较低的区域后，在近地层较强气压梯度的强迫下形成绕流的偏东风，使沙尘粒子反向折回平原地区，形成沙尘天气，造成近地面 PM_{10} 浓度明显升高。

3.10 本章小结

本章主要对京津冀地区重污染事件的影响进行个例分析，分别从偏东风影响、降水对气溶胶粒子的影响、弱冷空气等不同侧重面，得出以下主要结论。

（1）偏东风是北京地区一类特殊风系，当偏东风随高度减小时，能够形成较强的上升运动将 $PM_{2.5}$ 从近地层抬升至高层而清除；当偏东风随高度增大时，容易形成弱的下沉运动，当下沉运动不能抵达地面时，近地层大气对 $PM_{2.5}$ 容量变小，有利于 $PM_{2.5}$ 浓度的升高。偏东风对 $PM_{2.5}$ 的清除能力取决于偏东风所形成的上升运动的强度与发展的高度和此偏东风所形成上升运动的起始高度。

（2）对流性降水可以使不同粒径的颗粒物浓度能在短时间内迅速降低；显著冷空气型稳定性降水可使气溶胶粒子浓度缓慢下降；无显著冷空气有传输型稳定性降水对气溶胶粒子的

湿沉降作用基本可忽略，以传输作用为主；无显著冷空气无传输型稳定性降水的气溶胶粒子浓度变化机制较为复杂。降雪或雨夹雪过程随着降雪强度增大，气溶胶浓度下降比例增大，但下降时次比例呈指数或对数变化，降雪强度在1～2 $mm \cdot h^{-1}$下降时次比例最大。雨雪相态转换的降水过程更为复杂，还需考虑雨雪相态转变带来的水滴（雪）粒径、降水粒子拖曳和冷空气下沉运动与流型改变的影响。

（3）重污染个例显示，$PM_{2.5}$浓度出现爆发性增长期间，北京东南部和西南部$PM_{2.5}$浓度在河北石家庄和保定达到最高峰值后4～6 h达到峰值，北京城区在南部地区达到峰值后4～6 h达到峰值。此次个例$PM_{2.5}$浓度爆发性增长的主要气象原因是南风分量增厚至700 m及低层弱下沉抑制作用，结合地面辐合线维持。而北京地区$PM_{2.5}$浓度维持高值且无日变化特征的原因是由于近地面温度日变化减小，低空1.5 km出现弱回暖，导致逆温层显著增厚增强且无明显日变化，而逆温层直接影响到混合层厚度和气溶胶浓度的变化所致。

（4）持续性重污染过程期间，依据个例，过程可被分为以湿度增加造成能见度下降的阶段和以污染物浓度增加造成能见度下降的阶段。第一阶段东南风带来的冷湿平流，以及此平流与山风辐合将水汽带入高空冷却凝结，大湿度区到达地面的共同作用，促使能见度因湿度增长以较快的速度下降；第二阶段，边界层湿度明显下降，空气污染物浓度显著升高，是此阶段能见度下降的主要原因。干暖空气混合于湿度较大的边界层和地面气温的升高造成了第一阶段向第二阶段转换，大气污染物浓度和湿度条件的配比关系是能见度变化的关键因素。

当边界层存在偏北风活动时，只有共同满足三个条件：①存在偏北风活动；②偏北风造成了大气气温降低；③大气气温降低的层次应抵达地面。同时满足三个条件才能对能见度和污染物浓度起到改善作用。

（5）春节燃放烟花爆竹对城市空气质量有一定的影响，对PM_{10}、$PM_{2.5}$、PM_1、SO_2浓度均有明显的影响，对NO_2浓度的影响不明显，特别是除夕集中燃放时段PM_{10}、$PM_{2.5}$、PM_1、SO_2浓度增加显著，NO_2浓度增加幅度不大。PM_{10}、$PM_{2.5}$、PM_1浓度日平均值的变化保持一致，集中燃放烟花爆竹时段对粗粒子影响略高于细粒子。

（6）秸秆燃烧和供暖期在不利于污染物扩散的天气形势下，均会对京津冀地区造成较明显的影响。风向、风速在有无秸秆燃烧情况下差异性不大，主要差别取决于相对湿度。相同程度下的雾/霾天气过程，秸秆燃烧期间的湿度条件远低于普通污染过程，秸秆燃烧期间最小相对湿度在40%左右，即可达到普通过程最小相对湿度60%所造成的结果。

（7）北京地区的$PM_{2.5}$浓度水平对居民心脑血管疾病存在影响。将人群分为全人群、男性人群和女性人群，对于3类人群，RR最小值均出现在2008年，男性人群RR为1.006（95%CI：0.880～1.151），女性人群RR为1.003（95%CI：0.825～1.218），全人群的RR仅为0.973（95%CI：0.863～1.096）。北京地区$PM_{2.5}$日均浓度增加10 $\mu g \cdot m^{-3}$，2008年3类人群日入院人数增加百分比分别为男性人群0.18%，女性人群0.07%，全人群近0%，而3类人群日入院人数增加百分比分最大值分别为男性人群3.43%（2009年）、女性人群2.10%（2009年）、全人群2.97%（2009年），与2008年相比均出现明显的上升。

（8）沙尘天气PM_{10}、$PM_{2.5}$能引起心脑血管疾病入院人次的增加，且存在滞后效应；非沙尘天气下，$PM_{2.5}$、PM_{10}与心脑血管疾病入院人次的RR存在一定的剂量效应关系，对于$PM_{2.5}$，随着浓度的上升RR值逐渐增大，对于PM_{10}，随着浓度的上升RR先增大而后逐渐降低；在相同的PM_{10}暴露浓度下，沙尘天气的RR低于非沙尘天气，在相同的$PM_{2.5}$暴露浓度下，沙尘天气与非沙尘天气的 RR 基本接近。霾天气对人群心脑血管疾病之间具有滞后效应，随着霾天气加重，对心脑血管疾病危害也在加重。

（9）山区地形对冷空气的屏障作用导致沙尘过程前期和后期气溶胶的垂直结构存在显著差异，也造成了沙尘的回流效应。山地地形、大气层结、基本气流是影响过山气流热动力性质和垂直结构的关键因素。一定高度山地地形的存在使弱冷空气到达背风坡下游时，无法使近地面层的风速加大，并形成气流滞留区，导致过程前期出现下层为人为气溶胶、上层为外来沙尘气溶胶的垂直结构。携带沙尘气溶胶的冷空气过山后，在 900 hPa 高度以上冷平流降温作用大于下沉气流的增温作用，大气降温，在 900 hPa 高度以下下沉气流的增温作用大于冷平流的降温作用，近地层大气在夜间升温，阻止了携带沙尘气溶胶的冷气团进一步侵入低层大气，导致沙尘气团无法从常规偏北路径直接移动至平原地区。基本气流的方向和强度是气流过山直接影响平原地区，或是发生绕流的重要判据，其中基本气流与山地正交分量的大小决定了沙尘气团能否翻越过山、直接影响背风坡近地面层。携带沙尘气溶胶的冷空气受到地形屏障作用无法直接过山影响平原地区，东移到达下游地势较低的区域后，在近地层较强气压梯度的强迫下形成绕流的偏东风，使沙尘粒子反向折回平原地区，形成沙尘天气，造成近地面 PM_{10} 浓度明显升高。

第4章 北京区域环境气象数值预报系统

4.1 模式系统发展与框架介绍

4.1.1 模式系统的发展

环境气象预报是集空气质量、雾/霾和气象要素预报为一体的复杂工程。雾/霾的数值预报大多是基于区域空气质量模式和气象数值模式的预报结果进一步开发而成。目前国际上应用较为广泛的空气质量模式主要有美国环保署（EPA）开发的通用多尺度空气质量模式 CMAQ、美国 Environ 公司的 CAMx 模式，这些模式在国内的空气质量预报和大气污染研究中得到了广泛应用。国内发展和应用较好的空气质量模式主要有中国科学院大气物理研究所的嵌套网格空气质量预报系统（NAQPMS）、南京大学区域大气环境模式系统（RegAEMS）等。其中 NAQPMS 已在国内多家环保监测部门进行了业务应用。南京大学则基于 RegAEMS 系统和 WRF-Chem 模式，在长三角地区建立了霾和空气质量预报系统，并在上海市得到了很好的应用。然而上述大部分空气质量模式和气象模式是离线的（即用气象模式获得的气象场驱动大气化学模式），气象要素由于时空插值造成气象场的误差增大，从而引起空气质量模拟的误差随之增大。因此，一个在线的、全耦合的包括多尺度、多过程的模式系统是大气污染模式向区域空气质量实时预报发展的趋势，由美国国家大气研究中心（NCAR）、美国国家海洋大气局（NOAA）、美国大气研究大学联合会（UCAR）等多家组织联合开发的 WRF-Chem 气象-化学在线耦合模式即为此类，其目前已成为国内外空气质量模拟研究和业务应用的主要模式之一。同时，中国气象科学研究院正在研发的 CUACE-fog/haze 模式，也是一个气象化学在线耦合的模式系统，并在气象部门得到较好应用。

自 2012 年开始，北京市气象局通过引进气象化学在线耦合模式系统 WRF-Chem，并与业务上不断改进的北京地区快速更新循环同化预报系统（BJ-RUC）有机结合，建立了北京区域环境气象数值预报系统（BREMPS v1.0：Beijing Regional Environmental Meteorology Prediction System）。经过近几年的优化与改进，建立了 BREMPS v2.0 系统，并成为北京市气象局快速更新多尺度分析和预报系统的化学子系统，正式改称为 RMAPS-CHEM v1.0，简称为睿图-化学子系统。该系统集空气质量、能见度和气象要素预报为一体，可提供环境气象预报所需的多种要素产品。自 2013 年起成为华北区域环境气象数值预报业务系统，为北京及华北区域各省市气象部门提供丰富的环境气象数值预报产品。

4.1.2 RMAPS-CHEM 模式系统框架

图 4.1 为 RMAPS-CHEM 系统的主要构架，主要由三部分组成，分别为基础数据子系统、气象-化学在线耦合模式系统和预报结果综合处理系统。各子系统的功能介绍如下。

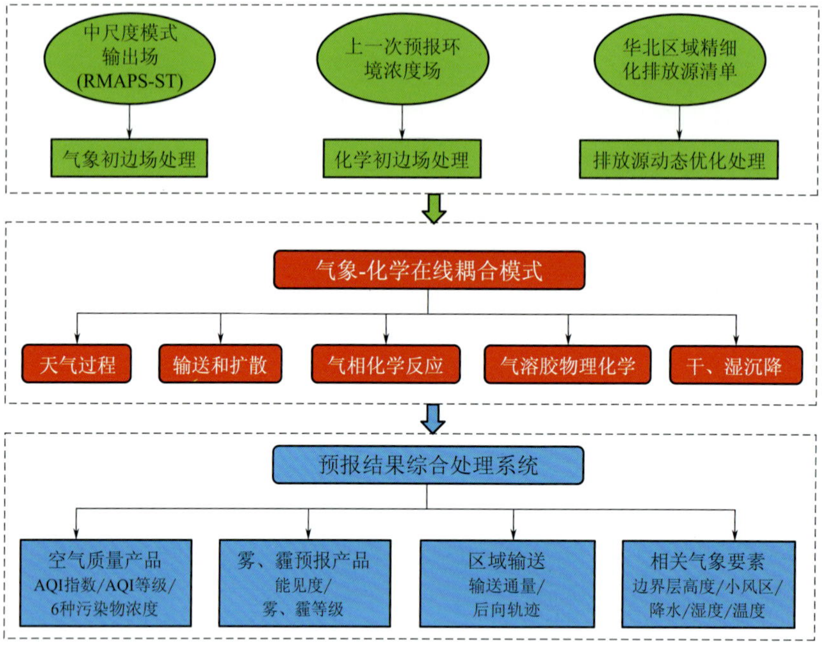

图 4.1 RMAPS-CHEM v1.0 系统的框架流程

（1）基础数据子系统

此系统是整个气象数值预报业务系统环节的基础，它包括下垫面资料、气象资料、排放源资料和污染物初始浓度资料四个部分。为模式系统提供预报的初始场、边界场和排放源。下垫面资料采用美国地质勘探局（USGS）发布的全球数据作为基础，在华北区域采用北京城市气象研究院建立的城市陆面数据集对城市地区下垫面数据进行了更新。气象资料由快速更新多尺度分析和预报系统-短期预报子系统（RMAPS-ST v1.0）提供，该系统应用了国际上先进的热启动循环技术，在同化了大量常规气象观测资料、GPS 水汽和飞机测报等观测资料的基础上，进一步同化了华北地区六部多普勒雷达的径向风速度和反射率因子资料，实现了天气雷达三维数字化拼图资料同化，在国内率先实现从地基 GPS 总水汽反演同化到地基 GPS 信号总延迟资料直接同化的过渡，去除了因基于地面观测计算 GPS 总水汽所产生的误差，有效改善了模式对水汽和相对湿度的预报能力。排放源清单数据采用清华大学创建的 MEIC 清单，该清单包含 5 个排放部门（电力、工业、民用、交通、农业），代表年份为 2012 年，水平分辨率为 0.1°×0.1°，时间分辨率为月。污染物初始浓度资料为前一次预报的起报时刻污染物浓度场结果。

（2）气象-化学在线耦合模式系统

RMAPS-CHEM v1.0 系统是以 WRF-Chem v3.3.1 为积分主模式，该系统被称为新一代空气质量模式系统，因为它将空气质量模式也就是大气化学模式（Chem）与气象模式（WRF）在线耦合而成，可同步计算物理和化学过程，即化学和气象子模式采用同一套水平和垂直坐标系统，同样的物理参数，因为大气化学输送过程是在与气象完全相同的格点和时间步长的情况下处理的，从而可以有效减少由于时间和空间插值造成的误差。总体上来说，WRF-Chem 较为全面地考虑了物理和化学过程，包括大气污染物的平流和对流输送、湍流扩散、干湿沉降、辐射传输等主要大气物理过程，生物质排放与人为排放、多相化学、气溶胶化学和动力学等大气化学过程。此外，该模式还能够实现大气动力、辐射和化学过程之间的耦合和反馈过程，可提供多种污染物浓度（气体和气溶胶）及气象要素的预报结果。主要包括常规颗粒物和反应性气体浓度、分档气溶胶（硫酸盐、硝酸盐、铵盐、钠盐、有机物等）浓度、VOCs 浓度等，还有污染物的沉降速度、气溶胶光学厚度等，同时还有温度、湿度、降水、高度场、风场等多种气象要素。

（3）预报结果分析系统

此模块主要是对模式输出结果进行转换和预报产品的加工制作。使用 GrADS、NCL 等图形处理软件以及 html5、Javascript 等网页编程语言将模式的输出结果进行可视化，并实现了基于 ajax（异步 Javascript 和 XML 或 HTML）技术的实时交互展示和定制预报产品的功能，使得产品使用人员更为直观清晰地了解污染物的变化情况。

4.1.3　模式系统的参数配置

早期北京区域环境气象数值预报系统（BREMPS v1.0）采用的是单层区域、水平分辨率为 9 km 的配置，覆盖区域主要为京津冀地区及周边省市。目前 RMAPS-CHEM v1.0 系统采用双重嵌套模拟设置（图 4.2），外层 D01 水平分辨率 9 km，覆盖范围包括内蒙古东部、

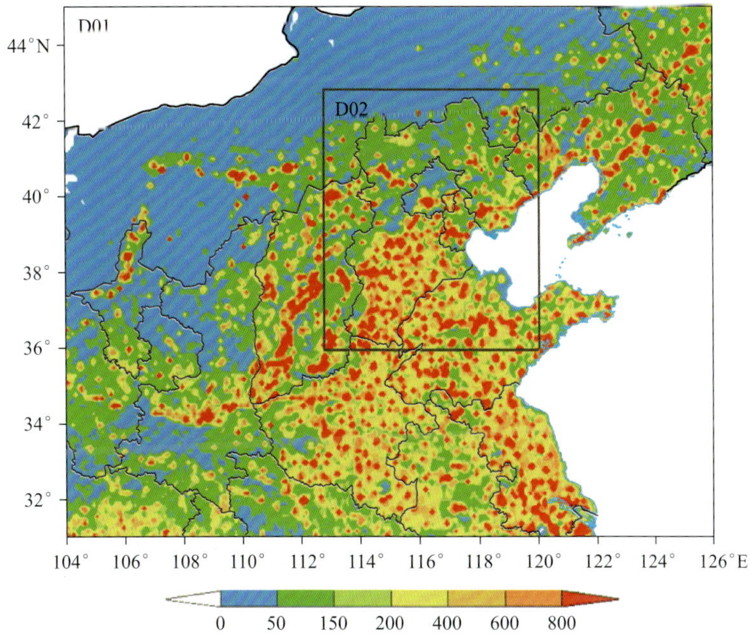

图 4.2　模拟区域与 $PM_{2.5}$ 排放强度区域分布（单位：t · 格点$^{-1}$ · a^{-1}）

陕西、山西、山东、河南北部、河北、天津、辽宁及北京等地；内层 D02 水平分辨率 3 km，覆盖京津冀区域。模式采用 Lambert 地图投影方式，中心点经纬度为 39.5°N，114.8°E；外层经、纬向格点数分别为 223 和 202，内层依次为 232 和 253；模式层顶为 50 hPa，垂直方向采用地形跟随质量坐标（即值从 0～1 的 eta 分层）分为 38 层，1500 m 高度以下取 17 层。系统选用的主要物理、化学过程方案设置如下：积云对流参数化方案采用 Grell-3d 方案；微物理过程采用 WSM6 显式方案；RRTM 长波辐射方案；Goddard 短波辐射方案；边界层方案为 YSU 方案；模式陆面过程采用 Noah 参数化方案，城市地表选用 UCM 方案；气相化学过程采用 CBMZ 方案；光解过程由 Fast-J 方法在线计算，气溶胶过程采用包含 4 个粒径段的 MOSAIC 模型。具体参数配置见表 4.1。

表 4.1　RMAPS-CHEM v1.0 采用的参数配置

物理化学过程	选配参数和方案	备注
模式系统	WPSV3.3+ WRF_Chemv3.3.1	分辨率设置：38 层，D01 格点数 233×232；D02：202×253。积分时间步长 60 s；化学过程调用时间步长为 2 min
显示降水方案	6：WSM6 显式微物理方案	WRF Single-Moment 6-class scheme（WSM6 微物理方案）
长波辐射方案	1：RRTM scheme	Rapid Radiative Transfer Model（辐射传输模型）
短波辐射方案	2：Goddard shortwave	Two-stream multi-band scheme（双流多波段方案）
边界层方案	1：YUS Scheme	Yonsei University scheme（延世大学方案）
积云参数化方案	3：GD scheme	Grell-Devenyi ensemble scheme（格雷尔-德文伊集合方案）
城市冠层方案	1：Urban canopy model	三类 UCM 分类方案
陆面模式	2：Noah land-surface model	NCEP/NCAR/AFWA scheme with temperature and moisture in 4 layers Noah-LSM 陆面模式
化学过程方案	7：CBMZ 气相化学机制和 MOSAIC 4 级气溶胶机制	无间接作用
污染源	3：人为排放源	无自然源
污染源信息输入	101：按照 CBMZ 方案处理好的资料读入	污染源数据为每小时的资料
气象场初始和边界条件	RMAPS-ST 的预报场	利用 RMAPS-ST 逐 6 h、9 km 区域预报结果作为气象的初始场和边界条件
结果输出格式	Netcdf 格式文件，逐小时预报产品输出	处理成 GrADS 二进制数据格式，进入综合后处理显示系统，进行图形的绘制、加工和显示

该系统自 2013 年 9 月实现自动化运行，每天 20 时（北京时）起报，运行一次，预报积分时间为 96 h，定时为北京及华北区域相关省市气象部门提供数值预报产品。

4.2 模式系统的建立与改进

4.2.1　排放源清单的处理与优化技术

排放源清单数据是环境气象模式能够提供准确预报的基础。目前，国内科研与业务应用中使用较多的是清华大学 MEIC 清单，该清单为固定水平分辨率的网格化数据，时间分辨率为逐月的数据，需要经过时空插值、物种匹配和格式转化才能得到模式所需的排放源强度数据文件。此外，此类清单主要采用基于排放系数和活动水平计算得到各类污染源、各种污染物排放量，这种“自下而上”的源清单建立方法其不确定性大小取决于统计数据和排放系数的准确性，而我国由于本地化的排放系数数据有限，排放清单编制以往主要借鉴美国的排放系数数据库（AP-42）（Zhao et al.，2011），与我国的实际排放特征相去甚远；我国清单建立采用的统计数据多以省为单位，城市尺度的数据缺乏，无法体现排放源时空变化差异；此外，自 2013 年 9 月，国务院出台了《大气污染防治行动计划》，经过五年的努力，以京津冀为重点的区域大气污染综合治理成效显著，区域污染源发生了明显的变化，特别是 SO_2 的排放显著降低。但是由于清单基础数据统计的滞后性，模式所用清单也往往滞后。因此，源清单作为模式输入的基础数据，无论从清单的不确定性、时效性还是时空精确性等方面均需要不断地改进和完善。

在 RMAPS-CHEM v1.0 系统中，通过开发建立了排放源清单前处理模块，实现了原始排放源清单（固定分辨率）向多尺度模式网格（可自由选择）的插值、各类污染物静态排放源量的时空优化、基于减排情景的排放源清单创建以及特殊排放源清单的灵活输入等功能，形成了一套环境模式适用的基础排放源清单。结合模式预报的整体效果评估，针对预报浓度偏差明显的污染物，建立了集合卡尔曼滤波（EnKF）与站点统计结合的排放源订正技术。

4.2.1.1　排放源清单订正方法

在利用资料同化方法优化大气污染物排放清单的众多技术手段中，基于集合卡尔曼滤波和模式结合的方法是其中较为通用的一种。通过扰动模式的排放输入，然后借助模式本身的物理化学模块来预报模拟，从而实现预报误差协方差的动态更新。Peng 等（2017）在 WRF-Chem 模式后接集合卡尔曼滤波（The Ensemble Square Root Filter），构建了 $PM_{2.5}$ 排放比例系数的控制变量，并利用 GSI（Grid Point Statistical Interpolation）同化系统的观测算子，通过地面 $PM_{2.5}$ 浓度观测对 $PM_{2.5}$ 的排放比例系数进行了同化研究。但在这个 GSI-WRF/Chem-EnKF 系统中，主要关注气溶胶初始场和相关排放比例系数的同时同化，主要目的在于提高模式对于 $PM_{2.5}$ 的预报能力，并未对排放优化的结果进行评估。Chen 等（2018）在 Peng 等（2017）的工作基础上进一步更新，在 GSI-WRF/Chem-EnKF 系统中增加了 SO_2 排放输入的控制变量，并将排放比例系数更新为 SO_2 的直接排放，利用地面 SO_2 浓度观测作为约束实现了对 SO_2 排放的优化。将 MEIC-2010 作为前置清单，以地面小时 SO_2 浓度作为外部约束，对 2015 年和 2016 年 1 月的排放清单进行了优化更新，从而获得了年度排放变化系数。

本研究源清单订正分为两个步骤：①首先采用年度排放系数，对整个模拟区域内相应的源清单网格进行源强订正；②在采用 EnKF 方法对模式覆盖区域源清单订正的基础上，进一步采用误差统计订正方法对环境监测站点及邻近区域所覆盖的模式网格进行源强订正。

使用的误差统计订正方法受“Nuding”源同化反演方法（Xu et al.，2008；Cheng et al.，2010；程兴宏等，2016）启发，即假设区域化学传输模式能够较准确地模拟污染物的物理和化学过程，模拟值和实测值的偏差取决于污染源清单的不确定性；通过地面监测站点获得的 SO_2 观测浓度与模拟浓度建立统计关系，用以修正该点所在模式网格及相邻 2 倍网格距范围内的排放源强度，从而获得更接近真实情况的排放源清单。改进前后的华北区域 SO_2 排放源清单如图 4.3 所示，对比可以明显看出 SO_2 源强在华北平原地区呈现明显的高估趋势，这与检验发现模式针对这些地区 SO_2 浓度预报系统性高估的现象吻合。

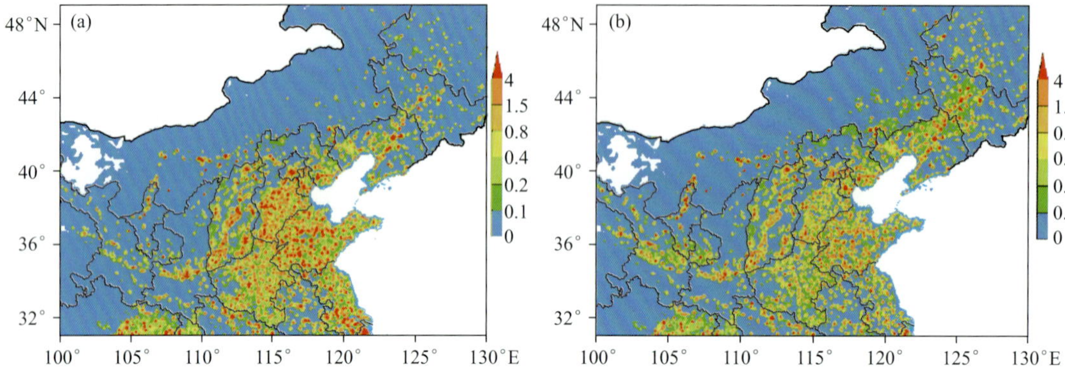

图 4.3　源清单订正前后 SO_2 源强区域分布对比（单位：10^3 t · 格点$^{-1}$ · a^{-1}）

（a）订正前；（b）订正后

为了评估改进后源清单的预报效果，采用 RMAPS-CHEM v 1.0 模式系统，分别输入初始清单和改进清单对 2017 年 10 月进行了模拟分析，利用 D01 区域覆盖的 1411 个自动站数据对气象条件预报的准确性进行了检验，利用 616 个环境监测站点获得的地面 SO_2 数据对不同源清单模拟结果进行了检验，从时间变化、空间分布特征以及模拟与实测值的均方根误差、归一化平均绝对误差、误差概率分布等统计特征方面，对比分析了源清单改进前后模式的预报效果。

4.2.1.2　改进清单前后的预报效果对比

时间变化特征：图 4.4 为各区域分别采用初始源和改进源模拟得到的 2017 年 10 月 SO_2 日均浓度与观测结果对比的时间序列图。图中显示，基于初始源和改进源模拟的 SO_2 浓度与实测值的逐日变化趋势基本一致。各区域采用初始源模拟的 SO_2 浓度均明显高于实测值，这种现象在河北南部、北京和石家庄等人为排放源强较大的地区尤为突出。总体来看，源清单改进后 SO_2 浓度较改进前与观测值更为接近，需要指出的是，在 D01 和 D02 区域源清单改进之前模拟结果较观测值系统性偏高，源清单改进后出现了模式对 SO_2 浓度系统性低估的情况，而这种现象在河北南部、河北北部以及北京和石家庄城市地区并未出现，造成这种情况的主要原因在于：基于 EnKF 源反演方法对源清单的订正采用冬季（1 月）的模拟结果，在燃煤排放的控制力度上相比于秋季更为严格，该结果直接用于本研究的 2017 年 10 月模拟，可能导致了模式预报偏差纠正过度的情况；然而，在 EnKF 源反演的基础上，进一步利用模拟与观测的统计误差对源强进行订正，使得监测站点相对密集的京津冀地区源排放更接近真实水平，改善效果更为显著。同时也可以看到，北京周边的河北南部和北部 SO_2 浓度预报值与观测值十分接近，北京城市地区就观测值来看，SO_2 浓度较周边地区明显偏低，日平均浓度低于 6.97 $\mu g \cdot m^{-3}$，月平均浓度仅为 3.57 $\mu g \cdot m^{-3}$，而模拟浓度与周边地区接近，因此出现了预报值系统性偏高的情况，而同样针对城市尺度的石家庄模拟则没有出现这种现象。主要原因在于：一方面，北京本地排放控制更为严格，SO_2 作为受局地性排放较强的污染组分，观测得到的浓度处于极低水平；另一方面，从模式角度分析，由于北京处于相

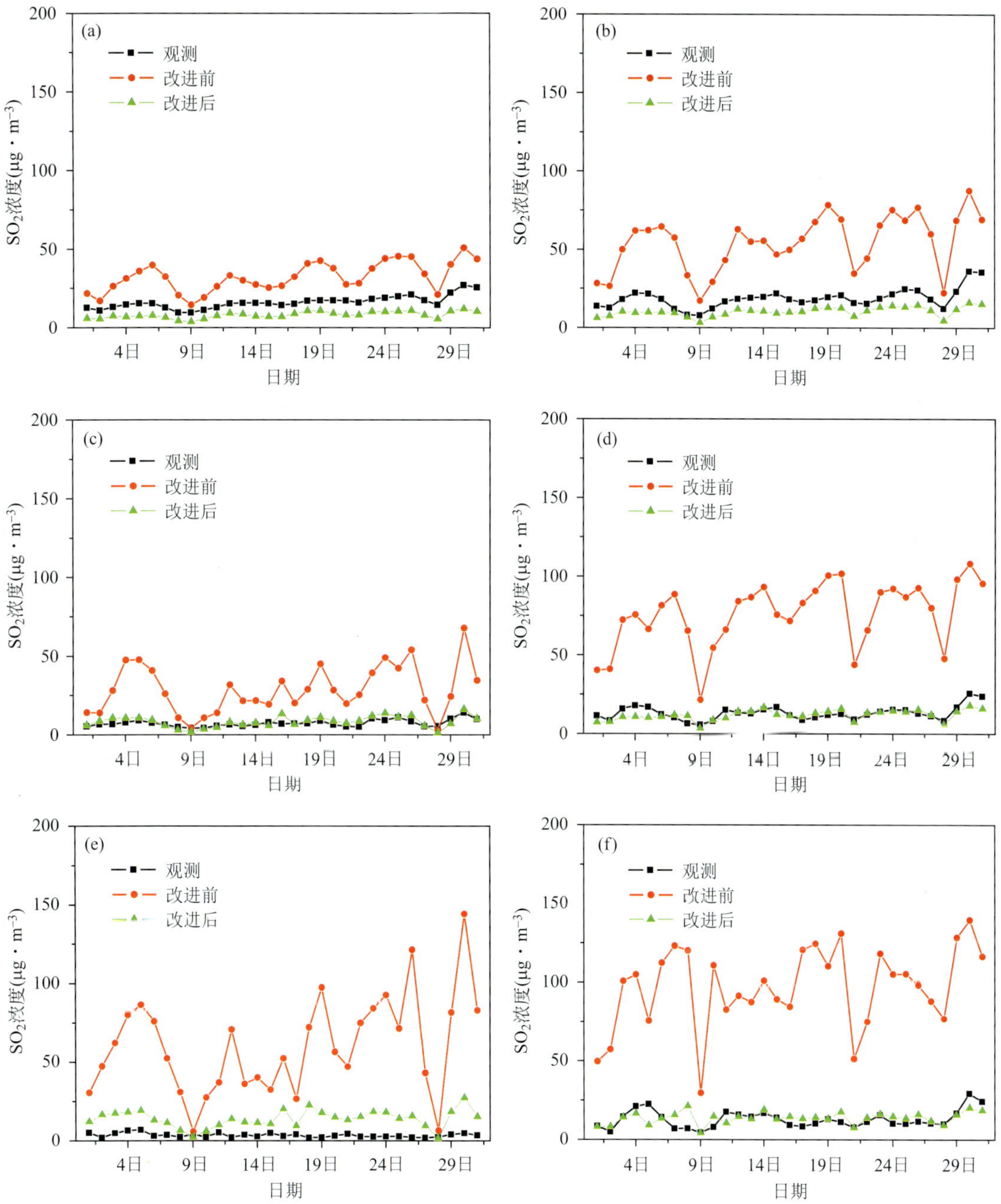

图 4.4　2017 年 10 月各区域 SO_2 日均浓度观测与模拟的逐日变化

（黑色：观测；红色：改进前；绿色：改进后）

（a） D01;（b） D02;（c）河北北部;（d）河北南部;（e）北京;（f）石家庄

对较小的范围，受观测数据样本数量限制，基于站点统计方法的源清单订正效果较为局地，周边地区 SO_2 源强相对较高，受周边地区的传输影响使得北京地区 SO_2 浓度模拟偏高。

4.2.1.3　区域分布特征

地面站点监测（图 4.5a）显示，SO_2 浓度高值区主要集中在内蒙古中南部、山西北部、河南、山东西部以及东北部分地区，月平均浓度在 15 $\mu g \cdot m^{-3}$ 以上，最高值超过了

40 μg·m^{-3}；源于对燃煤排放的严格控制，北京地区浓度最低，月均值低于 5 μg·m^{-3}。对 SO_2 区域分布特征模拟效果的检验，选择了相关系数、均方根误差和归一化平均绝对误差 3 个量。由于源清单订正前后，相关系数没有明显变化，故此处仅给出源清单订正后的相关系数（图 4.5b）。从各站点日均值统计得到的相关系数分布来看，预报值和观测值在整个区域呈现正相关，靠近模式 D01 区域外边界的西部和北部地区相关系数较低，其余区域内 76%的站点相关系数高于 0.6，其中 26%的站点相关系数高于 0.8，表明模式对于站点 SO_2 浓度的逐日变化趋势有较好的模拟效果。

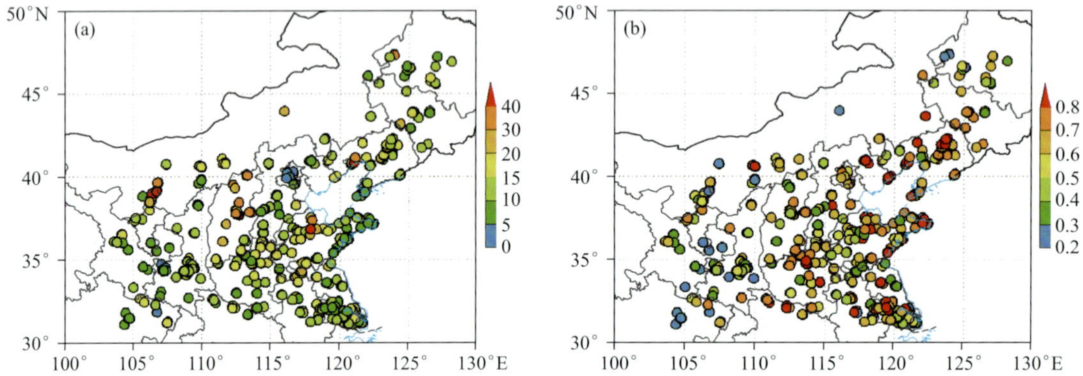

图 4.5　2017 年 10 月 SO_2 月均值监测结果及模拟与观测的相关系数区域分布

（a）SO_2 月均值（单位：μg·m^{-3}）；（b）SO_2 观测与模拟相关系数

图 4.6 和图 4.7 分别显示了源清单订正前后模式预报值与观测值均方根误差、归一化平均绝对误差区域分布特征的对比。由图可见，源清单订正前，模式预报偏差较大的区域主要集中包括河北南部、山东西部至北京一带，这些地区 SO_2 月均值均方根误差分布在 30～100 之间、归一化平均绝对误差分布在 1～20 之间，源清单改进后，上述两个统计量的分布范围分别降低至 3～20 之间和 0～5 之间。结合图 4.3 分析可见，模式预报偏差较大的区域与源清单订正后源强降低的主要区域吻合，表明这些地区过高的 SO_2 排放是导致模式预报误差的主要原因。

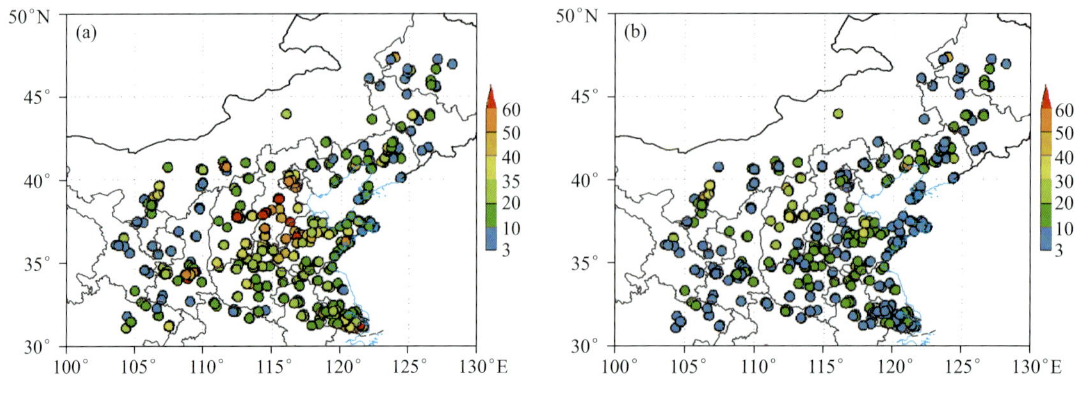

图 4.6　源清单订正前后模式预报值与观测值均方根误差区域分布对比（单位：μg·m^{-3}）

（a）订正前；（b）订正后

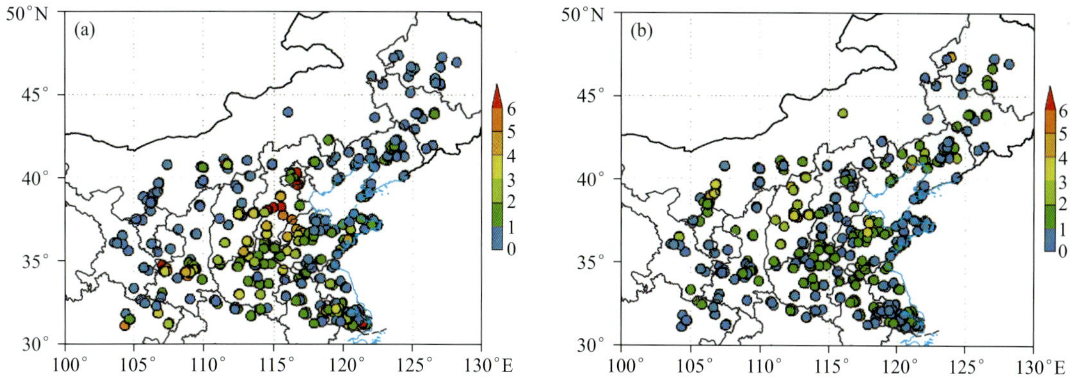

图 4.7　源清单订正前后模式预报值与观测值归一化平均绝对误差区域分布对比（单位：$\mu g \cdot m^{-3}$）
（a）订正前；（b）订正后

4.2.1.4　统计特征

进一步对重点区域和城市地区的模拟和观测结果进行了统计分析。从表 4.2 中源清单订正前后的对比可以看到：就各区域范围而言，无论是均方根误差还是归一化平均绝对误差，源清单改进后的模拟结果均较改进前显著降低；相比于模式设置的 2 个模拟区域，RMAPS-CHEM v1.0 系统重点预报服务的河北南部、河北北部以及北京和石家庄城市地区改善效果明显，均方根误差分别从 69.53、28.65、64.43、87.70 降低至 7.29、7.33、10.93 和 6.84；归一化平均绝对误差分别从 6.86、6.51、18.11、8.42 降低至 0.55、1.47、3.97 和 0.57。预报效果明显改善的主要原因在于：这些地区地面环境监测站点密集，可用于源清单误差统计订正的数据充分，统计订正在很大程度上弥补了 EnKF 方法分辨率较低带来的订正误差，表明本研究采用的 EnKF 反演和误差统计订正的源清单订正方法合理，该方法对于源清单区域性偏差的纠正，以及重点区域和城市地区 SO_2 预报效果改善十分有效。

表 4.2　源清单订正前后各区域模拟值和观测值统计对比

检验区域	订正前				订正后		
	观测浓度（$\mu g \cdot m^{-3}$）	模拟浓度（$\mu g \cdot m^{-3}$）	均方根误差	归一化平均绝对误差	模拟浓度（$\mu g \cdot m^{-3}$）	均方根误差	归一化平均绝对误差
D01	16.11	32.06	31.04	2.03	7.93	14.23	0.66
D02	18.72	54.25	52.10	4.49	10.12	15.73	0.79
河北南部平均	13.15	75.95	69.53	6.86	11.71	7.29	0.55
河北北部平均	7.33	28.50	28.65	6.51	8.19	7.33	1.47
北京城市	3.57	60.12	64.43	18.11	13.68	10.93	3.97
石家庄城市	12.98	96.81	87.70	8.42	13.29	6.84	0.57

图 4.8 显示了 2017 年 10 月期间分别采用初始源和改进源模拟得到的 D01 区域内 616 个环境监测站点 SO_2 月均值浓度观测与模拟值的偏差概率分布特征。图中显示，基于初始源的 SO_2 模拟浓度偏差呈近似正态分布，大部分误差介于 -10～30 $\mu g \cdot m^{-3}$，误差在 0～10 $\mu g \cdot m^{-3}$ 和 10～20 $\mu g \cdot m^{-3}$ 出现概率最大，分别为 26% 和 25%；源清单订正后，SO_2 模

拟浓度偏差呈近正态分布特征，误差分布范围明显变窄，大部分误差介于−10～10 μg·m^{-3}，误差出现最大概率范围同样变窄，介于−10～0 μg·m^{-3}，且最大概率值提高至57%。由此得出，相比于初始源，污染源订正后其误差呈正态分布特征，误差分布范围、最大概率出现范围均明显变窄，且最大误差概率值明显上升，表明源清单的改进使得模拟误差显著降低。

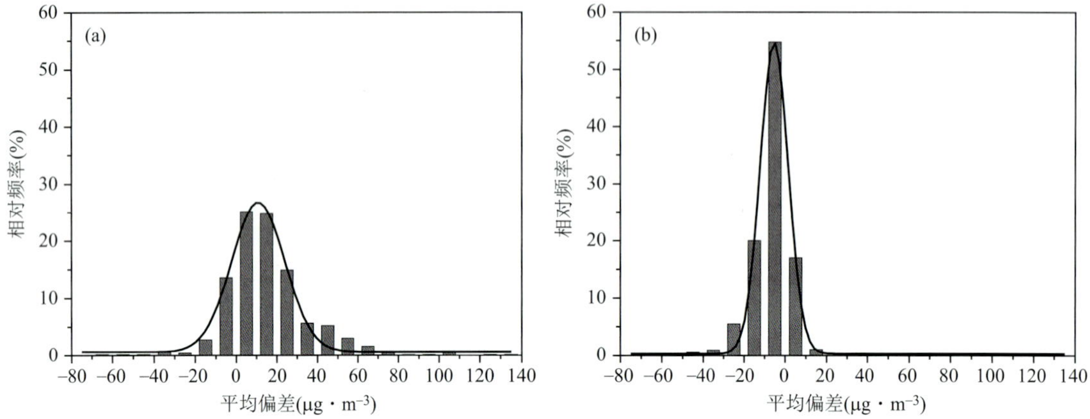

图4.8 2017年10月D01区域616个环境监测站点SO_2月均浓度模拟与实测值的偏差概率分布图
（a）订正前；（b）订正后

采用EnKF源反演结合误差统计订正的源清单订正方法，改进了华北区域秋季SO_2排放源清单，通过分别输入初始清单和改进清单对2017年10月进行了模拟预报分析，利用自动站气象观测数据和地面环境监测站SO_2观测数据对模拟结果进行了检验，结果表明：RMAPS-CHEM v1.0系统对于气象场的预报接近实况，其对于SO_2浓度预报的极大误差可主要归结于源清单的偏差，采用上述订正方法对源清单的改进显著降低了模式的预报误差，结果表明：该方法适用于业务模式中源清单区域性偏差的纠正，特别对于重点区域和城市地区SO_2预报准确性的提升十分有效。

4.2.2 优化模式预报区域配置

由于北京地区在重污染过程期间会不同程度地受到区域输送的影响，基于我们对北京地区污染物输送的主要输送路径和潜在源区分布范围的研究结果（图4.9a），RMAPS-CHEM v1.0对原来BREMPS v1.0单层9 km分辨率区域进行扩大，基本覆盖了影响北京地区的主要潜在源区，包括华北大部及周边省市（北京、天津、河北、内蒙古东部、辽宁、陕西、山西、山东及河南北部等地），充分考虑了区域输送的影响。为了对重点污染区域提供精细化预报支持，采用嵌套配置，内层覆盖京津冀区域，水平分辨率为3 km。图4.9b显示了BREMPS v1.0和RMAPS-CHEM v1.0预报区域的对比。BREMPS v1.0系统的垂直分层为30层，为了模式能够更好地预报影响空气质量的天气系统，以及对边界层结构的模拟效果改善，RMAPS-CHEM v1.0模式垂直分层增加至38层，主要加密500 m高度以上（图4.9c）。

通过区域优化升级，模式有效改善了原来区域南边界污染物输送偏低的现象，并对山前辐合带和污染物垂直分布的模拟效果更佳，有效改善了原来$PM_{2.5}$浓度预报偏低的现象。如

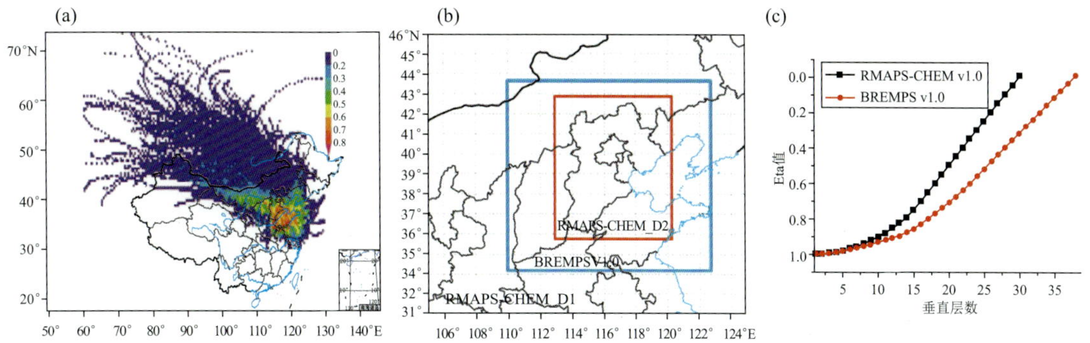

图 4.9　RMAPS-CHEM v1.0 与 BREMPS v1.0 的预报区域对比示意图

（a）2015—2010 年影响北京地区 $PM_{2.5}$ 浓度的潜在源区分布；（b）RMAPS-CHEM v1.0 与 BREMPS v1.0 预报区域；（c）模式垂直分层对比

2014 年 10 月 17—20 日一次区域大气污染过程中两套区域配置模拟结果的对比情况，结果显示模式区域优化配置后，随着外层范围的扩大，河北中南部和山东西部 $PM_{2.5}$ 浓度明显高于原来单层 9 km 的结果。从北京城区的模拟效果（图 4.10）来看，改进后特别是 3 km 分辨率的预报结果对浓度峰值的模拟效果明显提升。

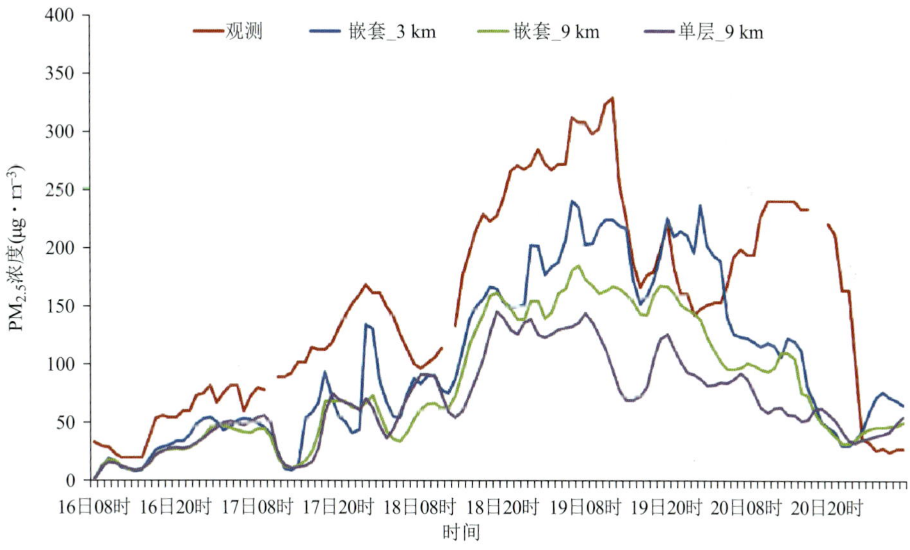

图 4.10　2014 年 10 月 16—19 日 RMAPS-CHEM v1.0 内外层和 BREMPS v1.0 对北京地区 $PM_{2.5}$ 浓度模拟效果对比

4.2.3　气象背景场与城市地表更新

由于重污染多发生在城市群地区，城市地区特殊的下垫面会明显影响到气象条件的变化，为了更好地考虑这种影响，RMAPS-CHEM v1.0 参考了 RMAPS-ST 系统的地表分类，将华北地区城市下垫面数据集进行更新。北京城市气象研究院利用 2009 年 Landsat-TM 高分辨率卫星资料形成了新的京津冀地区城市地表分类数据集，将该数据集引入 RMAPS-CHEM v1.0，取代了原来模式采用的 1992—1993 年的 USGS 24 类地表分类数据（图 4.11）。

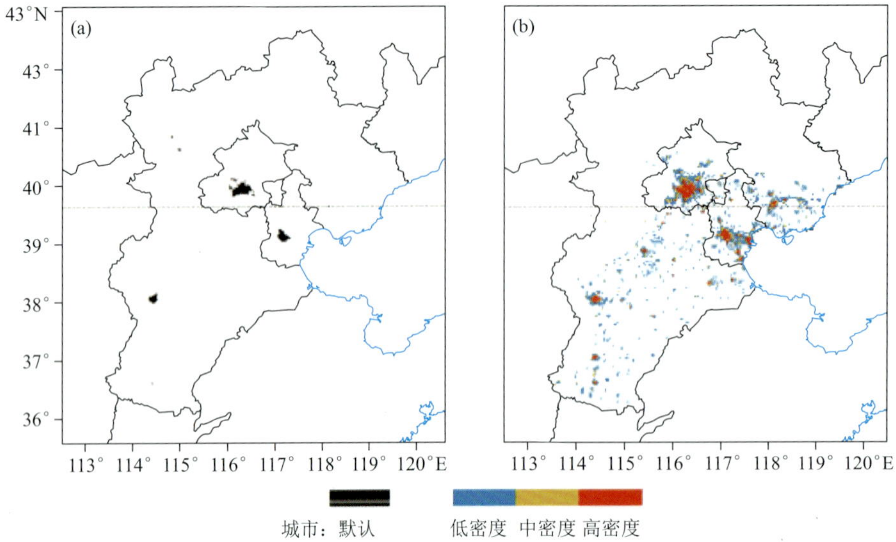

图 4.11 华北地区城市下垫面数据集进行更新

（a） USGS: 1992—1993 年；（b） Landsat-TM: 2009 年

同时，打开了城市地表过程选项（sf_urban_physics＝1），考虑了城市地表过程的影响。模拟对比结果（图 4.12）显示：华北地区城市下垫面更新后，通过调整气象场，特别是对应浓度高值区（辐合区）风速和边界层高度的降低，在第一程度上改善了模式原来对此类过程预报浓度偏低的现象，特别是浓度高值区增加比较明显。

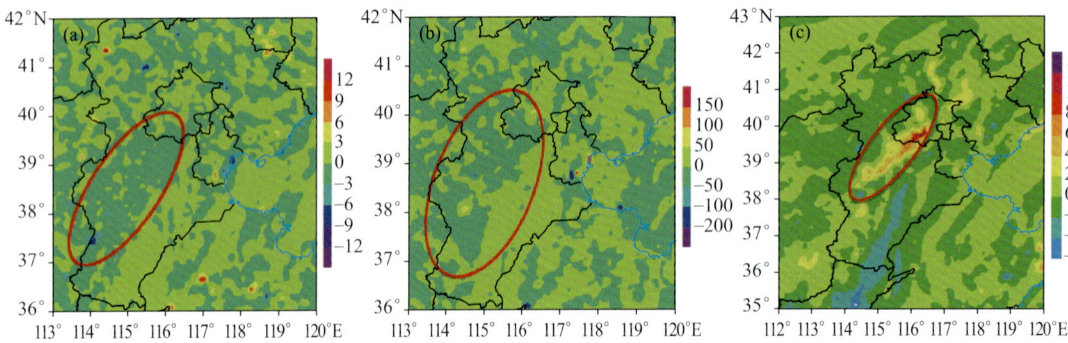

图 4.12 华北地区城市下垫面数据集更新后对 2014 年 10 月 17—20 日污染过程模拟结果对比

（a）风速的变化（单位：$m \cdot s^{-1}$）；（b）边界层高度的变化（单位：m）；

（c） $PM_{2.5}$ 浓度的变化（单位：$\mu g \cdot m^{-3}$）

4.3 环境气象数值预报产品研发与站点订正技术

根据环境气象预报业务需求，在模式输出结果的基础上，通过后期开发诊断，建立了集空气质量、能见度和相关气象要素为一体的综合环境气象数值预报产品体系。

4.3.1 能见度与雾/霾预报产品研发

水平能见度是雾/霾预报的一项重要参考指标，因此，开展霾天气的精细化预报亟须开发能见度的客观预报产品。目前，对于霾天气水平能见度的参数化方案主要是如何考虑气溶胶的吸湿增长效应，通用的方法分为两类：一类是通过考虑气溶胶各化学组分吸湿增长计算消光系数的方案，代表性工作如美国的 IMPROVE 方程，考虑的是 $PM_{2.5}$ 各化学组分质量浓度与气溶胶消光系数之间的定量关系；另外一类是建立气溶胶消光系数与粒径分布之间的定量关系，该工作通过观测得到的粒度谱、不同模态气溶胶的吸湿增长因子、环境消光系数等，结合米散射理论，在分析影响气溶胶消光能力主要因素的基础上，建立了消光系数与气溶胶体积浓度与相对湿度的定量关系模型。参考已有研究成果和不同能见度计算方案基于 RMAPS-CHEM v1.0 预报结果检验的情况，选用能见度参数化方案进行区域能见度产品的开发，并对其中的关键参数进行了调整和优化。计算公式如下：

$$K_{ex} = k \times V^{a} \times (1 - RH)^{-b \cdot RH} \tag{4.1}$$

$$VIS = \frac{3}{K_{ex}} \tag{4.2}$$

式中，K_{ex} 为气溶胶消光系数，单位为 Mm^{-1}；V 为 PM_1 以下的干气溶胶体积浓度，单位为 $\mu m^3 \cdot cm^{-3}$；RH 为相对湿度，单位为%；VIS 为能见度，单位为 km；k 为平均体积消光系数，单位为 $Mm^{-1} \cdot (\mu m^3 \cdot cm^{-3})^{-1}$，其与 a、b 均为拟合参数，k、a、b 分别为 9.08、0.944 和 0.475。在 RH 低于 90%时气溶胶的消光系数主要受气溶胶体积浓度的影响，当 RH>90%时，相对湿度起主导作用。因此，该方案在 RH>90%时计算结果偏差有所增大。由于实际观测 PM_1 较少，很难对模式预报的 PM_1 进行检验，同时业务预报长期检验结果表明，模式对 $PM_{2.5}$ 浓度的预报能力整体表现较好，因此在采用该方案进行能见度预报时，针对实际应用需求对其进行了改进。利用在北京市昌平区气象局获得的 PM_1 和 $PM_{2.5}$ 小时浓度同期观测结果进行了拟合，将 PM_1 在 $PM_{2.5}$ 中所占比例确定为 0.88（图 4.13），进而利用模式预报的 $PM_{2.5}$ 浓度进行能见度的计算（图 4.14）。此外，该方案在拟合时并未对相对湿

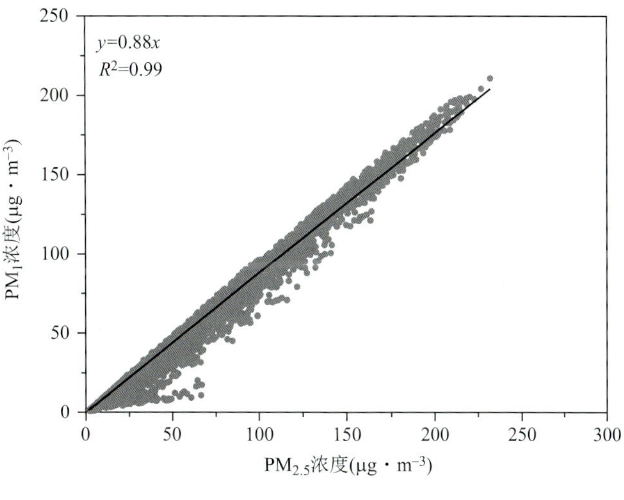

图 4.13　PM_1 与 $PM_{2.5}$ 浓度的线性拟合关系

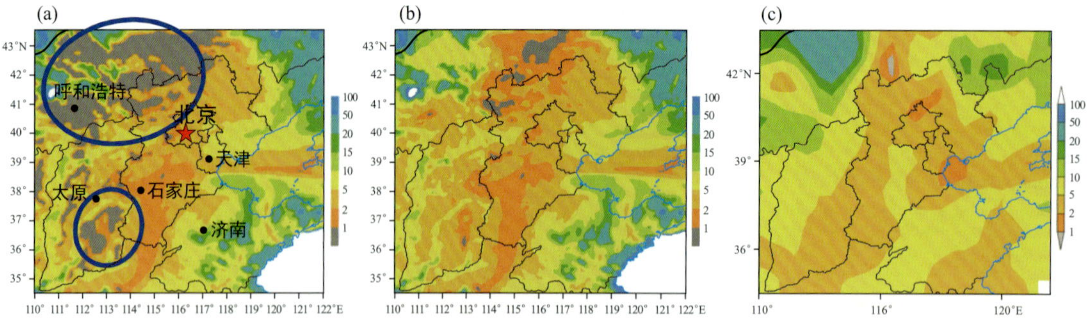

图 4.14 相对湿度上限调整前后预报能见度与观测对比（单位：km）
（a）RH 不加限定；（b）RH= 98%；（c）观测能见度

度设定上限，在应用过程中存在对夏季高湿度地区（RH 接近或等于 100%）能见度预报过低的现象，通过典型过程分析，将 RH 限定在 98%以下。

利用 RMAPS-CHEM v1.0 预报的 $PM_{2.5}$ 浓度和相对湿度结果，采用上述方案开发了能见度的预报产品，并依据中国气象局雾、霾预报标准，开发了雾、霾等级的预报产品，为区域雾、霾预报提供了重要参考。图 4.15 给出的是 2018 年 11 月 11 日 21 时能见度与雾、霾等级的预报产品。

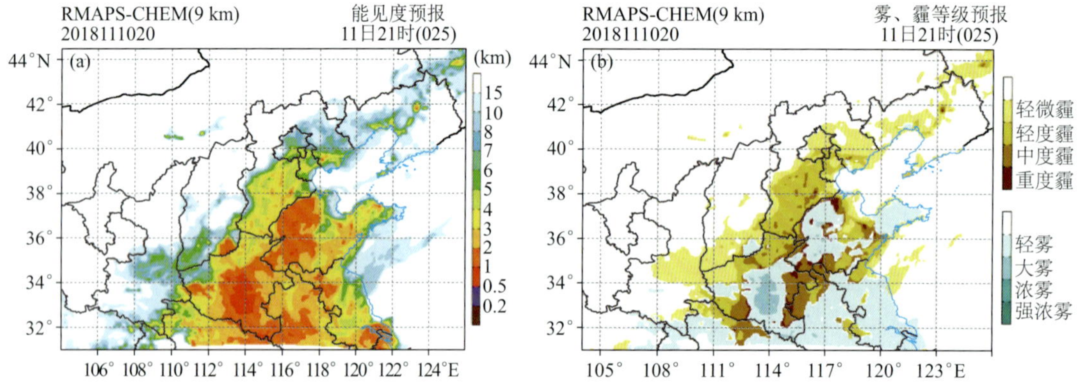

图 4.15 2018 年 11 月 11 日 21 时能见度（a）与雾、霾等级（b）预报产品（10 日 20 时起报）

4.3.2 空气质量预报产品与污染物区域输送参考产品

空气质量预报产品主要包括常规的 6 种污染物浓度（$PM_{2.5}$、PM_{10}、SO_2、NO_2、O_3 和 CO）叠加风场的逐小时空间变化、逐日空气质量指数和空气质量等级。图 4.16 给出的是 2019 年 3 月 1 日 20 时起报的代表性空气质量产品。

在空气重污染和雾/霾过程发生时，华北平原地区主要城市之间存在明显的污染物区域输送的现象，为了更好地分析区域输送的影响，开发了能够反映区域输送能力的预报产品，包括气流后向轨迹、$PM_{2.5}$ 输送通量的经向和纬向垂直剖面图等（图 4.17）。通过综合后处理显示系统，可实现模拟区域内主要城市气流后向轨迹、任意经向和纬向 $PM_{2.5}$ 输送通量剖面分布的交互绘制，满足预报员的定制需求。

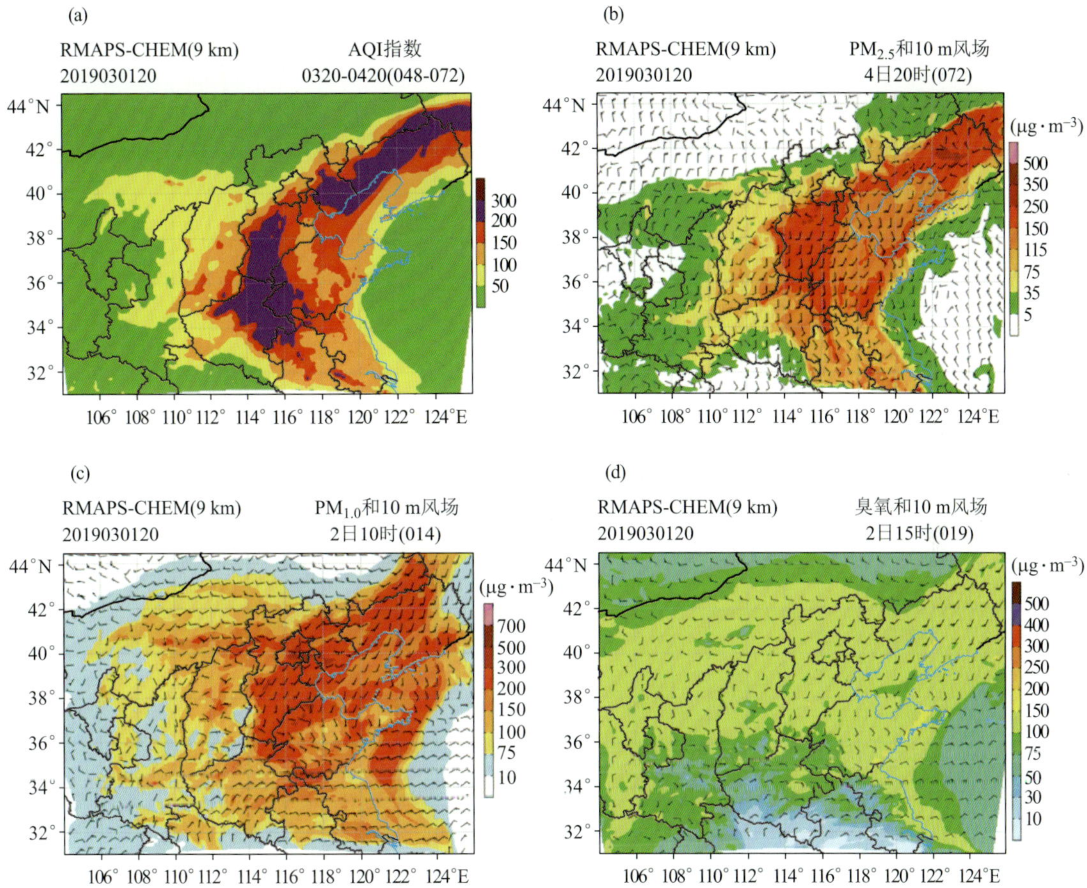

图 4.16　2019 年 3 月 1 日 20 时起报的空气质量预报产品示例

（a）空气质量指数 AQI；（b） $PM_{2.5}$ 和 10 m 风场；（c） $PM_{1.0}$ 和 10 m 风场；（d）臭氧和 10 m 风场

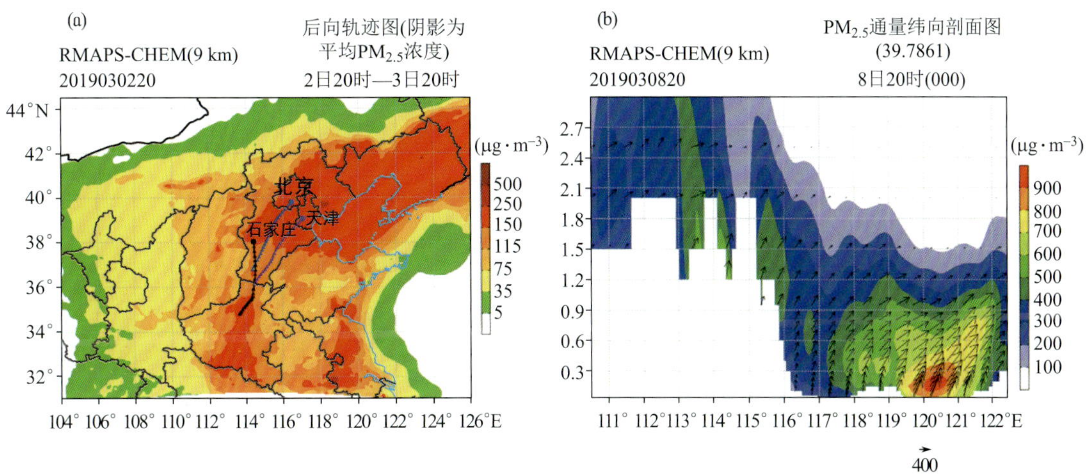

图 4.17　气流 24 h 后向轨迹叠加 $PM_{2.5}$ 浓度（a）和 $PM_{2.5}$ 输送通量纬向剖面图预报产品（b）

4.3.3 气象要素产品

参考已有的研究结果和预报经验，基于模式的输出结果，进一步开发了可反映大气扩散能力、清除能力以及影响大气化学反应过程的关键气象参数。包括边界层高度、小风速区、2 m 温度、2 m 湿度和降水等，部分产品示例如图 4.18 所示。

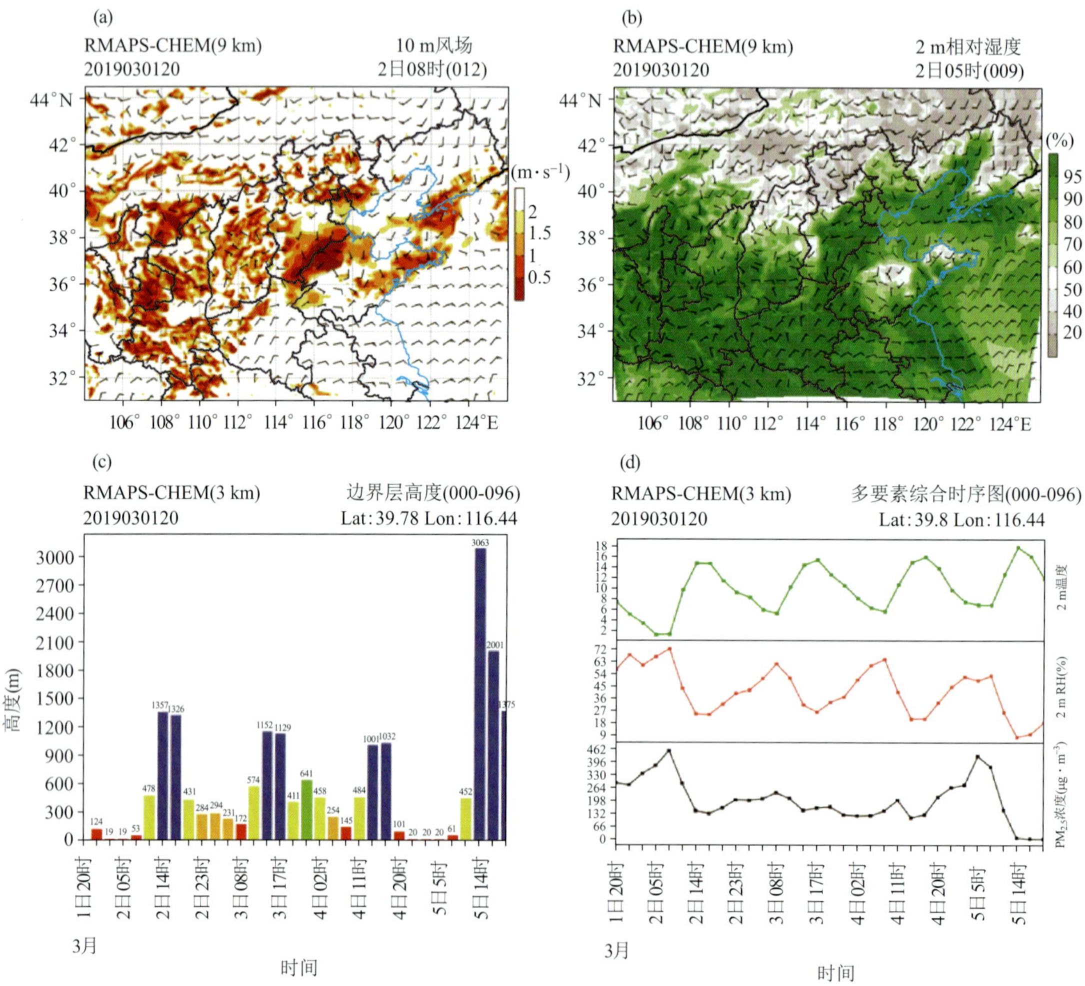

图 4.18 模式预报气象量产品示例

（a）10 m 风场；（b）2 m 相对湿度；（c）边界层高度；（d）多要素综合时序图

4.3.4 站点预报产品订正

虽然经过改进优化工作，模式在预报性能上总体有明显的提升，但是对于个别极端重污染天气过程中污染物浓度极值的预报有时会明显偏低，这种现象在北京地区表现尤为突出，主要是因为北京地区常处于“山前辐合带”的北端，或者在区域静稳情况下会先受到偏北弱冷空气扰动的影响，模式对于这种天气系统的预报能力相对比较弱，从而造成污染物浓度预报偏差比较明显。通过对预报结果的全面检验，表明模式预报结果与观测值之间的相关性很好，因此开发了主要污染物浓度预报结果的偏差订正方法，即针对某站采用其前一天预报的偏差对当天预报结果进行订正，具体方法为预报订正＝预报＋Delta，Delta＝观测－预报（前一天预报的偏差）。

经过订正后，有效降低了站点污染物浓度预报与观测之间偏差，2015 年 10—12 月 $PM_{2.5}$ 日均浓度订正对比表明，订正后预报与观测之间的偏差可降低 27%，相关系数从 0.68 增加至 0.78，提高了 14.7%，特别是对重污染过程浓度极值的预报效果改善更显著（图 4.19）。由于 RMAPS-CHEM v1.0 对趋势的预报比较稳定，因此利用该方法对不同预报时效的结果进行订正（图 4.20），改善了模式站点预报结果的性能，为提前 3 d 重污染预报预警提供了有力的产品支持。

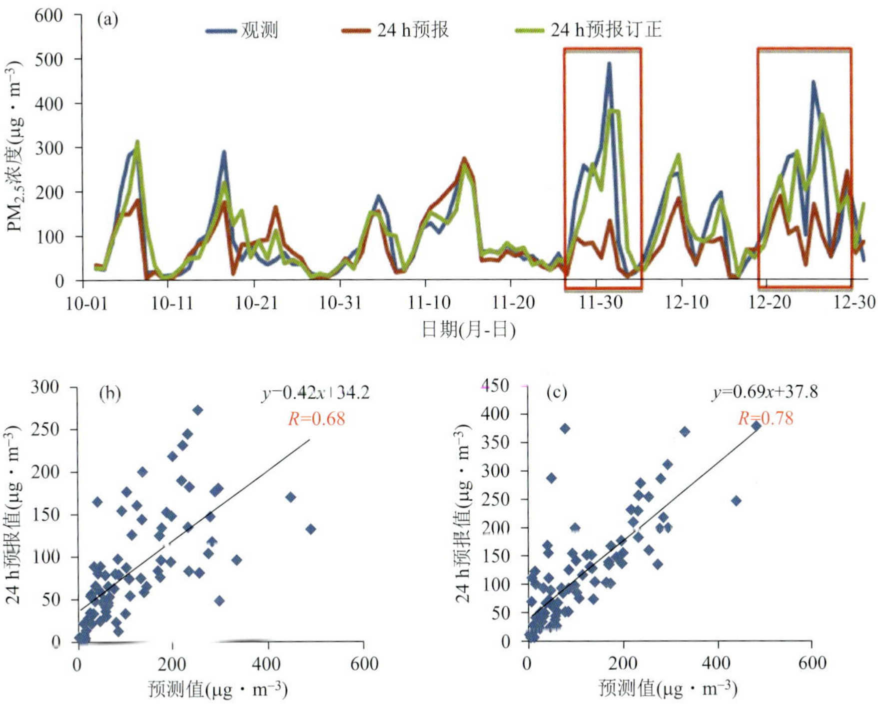

图 4.19　2015 年 10—12 月北京城区 $PM_{2.5}$ 日均浓度订正前后对比

（a）$PM_{2.5}$ 观测、预报及订正曲线；（b）订正前；（c）订正后

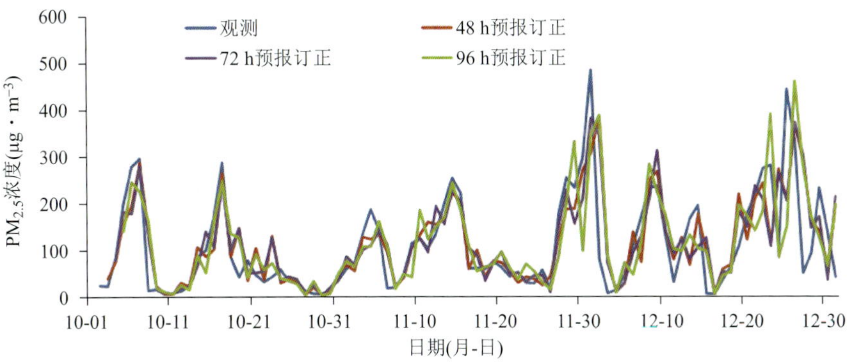

图 4.20　2015 年 10—12 月北京城区不同预报时效订正后 $PM_{2.5}$ 日均浓度预报结果与观测值对比

4.4 模式预报效果检验

为了能够更好地开展预报服务和模式后续的研发改进，需要对模式的预报性能有一个总体的了解和全面的认识。为此，我们研发并建立了模式系统的检验模块，可对模式预报区域及重点关注区域开展6种污染物浓度、空气质量指数（AQI）和能见度的统计检验。同时，对易形成区域性重污染的典型天气过程进行了演变过程的检验。

4.4.1 统计检验方法介绍

（1）统计区域划分：统计检验的区域包括预报的D01和D02，同时考虑到预报区域内源强分布存在极大空间不均匀性，针对重点服务的京津冀地区，在检验过程中还划分了河北南部（HB_S）、河北北部（HB_N）、北京城市（BJ）、天津城市（TJ）以及石家庄城市（SJZ）五个重点区域（图4.21），分为七个区域进行检验。

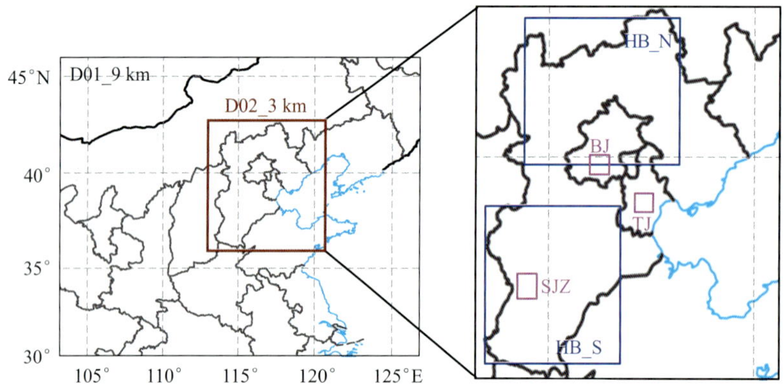

图4.21 模式预报及检验区域
（HB_S：河北南部； HB_N：河北北部； BJ：北京市； TJ：天津市； SJZ：石家庄）

（2）数值类检验：检验的要素包括6种污染物的日均值（模式预报起始时刻开始计算日均值，北京时20时—次日20时）。检验评估指标包括统计时段内预报与观测的污染物浓度与能见度平均值、平均误差、平均绝对误差、相关系数和均方根误差。

（3）等级统计检验：检验要素主要是日均能见度。检验统计量包括预报TS评分、漏报率、空报率、预报偏差。能见度的分级方法按照≤1 km、1～3 km、3～5 km、5～10 km和≥10 km共五个等级，分别检验模式对各级能见度的预报情况。

（4）预报检验时段：包括24 h、48 h、72 h和96 h预报时效。

（5）检验所用观测数据：6种污染物观测数据取自全国城市空气质量实时监测数据平台（http：//106.37.208.233：20035/）近1500个站点的小时数据，通过筛选，D01区域为914个站点，D02区域为237个，筛选依据是逐日有效小时均值数据超过75%可参与日均值计算；逐月有效日均值数据超过 75%可参与月均值计算。用于能见度预报效果检验的数据为全国地面站监测资料逐小时数据，D01 区域总计 1668 个，D02 区域 448 个。

（6）相关计算方法及指数计算公式

对于数值类检验：平均值、平均误差（ME）、平均绝对误差（MAE）、相关系数（R）、均方根误差（RMSE）。

预报平均值：$$\frac{1}{N}\sum_{i=1}^{N}F_i$$

观测平均值：$$\frac{1}{N}\sum_{i=1}^{N}O_i$$

平均误差（ME）：$$\frac{1}{N}\sum_{i=1}^{N}(F_i-O_i)$$

平均绝对误差（MAE）：$$\frac{1}{N}\sum_{i=1}^{N}|F_i-O_i|$$

相关系数（R）：$$\frac{\sum_{i=1}^{N}(F_i-\overline{F})(O_i-\overline{O})}{\sqrt{\sum_{i=1}^{N}(F_i-\overline{F})^2\sum_{i=1}^{N}(O_i-\overline{O})^2}}$$

均方根误差（RMSE）：$$\sqrt{\frac{1}{N}\sum_{i=1}^{N}(F_i-O_i)^2}$$

式中，F_i 为第 i 站（次）预报值，O_i 为第 i 站（次）观测值，N 为检验的总站（次）数。

对于等级统计检验：TS 评分、漏报率、空报率、预报偏差

TS 评分：$$\mathrm{TS}=\frac{N_\mathrm{A}}{N_\mathrm{A}+N_\mathrm{B}+N_\mathrm{C}}$$

漏报率：$$\mathrm{PO}=\frac{N_\mathrm{C}}{N_\mathrm{A}+N_\mathrm{C}}$$

空报率：$$\mathrm{FAR}=\frac{N_\mathrm{B}}{N_\mathrm{A}+N_\mathrm{B}}$$

预报偏差：$$\mathrm{BS}=\frac{N_\mathrm{A}+N_\mathrm{B}}{N_\mathrm{A}+N_\mathrm{C}}$$

式中，N_A 是预报正确的站（次）数，N_B 是空报站（次）数，N_C 是漏报站（次）数。

4.4.2　模式预报性能的统计检验

目前华北区域特别是京津冀地区空气质量的主要问题是以 $PM_{2.5}$ 为代表的颗粒物污染，以及由此造成的区域性雾/霾天气过程。因此，统计检验以 2017 年全年 $PM_{2.5}$ 浓度和能见度的预报检验结果作为重点进行介绍。

4.4.2.1　$PM_{2.5}$ 浓度的预报检验

表 4.3 给出了 2017 年北京、石家庄、河北南部、河北北部和 D02 区域五个区域 $PM_{2.5}$ 的日均值预报结果的全年数值检验结果。由 2017 年观测日均值以及 24 h、48 h、72 h、96 h 预报时效的全年统计可以看到，北京、石家庄和河北南部模式预报结果普遍偏高，偏差都比

较相近，且偏差较大，河北北部和 D02 区域模式预报结果低于观测结果。但从平均标准偏差绝对值来看，石家庄地区平均标准偏差绝对值最大。

从模式预报结果与观测之间相关系数分析可以看到，石家庄、河北南部和 D02 区域 96 h 预报时效内预报与观测之间的相关系数均超过了 0.6，反映出模式能够很好地预报出 $PM_{2.5}$ 浓度的时间演变趋势。北京和河北北部 48 h 以内预报值与观测值相关系数均超过 0.6，48 h 以上在 0.5 以上，这可能与 2016 年秋冬季北京及以北地区冷空气比较频繁，天气波动较大有关。在预报区域中，相关性从高到低依次为 24 h、48 h、72 h、96 h，24 h 预报结果与观测值的相关性最高。平均误差为正的地区，如北京、石家庄和河北南部，随着预报时效的延长，误差反而呈现一定程度的降低，平均误差为负的地区，即河北北部与 D02 区域，随着预报时效延长误差逐渐增大。从均方根误差和平均绝对误差来看，随着预报时效的延长，误差都呈增加的趋势，但是增加的幅度并不显著，表明模式具有较好的预报稳定性。

表 4.3　2017 年 1 月 1 日—12 月 31 日 $PM_{2.5}$ 日均值预报结果的全年数值检验（包括北京、石家庄、河北南部、河北北部和 D02 地区）

统计量	时长(h)	北京	石家庄	河北南部	河北北部	D02
平均浓度($\mu g \cdot m^{-3}$)	观测值	59.17	87.17	79.87	41.64	61.78
	24	77.54	104.2	96.6	38.21	64.58
	48	68.15	95.05	87.05	36.45	58.91
	72	64.31	91.62	83.66	34.92	56.98
	96	64.59	89.46	83.15	34.69	56.89
相关系数	24	0.63	0.67	0.68	0.64	0.68
	48	0.61	0.63	0.62	0.61	0.65
	72	0.54	0.65	0.61	0.56	0.63
	96	0.53	0.67	0.63	0.56	0.63
均方根误差($\mu g \cdot m^{-3}$)	24	54.43	57.8	51.53	33.09	40.98
	48	51.26	59.34	53.14	34.5	41.93
	72	55.75	55.68	52.63	36.55	42.67
	96	56.31	54.68	51.89	36.58	43.03
平均误差($\mu g \cdot m^{-3}$)	24	18.37	17.03	16.73	−3.43	2.79
	48	8.87	7.96	7.21	−5.24	−2.88
	72	4.96	4.46	3.81	−6.8	−4.82
	96	4.94	2.25	3.24	−7.23	−5.02
平均绝对误差($\mu g \cdot m^{-3}$)	24	35.67	40.97	36.57	20.6	27.49
	48	33.26	40.05	36.11	21.7	27.74
	72	34.24	39.47	36.29	22.44	28.33
	96	35.31	39.17	36.69	22.66	28.96

图 4.22 和图 4.23 给出了 D01 区域和 D02 区域对北京地区、石家庄地区、河北南部、河北北部 $PM_{2.5}$ 浓度 24 h 的预报结果。可以看到，模式预报结果较好地反映了实际观测 $PM_{2.5}$ 浓度时间变化，且预报值与观测值也较为接近。但对于一些重污染过程，特别是浓度峰值较高的过程，预报浓度偏低，D02 的预报效果要优于 D01。从预报结果时间变化趋势来看，预报较好地反映了实况 $PM_{2.5}$ 的时间演变。对于河北北部地区，整体上模式预报结果低于实际观测。北京、石家庄和河北南部地区自 9 月模式预报结果总体呈现偏高的趋势，主要

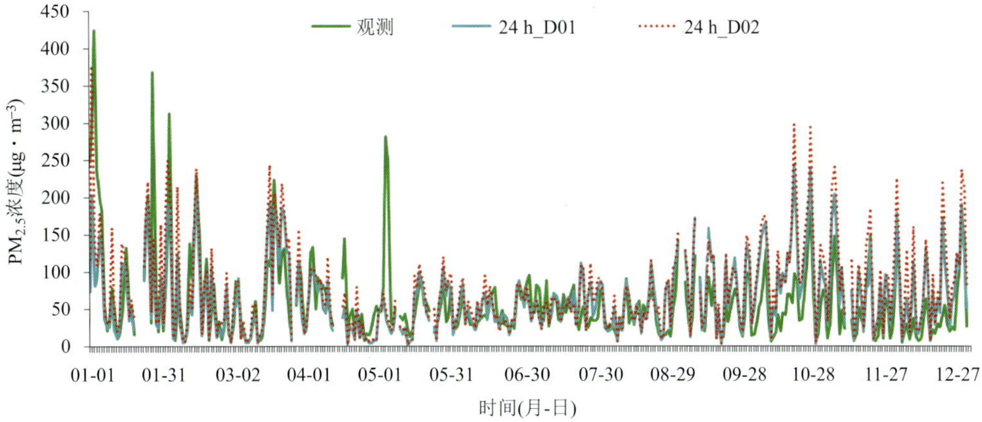

图 4.22　2017 年 1 月 1 日—12 月 31 日北京地区 $PM_{2.5}$ 日均值预报结果与观测的对比

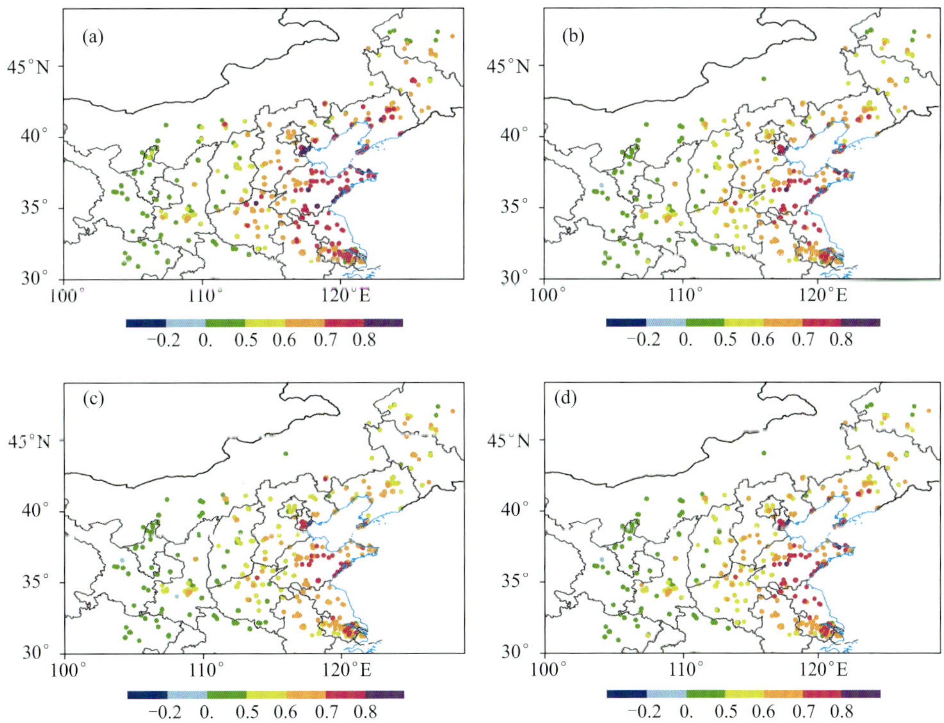

图 4.23　2017 年 1 月 1 日—12 月 31 日 D01 区域站点不同 $PM_{2.5}$ 预报时效的预报结果与观测相关系数检验

（a）24 h；（b）48 h；（c）72 h；（d）96 h

可能因为 2017 年环保部《京津冀及周边地区 2017—2018 年秋冬季大气污染综合治理攻坚行动方案》的实施，重点区域排放源得到强有力的控制，排放明显降低，造成了预报偏高的现象。

图 4.23 给出了 2017 年 1 月 1 日—12 月 31 日 D01 区域 $PM_{2.5}$ 日均浓度 24～96 h 预报时效的预报结果与观测值站点相关系数分布，可以看出模式预报结果在空间上仍有良好表现。从相关系数来看，空间分布的各站点预报结果与观测值均有较好的相关，在京津冀及东部平原地区大部分站点相关系数在 72 h 预报时效内可达到 0.6 以上，山东省和辽宁省部分站点

相关性可达0.7以上，整体上随着预报时效的延长相关系数逐渐降低，反映了气象条件预报能力的变化对模拟结果的影响。图4.24给出了D01区域$PM_{2.5}$浓度24 h预报的平均偏差分布情况，2017年模式在京津冀地区（河北北部除外）、河南和山东西部预报的$PM_{2.5}$浓度已出现浓度偏高的现象，9月以后这种正偏差明显增强，且范围有所扩大，山东全境和河北北部都出现了正偏差，通过与全年的平均偏差对比，可明显看到整个区域预报偏差在向正偏差方向调整，表明污染源减排确实起到了明显的效果。同时也可以看到，随着地形的抬升，D01区域内西部地区$PM_{2.5}$浓度的预报相关系数有所下降，且整体表现为负偏差，这种偏差可能与气象场模拟风速偏大有关。同时西部地区受土壤扬尘类排放源的影响相对东部地区更大，排放源的缺失可能也是其中的一个原因。

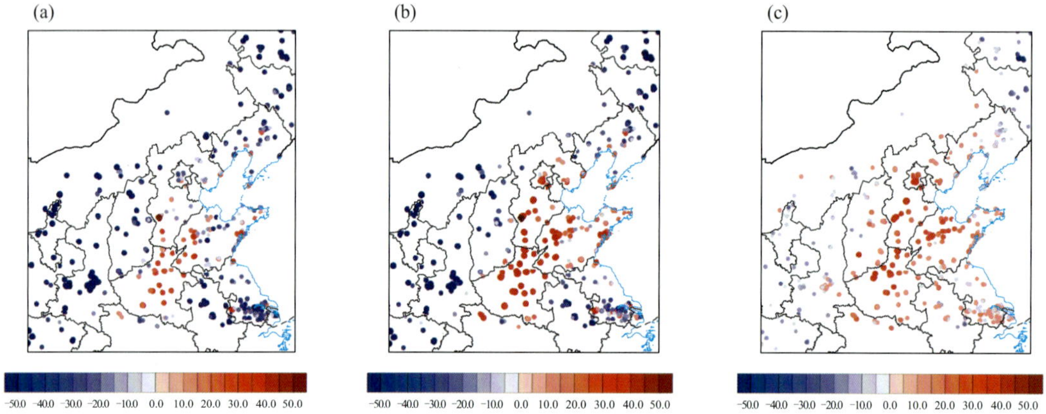

图4.24　2017年模式$PM_{2.5}$浓度24 h预报的平均偏差分布（单位：$\mu g \cdot m^{-3}$）

（a）2017年全年$PM_{2.5}$偏差；（b）9—12月$PM_{2.5}$偏差；（c）9—12月偏差减去全年偏差的偏差差异

4.4.2.2　能见度预报检验

能见度的检验为等级检验，由于等级检验需要空间上的站点样本量不能过少，因此重点针对D01和D02预报区域开展能见度的检验分析。能见度按照≥10 km（1级）、5～10 km（2级）、3～5 km（3级）、1～3 km（4级）和<1 km（5级）共计五个等级进行评估。

表4.4给出了针对D01区域不同能见度等级数值模式预报与实况对比分析结果。这里给出的是日均能见度的统计结果。五个能见度等级模式预报的TS评分预报技巧相对较高（接近或高于0.5），其中能见度1级的TS评分最高，其余依次为能见度2级、3级以及4级和5级。能见度4级和5级空报率和漏报率接近，预报偏差在1.0左右；能见度1～3级，空报站点数高于漏报站点数，预报偏差高于1.0。

表4.4　D01区域不同能见度等级数值模式预报与实况对比分析结果

预报时效(h)	≥10 km				5～10 km			
	TS评分	漏报率	空报率	偏差	TS评分	漏报率	空报率	偏差
24	0.71	0.10	0.23	1.18	0.56	0.26	0.29	1.04
48	0.70	0.09	0.25	1.22	0.56	0.26	0.30	1.06
72	0.69	0.09	0.26	1.23	0.55	0.27	0.31	1.06
96	0.69	0.09	0.26	1.22	0.55	0.27	0.31	1.06

续表

预报时效(h)	3～5 km				1～3 km			
	TS评分	漏报率	空报率	偏差	TS评分	漏报率	空报率	偏差
24	0.52	0.31	0.32	1.01	0.51	0.33	0.33	1.00
48	0.52	0.31	0.32	1.02	0.50	0.33	0.33	1.00
72	0.51	0.31	0.33	1.02	0.50	0.34	0.34	1.00
96	0.51	0.32	0.33	1.02	0.49	0.34	0.34	1.00
预报时效(h)	<1 km							
	TS评分	漏报率	空报率	偏差				
24	0.50	0.33	0.33	1.00				
48	0.50	0.34	0.34	1.00				
72	0.49	0.34	0.34	1.00				
96	0.49	0.34	0.34	1.00				

表4.5给出了针对D02区域不同能见度等级数值模式预报与实况对比分析结果。五个能见度等级在不同预报时效模式预报中TS评分基本都高于0.5，预报技巧较高，其中能见度1级的TS评分最高（高于0.70），其余依次为能见度2级、3级以及4级和5级。能见度4级和5级空报率和漏报率接近，预报偏差在1.0左右；能见度1～3级，空报站点数高于漏报站点数，预报偏差高于1.0。整体上D02的预报性能略优于D01，TS评分在各个等级都比D01预报的有所增高。

表4.5　D02区域不同能见度等级数值模式预报与实况对比分析结果

预报时效(h)	≥10 km				5～10 km			
	TS评分	漏报率	空报率	偏差	TS评分	漏报率	空报率	偏差
24	0.71	0.15	0.19	1.04	0.56	0.28	0.28	1.01
48	0.71	0.13	0.21	1.11	0.57	0.26	0.29	1.04
72	0.71	0.13	0.21	1.11	0.57	0.26	0.29	1.04
96	0.70	0.14	0.22	1.10	0.56	0.27	0.30	1.04
预报时效(h)	3～5 km				1～3 km			
	TS评分	漏报率	空报率	偏差	TS评分	漏报率	空报率	偏差
24	0.52	0.31	0.32	1.00	0.51	0.33	0.33	1.00
48	0.53	0.30	0.31	1.02	0.51	0.32	0.33	1.01
72	0.52	0.31	0.32	1.02	0.51	0.33	0.33	1.01
96	0.51	0.31	0.33	1.02	0.50	0.33	0.34	1.00
预报时效(h)	<1 km							
	TS评分	漏报率	空报率	偏差				
24	0.50	0.33	0.33	1.00				
48	0.51	0.33	0.33	1.00				
72	0.50	0.33	0.33	1.00				
96	0.49	0.34	0.34	1.00				

为了更直观地对比能见度的预报效果，选择了2017年2月对D01区域和D02区域内的河北南部、河北北部、北京、天津和石家庄能见度的逐日预报结果进行检验。2017年2月京津冀地区发生两次区域性霾天气过程，分别是2月1—4日和2月11—15日。两次过程

中，$PM_{2.5}$ 最高日均浓度在北京地区达到了 313 μg·m^{-3} 和 228 μg·m^{-3}，在石家庄地区分别达到了 350 μg·m^{-3}和 435 μg·m^{-3}。北京、天津和石家庄地区大部分时间小时能见度低于 3 km，其中第一次过程在北京和石家庄均出现了 1 km 以下的严重低能见度时段，第二次过程仅石家庄地区出现了小时能见度低于 1 km 的情况。图 4.25 给出了 RMAPS-CHEM v1.0 预报的能见度与观测实况的逐日变化。模式能够较好地预报出 2017 年 2 月京津冀地区能见度的时间演变趋势，从不同区域和城市预报能见度与观测值之间的相关统计来看，相关系数均可达到 0.87 以上，特别是 D02 区域、河北北部和北京市达到了 0.92 以上。总体上河北南部颗粒物污染较重，能见度最低，其中石家庄表现尤为突出，即使在非雾/霾期间，能见度也低于其他地区，这一特征模式也给出了很好的预报。

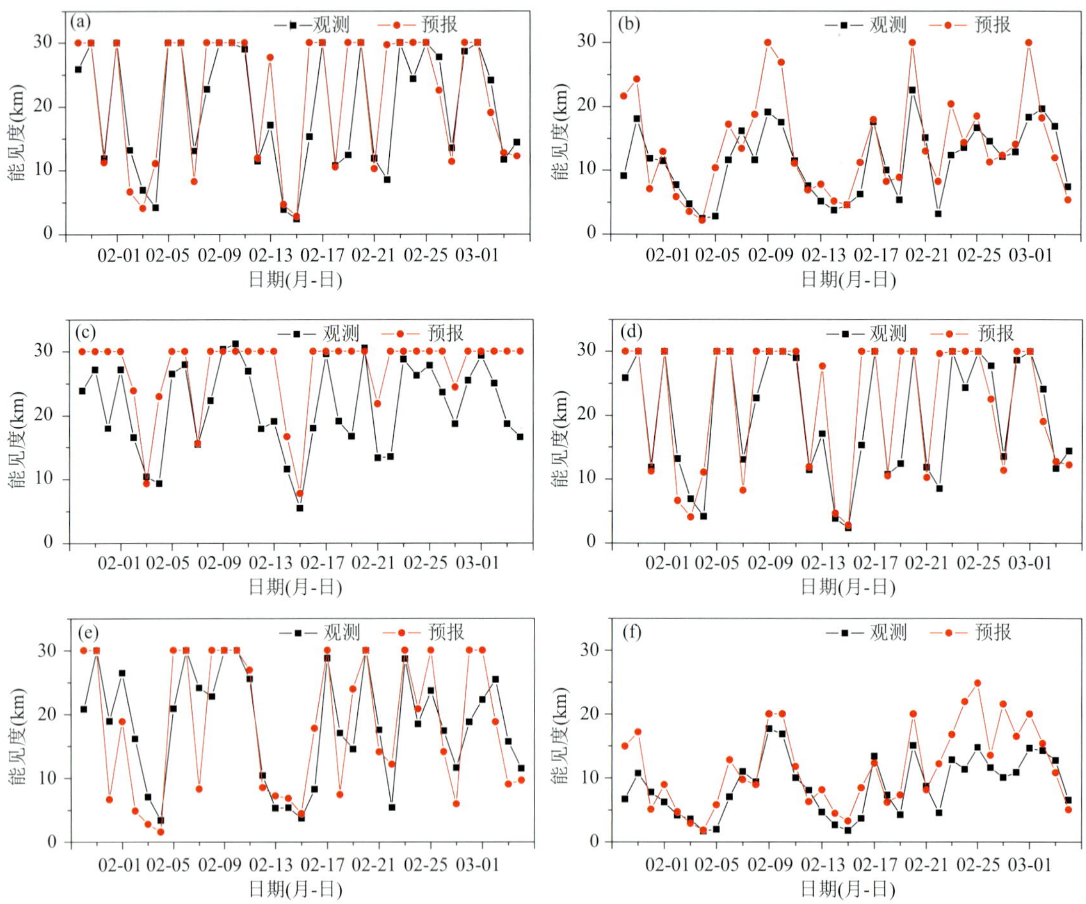

图 4.25 2017 年 2 月能见度观测与模式 24 h 预报结果的逐日变化

（a）D02 区域；（b）河北南部；（c）河北北部；（d）北京；（e）天津；（f）石家庄

4.4.3 典型污染过程预报效果检验

针对京津冀区域性雾/霾和重污染形成的天气成因分析已开展了大量的研究工作，并总结出了几类典型的天气型。选取容易造成北京及周边地区雾/霾污染的三个典型过程：低压辐合区、均压场下偏东风输送过程、高压后部天气条件下的个例，利用观测数据对 RMAPS-

CHEM v1.0 的模拟结果进行检验，结果显示：模式对于区域性典型污染过程的模拟能力较好，模拟得到的 $PM_{2.5}$ 浓度高值区分布区域与实测结果吻合，模拟浓度与实测浓度接近，且模式对于区域内 $PM_{2.5}$ 浓度高值区分布形式的变化过程有较好的把握，能够细致地再现污染过程的演变过程。

4.4.3.1 均压场下偏东风输送过程

2015 年 11 月 26 日—12 月 2 日，京津冀区域出现了污染过程，此次污染过程中京津冀地区处于均压场，受到弱偏东风输送水汽影响，相对湿度较高。11 月 26—27 日为污染缓慢发展阶段；11 月 28 日—12 月 1 日为快速增加污染严重阶段；2 日夜间冷空气南下，此次重污染天气过程自北向南逐渐结束。

图 4.26 为 24 h、48 h、72 h、96 h 时效下 11 月 28 日 20 时的污染过程的预报效果比较。由图可见，对于同一时刻，模拟区域内的 $PM_{2.5}$ 预报结果在污染范围、强度上保持了较高的一致性，不同时效的预报结果有较好的稳定性。

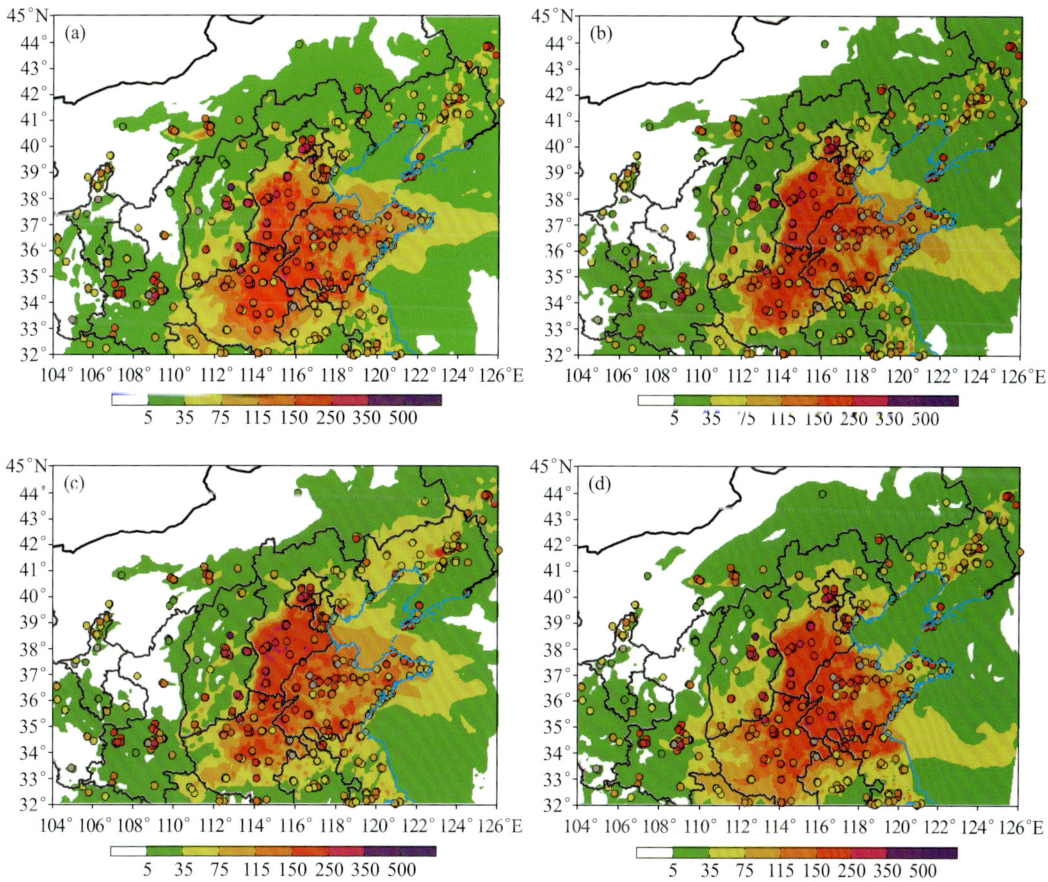

图 4.26 不同预报时效对区域污染过程的预报效果比较（单位：$\mu g \cdot m^{-3}$）（彩色阴影：预报，实点：观测）（2015 年 11 月 28 日 20 时）（a）24 h；（b）48 h；（c）72 h；（d）96 h

图 4.27 显示了此次重污染发展时段及消散阶段模式对于整个演变过程的模拟能力。由图可见，对于该典型过程的 $PM_{2.5}$ 及能见度的预报效果上，RMAPS-CHEM v1.0 模式能够

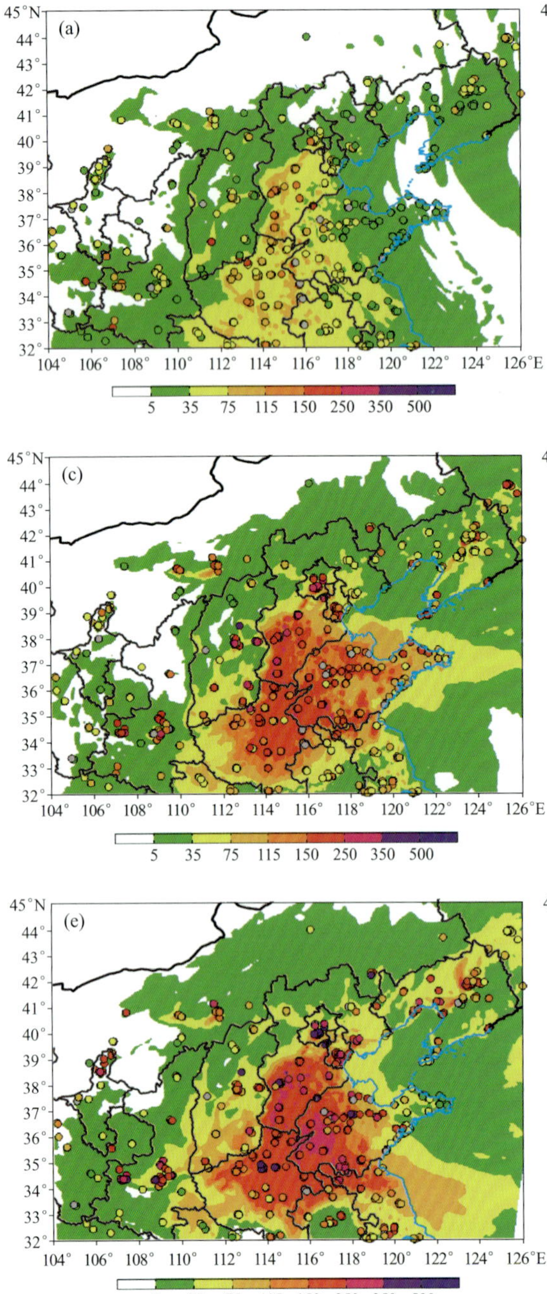

图 4.27 11 月 26 日—12 月 1 日每天（a—f）20 时模式 24 h 预报的 $PM_{2.5}$ 浓度（彩色阴影）和观测实况对比（实点）（单位：μg·m^{-3}）

较好地预报出此次污染过程发生、维持、结束过程的时间点和趋势。RMAPS-CHEM v1.0 模式预报结果与观测值保持了较高的一致性，预报落区及演变趋势和实况基本一致，模式对此次污染过程中 $PM_{2.5}$ 和能见度具有较好的预报结果。

4.4.3.2 高压后部污染过程检验

2016 年 3 月 15—17 日期间，京津冀区域处于高压后部，不利于污染物扩散，主导风向为偏南风，前期风速比较低，湿度大。对此次高压后部污染过程中模式的预报效果进行检验，主要对比区域 $PM_{2.5}$ 实况及能见度实况与 9 km 模式预报结果。图 4.28 显示出 2016 年 3 月 15—17 日北京污染过程浓度及气象场演变情况。17 日，北京城区 $PM_{2.5}$ 浓度增加幅度明显强于前两天，模式预报结果显示该日来自南部的 $PM_{2.5}$ 输送量明显增加，与观测比较吻合。

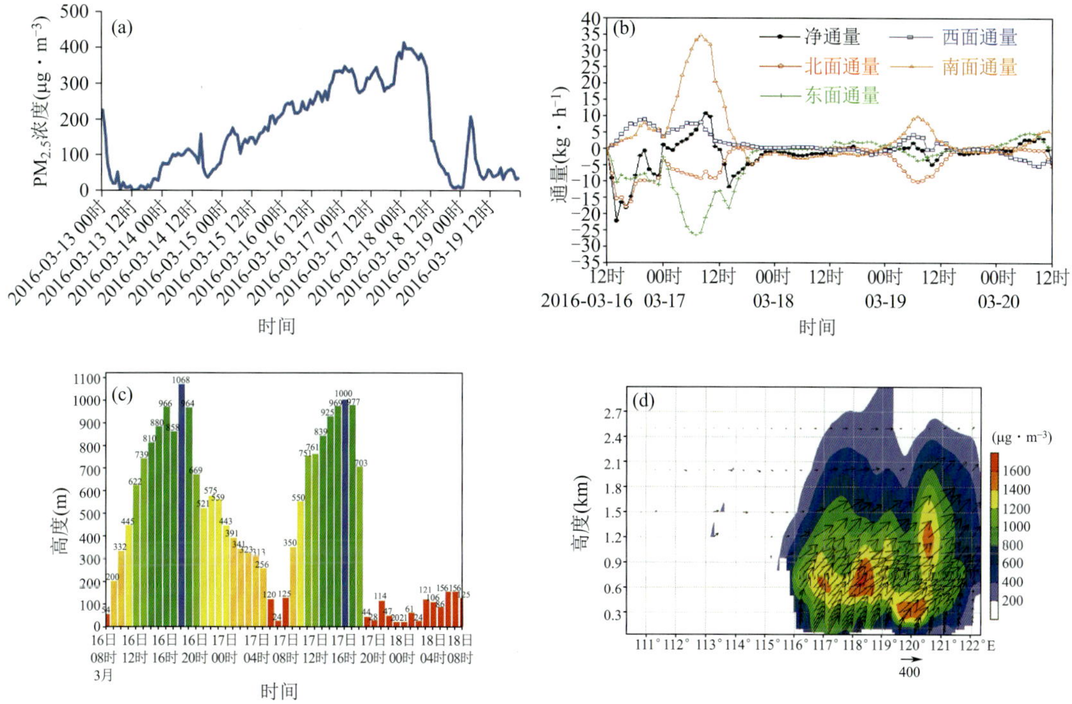

图 4.28　2016 年 3 月 15—17 日北京污染过程浓度及气象场演变情况

（a）北京海淀站 $PM_{2.5}$ 的小时浓度；（b）模式预报北京地区边界层内 $PM_{2.5}$ 的小时输送通量；（c）模式预报的 16—18 日边界层高度；（d） 17 日 10 时沿北京南部 $PM_{2.5}$ 输送通量垂直分布

图 4.29 给出了整个过程预报 $PM_{2.5}$ 浓度与观测结果的对比。对比结果显示，RMAPS-CHEM v1.0 模式对偏东地区的预报与实况符合较好，但是对内蒙古西部、甘肃和陕西省内的部分高浓度预报明显偏低，这主要是因为在上述地区出现了沙尘天气，由于模式中没有考虑起沙过程，因此造成了明显的预报偏差。

4.4.3.3　低压辐合区污染过程检验

2015 年 10 月 13—17 日，京津冀区域出现了持续性雾/霾过程，此次污染过程中京津冀地区处于低压辐合区，地面风速较小，极不利于空气污染物扩散。对此次低压辐合区污染过程中 RMAPS-CHEM v1.0 的模拟效果进行检验，主要对比区域 AQI 实况及能见度实况与 3 km 模式预报结果。13—15 日为污染缓慢发展阶段，期间在 14 日夜间至 15 日，受弱冷空气影响，$PM_{2.5}$ 浓度有所下降，能见度略有好转；16—17 日为快速增加污染严重阶段；17 日后半夜冷空气南下，此次重污染天气过程自北向南逐渐结束。模式较好地预报了此次过程，特别是在 16—17 日的污染加重阶段，D02 区域的精细化预报结果与实况的变化吻合较好（图 4.30）。

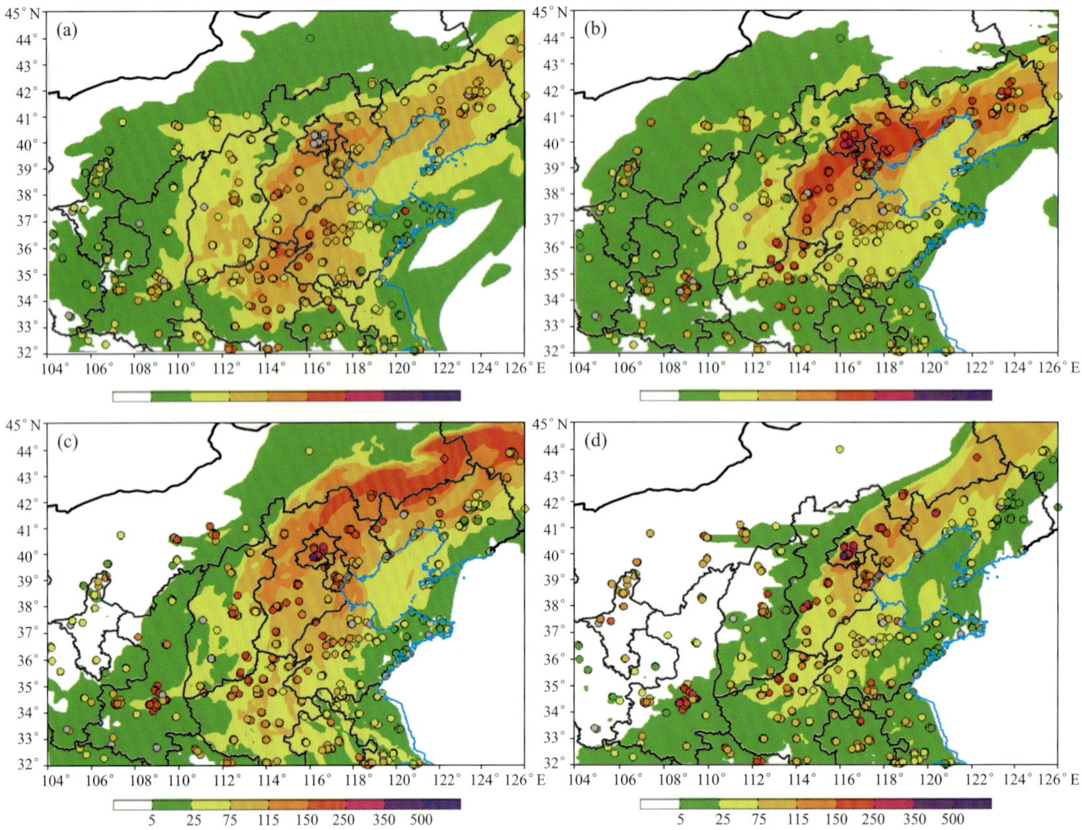

图 4.29　2016 年 3 月 15 日 14 时—17 日 14 时预报与观测结果对比（单位：μg · m^{-3}）
（a）15 日 14 时；（b）16 日 14 时；（c）17 日 02 时；（d）17 日 14 时

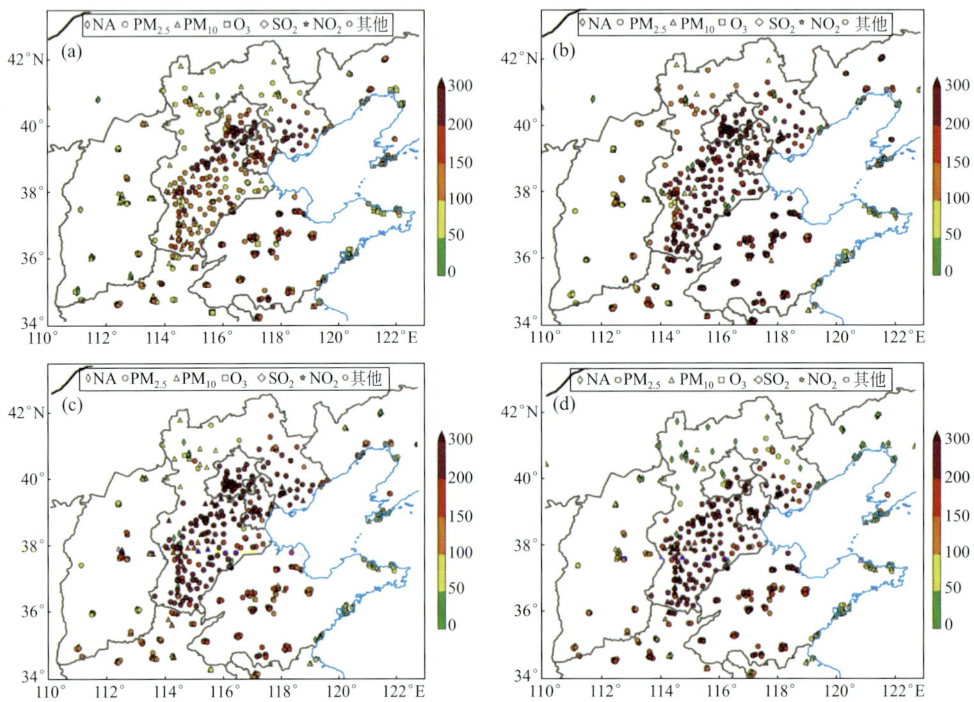

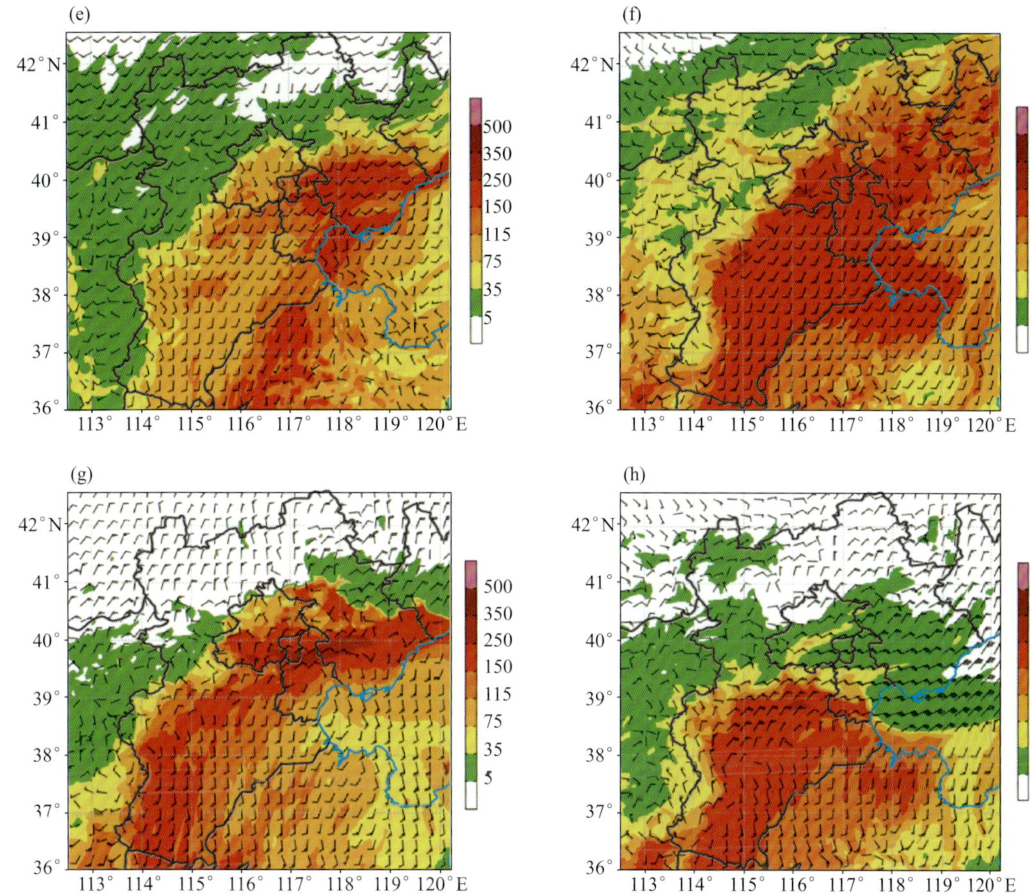

图 4.30　2015 年 10 月 16—18 日重污染加重阶段模式预报 $PM_{2.5}$ 浓度（单位：$\mu g \cdot m^{-3}$）与 AQI 指数时空变化对比

（a—d 分别为京津冀地区 2015 年 10 月 16 日 14 时、17 日 08 时、17 日 20 时、18 日 02 时 AQI 实况，e—h 分别为对应时刻的模式模拟的 $PM_{2.5}$ 浓度和 10 m 风场）

4.5 模式系统在区域污染减排评估中的应用

北京作为我国的政治、经济、文化中心，经常会举办国内和国际性的重大活动。随着北京地区空气污染问题成为国际热点，为了保障重大活动期间北京地区的空气质量，都会采取不同程度的区域性污染减排措施。自 2014 年以来，随着京津冀区域空气污染的影响扩大，严重污染期间通过区域联防联控，在北京及周边地区都会实施不同程度的污染减排措施。环境气象工作的另外一个重要内容是参与区域污染减排效果的定量化评估。这部分工作的开展都需要环境气象模式提供技术支撑。自 2014 年以来，在重大活动期间，如 2014 年亚太经合组织领导人非正式会议（APEC 会议）、2014 年世界田径锦标赛和 2015 年纪念中国人民抗日战争暨世界反法西斯战争胜利70周年大阅兵活动（简称“9·3”阅兵），以及区域重污染红色预警期间，模式系统除了提供主要污染物浓度和能见度的预报产品，利用该系统还开展了区域污染源减排的预评估与后评估工作，为北京地区开展空气质量预报以及区域大气污染联防联控决策提供了有价值的决策参考，取得了显著的应用效果。同时，研发了“潜在源区分析”业务系统，首次建立了具有气象特色的减排评估方法。每天提供未来96 h、以北京为目标区域的潜在源区分析产品。

4.5.1 重大活动期间污染减排评估

2015年8月22日—9月3日，“2015年北京国际田联世界田径锦标赛”和“纪念中国人民抗日战争暨世界反法西斯战争胜利70周年纪念活动”两项重大活动相继在北京成功举办。为了保障重大活动期间北京地区的空气质量，根据“纪念活动空气质量保障方案”，北京及周边地区实施了不同程度的污染减排措施。为了评估该措施的具体影响和贡献，采用RMAPS-CHEM v1.0模式进行了模拟评估分析。

4.5.1.1 减排方案设计

对京津冀及周边地区的工业源、交通源、电厂、民用和大点源排放的各类污染物进行不同比例的减排，该方案称为区域协同减排；为了进一步分析北京本地及周边地区减排对此次阅兵活动空气质量改善的贡献，又增加了两种减排方案：北京减排，即仅北京市减排，其余地区不减排；河北及天津减排，即河北省和天津市减排，其余地区不减排。此外，按照减排力度的差异，将上述三个减排方案均设计为两个阶段：第一阶段为8月20—27日，第二阶段为8月28日—9月3日，具体削减情况如表4.6和表4.7所示。

表4.6 2015年8月20—27日期间对各污染物排放量的削减力度

区域	排放源	削减力度(%)				
		$PM_{2.5}$	SO_2	NO_x	CO	VOCs
北京	工业	−25	−30	−25	−30	−20
	民用	−10	−10	−10	−10	−10
	交通	−50	−50	−50	−50	−50
	电厂	−25	−25	−25	−25	−25
	大点源	−20	−25	−25	−25	−20
天津	工业	−20	−25	−25	−20	−20
	民用	−10	−10	−10	−10	−10
	交通	−10	−10	−10	−10	−10
	电厂	−20	−20	−20	−20	−20
	大点源	−20	−25	−25	−20	−20
河北	工业	−15	−20	−20	−15	−10
	民用	−10	−10	−10	−10	−10
	交通	−10	−10	−10	−10	−10
	电厂	−10	−15	−15	−10	−10
	大点源	−15	−20	−20	−15	−10

表 4.7　2015 年 8 月 28 日—9 月 3 日期间对各污染物排放量的削减力度

区域	排放源	削减力度(%)				
		$PM_{2.5}$	SO_2	NO_x	CO	VOCs
北京	工业	−42	−55	−46	−55	−37
	民用	−20	−20	−20	−20	−20
	交通	−66	−66	−56	−66	−51
	电厂	−44	−49	−53	−49	−53
	大点源	−42	−55	−46	−55	−46
天津	工业	−50	−32	−33	−32	−32
	民用	−20	−20	−20	−20	−20
	交通	−50	−50	−50	−50	−50
	电厂	−50	−32	−33	−32	−32
	大点源	−50	−32	−33	−32	−32
河北	工业	−40	−33	−27	−33	−27
	民用	−10	−10	−10	−10	−10
	交通	−30	−33	−27	−33	−27
	电厂	−40	−33	−27	−33	−27
	大点源	−40	−33	−27	−33	−27
周边其他省市	工业	−20	−20	−20	−20	−20
	民用	10	10	10	10	−10
	交通	−10	−10	−10	−10	−10
	电厂	−20	−20	−20	−20	−20
	大点源	−20	−20	−20	−20	−20

4.5.1.2　区域协同减排效果评估

图 4.31 和图 4.32 分别是北京城区平均以及天安门地区在 2015 年 8 月 20 日—9 月 3 日期间，基础情景和区域协同减排情景下 $PM_{2.5}$ 浓度，以及浓度下降比例的逐时变化图。图中显示，8 月 20—27 日，在不减排的情况下北京城区 $PM_{2.5}$ 逐日浓度均在 40 $\mu g \cdot m^{-3}$ 以下，减排使得小时浓度下降比例在 20%左右；8 月 28 日以后，尽管较前期而言，天气条件不是十分有利于污染物扩散，基础浓度较前期略有上升，但随着阅兵期的临近，北京及周边地区加大了减排力度，使得 $PM_{2.5}$ 浓度明显下降，且随着大力度减排时间的延长，$PM_{2.5}$ 浓度下降比例逐渐提高，如 8 月 29—31 日，$PM_{2.5}$ 小时浓度下降比例在 30%～40%；9 月 1—3 日 $PM_{2.5}$ 小时浓度下降比例可达 30%～50%。

从协同减排对区域 $PM_{2.5}$ 浓度的消减效果来看，第一阶段北京、河北及天津的协同减排对 $PM_{2.5}$ 浓度影响较大的地区集中在北京城区、城区以南的天津及河北南部地区，此外，对山东西北部地区也产生了较弱的影响，这种情况与地面风场有关，图 4.33a 显示，8 月 20—27 日地面平均风场以偏北风为主；期间 $PM_{2.5}$ 浓度平均削减量在 2～10 $\mu g \cdot m^{-3}$，其中城市人口集中地区削减量较高，$PM_{2.5}$ 浓度平均削减比例在 8%～20%（图 4.33c）。第二阶段华北地区各省市的协同减排且减排力度加大，使得 $PM_{2.5}$ 浓度削减的区域、削减量以及削减

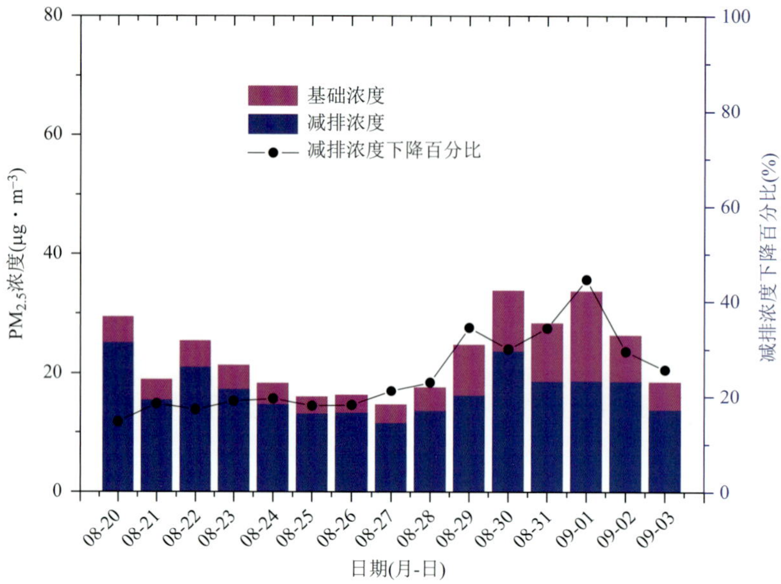

图 4.31　2015 年 8 月 20 日—9 月 3 日区域减排逐日效果图（城区平均）

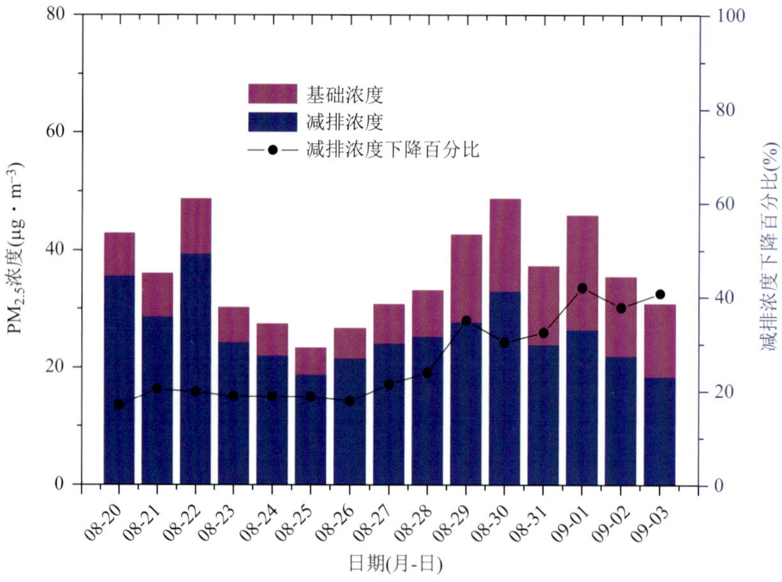

图 4.32　2015 年 8 月 20 日—9 月 3 日区域减排逐日效果图（天安门）

比例均有明显的上升，如图 4.33b 所示，北京城区以南及河北南部等地区，$PM_{2.5}$ 浓度削减量在 10～15 $\mu g \cdot m^{-3}$；削减比例最大的地区为北京城区，平均在 30%～40%，河北省削减比例在 20%～30%，其余省份在 10%～20%（图 4.33d）。

4.5.1.3　北京及周边地区减排对空气质量的改善作用

图 4.34 和图 4.35 分别是北京减排以及河北和天津减排两种方案模拟得到的浓度削减量（相对于基础情景的下降量），与区域协同减排浓度削减量（相对于基础情景的下降量），以及上述两种方案浓度削减量在区域协同减排浓度削减总量中的贡献率。针对北京城区 $PM_{2.5}$

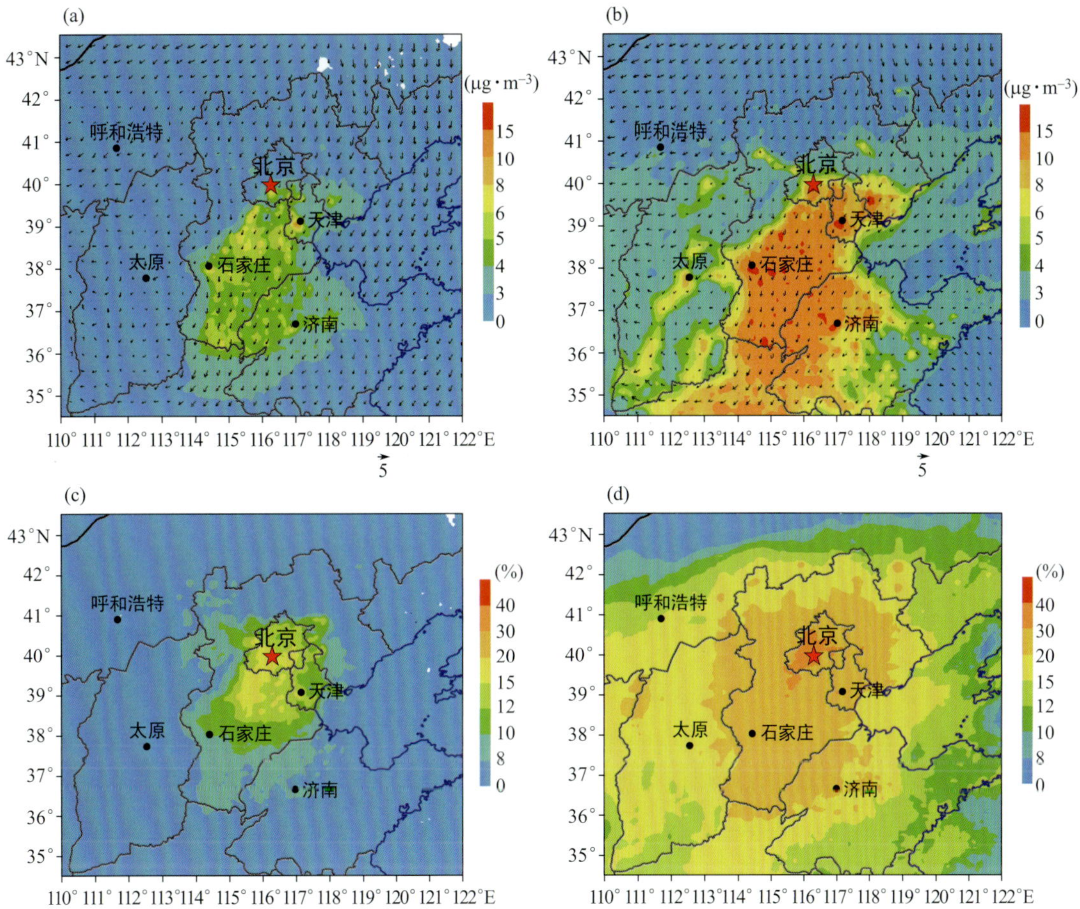

图 4.33　协同减排第一阶段与第二阶段 $PM_{2.5}$ 浓度下降量

（a）第一阶段下降量；（b）第二阶段下降量；（c）第一阶段下降比例；（d）第二阶段下降比例

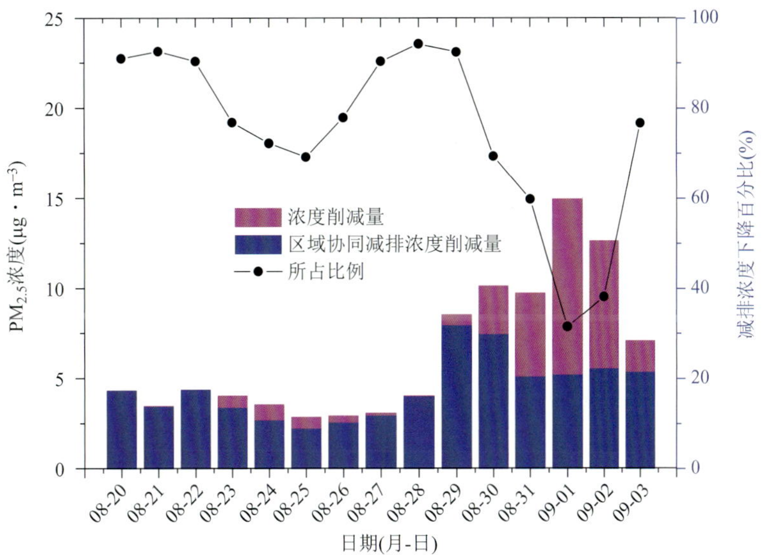

图 4.34　北京减排 $PM_{2.5}$ 浓度削减量、区域协同减排浓度削减量及所占比例的逐日变化

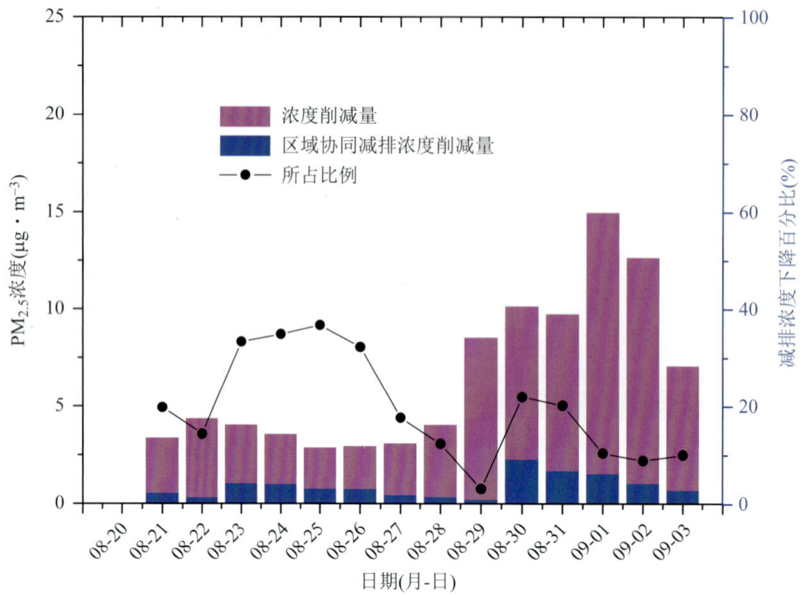

图 4.35　河北和天津减排 $PM_{2.5}$ 浓度削减量、区域协同减排浓度削减量及所占比例的逐日变化

浓度的改善来看，平均而言（2015 年 8 月 20 日—9 月 3 日），北京本地减排贡献为 74.1%，河北和天津减排贡献为 19.7%，其他区域减排贡献为 6.2%。

图 4.36 为北京、河北和天津减排不同阶段 $PM_{2.5}$ 浓度下降量区域分布图（单位为 $\mu g \cdot m^{-3}$），可以看到北京减排 $PM_{2.5}$ 浓度下降主要出现在北京南部地区，河北和天津减排 $PM_{2.5}$ 浓度下降主要出现在天津和河北南部地区，这种情况与偏北风的影响密切相关；此外，由于减排力度的加大，第二阶段 $PM_{2.5}$ 浓度下降量明显增加，且影响区域向南增大。

总体上，减排第一阶段，在不减排的情况下北京城区 $PM_{2.5}$ 逐时浓度均在 60 $\mu g \cdot m^{-3}$ 以下，减排使得小时浓度下降比例在 20%左右；第二阶段，尽管较前期而言，天气条件不是十分有利于污染物扩散，基础浓度较前期略有上升，随着阅兵期的临近，北京及周边地区加大了减排力度，且随着大力度减排时间的延长，$PM_{2.5}$ 浓度下降比例逐渐提高，如 8 月 29—31 日，$PM_{2.5}$ 浓度下降在 30%～40%；9 月 1—3 日 $PM_{2.5}$ 浓度下降可达 30%～50%。

4.5.2　重污染过程预警措施评估

针对 2015 年 12 月 7—9 日重污染红色预警过程，以北京城区（六环以内）为重点关注区域，探讨北京本地排放及周边地区排放对此次污染过程的贡献，设计北京本地零排放、北京本地减排和区域协同减排三种减排方案，假设自 2015 年 12 月 6 日 20 时启动减排，评估减排措施对此次污染过程的影响。

4.5.2.1　减排方案设计

重点关注北京本地排放及周边地区排放对此次污染过程的贡献，设计三种减排方案：北京本地零排放，关闭北京市全部人为排放源排放；区域协同减排，北京及周边地区采取“9·3 阅兵”保障期间（2015 年 9 月 1—3 日）相同力度的减排措施；北京本地减排，仅北京市采

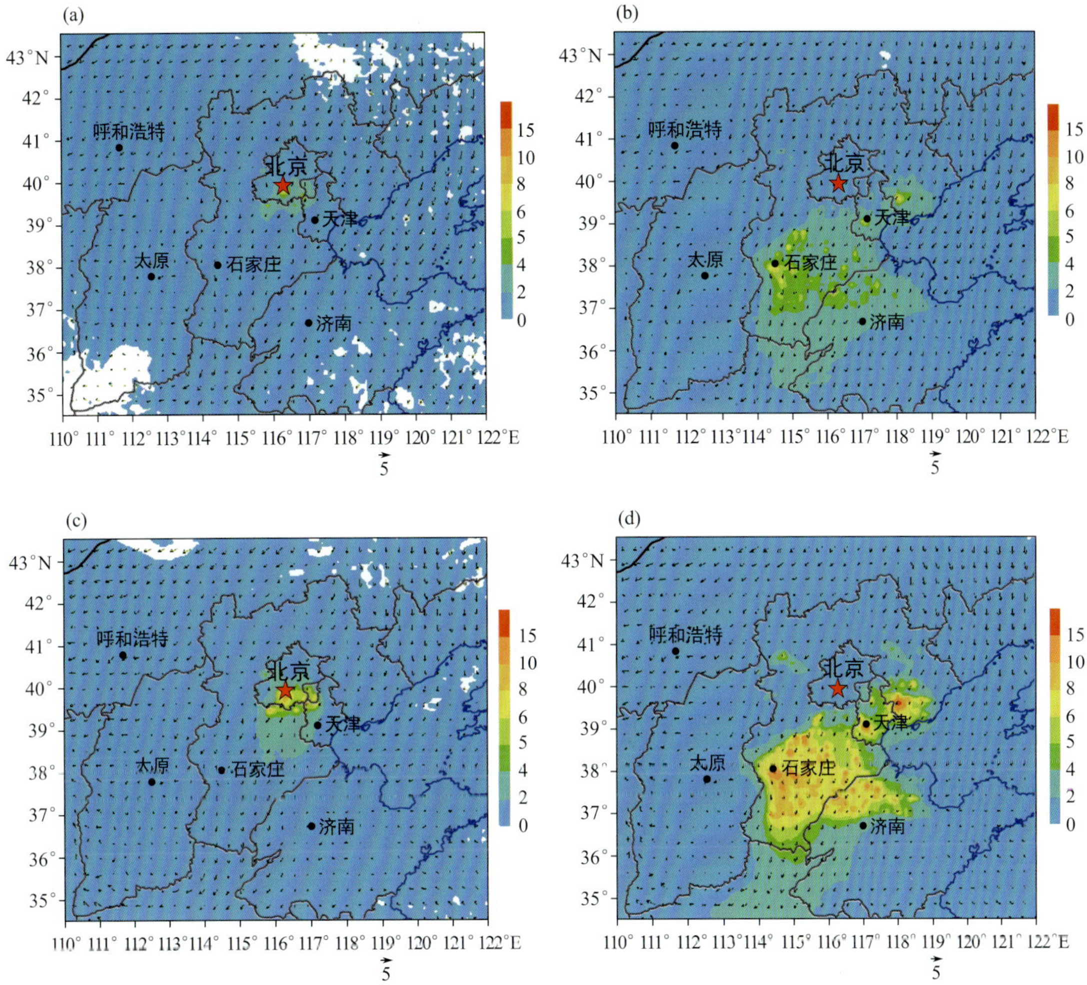

图 4.36 北京、河北和天津减排不同阶段 $PM_{2.5}$ 浓度下降量区域分布（单位：$\mu g \cdot m^{-3}$）
（a）北京减排第一阶段；（b）河北、天津减排第一阶段；（c）北京减排第二阶段；
（d）河北、天津减排第二阶段

取“9·3 阅兵”保障期间（2015 年 9 月 1—3 日）相同力度的减排措施，其他地区不减排。

以北京城区（六环以内）为重点关注区域，通过减排情景与基础情景（未减排情景）对比，评估上述三种减排方案对 $PM_{2.5}$ 浓度的改善效果。

4.5.2.2 不同减排方案对北京城区 $PM_{2.5}$ 浓度的改善影响

图 4.37 显示了 2015 年 12 月 6 日 20 时—10 日 20 时，基础情景及各减排情景下北京城区 $PM_{2.5}$ 浓度的逐日变化；图 4.38 和图 4.39 分别显示了上述三种减排方案下北京城区 $PM_{2.5}$ 浓度的削减量及削减比例；相关统计结果列于表 4.8。就过程平均而言，未实施减排的情况下，北京城区 $PM_{2.5}$ 过程平均浓度为 184 $\mu g \cdot m^{-3}$；北京零排放情景下，北京城区 $PM_{2.5}$ 过程平均浓度为 104 $\mu g \cdot m^{-3}$；区域协同减排情景下，北京城区 $PM_{2.5}$ 过程平均浓度为 155 $\mu g \cdot m^{-3}$；北京本地减排情景下，北京城区 $PM_{2.5}$ 过程平均浓度为 164 $\mu g \cdot m^{-3}$；关闭北京本地全部人为排放、北京本地减排和区域协同减排分别可使得北京城区 $PM_{2.5}$ 浓度降

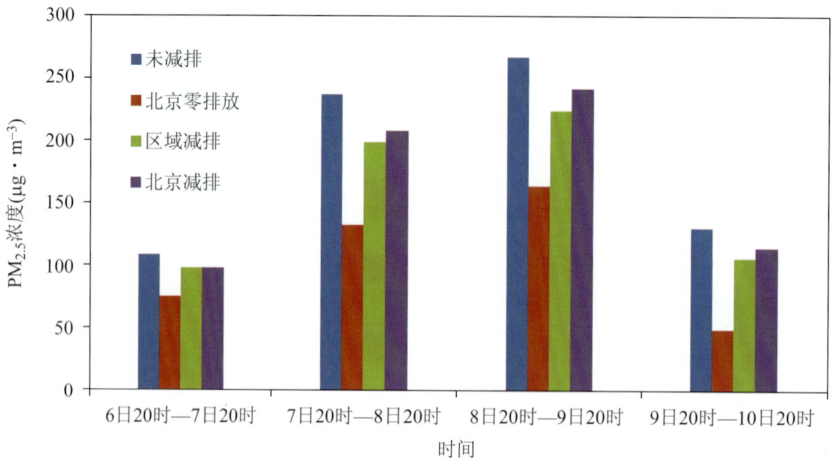

图 4.37　2015 年 12 月 6 日 20 时—10 日 20 时基础情景及各减排情景下北京城区 $PM_{2.5}$ 浓度的逐日变化

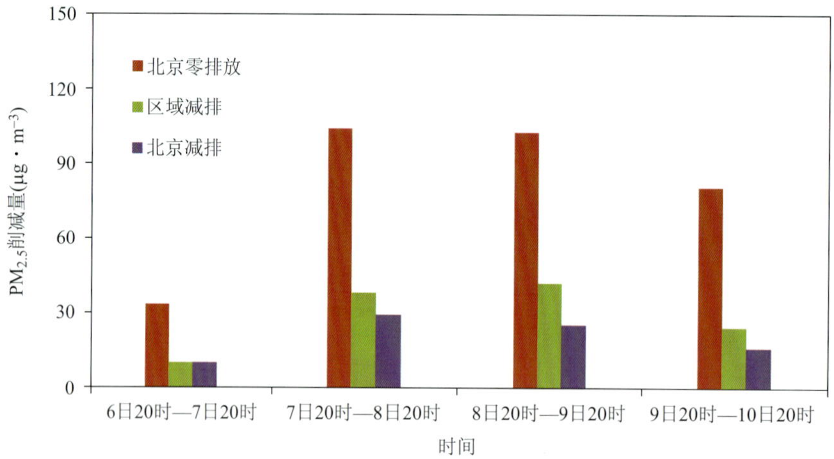

图 4.38　2015 年 12 月 6 日 20 时—10 日 20 时各减排情景下北京城区 $PM_{2.5}$ 浓度削减量逐日变化

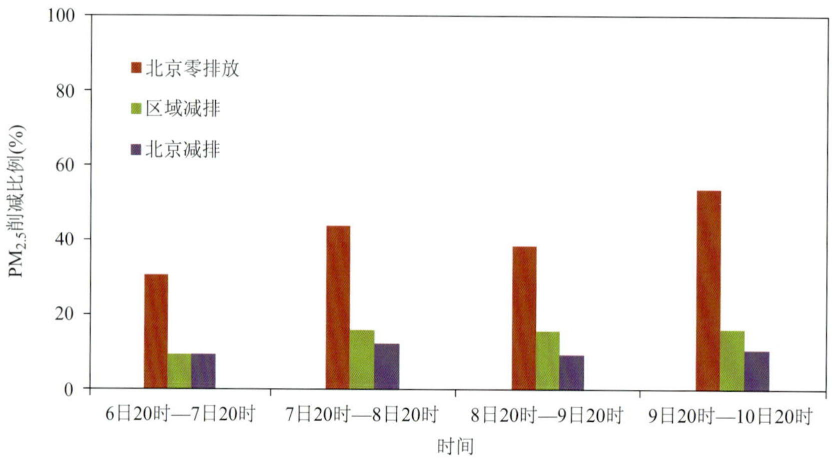

图 4.39　2015 年 12 月 6 日 20 时—10 日 20 时各减排情景下北京城区 $PM_{2.5}$ 浓度削减比例逐日变化

表 4.8　基础及减排情景下北京城区 $PM_{2.5}$ 平均浓度、下降量和下降比例

情景	$PM_{2.5}$ 平均浓度 ($\mu g \cdot m^{-3}$)	$PM_{2.5}$ 浓度下降量 ($\mu g \cdot m^{-3}$)	下降比例 (%)
基础情景	184	—	—
北京本地零排放	104	80	43.3
区域协同减排	155	29	15.5
北京本地减排	164	20	11.0

低 80 $\mu g \cdot m^{-3}$、20 $\mu g \cdot m^{-3}$ 和 29 $\mu g \cdot m^{-3}$，相对于基础情景浓度的改善贡献分别为 43.3%、11.0%和 15.5%。

4.5.3　基于敏感源分析的动态减排方案模拟评估

随着对北京空气污染成因大量研究的认识，控制周边区域的外源输送是解决北京地区乃至区域大气污染问题的关键环节之一。然而，在不同的天气条件下，周边源的输送影响有显著差异，如河北污染物向北京输送的路径有明显季节差异，冬、春两季为西北路径，夏季为偏南路径，秋季主要是偏西途径；即便在同一季节内，由于气象条件的差异，来自同一方向的输送贡献亦有很大不同。已有研究结果显示：平均状况下，北京 $PM_{2.5}$ 受省外源影响为 37%；典型污染过程中，来自河北、河南和山西西部等地的外来污染物输送对北京 $PM_{2.5}$ 贡献在 42.4%～69.1%；在稳定南风作用下，仅河北省的污染排放对北京市 $PM_{2.5}$ 的浓度贡献可达 50%～70%。这些研究成果有助于揭示北京及周边地区污染形成、分布特征以及传输影响等问题，但是由于每次污染过程气象条件迥异，要做到真正有效控制污染排放，最关键的环节还在于认识与“追踪”周边污染源及其扩散轨迹，明确该过程中对关注区域有切实传输影响的排放源区，进而实施有针对性的减排措施，避免无效减排造成的大量经济损失，以达到最具经济环境效益的减排效果。

就某一地区而言，气象条件和污染源排放是空气质量的决定性因素，短时期内，污染源排放相对稳定，一旦气象条件不利于污染物的扩散，往往会造成重污染事件的发生，及时有力地减排控制是降低污染物浓度、保障空气质量的重要手段。针对我们关注的特定时期或重污染时段开展减排效果研究，是制定有效减排措施的科学依据。已有研究结果指出：综合考虑减排成本和减排效果，在污染过程来临前 2～3 d 采取减排措施可达最具经济环境效益的减排效果。这些研究成果对如何开展特定重要时期空气质量的保障工作具有十分重要的指导意义，但从各类污染源污染物排放的实际削减量对空气质量改善的影响角度评估减排措施的有效性，没有考虑不同污染过程中主要排放源贡献源区的差异。分析影响北京市 2012 年 11 月的敏感源区平均分布情况，并在此基础上进行减排评估，结果显示：北京及周边地区敏感源区占地面积远小于全域源区，但减排效果却与全域源区减排效果相当。但鉴于中纬度地区气象条件存在 3～5 d 的周期波动性，基于气象资料计算得出的印痕结果同样会存在显著的过程差异，因此，若采用月平均状况的敏感源区分析结果作为减排评估的指导依据，就特定时段或重污染过程而言，对影响目标区域污染物浓度的潜在排放源区的判别会存在偏差，据此制定的减排措施无法达到预期效果。

为此，针对典型污染过程，在潜在源区分析的基础上，依据逐日敏感源区分析结果设计动态减排方案，并结合重点区域减排及不同力度减排等方案进行模拟对比，评估基于敏感源区分析结果制定的动态减排方案的有效性。

4.5.3.1 敏感源区分析方法

“潜在源区”分析基于印痕分析（footprint）结果，值得注意的是，这里所说的“潜在源区”并非真正意义上的“排放源区”，而是影响目标区域污染物浓度的气团的主要源地，把其中对目标区域有较大影响程度的源地称为敏感源区。

印痕分析可以将目标区域实际观测信息与造成该浓度的源区关联起来，并依据源区对目标区域影响程度的不同给出定量估算结果。因此，印痕函数是分析大气观测结果空间代表性的有力工具，在揭示污染来源及污染成因方面得到广泛应用。印痕函数采用拉格朗日随机粒子扩散模式进行反向模拟计算。即对应于浓度观测点的位置、高度以及每一时次的观测时段，释放大量随机粒子并跟踪它们在过去时间方向上的运动情况，记录每个粒子在近地面的滞留时间，从而获得印痕函数。印痕计算采用 WRF 模式的逐时模拟资料，模式范围为 500 km×600 km，水平网格距为 5 km。计算中用到平均风场以及边界层高度、摩擦速度、奥布霍夫长度等参数，获得边界层流动和湍流信息，输入随机粒子模式实现反向扩散计算。

在对印痕结果的分析和应用中，按各网格印痕值大于 10^{-3}、10^{-4} 和 3×10^{-5} $s \cdot m^{-1} \cdot km^{-2}$ 划分为三个等级源区。对应印痕值的意义是，若某网格平均面源源强为 1 单位 $\cdot m^{-2} \cdot s^{-1}$，则该网格内每平方千米的排放对接收点造成的浓度分别为 10^{-3}、10^{-4} 和 3×10^{-5} 单位 $\cdot m^{-3}$。

4.5.3.2 减排方案设计

首先利用印痕模式，以北京城区为重点关注的目标区域，模拟得到 2014 年 11 月 6—11 日逐日印痕分析结果（图 4.40），图中对目标区域有一定程度传输影响的区域称为“敏感源区”。进一步针对印痕分析判别的“敏感源区”，依据印痕指数的大小，按照源区对目标区域影响程度的不同将“敏感源区”分为三个等级，即重要“敏感源区”（图 4.40 红色及粉色区域）、比较重要“敏感源区”（图 4.40 中黄色区域）及一般“敏感源区”（图 4.40 中淡紫色及蓝色区域），三级源区的划分依次按各网格印痕值大于 10^{-3}、10^{-4} 和 3×10^{-5} $s \cdot m^{-1} \cdot km^{-2}$ 进行判断。

为了验证潜在源区分析技术在减排预案制定中的指导性作用，定量评估敏感源区减排对北京城区 $PM_{2.5}$ 浓度降低的改善影响，设计了针对不同区域以及不同力度的减排方案（表 4.9）进行模拟对比，包括：①北京及周边地区人为源排放削减 50%（削减区域如图 4.41 中黑色方框所示），定义为“重点区域减排方案”（cut1）；②全部“敏感源区”人为源排放削减 50%，定义为“敏感区域减排方案 1”（cut2）；③重要“敏感源区”人为源排放削减 50%，比较重要“敏感源区”削减 40%，一般“敏感源区”削减 30%，定义为“敏感区域减排方案 2”（cut3）。其中，针对②和③减排方案，依据 2014 年 11 月 6—11 日“敏感源区”分析结果，对模式输入的排放源清单进行逐日更新，方案①逐日输入的排放源清单固定。

图 4.41 显示了华北区域 $PM_{2.5}$ 的排放强度，图中黑色方框为 cut1 方案的减排区域，该减排方案的减排区域涉及北京南部、河北东南部、天津以及山东西北部等排放强度较大的地

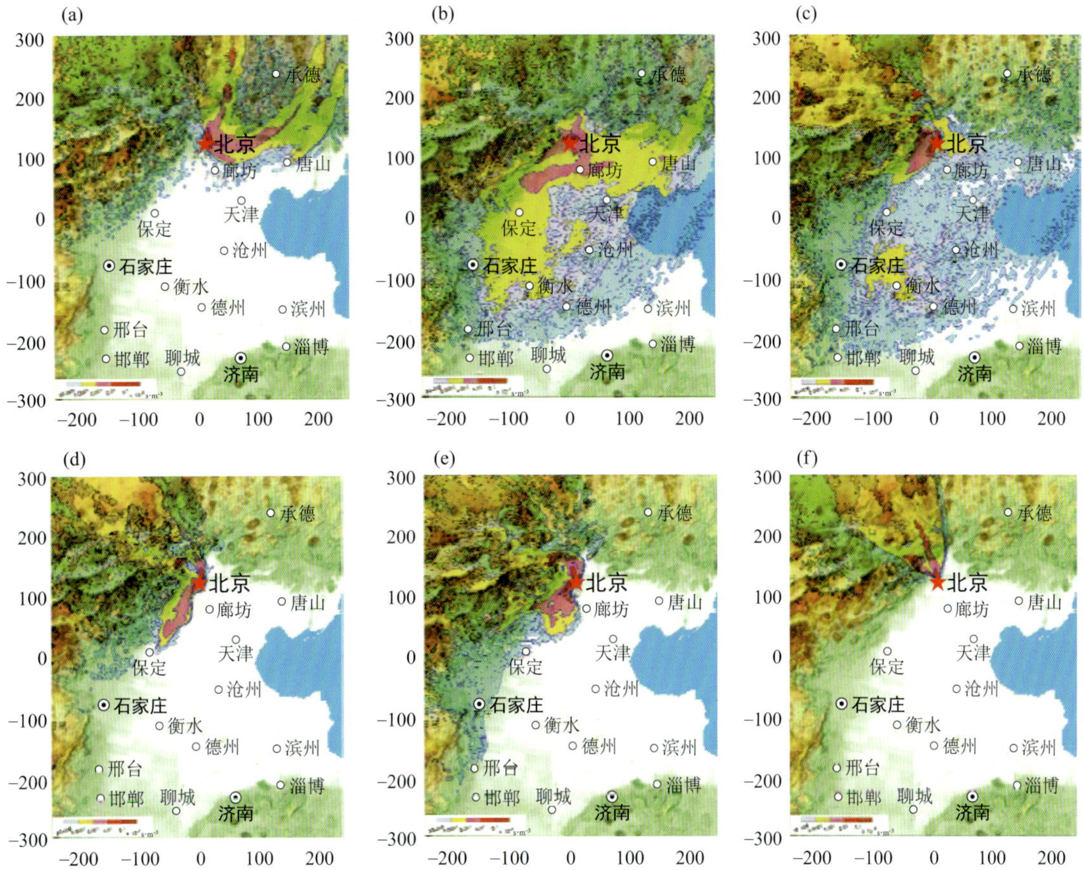

图 4.40　2014 年 11 月 6—11 日逐日印痕分析结果

(a) 6日; (b) 7日; (c) 8日; (d) 9日; (e) 10日; (f) 11日

表 4.9　减排方案设计

方案名称	削减方案设计	分析时段及减排物种
重点区域减排(cut1)	北京及周边地区减排(减排区域:37°—42°N,113°—119°E;减排力度:人为源排放削减 50%)	分析时段:2014 年 11 月 6—11 日 减排物种:SO_2、NO_x、PM_{10}、$PM_{2.5}$、VOCs、NH_3
敏感区域减排 1(cut2)	根据逐日印痕分析结果,全部"敏感源区"人为源排放削减 50%	
敏感区域减排 2(cut3)	根据逐日印痕分析结果,重要"敏感源区"人为源排放削减 50%,比较重要"敏感源区"削减 40%,一般"敏感源区"削减 30%	

区。将图 4.40 印痕分析得到的逐日敏感源区与华北区域 $PM_{2.5}$ 排放强度分布信息叠加，分析得到：11 月 6 日和 11 日，影响北京的敏感源区分别为河北东北部以及西北部地区，这些地区 $PM_{2.5}$ 排放源强较弱；11 月 7—10 日，影响北京城区的敏感源区主要为河北东南部以及西南部地区，期间在西南气流与西北气流的共同作用下，太行山前平原地区逐渐形成“山前辐合带”，自西南向东北方向输送影响北京，故该阶段后期（如 11 月 9—10 日）河北石家庄、保定、廊坊等地为敏感源区，而其他地区对北京城区则没有明显传输影响。

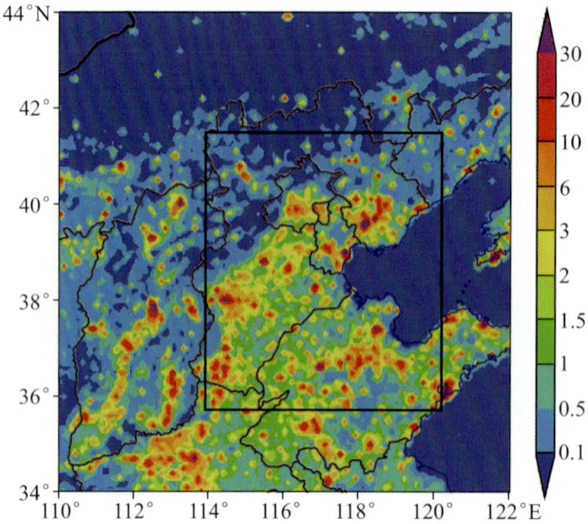

图 4.41　2014 年 11 月 6—11 日华北区域 $PM_{2.5}$ 排放强度分布（单位：t · 格点$^{-1}$ · d^{-1}）

由于本研究重点关注各减排方案对目标区域 $PM_{2.5}$ 浓度的改善影响，而 $PM_{2.5}$ 作为二次污染物，其来源既有一次排放的贡献，亦有二次转化生成的贡献，因此在减排方案设计中，既考虑了 $PM_{2.5}$ 直接排放的削减，同时也考虑了其余相关污染物排放的削减，故各方案的减排效果既代表了该方案对 $PM_{2.5}$ 排放削减对浓度改善的直接作用，同时也体现了方案对相关污染物排放削减对 $PM_{2.5}$ 浓度改善的间接作用。就单个减排方案而言，针对源清单中的每类污染物采取了相同力度的削减。因此，为了对比不同减排方案的削减力度以及后续减排效果，以对比 $PM_{2.5}$ 的排放量削减情况为例，分析了各减排方案 $PM_{2.5}$ 日排放量的削减量及削减比例。如图 4.42 所示，采用 cut1 方案，模拟区域内 $PM_{2.5}$ 日排放削减总量为 2650 t · d^{-1}；采用 cut2 方案，除 11 月 7 日排放削减量较大外（削减量为 1600 t · d^{-1}），其他几天削减量均在 800 t · d^{-1} 以下；采用 cut3 方案，削减量略低于 cut2 方案，其中 7 日、8 日差别较大（cut3 与 cut2 的比值约为 0.8），其余日两种方案整体削减力度相当（cut3 与 cut2 的比值约为 0.9）。

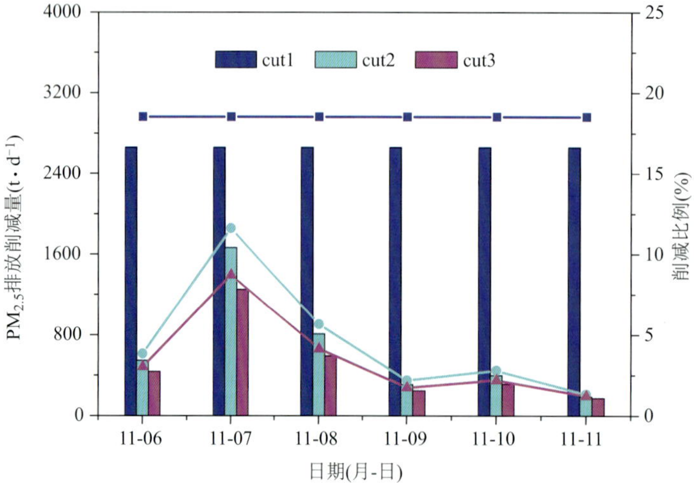

图 4.42　2014 年 11 月 6—11 日各减排方案 $PM_{2.5}$ 日排放量的削减量及削减比例

（柱状图：削减量；点线图：削减比例）

4.5.3.3 减排效果对比

（1）不同减排方案下 $PM_{2.5}$ 浓度下降率区域分布

针对2014年11月6—11日期间的天气条件分析表明：11月6日，北京受较强的东北风影响，大气污染物扩散条件较好，在这种天气形势下，即便不采取减排措施（基础情景，如图4.43所示），北京及周边地区污染物浓度仍能保持在较低的水平。11月7日后，随着冷空气势力的减弱，地面风速减小，污染物浓度出现累积趋势，特别是在北京、天津、河北的唐山、保定、石家庄等排放源强较高的地区，污染物浓度明显上升，基础情景下这些重点城市 $PM_{2.5}$ 日均浓度接近150 $\mu g \cdot m^{-3}$。11月8—10日期间，通过对地面风场的演变形势分析，发现一个非常明显的地形影响特征，即太行山—燕山以西、以北地区主要以西北风为主，平原地区以西南风为主，两股不同来向的风在太行山前平原地区汇合形成一条污染物的辐合带，并不断累积，向东北方向的下游地区传输。就北京市而言，受上述特殊风场的影响，西部及北部山区主要受西北风影响，扩散条件好，空气清洁；而东南部平原地区主要受西南风影响，一方面这些地区人口密度大，人为源排放强度高，另一方面不断受到河北西南地区的输送影响，污染物浓度不断累积。因此，这种特殊的风场形势是造成北京地区污染物浓度呈“南北两重天”现象的主要原因。通过模拟得到的地面风场与 $PM_{2.5}$ 浓度分布形势分析发现，污染物高浓度带的分布及走向与辐合带的分布及走向一致，基础情景下，辐合带地区 $PM_{2.5}$ 浓度日均值超过200 $\mu g \cdot m^{-3}$，主要影响地区为河北东南部至天津一带，北京东南部平原地区处于 $PM_{2.5}$ 高浓度带的边缘，最高日均浓度在150 $\mu g \cdot m^{-3}$ 左右（11月8日），而西部及北部地区处于西北风势力范围，几乎没有受到高浓度带的传输影响，始终维持在较低的浓度水平。

“重点区域减排方案”主要减排区域是北京南部城区、河北东南部以及唐山、天津等城市地区，该减排方案模拟结果（图4.44）显示，这些地区 $PM_{2.5}$ 浓度的削减量较高，其中11月9日和10日，河北东南部及天津等城市在日均浓度超过200 $\mu g \cdot m^{-3}$ 的基础情景下，该方案使得当地 $PM_{2.5}$ 浓度削减量超过50 $\mu g \cdot m^{-3}$，削减率超过25%。

“敏感区减排方案” $PM_{2.5}$ 浓度削减较高的地区与印痕分析得到的敏感源区域吻合，特别是在排放源强较高的敏感源区域对 $PM_{2.5}$ 浓度的削减量较大，而如果某一地区排放源强较低，即便同样是敏感源区，但其减排效果不明显。与重点区域减排效果的对比显示：“敏感源区减排”的影响区域主要集中在敏感性较高且源强较高的重叠区域，其影响范围较小；而重点区域减排不仅对目标区域周边有明显的影响，对源强较高的减排当地同样有很明显的改善作用。两种方案的共同之处在于，在传输作用的影响下，无论何种减排方案对高源强区域的下游地区 $PM_{2.5}$ 浓度都有一定程度的改善作用。然而，仅就目标区域而言，重点区域减排相比于敏感源区减排没有明显的改善优势，如图4.45所示，个例分析期间两减排方案对北京城区 $PM_{2.5}$ 日均浓度的减排量均维持在30～50 $\mu g \cdot m^{-3}$，减排效果相当。

（2）不同减排方案对目标区域 $PM_{2.5}$ 浓度削减效率对比

为了进一步对比“重点区域减排方案”与“敏感源区减排方案”对于目标区域的污染物浓度的改善效果，着重分析了本研究关注的目标区域在不同减排方案下 $PM_{2.5}$ 浓度的变化情况（图4.46）。重点区域减排方案模拟逐日结果来看，目标区域受偏北风影响，基础浓度较低（<75 $\mu g \cdot m^{-3}$）的情况下（11月6日和11日），$PM_{2.5}$ 日均值浓度削减量较低（不足

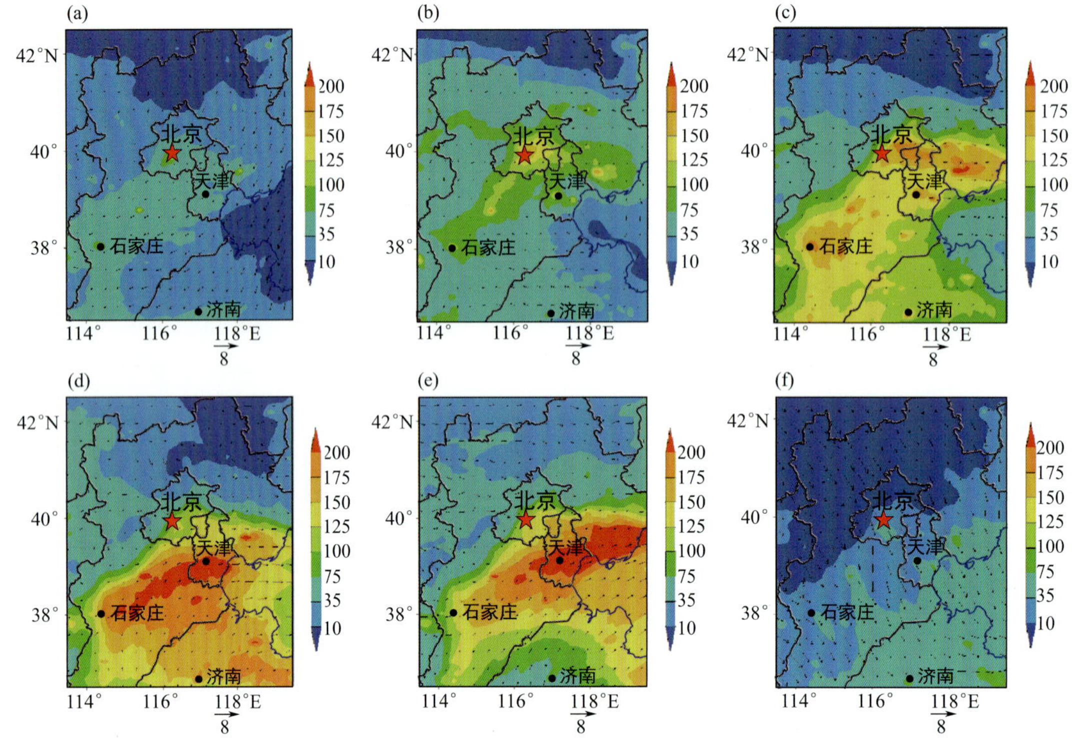

图 4.43　基础情景下 2014 年 11 月 6—11 日北京及周边地区地面 $PM_{2.5}$ 浓度空间分布（单位：μg · m^{-3}）
（a）6日；（b）7日；（c）8日；（d）9日；（e）10日；（f）11日

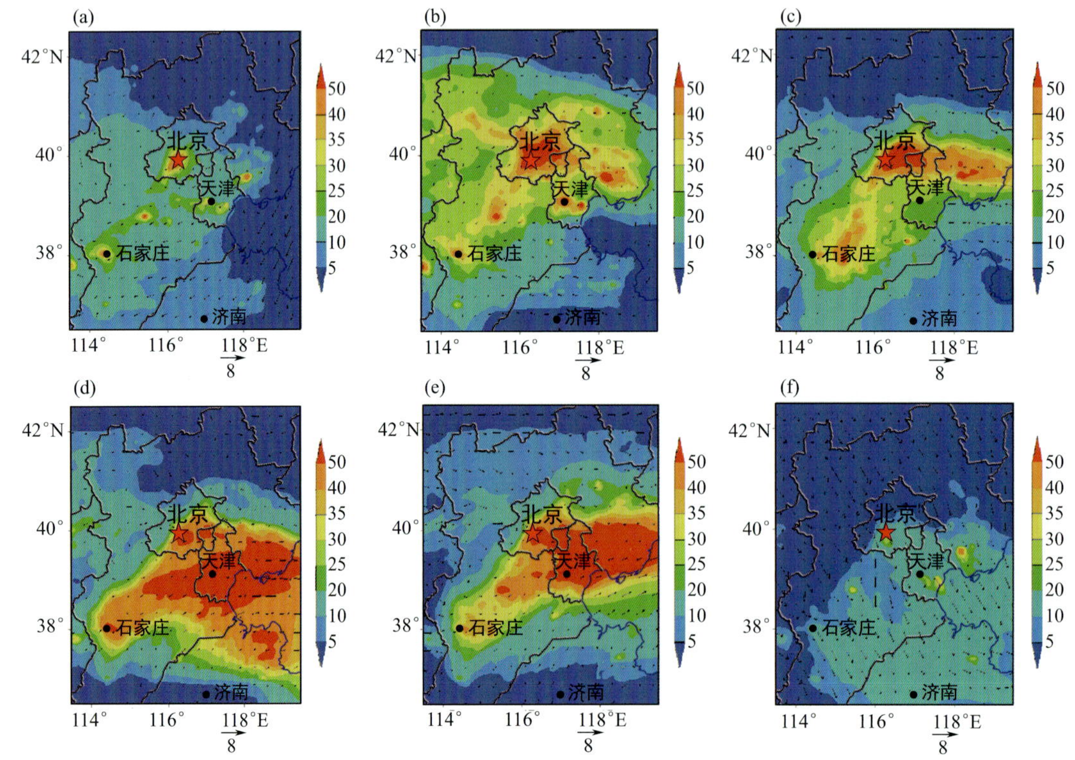

图 4.44　重点区域减排情景下 2014 年 11 月 6—11 日北京及周边地区地面 $PM_{2.5}$ 浓度削减量空间分布（单位：μg · m^{-3}）
（a）6日；（b）7日；（c）8日；（d）9日；（e）10日；（f）11日

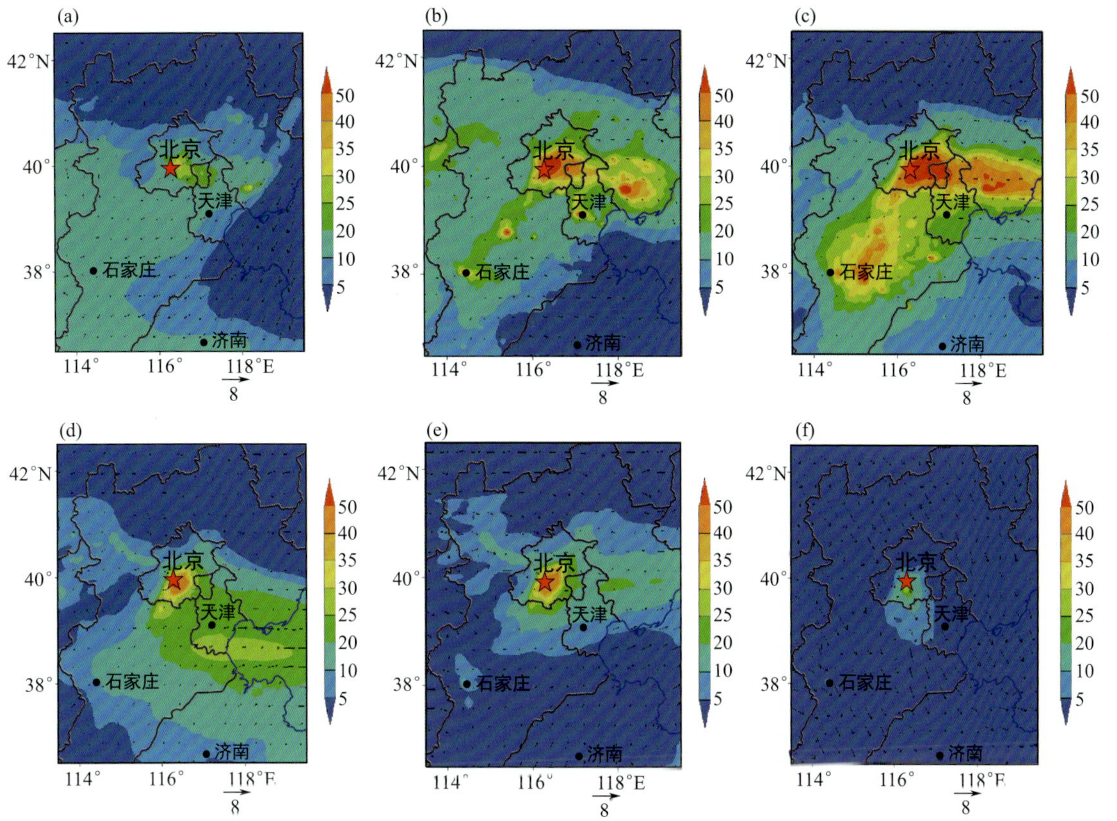

图 4.45　敏感源区减排情景下 2014 年 11 月 6—11 日北京及周边地区地面 $PM_{2.5}$ 浓度削减量空间分布（单位：$\mu g \cdot m^{-3}$）
（a）6日；（b）7日；（c）8日；（d）9日；（e）10日；（f）11日

20 $\mu g \cdot m^{-3}$）；受偏南风影响，基础浓度相对较高（>125 $\mu g \cdot m^{-3}$）的情况下（11 月 8—10 日），$PM_{2.5}$ 日均浓度削减量同样较高（高于 50 $\mu g \cdot m^{-3}$）；11 月 7 日受北风和南风转换的天气系统影响，$PM_{2.5}$ 浓度削减量居中（30 $\mu g \cdot m^{-3}$）。需要指出的是，由于目标区域受到不同气象条件的影响，个例分析期间 $PM_{2.5}$ 基础浓度有明显的逐日差异，“重点区域减排方案”对 $PM_{2.5}$ 日均浓度削减量同样表现出明显的逐日差异，但相对于基础浓度的削减力度几乎维持在同一水平，如除 11 月 6 日削减率略偏高外（42%），11 月 7—11 日均维持在 35%左右。该结果表明：短时间内“重点区域减排方案”的削减力度对目标区域可能达到的污染物浓度改善效果较稳定，对气象条件的逐日变化不是十分敏感。

重点区域减排 $PM_{2.5}$ 排放日削减量占模拟区域总排放的 18.5%，敏感区域减排除 11 月 7 日排放削减比例较高外（11.5%），其余日期内 $PM_{2.5}$ 排放日削减量均低于 5%。可见，大多数情况下，敏感区域减排对 $PM_{2.5}$ 排放的直接削减量占重点区域减排削减量的比例不足 20%，然而敏感区域减排的减排效率要远远高于重点区域减排，如图 4.46 所示，重点区域减排对目标区域 $PM_{2.5}$ 日均浓度削减量在 35%～42%，敏感区域减排可达到该方案总体减排效果的 60%～90%，其中重污染时段（11 月 8—10 日）该比例稳定在 70%左右。进一步对比按敏感性的大小进行不同力度减排与敏感区域相同力度减排的模拟结果显示：cut3 方案中 $PM_{2.5}$ 排放削减量占 cut2 方案削减量的 80%～90%，两者对 $PM_{2.5}$ 日均浓度的实际削减量比例稳定在 90%左右。

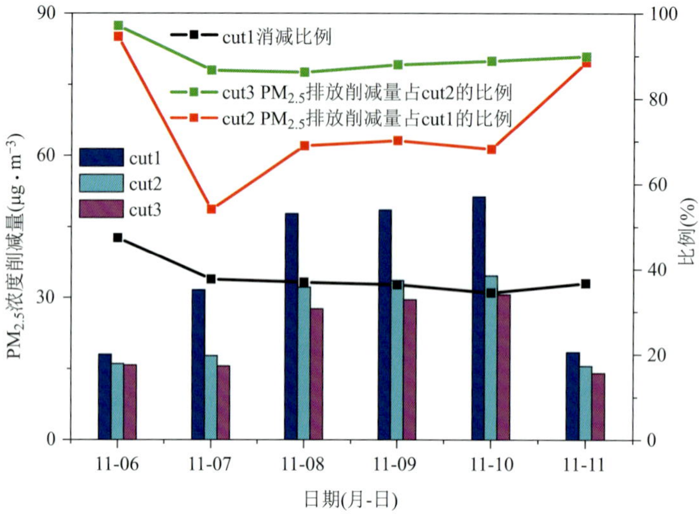

图 4.46　各减排方案目标区域 $PM_{2.5}$ 日均浓度削减量及比例

（柱状图：削减量；点线图：削减比例）

敏感源区减排试验和重点区域减排试验模拟对比显示：这两种减排方案对源强较高的减排当地 $PM_{2.5}$ 浓度降低均有明显的改善作用，且在传输作用下这种改善影响会辐射到下游部分地区；若仅就目标区域而言，敏感源区减排方案的减排效率要远高于重点区域减排，本研究个例分析显示，以 $PM_{2.5}$ 的直接削减量对比为例，在敏感区域减排对 $PM_{2.5}$ 排放的直接削减量占重点区域减排削减量的比例不足 20%情况下，敏感区域减排效果可达到重点区域方案总体减排效果的 60%～90%。

4.6 模式系统在区域环境气象预报服务业务中的应用

北京区域环境气象数值预报系统（BREMPS v1.0）早期已经应用在北京市气象台、北京市气象服务中心等气象部门的预报、决策服务中。2013 年 10 月，京津冀环境气象预报预警中心成立后，为了支持华北区域各省市气象部门环境气象业务服务工作，BREMPS v1.0 系统正式于 2013 年 11 月开始为北京及周边区域提供业务化的数值预报产品。自 2016 年 6 月，经过改进后的 RMAPS-CHEM v1.0 取代原来的 BREMPS v1.0，提供更大范围、更为精细的数值预报产品。

该系统提供的预报产品都接入了国家气象中心以及北京、天津和河北省气象局当地业务预报平台，作为每日雾/霾和空气质量预报的主要参考产品之一。山西、内蒙古和山东等省市气象部门也在日常预报业务中进行参考。应用的情况表明，北京区域环境气象数值预报系统对污染过程的趋势变化预报较准，特别是区域持续性雾/霾、重污染过程预报准确，对于污染物浓度的降低、雾/霾天气消散时间也有比较好的把握。对 5 km 以下的连续雾/霾过程预报与实况符合较好，为区域重污染和雾/霾天气的预报预警提供了很好的参考。同时，在重大活动期间，如 2014 年亚太经合组织领导人非正式会议（APEC 会议）、2014 年世界锦标赛和 2015 年纪念抗战胜利 70 周年大阅兵活动中，模式系统较准确地预报出了主要污染物浓度和能见度的时空演变特征，并利用该系统开展了区域污染源减排的预评估与后评估工作，为北京地区开展空气质量预报以及区域大气污染联防联控决策提供了有价值的参考，取得了显著的应用效果。

通过近 5 a 的业务运行服务，北京区域环境气象数值预报系统提供的预报产品已成为京津冀和国家气象中心开展京津冀地区空气质量和雾、霾预报的主要参考产品之一，在保障京津冀区域环境气象预报以及为政府决策服务方面发挥了重要的社会效益。对于气象部门在空气污染气象条件预报和空气质量预报以及区域污染的联防联控方面起到了重要的技术支撑，提升了业务水平，促进了环境气象事业的发展。

4.7 本章小结

本章主要介绍北京区域环境气象数值预报系统，主要包括以下几个方面。

（1）2012 年开始，北京市气象局通过引进气象化学在线耦合模式系统 WRF-Chem，并与业务上不断改进的北京地区快速更新循环同化预报系统（BJ-RUC）有机结合，建立了北京区域环境气象数值预报系统（BREMPS，Beijing regional environmental meteorology prediction system），简称为睿图-化学子系统。该系统集空气质量、能见度和气象要素预报为一体，可提供环境气象预报所需的多种要素产品，自 2013 年起成为华北区域环境气象数值预报业务系统，为北京及华北区域各省市气象部门提供丰富的环境气象数值预报产品。

（2）模式系统在不断改进，建立了集空气质量、能见度和相关气象要素为一体的综合环境气象数值预报产品体系。在排放源订正技术中，结合模式预报的整体效果评估，针对预报浓度偏差明显的污染物，建立了集合卡尔曼滤波与站点统计结合的排放源订正技术。采用 EnKF 源反演结合误差统计订正的源清单订正方法，改进了华北区域秋季 SO_2 排放源清单，该方法适用于业务模式中源清单区域性偏差的纠正，特别对于重点区域和城市地区 SO_2 预报准确性提升十分有效。模式预报偏差较大的区域与源清单订正后源强降低的主要区域吻合，表明这些地区过高的 SO_2 排放是导致模式预报误差的主要原因。从北京城区的模拟效果来看，改进后特别是 3 km 分辨率的预报结果对浓度峰值的模拟效果明显提升。华北地区城市下垫面更新后，通过调整气象场，特别是对应浓度高值区（辐合区）风速和边界层高度的降低，在一定程度上改善了模式原来对此类过程预报浓度偏低的现象，特别是浓度高值区增加比较明显。

（3）不同天气形势下模式的预报效果对比检验结果显示，北京、石家庄和河北南部模式预报结果普遍偏高，偏差都比较相近，且偏差较大，河北北部和 D02 区域模式预报结果低于观测结果。但从平均标准偏差绝对值来看，石家庄地区平均标准偏差绝对值最大。模式对于区域性典型污染过程的模拟能力较好，模拟得到的 $PM_{2.5}$ 浓度高值区分布区域与实测结果吻合，模拟浓度与实测浓度接近，且模式对于区域内 $PM_{2.5}$ 浓度高值区分布形式的变化过程有较好的把握，能够细致地再现污染过程的演变过程。

（4）模式在区域减排评估中发挥了作用，在重大活动期间的污染减排评估中，设计减排方案，根据不同的减排方案算出对北京地区的减排贡献，方案中显示北京减排 $PM_{2.5}$ 浓度下降主要出现在北京南部地区，河北和天津减排 $PM_{2.5}$ 浓度下降主要出现在天津和河北南部地区，这种情况与偏北风的影响密切相关。

第5章 环境气象业务体系和应急减灾

中国气象局2013年8月30日下发同意成立“京津冀环境气象预报预警中心”的批复文件（中气函〔2013〕321号）：京津冀环境气象预报预警中心为北京市气象局直属事业单位，机构规格为正处级。

北京市气象局于2013年9月16日正式下发《关于成立京津冀环境气象预报预警中心的通知》（京气发〔2013〕242号）文件（以下简称《通知》），明确环境气象中心的机构设置和规格、主要职责和组建方案等，9月17日、26日分别下发环境气象中心负责人任命文件（京气任〔2013〕1号、京气任〔2013〕4号）。10月8日环境气象中心首批组建人员调整到位，由城市所大气成分观测与分析中心、气象台、气象服务中心、气候中心业务科技人员以及上甸子本底站业务人员组成，初期人员配置共有23人。中心人员的学科专业交叉，学历和职称较高，科研基础和业务能力较好，是一支具有较强业务科研能力的环境气象专业队伍。

5.1 环境气象中心组织机构与主要职责

（1）组织机构

京津冀环境气象预报预警中心下辖上甸子区域大气本底观测站，内设三个科室，分别是办公室、预报科、分析评估科（图5.1）。

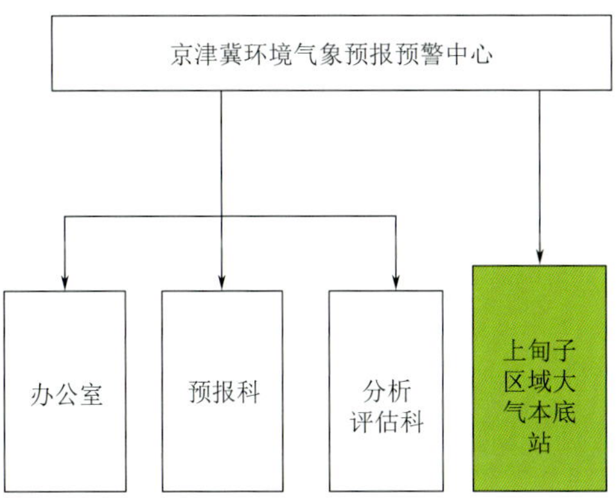

图5.1 组织机构

（2）主要职责

① 负责指导京津冀及周边地区环境气象业务发展。

② 承担北京市大气成分数据质控及分析业务。

③ 负责环境气象预报预警技术研究及产品制作发布。

④ 开展环境气象影响评估业务及技术研发。

⑤ 负责有毒（害）气体扩散应急响应模式技术研发及环境气象应急观测服务。

⑥ 负责环境气象业务系统平台的开发维护。

⑦ 承担上甸子区域大气本底站观测及分析业务。

5.2 环境气象预报服务业务

5.2.1 业务内容和流程

环境气象业务包括监测、预报预警和服务。建立京津冀及周边地区环境气象监测预报服务分工负责、逐级指导、上下联动、信息共享的业务流程。

5.2.1.1 监测业务及产品制作流程

京津冀及周边地区地面环境气象观测数据（PM_1、$PM_{2.5}$、PM_{10}、O_3、SO_2、CO、NO_x）、能见度、气象要素以及卫星遥感监测等数据的获取、处理、显示、质控和存储分发；制作京津冀及周边地区环境气象监测产品。

每日实时采集北京地区环境气象监测数据，定时获取区域（省、市、区）环境气象监测数据以及能见度、气象要素和卫星遥感等相关监测数据，通过环境气象监测综合处理平台对环境监测数据进行初步自动化质控，并对质控后数据进行实时图形显示。同时，经过初级质控后的数据用于监测产品的制作，提供给相关部门参考。最终初步质控后的环境监测数据，经过专家级质控后存储入库，并在区域内进行数据的分发。

5.2.1.2 预报预警业务及产品制作流程

预报预警产品：结合天气分析和监测实况，制作发布空气质量预报产品、空气污染气象条件预报产品、雾和霾预报产品。

产品制作频次：京津环境气象中心每日制作和向决策部门发布未来 7 d 空气污染气象条件、能见度、雾、霾落区预报产品；区县级根据服务需求和预报指导产品适时开展空气污染气象条件、雾、霾预报服务。

5.2.2 服务业务

公众服务：以市气象台的名义发布雾、霾预报和空气污染气象条件预报，与市环境监测中心联合发布空气质量预报。

决策服务：当预计京津冀及周边地区出现中度污染以上天气时，提供决策服务信息，当重污染天气出现后，及时提供重污染天气总结评估报告。针对采暖季、烟花爆竹集中燃放期、重大活动保障、突发环境事件应急响应等，制作决策分析报告和应急服务报告，向市政府、中国气象局提供服务信息。

5.2.3　会商机制

建立与市环境监测中心常态化联合会商机制和工作流程；建立与市生态环境、应急、卫生等部门针对重污染天气趋势的分析研判和会商机制，形成重污染天气京津冀及周边地区多部门联动应急预案。

京津冀及周边地区重点区域出现中度以上污染，未来仍将持续或可能持续出现污染天气时，启动应急联动预案，组织京津冀及周边地区各省及中央气象台进行联合会商，并与市生态环境局联合会商，视情况邀请专家组成员参加重污染天气会商，最终形成预报会商意见。

当京津冀及周边地区发生或预计发生重污染或预判将出现重污染天气时，按照预报重污染天气的不同预警级别，举行联合会商。京津冀及其周边地区各省（区、市）中心成员单位均可按需求提出会商要求，由京津冀环境气象中心或中央气象台负责组织会商。会商形式分为电话会商和视频会商。会商重点分析当前的污染实况、污染天气的未来发展趋势、拟发布的预报和预警级别、拟提供的决策建议等。牵头组织会商单位要在会商后 1 h 内将会商结论意见发送给各参与会商单位。

京津冀及周边地区出现重污染天气后，中央气象台发布全国空气污染气象条件落区预报产品；与环境监测总站联合发布京津冀及周边地区重污染天气预警产品；向国家级决策部门提供应急联动决策服务产品。京津冀环境气象中心负责发布京津冀范围内环境气象快报，向各级决策部门提供应急联动决策服务产品。

5.3 环境气象评估业务

党的十九大报告指出，“坚持全民共治，源头防治，持续实施大气污染防治行动，打赢蓝天保卫战”。为保证空气质量持续改善，推进大气污染防治任务顺利完成，针对不同防治措施和监管手段，衡量污染过程及污染防治成效。气象部门建立了大气污染气象条件评估业务，开展全国和重点区域大气污染气象条件定量评估决策服务，科学区分气象条件和减排措施对空气质量改善的贡献，加强重污染天气过程减排措施效果的定量化分析评估。

根据《国务院关于印发打赢蓝天保卫战三年行动计划的通知》《北京市 2013—2017 年清洁空气行动计划重点任务》《北京市生态环境监测网络建设方案》等文件要求，京津冀环境气象预报预警中心多年来致力于开展综合立体的区域环境气象观测和大气污染理化特征研究、统一区域环境气象业务标准、规范环境气象预报预测业务、启动减排效果评估等工作，积极参与北京市及京津冀大气污染防治及重污染天气应对工作。

2018 年 4 月，北京市要求市气象局联合相关单位组建独立的、专业的第三方评估工作小组，针对北京市大气污染过程的特点、形成机理、区域传输、源解析等内容进行分析与评价。2018 年 5 月，北京市气象局与京津冀环境气象中心领导开会讨论，编制修订第三方环境气象评估小组的工作方案、业务流程、评估内容等。同期，大气污染区域传输监控专项工作第三方评估小组（简称评估小组）由北京市气象局、国家气象中心、中国气象科学研究院联合组成，实际工作中由京津冀环境气象预报预警中心牵头，建立了基于环境气象数值预报模式和大数据挖掘技术的环境气象评估业务，共同开展空气重污染天气过程减排效果评估。

本着公平性、客观性、权威性与独立性的四大原则，评估小组将工作格局定位为全面感知、准备识别、靶向管控、优化评估，服务于环境空气质量总体改善。基于多年的工作基础和经验，顺应当前京津冀地区大气污染防治工作内容，第三方评估小组形成了“重污染过程评估”和“重大服务保障评估”“月度评估”“季度评估”“年度评估”的四位一体评估体系，提交的评估报告涵盖了大气化学、气象条件分析、数值模式模拟、大数据挖掘算法和环境综合指数评价等多个方面，评估对象涉及 $PM_{2.5}$、PM_{10} 和臭氧等多种大气污染物。

污染源排放变化和气象条件变化是影响大气污染物变化的两大决定因素，二者相互交织、相互作用、很难分离。而当前我国大气污染防控工作，亟须定量分离二者的作用，以确定调控的实际成效。因此，第三方评估小组在已有的静稳指数和气溶胶污染气象条件指数（PLAM 指数）的基础上，不断创新评估技术和手段：①基于“大气污染水平 = 排放＋沉降＋传输 ＋扩散＋二次转化”的理化机制，构建环境气象指数（简称 EMI 指数），用以评估气象条件变化所导致的细颗粒物 $PM_{2.5}$ 质量浓度的变化。②将大数据挖掘算法引用环境气象领域，构建了 KNN \ SVM \ DT 等霾日评估模型，定量估算人为减排和气象条件变化在空气质量改善中的贡献。同时，为了考察行业减排和区域输送的影响，第三方评估小组利用空气质量和大气化学模式，模拟北京地区不同行业对 $PM_{2.5}$ 的贡献率以及周边区域输送和本地排放对北京地区 $PM_{2.5}$ 的贡献率。基于上述评估方法和着眼点，第三方评估小组试图全方位剖析北京地区大气污染的发生、发展，为政府决策部门提供切实有效的建议。

2018 年 6 月至今，第三方评估小组已提交《北京 2018 年春季环境气象条件分析》《北京 2018 年 6 月环境气象条件分析》《北京 2018 年 7 月环境气象条件分析》《北京 2018 年夏季环境气象条件分析》《北京 2018 年 9 月环境气象条件分析》《北京 2018 年 10 月 12—16 日重污染天气过程分析》《北京 2018 年 10 月环境气象条件分析》《北京 2018 年 11 月环境气象条件分析》《北京 2018 年 11 月 12—15 日重污染天气过程分析》《北京 2018 年度环境气象条件分析》等 10 余份评估报告。其中，《北京 2018 年 11 月环境气象条件分析》获北京市杨斌副市长批示，《北京 2018 年 6 月环境气象条件分析》等三份报告获中国气象局领导批示，第三方评估小组的工作极大地推动了环境气象评估领域的发展，为政府精准施策及时提供重要的参考依据。

5.3.1 业务体系布局

国家级和省级气象部门建立了大气污染气象条件评估业务体系，科学区分气象条件和减排措施对空气质量改善的贡献，加强重污染天气过程减排措施效果的定量化分析评估。为应对重污染天气过程、突发环境气象事件以及重大社会活动期间环境气象保障活动服务并提供科学决策依据，开展环境气象预评估。预评估主要针对重污染天气过程、突发环境气象事件、重大社会活动期间的环境气象状况及影响提前进行评估，为政府及相关决策部门提供大气环境管理决策及建议，主要包括以下内容。

（1）中长期环境气象预报分析

对中长期环境气象特征及变化趋势等进行预报分析（10～15 d）。

（2）大气环境及污染气象条件预评估

预评估大气污染气象条件、大气污染范围、持续时间及强度。

（3）大气污染减排措施预评估

分析重点区域污染物来源，设定污染控制方案。利用数值模式对不同控制方案进行预评估，制定优化减排方案。

5.3.2 技术指标体系

大气重污染主要成因是在不利气象条件下污染排放强度超过环境承载力，大气环境质量的改善也是气象条件和减排措施的共同作用结果。因此，为评估大气污染精准减排措施的效果，需要定量评估气象条件的影响。

建立了以 $PM_{2.5}$ 气象条件评估指数、气溶胶污染气象条件指数、静稳天气指数、污染传输指数、大气自净能力指数为核心的大气污染气象条件评估指标体系，通过这些指标分类开展气象条件和大气污染防治措施影响评估，定量化地分析气象条件和减排措施各自对空气质量改善贡献和影响，为科学考核评价减排效果提供基础。

$PM_{2.5}$ 气象条件评估指数是表征 $PM_{2.5}$ 浓度变化中气象条件贡献的指标。考虑气象条件对 $PM_{2.5}$ 传输、扩散和沉降的影响，用地面至 1500 m 高度气柱内 $PM_{2.5}$ 平均浓度与参考浓度的比值表示，值越大表征气象条件越不利于近地面大气中 $PM_{2.5}$ 稀释与扩散。可以定量分辨出排放、沉积、传输、累积等过程对大气污染的贡献。

气溶胶污染气象条件指数描述特定的气象条件对大气气溶胶污染影响程度的指数。值越大表征大气环境状况越不利于近地面大气中气溶胶污染物的稀释与扩散。基于气象条件和大气污染浓度之间的相关性分析得到敏感气象要素，依据其在大气热力与动力过程中对影响空气质量的贡献，建立气溶胶污染气象条件指数。

静稳天气指数是表征大气综合扩散能力的指标。静稳天气受高低层大气综合影响，有利于污染物和水汽在排放源附近和近地层累积，从而造成重污染和低能见度天气。在环境气象预报评估中需要构建一个综合指数定量描述气象条件是否有利于形成雾/霾天气。因此主要考虑湿度、风速、逆温强度、混合层高度等反映大气温湿条件及动力状况的气象因子，根据各物理量在不同阈值范围内对静稳天气的作用大小赋予权重，通过权重求和构建静稳天气指数。该指数能定量反映大气静稳程度，表征大气水平与垂直扩散能力大小，静稳天气指数越大，静稳程度越高，大气扩散能力越弱，越有利于形成污染天气。由于静稳天气指数与污染源强度及浓度初值无关，所以能客观反映气象条件对污染物的扩散能力。

污染传输指数是表征大气污染物区域传输对本地空气质量影响的指标。污染物的水平输送强度首先与排放源强度有密切关系，其次与传输路径上所经过格点对轨迹终点的输送概率有关。同时，气团在输送过程中会与它经过地区的空气进行混合，因此污染物在该气团中所占的比例会受输送时间和输送距离的影响。考虑上述因素，即排放源强度、输送概率、距离权重与时间权重来构建污染传输指数，其中主要包含了排放源、风速、风向对污染物传输的影响。

大气自净能力指数是表征大气自身运动对大气污染物清除能力的指数。考虑大气通风扩散和雨洗对大气污染物的清除作用。大气自净能力指数源于大气环境容量的概念。大气环境容量定义为：在给定空气体积中和给定时段内，当某种污染物在给定平均浓度水平上，其产生量和清除量达到平衡状态时，就称该平衡量为在此平均浓度阈值下的该大气污染物容量。大气环境容量考虑大气通风和干、湿沉降对污染物清除效应，计算只涉及地域面积和气象参数，并无排放源的配置参数，因此大气环境容量完全是自然属性量。将大气环境容量中的干沉降项忽略得到大气自净能力指数。在没有源排放的情景下，大气污染物浓度衰减的快慢取决于大气自净能力指数的大小。

5.3.3 重大活动期间减排效果评估案例

为做好 2014 年 11 月 APEC 会议期间空气质量保障工作，北京、天津、河北、山西等地先后实施重污染企业停产、机动车单双号行驶、建筑工地停工等大气污染物减排措施。综合分析表明，尽管出现了持续的不利于大气污染物扩散的静稳天气条件，但有利于大气污染物跨区域输送的南风偏弱（体现了“天帮忙”）以及区域和局地联动的应急减排措施（体现了“人努力”），有效避免了重污染天气的发生。

（1）APEC 会议期间大气污染物浓度

APEC 会议期间（11 月 3—12 日），北京地区 $PM_{2.5}$ 平均浓度为 49.7 $\mu g \cdot m^{-3}$，比 APEC 会议前期 $PM_{2.5}$ 平均浓度（130.0 $\mu g \cdot m^{-3}$）明显降低，仅在 11 月 4 日和 11 月 10 日分别出现短暂的重度和中度污染（图 5.2）。

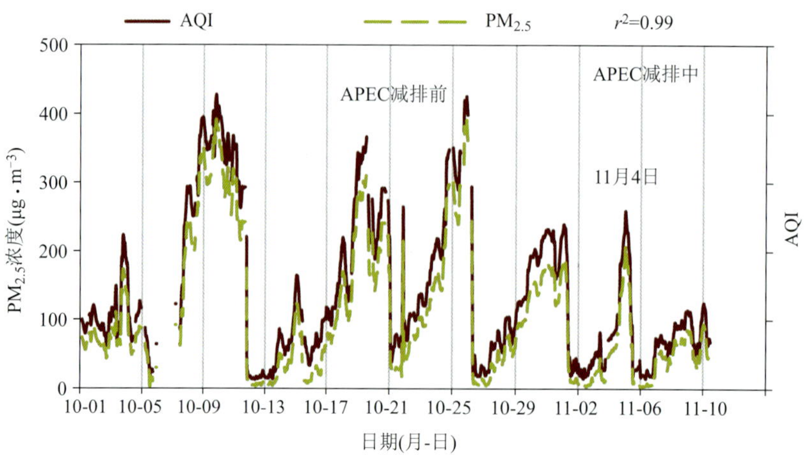

图 5.2 北京地区 2014 年 10 月 1 日—11 月 10 日 AQI 及 $PM_{2.5}$ 小时浓度

（2）APEC 会议期间减排效果分析

① 从气象条件来看，减排有效避免了重污染发生。

从大气环流形势来看，APEC 会议期间影响我国的高空气流以偏西气流为主，没有强冷空气南下影响，有利于出现不利于大气污染物扩散的“静稳天气”。据历史资料分析，当“静稳天气”的大气环流形势长时间维持时，将会出现持续性大气重污染事件（例如，2005 年 10 月 31 日—11 月 5 日、2004 年 11 月 6—10 日），$PM_{2.5}$ 浓度最高可达 300～400 $\mu g \cdot m^{-3}$（严重污染）。

从大气污染物扩散的气象条件来看，APEC 会议前期大气污染物扩散气象条件总体较好，但后期气象条件差。11 月 7—10 日北京地区维持“静稳天气”条件，小风（风速 $\leqslant 1.5\ m \cdot s^{-1}$）出现时段占到 53%～81%，特别是 9 日夜间至 10 日，近地层出现双层逆温，风速持续减小，10 日白天最大混合层高度不足 400 m。

静稳天气指数是用于表示大气污染物扩散的综合气象条件的指标。指数越大，则发生或维持大气污染的可能性就越大，大气污染的程度就越高。

分析表明，11 月 7—10 日，北京地区静稳天气指数平均为 13，最高达到 16，与 10 月 17—20 日和 29—31 日的两次大气污染事件气象条件相当（平均静稳天气指数均为 14），持续时间也相近。但 10 月 17—20 日 $PM_{2.5}$ 小时浓度超过 115 $\mu g \cdot m^{-3}$（中度以上污染）的持续时间为 71 h，峰值浓度达 299.8 $\mu g \cdot m^{-3}$。10 月 29—31 日 $PM_{2.5}$ 小时浓度超过 115 $\mu g \cdot m^{-3}$（中度以上污染）的持续时间为 62 h，峰值浓度达 182.1 $\mu g \cdot m^{-3}$。而 11 月 7—10 日 $PM_{2.5}$ 小时浓度超过 115 $\mu g \cdot m^{-3}$ 的持续时间仅 8 h，峰值浓度仅 135 $\mu g \cdot m^{-3}$（图 5.3）。有效的减排措施明显缩短了中度以上污染的维持时间，也明显降低了 $PM_{2.5}$ 小时浓度和峰值浓度，有效地避免了重污染的发生。

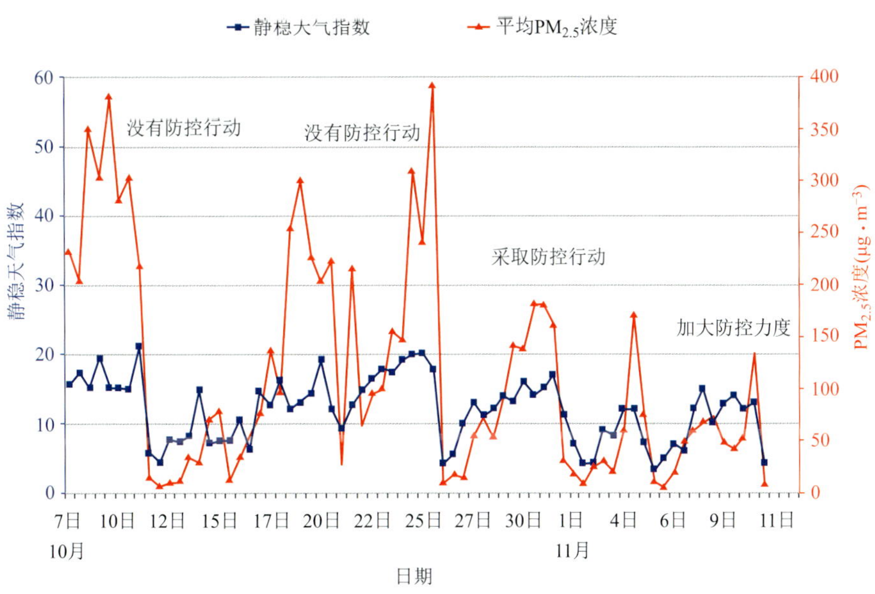

图 5.3　2014 年 10 月以来北京城区静稳天气指数与 $PM_{2.5}$ 浓度

② 从数值模拟分析结果来看，本地大气污染物减排措施对改善北京地区空气质量的贡

献最大。

本地大气污染物减排对改善北京地区空气质量的贡献最大。我们利用数值模式分别对京津冀及周边地区减排、仅北京减排对北京地区空气质量的影响效果进行模拟分析。结果表明，如果不采取减排措施，11 月 3—5 日和 11 月 6—10 日北京地区 $PM_{2.5}$ 平均浓度将分别为 92 $\mu g \cdot m^{-3}$ 和 81 $\mu g \cdot m^{-3}$；采取减排措施后，$PM_{2.5}$ 平均浓度分别为 60 $\mu g \cdot m^{-3}$ 和 52 $\mu g \cdot m^{-3}$，降幅分别为 35％和 36％。其中，北京本地减排的贡献率为 83％左右，周边地区减排的贡献率为 17％左右。研究表明，APEC 会议期间周边地区减排对改善北京地区空气质量的贡献率明显低于北京本地减排的贡献率的原因是，这段时间有利于大气污染物跨区域输送的南风偏弱，使得北京以南地区的大气污染物向北京输送不明显。例如，11 月 10 日河北保定、廊坊等地 $PM_{2.5}$ 浓度较高，但北京市 $PM_{2.5}$ 浓度则明显偏低（图 5.4）。

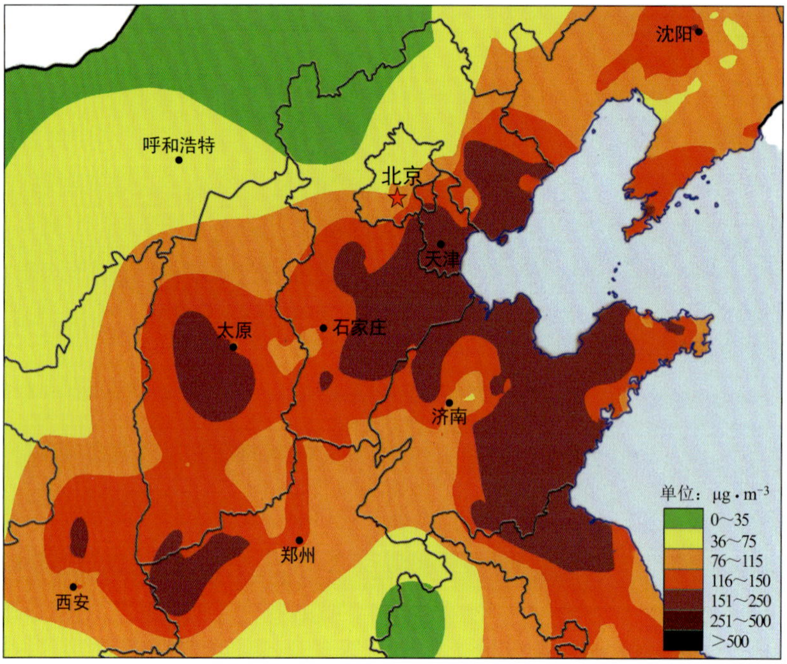

图 5.4　2014 年 11 月 10 日京津冀地区 $PM_{2.5}$ 浓度分布

机动车减排对降低 NO_2 浓度的贡献明显。数值模拟分析结果表明，如果不采取限行机动车的措施，11 月 3—5 日和 6—10 日北京地区 NO_2 平均浓度将分别为 87 $\mu g \cdot m^{-3}$ 和 78 $\mu g \cdot m^{-3}$；采取限行机动车措施后，NO_2 平均浓度分别为 58 $\mu g \cdot m^{-3}$ 和 53 $\mu g \cdot m^{-3}$，降幅分别为 33％和 32％。其中，北京本地机动车限行的减排贡献率为 89％左右，周边地区机动车限行的减排贡献率为 11％左右。

气象卫星遥感监测也反映出机动车限行对减少 NO_2 排放量的贡献。APEC 会议期间，京津冀地区对流层 NO_2 总量较机动车限行之前明显减少，大部分地区降低了 20％～40％。

5.4 环境气象预报技术和方法

5.4.1　KNN 数据挖掘算法在北京地区霾等级预报中的应用

5.4.1.1　KNN 算法

随着计算机技术的逐渐发展，数据挖掘技术目前在气象中的应用越来越多。黄颖等（2014）将局部线性嵌入算法应用到台风强度集合预报模型，发现能够提高预报效果。刘旸和宫莉（2011）利用人工神经网络法反演晴空大气湿度廓线的研究，发现所获得的水汽廓线更加贴近真实廓线。农孟松等（2011）应用主分量分析（PCA）方法，对同一降水预报量的各种数值预报产品进行集成预报研究，发现新的集成预报模型不仅对历史样本的拟合精度好于各个子预报产品，而且对独立样本的实验预报结果也显示出更好的预报准确率及稳定性。

KNN（K-nearest neighbor）是 Cover 和 Hart（1967）提出的一种非参数化监督算法，也是十大经典数据挖掘技术之一，其在统计学领域通常译作“K 近邻算法”。KNN 是一种通过计算对象间不同特征值距离方法来进行分类的非参数估计技术，也是近年来发展较快的一种实用数据挖掘技术。该算法的优点是精度高、对异常值不敏感、不需要数据输入假定，其缺点是计算复杂度、内存空间开销较大，但随着计算机硬件技术的不断发展，这些缺点变得越来越容易解决。

虽然建立回归预报方程预报法仍然是当前数值天气预报解释应用的一种基本方法，但由于大气运动本身具有混沌性和非线性特征，因此事实上很难用一个或一组简单的线性或非线性回归方程对天气模型精确描述和模拟，故回归预报技术的实际应用效果有时差强人意。KNN 算法的核心思想是：客观世界具有规律性和重现性，在相似的条件下往往产生相似的结果，该算法在云分类、风力预报和医疗气象中均有应用。KNN 算法在数值天气预报解释应用时，通常直接基于历史天气个例样本建立训练和预测模型，并将天气学预报思路和数值预报结果进行某种融合，故在某些情形下，KNN 发挥算法本身的优势，避开建立固定的回归预报方程等不利因素影响。

具体步骤如下：假设有一组历史天气个例样本集合定义为 $\boldsymbol{S}$。其中，$\boldsymbol{S}$ 由 i 个天气样本组成，而每个天气样本由 j 个属性变量以及 1 个标志量构成。其数学表示式为：

$$\boldsymbol{S}=\begin{Bmatrix}[X_{11},\ X_{12},\ X_{13},\ \cdots,\ X_{1m},\ L_1],\\ [X_{21},\ X_{22},\ X_{23},\ \cdots,\ X_{2m},\ L_2],\\ [\cdots\cdots\cdots\cdots],\\ [X_{i1},\ X_{i2},\ X_{i3},\ \cdots,\ X_{im},\ L_i]\end{Bmatrix}$$

本研究的属性变量 X_{ij} 分别代表温度、地面气压、相对湿度、露点温度、地面 u 风、地面 v 风以及 $PM_{2.5}$ 浓度这 7 个要素，最后一个要素 $\boldsymbol{L}_i$ 称为标志量（label）。本研究中的标志量即为霾等级。利用 KNN 算法进行霾等级预测可以描述为如下数学模型：假设预报日的温度、气压、相对湿度、露点温度、地面 u 风、地面 v 风以及 $PM_{2.5}$ 浓度 7 个要素的集合为 $\boldsymbol{Y}_i=\{y_1, y_2, \cdots, y_m\}$，称为预测样本；预测时，首先在训练样本集 $\boldsymbol{S}$ 集合中找到与预测样本 $\boldsymbol{Y}_i$ 最相似的 K 个近邻（K 通常为奇数）；然后找出这 K 个标志量（即霾等级）集合 $\boldsymbol{L}=\{\boldsymbol{L}_1, \boldsymbol{L}_2, \cdots, \boldsymbol{L}_k\}$；最后，按照投票多数原则，选取最多的标志量 $\boldsymbol{L}_i$ 作为预测样本 $\boldsymbol{Y}_i$ 预测结果。本研究的 K 近邻选取采用欧氏距离法进行判定。因此，从本质上说，KNN 算法是一种相似算法，KNN 算法还被广泛应用于手写码识别（姜文等，2013）、人脸识别（杨淑平等，2013）等领域。本研究针对北京的 13 个气象站点分别构建各自的 KNN 分类器进行预测。预测时，本研究所用的气象要素基于 ECMWF 细网格模式获得，$PM_{2.5}$ 浓度数据基于 BREMPS 模式获得。

5.4.1.2 试验结果及分析

（1）KNN 分类器中属性变量选取

基于 KNN 数据挖掘算法进行霾等级预报的关键是构建合理的 KNN 分类器，而属性变量选取合适与否又对分类器的准确率至关重要。本研究的 KNN 分类器属性变量基于相关分析获得。由霾的定义可知，相对湿度和能见度是定义霾等级的两个关键要素。表 5.1 给出了它们与能见度的相关系数。图 5.5 给出了相关气象要素与能见度的散点图。由图 5.5a 及表 5.1 可知，$PM_{2.5}$ 浓度与能见度的相关系数为－0.69，通过了 0.001 的置信度检验。两者可用关系式 $y=-8.337\ln x+49.726$ 来进行拟合（y 为能见度，x 为 $PM_{2.5}$ 浓度）。由图还可以发现，当 $PM_{2.5}$ 浓度＜70 $\mu g \cdot m^{-3}$ 时，随着浓度增大，能见度急剧变小；反之，当 $PM_{2.5}$ 浓度＞70 $\mu g \cdot m^{-3}$ 时，随着浓度增高，其对能见度的影响程度逐渐减小。由图 5.5b 可知，露点温度与能见度之间呈现负相关关系，其相关系数 $r=-0.31$，通过 0.001 的置信度检验（表 5.1），即随着露点温度升高（水汽含量增加），能见度逐渐减小。图 5.5c 给出相对湿度和能见度的相关关系。相对湿度与能见度之间也呈现负相关关系，相关系数为－0.49，通过 0.001 的置信度检验。能见度和相对湿度之间可用关系式 $y=-11.22\ln x+59.767$ 来进行拟合（y 为能见度，x 为相对湿度），即随着相对湿度增加，能见度逐渐减小。由图进一步可以发现，当相对湿度＜60％时，随着相对湿度的增加，能见度减小的程度较大；反之，当相对湿度＞80％时，随着相对湿度的增加，能见度减小的程度较小。王京丽和刘旭林（2006）发现空气中的细粒子浓度与大气能见度存在显著的相关关系；曹伟华等（2013）在分析北京的低能见度天气时，也发现相对湿度和 $PM_{2.5}$ 浓度是影响能见度大小的两个关键因子。图 5.5d 则反映了风速与能见度之间的相关关系。风速与能见度的相关系数为 0.23，两者之间整体呈现正相关关系，即随着风速增大，扩散条件转好，能见度逐渐增大。同时，图 5.5d 也表明当风速＜2 $m \cdot s^{-1}$ 时（即传统意义上的小风速），能见度一般＜10 km；但是当风速＞2 $m \cdot s^{-1}$ 且＜4 $m \cdot s^{-1}$ 时，既有很大一部分样本的能见度在 10 km 以上，也有许多样本的能见度在 10 km 以下。

表 5.1　各种气象要素与能见度的相关系数

气象要素	相对湿度	露点温度	风速	$PM_{2.5}$ 浓度
与能见度的相关系数 r	－0.49	－0.31	0.23	－0.69

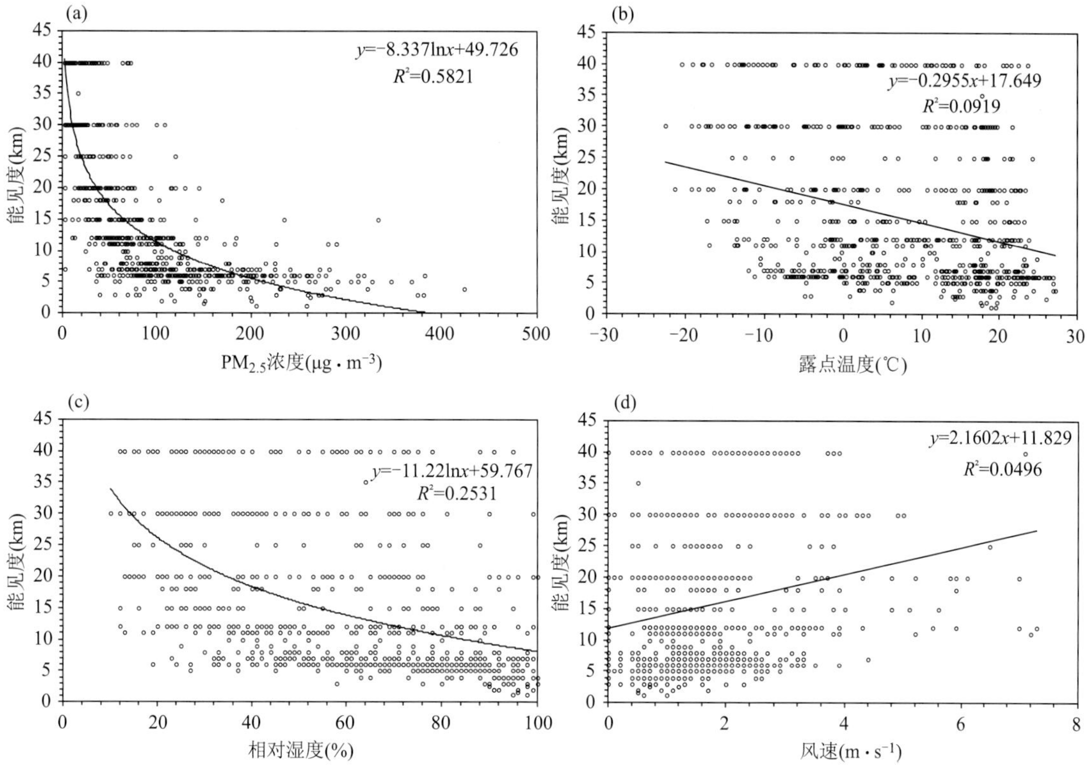

图 5.5 能见度与各种气象要素的散点图

（a）$PM_{2.5}$ 浓度；（b）露点温度；（c）相对湿度；（d）风速

上述要素虽然都与能见度有一定的影响，但用单一的气象要素肯定不能很好表征能见度的变化，这也充分说明了能见度变化的复杂性。以风为例，在实际业务值班过程中经常发现，当华北区域整体盛行 2～4 $m \cdot s^{-1}$ 的偏北风时（其通常意味着弱冷空气南下，常见于霾天气的结束期），由于扩散条件转好，北京地区的能见度逐渐转好；而当华北南部地面盛行 2～4 $m \cdot s^{-1}$ 的偏南风时，由于其将河北南部的气溶胶粒子输送到北京地区，并导致北京地区 $PM_{2.5}$ 浓度升高，因此，通常导致本地能见度的下降。但是，当南风风速过大（5～8 $m \cdot s^{-1}$）时，虽然气溶胶输送也很明显，过大的地面风也意味着低层扩散条件转好，能见度反而有所降低。风速、风向对能见度均有较大的影响，这也是 KNN 训练集中将风分解为 u、v 风两个分量的原因。

另外，鉴于气温和气压是表征天气系统的两个最基本的要素，其对冷空气活动、天气系统的表征具有关键意义，因此也入选了训练属性集。

（2）K 参数的选取

KNN 算法中 K 值的选取对于分类器的准确率有较大的影响。为便于在最邻近的子集中进行投票，K 值的选取一般为奇数。若 K 值太小，则 KNN 分类结果容易受到噪声的影响；反之，若 K 的取值过大，则分类器提取的最邻近子集中容易因为包含过多的错误点而对分类准确率产生影响。

交叉验证（cross validation）俗称循环估计法，其统计学上将数据样本切割成较小子集进行验证的实用方法。通常先在一个子集上做分析，而其他子集则用来做后续对此分析的确认及验证。交叉验证是一种评估统计分析、机器学习算法对独立于训练数据的数据集的泛化能力的实验方法。本研究的 K 值采用交叉验证方式进行确定。表 5.2 给出了 K 分别取 3、5 和 7 时的分类准确率。结果（表 5.2）表明：当 $K=3$、5 或 7 时，北京各气象站的交叉检验准确率均在 80.0%以上，13 个站点的平均准确率分别为 88.2%、85.8%和 84.7%，且 $K=3$ 时，各站的分类准确率明显优于 $K=5$ 或 7 的结果，而 $K=5$ 的结果又优于 $K=7$ 的结果。因此，采用 $K=3$ 来建立 KNN 模型。

表 5.2　K 取 3、5 或 7 时 KNN 算法的交叉检验准确率（%）

站点	准确率		
	$K=3$	$K=5$	$K=7$
顺义	88.4	87.3	86.7
海淀	87.0	83.6	82.4
延庆	89.0	86.3	84.8
密云	87.3	85.0	83.6
怀柔	85.1	81.0	80.0
平谷	90.4	88.0	87.1
通州	88.9	87.5	87.7
朝阳	87.7	84.4	83.5
昌平	90.5	88.1	87.1
门头沟	91.4	89.6	88.0
南郊	85.5	81.3	79.4
石景山	88.3	86.6	85.4
丰台	86.7	86.7	85.1
平均准确率	88.2	85.8	84.7

（3）KNN 分类器的准确率分析

为了解 KNN 分类器对各级霾的预报性能，表 5.3 进一步给出了 KNN 分类器对各级霾分类的交叉检验结果。表 5.3 中横轴代表霾的预报，纵轴表示霾的实况，交叉线（底色为红色的表格）代表预报准确率，其余代表漏报率。由表 5.3 可知：①当 KNN 分类器预报没有霾时，预报准确率高达 91.8%；轻微霾漏报的概率为 6.9%，而轻度霾、中度霾和重度霾漏报的概率均<1%。②当 KNN 分类器预报有轻微霾时，空报的概率为 16.1%，预报正确的概率高达 67.4%，轻度霾漏报的概率为 11.2%，中度和重度霾漏报的概率均<5%。③当 KNN 分类器预报有轻度霾时，空报的概率为 4.7%，预报正确的概率高达 59.8%。实况较预报偏轻，为轻微霾的概率为 21.4%；实况较预报偏重，为中度和重度霾漏报的概率分别为 10.4%和 3.7%。④当 KNN 分类器预报有中度霾时，空报的概率仅有 1.4%，预报正确的概率为 53.4%；实况较预报偏轻，为轻微霾或轻度霾的概率分别为 13.9%和 18.8%；实况较预报偏重（实况为重度霾）的概率为 12.5%。⑤当 KNN 分类器预报有重度霾时，空报的概率为 2.6%，等级预报完全正确的概率为 60.4%。

综上所述，KNN 分类器预报霾的有无时空报或漏报率较低，而且霾的等级预报的准确率较高。但是，当模型预报有霾时，对于相邻等级的区分存在一定的误差。事实上，按照

《霾的观测和预报等级》（QX/T 113—2010）标准进行霾的等级划分时，有些等级范围较窄（例如：规定中度霾能见度为 2～3 km），加上能见度观测本身存在一定的误差，因此本研究构建的 KNN 分类器具有一定的业务实用价值。

表 5.3　KNN 分类器对各级霾的交叉检验结果

实况	预报				
	无霾	轻微霾	轻度霾	中度霾	重度霾
无霾	91.8%	16.1%	4.7%	1.4%	2.6%
轻微霾	6.9%	67.4%	21.4%	13.9%	16.2%
轻度霾	0.8%	11.2%	59.8%	18.8%	8.4%
中度霾	0.3%	3.6%	10.4%	53.4%	12.3%
重度霾	0.1%	1.8%	3.7%	12.5%	60.4%

（4）基于 KNN 算法的实际业务预报系统

本研究所用的 KNN 算法由 Python 语言进行编码。由于 Python 语言是一种脚本语言，因此，很便于气象领域搭建实际的业务预报系统。基于 KNN 算法，搭建了北京地区站点霾等级预报系统。平台的气象要素预报由 EC 细网格模式输出场通过插值获得，$PM_{2.5}$ 浓度则由 BREMPS 模式获得。平台每天 20 时启动一次，起报未来 72 h 的霾等级，时间分辨率为 3 h。2014 年 8 月 29 日—9 月 2 日，北京地区出现了一次霾天气过程，部分站点伴随降水。图 5.6 给出了北京地区三个基本站（南郊、密云和延庆）72 h 时效内间隔 3 h 的预报与实况的对比。图 5.6a 表明，所有 25 个观测时次均出现了不同程度的霾，而预报有 19 个时次有霾，霾的有无准确率达到 76%。但是在 29 日夜间的初始阶段，实况处于轻微—中度霾，KNN 预报系统预报偏重。8 月 30 日白天和 9 月 2 日 14 时白天，实况为轻度—中度霾，KNN 预报系统预报为无霾，预报偏轻。经过天气分析可知，8 月 29 日 14 时和 9 月 2 日 14 时 EC 细网格模式的相对湿度预报较实况偏低，这可能也是 KNN 模式预报偏轻的主要因素。密云站（图 5.6b）和延庆站（图 5.6c）的有无预报准确率分别达到 64% 和 84%，但在霾的等级精确程度略有欠缺。

5.4.1.3　小结

本节研究了将基于数据挖掘技术的 KNN 算法与天气模式和大气成分模式相结合实现霾的分级客观预报的方法，得到以下结论：

（1）霾预报的 KNN 分类器属性特征由温度、气压、相对湿度、露点温度、u 风、v 风以及 $PM_{2.5}$ 浓度等 7 个变量构成，标志量为霾的等级；

（2）KNN 分类器分别 K 取 3、5 或 7 的试验结果表明，北京地区 13 个站点的交叉检验准确率分别为 88.2%、85.8% 和 84.7%，且 $K=3$ 时的分类准确率明显优于 $K=5$ 或 7 时的结果。KNN 模型预报的整体预报准确率较高。预报无霾时的准确率高达 91.8%，漏报概率很小。KNN 模型预报有霾时，空报的概率较低，预报准确率较高；

（3）2014 年 8 月 29 日—9 月 2 日北京地区一次霾天气过程的预报结果表明，南郊观象台、密云和延庆站的霾有无预报准确率分别达到 74%、64% 和 84%。

应该指出，由于受到大气成分监测资料的限制，本研究只采用了 2013 年的分析数据作为训练样本集，在一定程度上影响了预报准确率。而且，目前 KNN 霾分类算法直接运用了

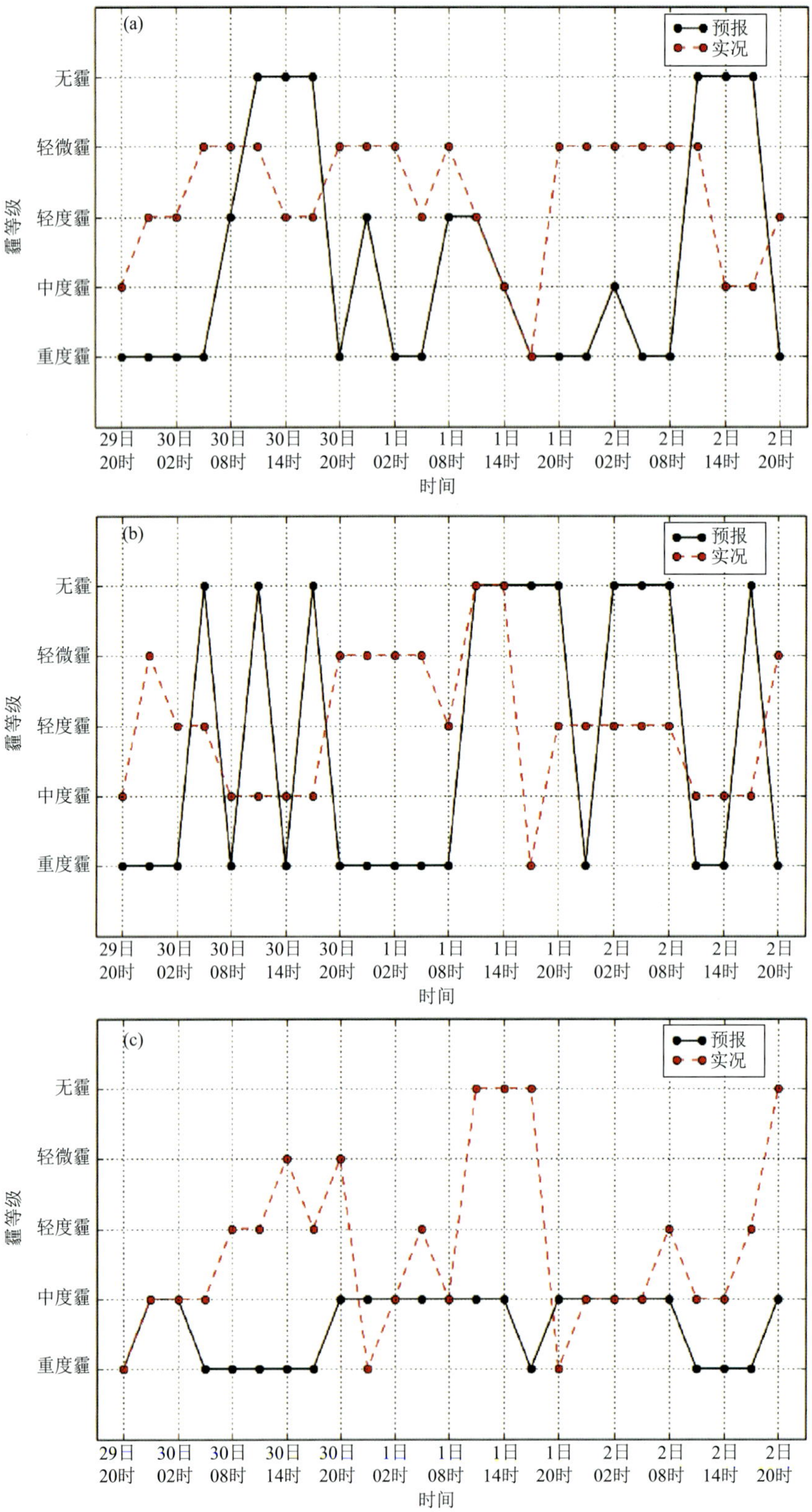

图 5.6 基于 KNN 算法制作的北京地区霾等级预报业务产品

（a）南郊观象台；（b）密云站；（c）延庆站

大气化学模式 BREMPS 的结果，接下来待 $PM_{2.5}$ 浓度资料累积到一定程度后，可对 BREMPS 的预报结果进行必要的订正。因此，KNN 霾分类算法的准确率仍然有进一步提升的空间。

5.4.2 基于数据挖掘算法和数值模拟技术的大气污染减排效果评估

近些年京津冀地区采取了大量污染减排措施，如何客观评估减排效果是大气环境领域目前的研究难点。为评估大气污染过程减排效果，利用北京地区常规气象资料、国控站 $PM_{2.5}$ 浓度资料，遴选了北京地区 2018 年 3 月 11—14 日和 2013 年 3 月 14—17 日两次空气污染过程，计算了大气容量系数、静稳指数，并利用 KNN 数据挖掘算法和 WRF-Chem 模式，对比分析了有无减排条件下的 $PM_{2.5}$ 日均浓度。结果表明：两次空气污染过程的天气形势和局地气象条件较相似，就大气热力和动力的垂直结构来看，2018 年过程比 2013 年过程的大气稳定性更强、边界层高度更低、环境容量更小，但 $PM_{2.5}$ 峰值浓度却显著下降，平均浓度明显降低，$PM_{2.5}$ 小时浓度的增长趋势相对平缓，重污染持续时间缩短。KNN 数据挖掘算法减排评估结果显示，此方法能够较好地预测 $PM_{2.5}$ 日均浓度的变化趋势，2018 年 3 月 11—14 日，在减排和不减排情景下 $PM_{2.5}$ 日均值分别为 171 $\mu g \cdot m^{-3}$ 和 229 $\mu g \cdot m^{-3}$，减排使得 $PM_{2.5}$ 过程平均浓度下降了 25.3%。数值模拟结果与 KNN 数据分析结论吻合，进一步验证了减排措施的有效性。综合看来，2018 年污染过程中 $PM_{2.5}$ 浓度相比历史相似气象条件下的污染过程显著降低，是长期大力度减排效果的体现。

5.4.2.1 静稳指数、大气容量指数

静稳天气与大气重污染的发生有紧密联系，为定量描述大气的静稳程度，国家气象中心研发了静稳天气综合指数。通过客观方法挑选出发生大气污染的气象要素及其阈值条件，通过权重求和构建了静稳天气指数（SWI），静稳天气指数和 $PM_{2.5}$ 浓度有较好的相关性，并对静稳指数在北京进行了本地化改进，能够在一定程度上指示大气污染扩散条件的变化（张恒德等，2016，2017；马学款等，2017）。建立静稳天气指数的具体方法有 4 步：①根据文献调研和预报经验挑选静稳天气相关气象因子；②确定各气象因子的阈值，如果因子落在阈值范围内则表示该因子支持静稳天气的形成；③根据各因子在不同阈值范围内对静稳天气形成作用的大小分配权重，作用越大给予越高的权重；④对所有落在阈值范围内的因子权重求和，得到静稳天气指数（SWI）：

$$\mathrm{SWI} = \sum_{i=1}^{n} W_i \tag{5.1}$$

式中，n 为静稳天气相关的气象因子个数，W_i 为各因子在不同阈值范围内给予的权重。具体对应关系见表 5.4。

表 5.4 计算静稳天气指数的气象要素、阈值及权重

因子(i)	阈值	权重(W)
地表 24 h 变温	<3 ℃	2
海平面气压	1010～1030 hPa	1
24 h 变压	<3 hPa	1

续表

因子(i)	阈值	权重(W)
2 m 相对湿度	40%～60%	1
2 m 相对湿度	60%～70%	2
2 m 相对湿度	70%～80%	3
2 m 相对湿度	80%～90%	4
2 m 相对湿度	>90%	5
850 hPa 散度绝对值	$<2\times10^{-5}$ s^{-1}	1
10 m 水平风速	3～4 $m\cdot s^{-1}$	1
10 m 水平风速	2～3 $m\cdot s^{-1}$	3
10 m 水平风速	<2 $m\cdot s^{-1}$	4
850 hPa 垂直速度	<0.2 $hPa\cdot s^{-1}$	2
混合层高度	800～1500 m	1
混合层高度	300～800 m	2
混合层高度	<300 m	4
逆温层	850～925 hPa、925～1000 hPa 和 850～1000 hPa 三层中只要存在一层逆温	3

大气容量系数是表征大气对污染物容纳能力的重要指标，计算方法依据 GB/T 3840—91 算法开展研究（徐大海和朱蓉，1993）。

$$A = 3.1536\times10^{-3}\times\frac{\sqrt{\pi}}{2}\times V_E + W_r\times R\times\sqrt{S} \tag{5.2}$$

$$V_E = \int_0^H u(z)\mathrm{d}z \tag{5.3}$$

式中，A 为大气容量系数；V_E 为通风量（$m^2\cdot s$）；H 代表混合层厚度（m）；z 代表混合层内距离地面的高度（m）；u 表示混合层内 z 高度上的风速（$m\cdot s^{-1}$）；W_r 代表清洗比；R 代表降水量（$mm\cdot d^{-1}$）；S 代表单位面积（km^2），并以 $PM_{2.5}$ 中的空气质量良和轻度污染等级对大气容量系数转化为 $PM_{2.5}$ 相关指数进行对比分析。

5.4.2.2 空气质量模拟

空气质量模拟选用区域化学传输模式 WRF-Chem，该模式采用气象模式（WRF）和大气化学模式（Chem）在线耦合方式同步计算物理、化学过程，可有效减少离线计算由于时间和空间差值带来的误差，同时实现气象-化学反馈效应的研究。此外，就研究真实大气而言，模式考虑了较为详尽的物理、化学过程，广泛地应用于区域污染成因及改善效果研究（徐敬等，2015；赵秀娟等，2016）。模拟研究选用的主要物理、化学过程方案设置参见赵秀娟等（2016）。

模式气象场输入采用北京市气象局基于 WRF 模式和 WRFDA 三维变分同化模块构建的中尺度气象数值预报系统的模拟结果，该系统同化了大量常规气象资料、GPS 水汽、飞机观测及天气雷达资料等，准确的气象场输入显著提高了区域化学模式的模拟能力。

模式输入的初始排放源来自清华大学创建的 MEIC 排放清单（Hong et al.，2017），该清单的代表年份为 2012 年，水平分辨率为 0.1°×0.1°，初始清单反映了未减排情况下污染源的排放状况；以初始清单为基础，依据“重污染天气应急预案”创建了减排清单，该清单反映了减排情况下接近污染源“真值”的排放状况。

5.4.2.3　交叉检验

交叉验证（cross validation）用于防止模型过于复杂而引起的过拟合，有时亦称循环估计，是一种统计学上将数据样本切割成较小子集的实用方法。于是可以先在一个子集上做分析，被称为训练集，而其他子集则用来做后续对此分析的确认及验证，被称为验证集或测试集。交叉验证是一种评估统计分析、机器学习算法对独立于训练数据的数据集的泛化能力。

5.4.2.4　大气污染气象条件分析

（1）大气环流条件分析

为了分析方便，将 2013 年 3 月 14—17 日空气污染过程称为 2013 年过程，而 2018 年 3 月 11—14 日空气污染过程称为 2018 年过程。图 5.7 和图 5.8 为两次重污染过程的大气环流形势，由图可知：2013 年过程京津冀地区 500 hPa 高空维持西北偏西气流，地面由高压后部逐渐转入低压弱辐合区控制，气压值最低为 997 hPa；2018 年过程的 500 hPa 高空也以西北气流为主，地面由高压后部逐渐转入低压弱辐合区中，气压值最低为 1002 hPa，京津冀及山东西部地区均受相同的低压辐合区影响。可见，两次空气污染过程的地面和高空环流形势基本相似，高空为偏西气流影响，地面受辐合区控制。

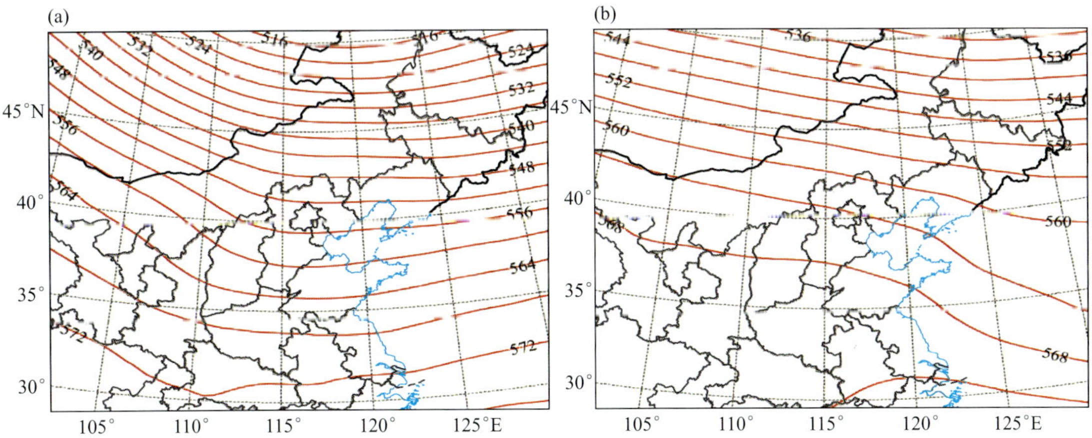

图 5.7　两次重污染天气过程的 500 hPa 高度场（单位：dagpm）

（a）2013 年 3 月 17 日 08 时；（b）2018 年 3 月 13 日 08 时

（2）大气温度垂直结构

图 5.9 给出了两次重污染天气过程大气温度垂直结构演变。由图 5.9 可知，2013 年过程中第一天（14 日）早晨无辐射逆温，2018 年过程第一天（11 日）早晨已经形成了双层逆温，两层逆温分别位于 850 hPa 和 1000 hPa 高度，说明 2018 年过程大气稳定层结的建立要早于 2013 年过程；2013 年过程在第一天（14 日）夜间才形成双层逆温，而 2018 年过程在第一天（11 日）夜里 850 hPa 大气逆温强度进一步增大，大气层结的稳定性进一步增强；继续分析两个过程后两天的平均逆温强度，均会发现 2018 年过程逆温强度强于 2013 年过程。2013 年过程最强逆温出现在 15 日，逆温强度为 5 ℃。2018 年过程的最强逆温出现在

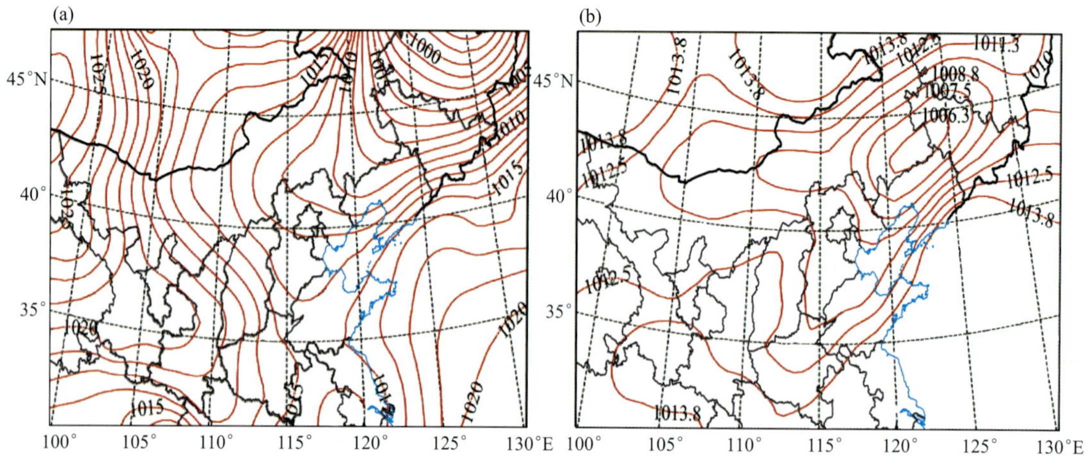

图 5.8　两次重污染天气过程的海平面气压场（单位：hPa）
（a） 2013 年 3 月 17 日 08 时；（b） 2018 年 3 月 13 日 08 时

12 日，逆温强度高达 12 ℃。总的来看，从逆温强度、逆温垂直结构、逆温维持时间来看，2018 年过程的大气污染垂直扩散条件较 2013 年过程更为不利。

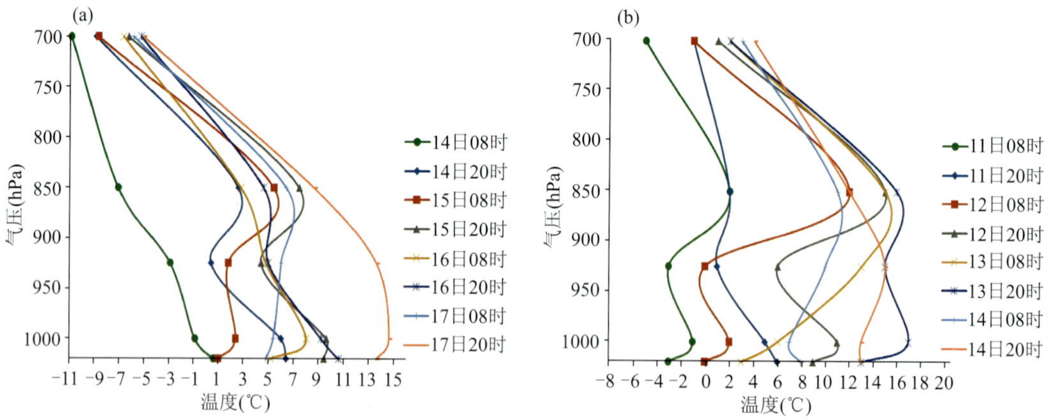

图 5.9　两次重污染天气过程的探空曲线演变
（a） 2013 年 3 月 14—17 日垂直逆温；（b） 2018 年 3 月 11—14 日垂直逆温

（3）地面气象条件

由图 5.10 可见，2013 年过程期间，北京大部分时段风速较小，其中小于 3 级（3.4 $m\cdot s^{-1}$）时次占总时次的 92.6%，小于 2 级（1.6 $m\cdot s^{-1}$）时次占比 44.2%。相对湿度有显著日变化特征，白天最小相对湿度 40%左右，夜间最大相对湿度 80%以上，平均相对湿度 60%。2018 年过程期间，风速小于 3 级（3.4 $m\cdot s^{-1}$）时次占总时次的 97.8%，小于 2 级（1.6 $m\cdot s^{-1}$）时次占比 56.5%。相对湿度亦呈现显著日变化特征，白天最小相对湿度在 30%～40%，夜间最大相对湿度 90%以上，平均相对湿度 55%。总体看来，两次重污染天气过程均呈现出近地面水平风速小、湿度大、空气饱和程度高的特征，气象条件特征基本一致。

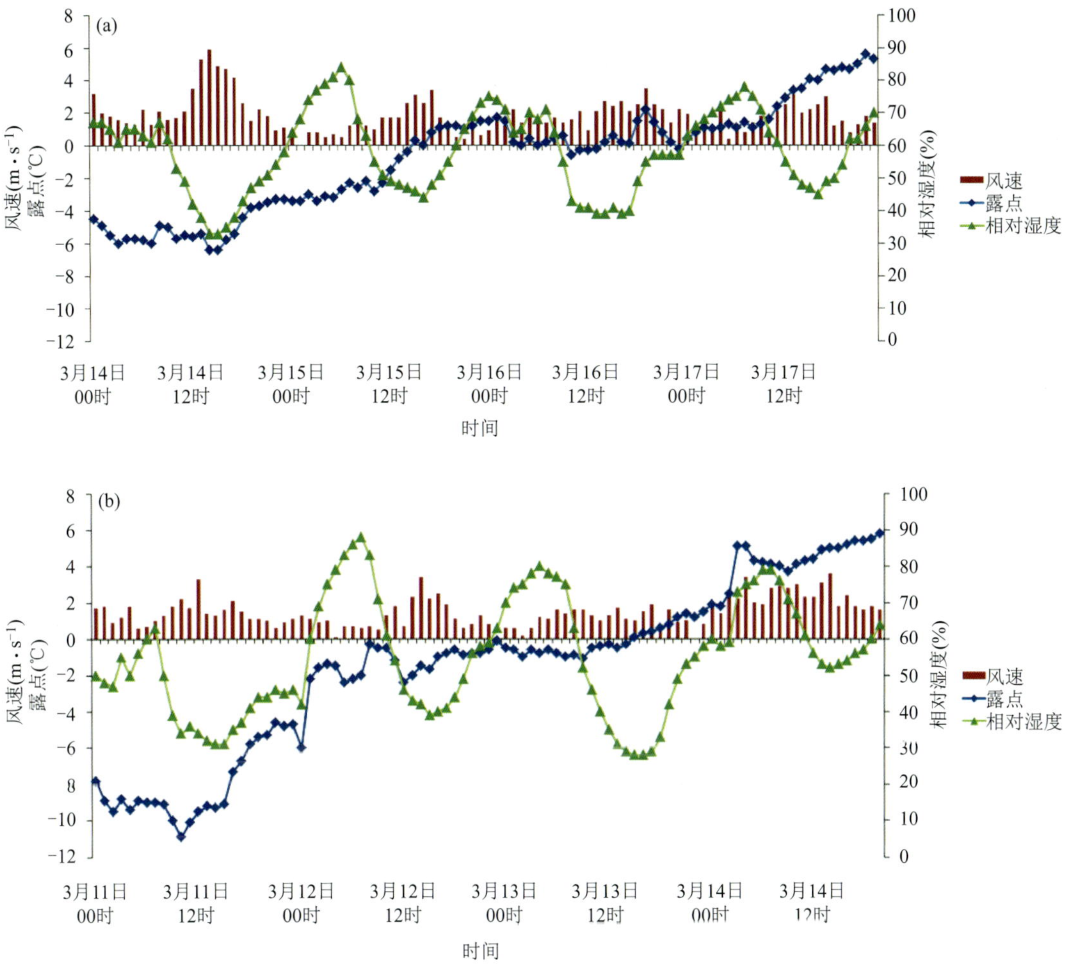

图 5.10　两次重污染天气过程的逐时风速、露点、相对湿度

（a） 2013 年；（b） 2018 年

（4）表征大气污染扩散条件的综合指数

如表 5.5 所示，静稳指数、边界层高度和大气环境容量系数是衡量大气扩散条件的三个综合性指标。静稳指数越高、边界层高度越低、环境容量系数越小，代表大气扩散条件越差；反之，代表扩散条件越好。表 5.5 给出两次重污染天气过程的综合指数，由表 5.5 可知，2018 年过程的静稳指数平均值为 17，2013 年过程的静稳指数为 13，2018 年过程的静稳程度更强。2018 年过程的平均边界层高度为 690 m，明显低于 2013 年过程的 896 m。2018 年过程环境容量系数为 0.49，2013 年过程为 0.86。总之，从综合指数的表现来看，2018 年过程较 2013 年过程的气象条件更不利于污染物扩散。上述现象的发生主要是强逆温所致。2018 年过程中，北京地区中层回暖显著，850 hPa（约距地面 1500 m 高度）温度明显偏高，导致北京地区强逆温层的发展，严重抑制了大气污染物的垂直扩散能力。与 2013 年过程相比，2018 年过程的大气稳定性更强、边界层高度更低、环境容量更小，气象条件更不利于污染物扩散。

表 5.5 2018 和 2013 年两次重污染天气过程的综合指数

2018 年	静稳指数	边界层高度(m)	环境容量系数	2013 年	静稳指数	边界层高度(m)	环境容量系数
3 月 11 日	15	781	0.51	3 月 14 日	13	1200	1.30
3 月 12 日	19	594	0.51	3 月 15 日	15	1002	0.76
3 月 13 日	17	702	0.29	3 月 16 日	12	757	0.60
3 月 14 日	18	684	0.65	3 月 17 日	13	624	0.83
平均值	17	690	0.49	平均值	13	896	0.86

(5) 两次空气污染过程的 $PM_{2.5}$ 浓度对比

气象条件对比分析表明，2018 年过程较 2013 年过程更不利于污染物的扩散。由此推测，空气污染物排放量不变的情况下，2018 年过程的污染程度可能比 2013 年过程更重。

选取生态环境局国控站农展馆（朝阳）作为代表，对两次重污染过程 $PM_{2.5}$ 小时浓度变化趋势进行分析（图 5.11），结果发现存在如下 4 个主要特征。

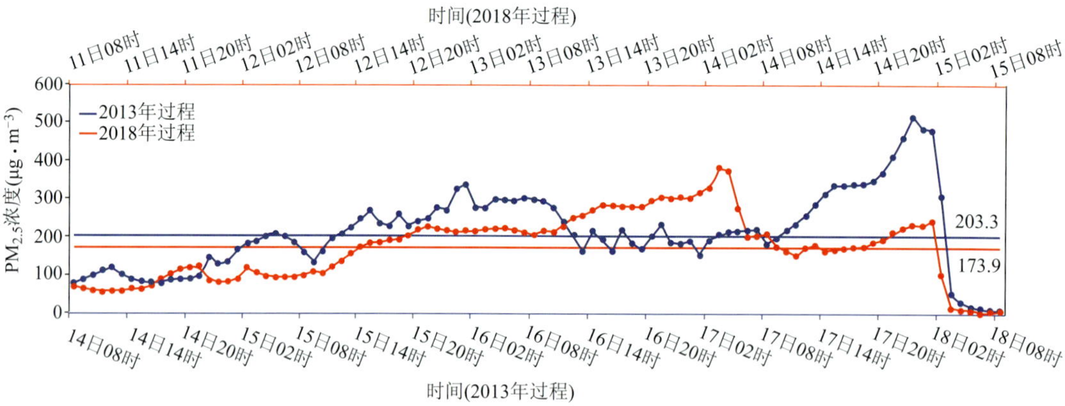

图 5.11 两次重污染天气过程的朝阳农展馆的 $PM_{2.5}$ 小时浓度变化

（蓝色横线代表 2013 年污染过程的平均浓度；红色横线代表 2018 年污染过程的平均浓度）

2018 年过程的 $PM_{2.5}$ 峰值浓度较 2013 年过程显著下降。2013 年过程朝阳站 $PM_{2.5}$ 峰值浓度出现在 3 月 17 日 23 时，浓度值高达 515 $\mu g \cdot m^{-3}$。2018 年过程朝阳站 $PM_{2.5}$ 峰值浓度出现在 3 月 14 日 03 时，浓度值 384 $\mu g \cdot m^{-3}$。2018 年过程的峰值浓度较 2013 年过程降低 131 $\mu g \cdot m^{-3}$，下降幅度为 25.4%。2018 年过程的 $PM_{2.5}$ 平均浓度较 2013 年过程明显降低。2013 年过程的 $PM_{2.5}$ 平均浓度为 213.7 $\mu g \cdot m^{-3}$，2018 年过程的 $PM_{2.5}$ 平均浓度为 173.9 $\mu g \cdot m^{-3}$。2018 年过程的峰值浓度较 2013 年过程降低 39.8 $\mu g \cdot m^{-3}$，下降幅度为 18.6%。2018 年过程的重污染持续时间较 2013 年过程大幅缩短。2018 年过程轻度以上污染（$PM_{2.5}$ 小时浓度≥75 $\mu g \cdot m^{-3}$）持续时间为 82 h，较 2013 年过程减少 9.9%；重度以上污染（$PM_{2.5}$ 小时浓度≥150 $\mu g \cdot m^{-3}$）持续时间 61 h，较 2013 年过程减少 16.4%。2018 年过程的 $PM_{2.5}$ 浓度增长趋势较 2013 年平缓，未出现爆发性增长现象。2013 年过程出现了 $PM_{2.5}$ 爆发性增长现象。2013 年 3 月 17 日 20 时 $PM_{2.5}$ 小时浓度仅为 371 $\mu g \cdot m^{-3}$，17 日 23 时飙升到 515 $\mu g \cdot m^{-3}$，3 h 内增加 144 $\mu g \cdot m^{-3}$。2018 年 3 月 13 日 20 时 $PM_{2.5}$ 小时浓度为 297 $\mu g \cdot m^{-3}$，14 日 03 时上升到 384 $\mu g \cdot m^{-3}$，7 h 内增加 87 $\mu g \cdot m^{-3}$，增长幅度小

于 2013 年过程，爆发性增长不显著。

（6）KNN 算法交叉检验

选择常用的 K 折交叉验证（k-fold cross Validation）方法，结合研究对象的实际情况，将 2013 年 12 个月分别作为一个子集，即 $K=12$。每次将其中一个子集作为测试集，剩下的 K-1 个子集作为训练集进行训练，得到的结果平均相关系数和 RMSE 分别为：0.78 和 46.8 $\mu g \cdot m^{-3}$，KNN 数据挖掘算法对不同月份 $PM_{2.5}$ 浓度的预测具有较好的稳定性（表 5.6）。

表 5.6　2013 年 KNN 算法交叉检验结果

月份（测试子集）	相关系数	RMSE（$\mu g \cdot m^{-3}$）
1	0.69	104.1
2	0.82	40.4
3	0.87	49.6
4	0.87	21.3
5	0.72	30.4
6	0.71	43.5
7	0.68	53.1
8	0.82	52.2
9	0.73	63.3
10	0.79	46.0
11	0.89	28.4
12	0.88	30.1
平均	0.78	46.8

利用 KNN 数据挖掘算法、大气静稳指数、大气容量系数及空气质量模拟技术定量评估了 2013 年和 2018 年两次空气污染过程及减排效果。利用 KNN 数据挖掘算法对 2013 年 3 月 $PM_{2.5}$ 浓度进行预报，预报结果显示总体低于观测，尤其是在 $PM_{2.5}$ 日均浓度超过 100 $\mu g \cdot m^{-3}$ 低估条件下，低估更为明显，这主要与 KNN 数据挖掘算法本身计算特性有关，KNN 数据挖掘算法本质上是寻找历史数据库中与未来所要发生情景下局地气象要素最为相似的多个样本，对多个个例依据与未来情景相似程度进行排序，并依据排序结果客观地赋予不同样本不同的权重，最后对这些不同权重下的历史样本求取平均值得到预报结果，多样本计算的优势类似于数值天气预报中的集合预报方法，通过初始值扰动或多模式集合，提高预报的准确性，最大程度降低单一结果带来的较大误差，但 KNN 算法也会带来不确定性，多样本结果虽降低了单一结果的不确定性，但另一面也降低了对极端事件的预报能力，本研究中则体现为虽能较好地预报出重污染过程，但对 $PM_{2.5}$ 高污染日极端污染程度的预报能力不足；另外对 KNN 算法进行训练的历史数据库更多地由气象信息组成，虽能在一定程度上间接包含历史上非均相反应等复杂的大气化学过程信息，但仍不完备，这可能是 KNN 算法对 $PM_{2.5}$ 高浓度日预报偏小的另一个原因。此外，KNN 算法本身也需要进一步完善，包括历史数据库中应建立大气水平和垂直结构三维空间相似和过程累积时间相似的信息，尝试将大气化学过程以某种简洁的方式进行综合考虑，还要深刻研究极端污染条件下 $PM_{2.5}$ 浓度预报不确定的问题。

KNN 算法的减排效果评估得出 2018 年 3 月 11—14 日，在减排和不减排情景下 $PM_{2.5}$

日均浓度分别为 171 $\mu g \cdot m^{-3}$ 和 229 $\mu g \cdot m^{-3}$。计算得出减排对污染物浓度下降贡献了 58 $\mu g \cdot m^{-3}$，KNN 算法的均方根误差（RMSE）为 45 $\mu g \cdot m^{-3}$，一般来讲，KNN 算法对空气污染过程中 $PM_{2.5}$ 浓度预报结果容易偏低，即便以最极端的情况考虑，减排对污染物浓度下降贡献了 58 $\mu g \cdot m^{-3}$ 中有 45 $\mu g \cdot m^{-3}$ 为预报的偏差，那么仍然有 13 $\mu g \cdot m^{-3}$ 为减排取得的贡献。KNN 数据挖掘算法有其固有的优点和劣势，我们将在后期工作中不断完善数据算法，提高其对空气污染减排过程的评估和预报能力。

（7）减排效果评估

① 基于 KNN 算法的减排效果评估

基于 2013 年全年日均相对湿度、日均风速、日均能见度、日均变温、日均变压、国控 12 站 $PM_{2.5}$ 浓度监测数据，作为 KNN 算法的训练数据，利用 2013 年 3 月的 $PM_{2.5}$ 日均浓度作为预报对象，用其检验 KNN 算法的预报效果。由图 5.12 可见，2013 年 3 月 $PM_{2.5}$ 国控 12 站日均预报浓度与真实监测浓度有较好的相关性，相关系数达到 0.86，并通过显著性检验，均方根误差（RMSE）为 45 $\mu g \cdot m^{-3}$，KNN 方法能较好地预报出日均 $PM_{2.5}$ 浓度。

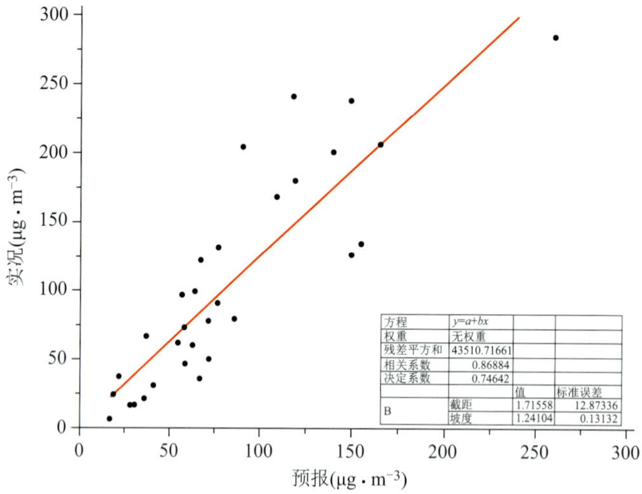

图 5.12　2013 年 3 月国控站 $PM_{2.5}$ 日均预报浓度和监测浓度

图 5.13 为 2018 年 3 月国控站 $PM_{2.5}$ 日均预报浓度（未减排情景）和监测浓度（减排情景）。$PM_{2.5}$ 日均预报浓度为使用 KNN 算法的预报浓度，即在 2013 年未减排情景下，寻找与 2018 年 3 月每日气象条件最相似气象条件的 2013 年的 16 个样本，并对找到的样本依据气象条件相似程度给出不同的权重系数，相似程度越高，此权重系数越大，以此计算每日的 $PM_{2.5}$ 日均浓度。而减排情景则为 2018 年 3 月政府采取的真实减排情景下，国控站监测到的 $PM_{2.5}$ 日均浓度。

由图 5.13 可见，2018 年 3 月减排情景和未减排情景 $PM_{2.5}$ 日均浓度变化趋势较一致，两者的相关系数为 0.72，通过了显著性检验，两情景下 $PM_{2.5}$ 日均峰值和谷值浓度出现的时间较为一致，说明气象条件是影响北京地区 $PM_{2.5}$ 浓度的重要因素，但在大部分空气污染过程下，减排情景的 $PM_{2.5}$ 日均浓度低于未减排情景，在减排和不减排情景下，2018 年 3 月的平均浓度为 90 $\mu g \cdot m^{-3}$ 和 112 $\mu g \cdot m^{-3}$。就具体空气污染过程来看，2018 年 3 月 11—14 日，在减排和不减排情景下 $PM_{2.5}$ 日均浓度分别为 171 $\mu g \cdot m^{-3}$ 和 229 $\mu g \cdot m^{-3}$，可见

2018 年 3 月 11—14 日空气重污染过程是长期大力度减排政策下一次减排效果的具体体现。上述分析表明：在相似的气象条件下，由于减排因素影响，本轮重污染天气过程的 $PM_{2.5}$ 峰值浓度显著下降、平均浓度明显降低、重污染持续时间缩短。

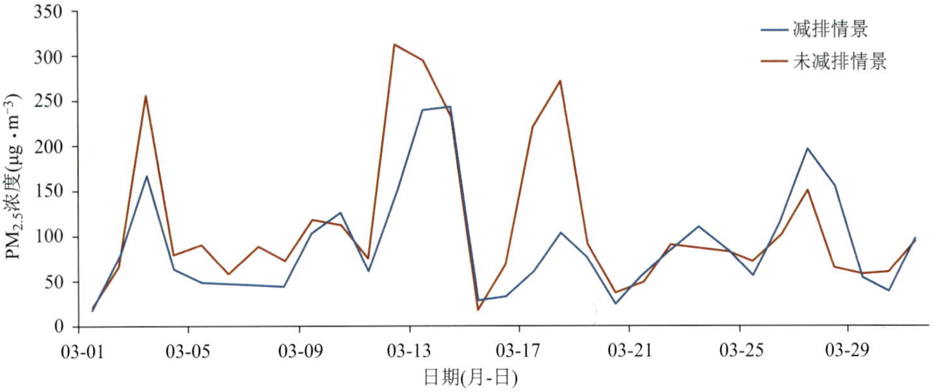

图 5.13　2018 年 3 月国控站 $PM_{2.5}$ 日均预报浓度（未减排情景）和监测浓度（减排情景）

② 基于数值模式的减排效果评估

利用 WRF-Chem 模式，分别采用未减排的初始清单（方案 1）和实施减排后的减排清单（方案 2），对 2018 年污染过程进行数值模拟对比试验。结果表明，就整个过程而言（表 5.7），方案 1 模拟的北京地区 $PM_{2.5}$ 平均浓度为 211 $\mu g \cdot m^{-3}$，方案 2 模拟的北京地区 $PM_{2.5}$ 平均浓度为 180 $\mu g \cdot m^{-3}$，即减排措施使北京地区本次污染过程 $PM_{2.5}$ 浓度下降 31 $\mu g \cdot m^{-3}$，下降比例为 14.6%。

表 5.7　不同试验方案的模拟结果

方案	气象场	排放源	$PM_{2.5}$ 平均浓度($\mu g \cdot m^{-3}$)
方案 1	2018 年过程气象场	未减排初始清单	211
方案 2	2018 年过程气象场	减排清单	180

实施减排后京津冀区域 $PM_{2.5}$ 浓度整体呈现下降趋势，下降比例空间分布不均。图 5.14 给出了 $PM_{2.5}$ 浓度下降比例的空间分布，由图可见，京津冀中南部的大部分地区下降比例在 5%～20%，河北中部至北京南部的狭窄带状区域内下降比例在 20%以上，河北西北部局地下降比例超过 40%，其余地区的下降比例低于 2%。

5.4.2.5　结论

（1）北京地区 3 月的这两次重污染天气过程发生在相似的环流形势和近地层气象要素的背景下，但边界层垂直结构有所差异，与 2013 年过程相比，2018 年过程的气象条件更不利于污染物扩散，主要表现在逆温强度更大、大气稳定性更强、边界层高度更低、环境容量更小。

（2）依据 KNN 数据挖掘算法结果表明减排情景下，2018 年过程的污染程度相对较轻，主要表现在 $PM_{2.5}$ 日均峰值浓度显著下降，平均浓度明显降低，重污染持续时间大幅缩短，$PM_{2.5}$ 浓度无爆发性增长，且增长趋势较为平缓，减排和不减排情景下 $PM_{2.5}$ 日均浓度分别

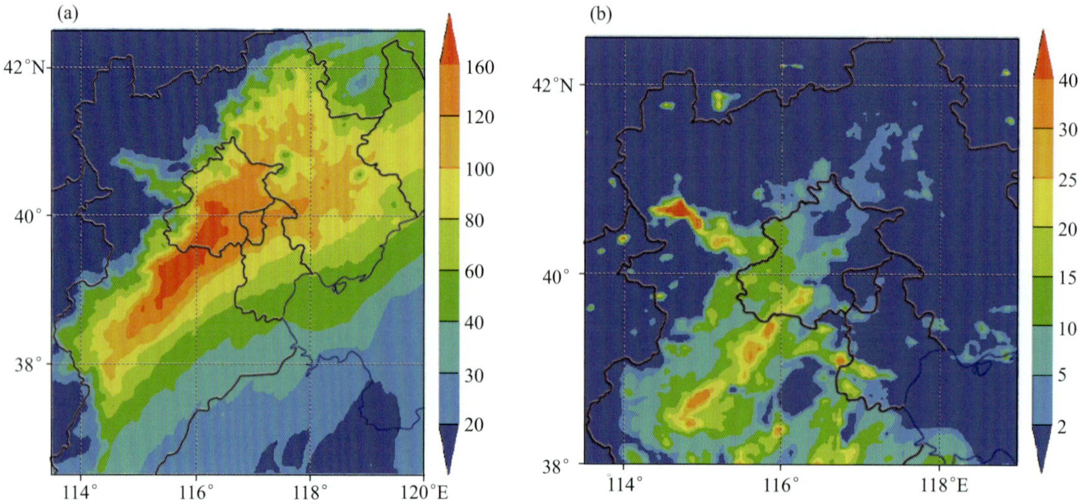

图 5.14 地面 $PM_{2.5}$ 过程平均浓度（a）（单位：$\mu g \cdot m^{-3}$）及浓度下降比例（b）（单位：%）空间分布

为 171 $\mu g \cdot m^{-3}$ 和 229 $\mu g \cdot m^{-3}$，即减排措施使北京地区本轮污染过程 $PM_{2.5}$ 浓度下降 58 $\mu g \cdot m^{-3}$，下降比例为 25.3 %。

（3）WRF-Chem 数值模式排放源对比试验模拟结果显示，减排与不减排情景下北京地区 $PM_{2.5}$ 平均浓度为 180 $\mu g \cdot m^{-3}$ 和 211 $\mu g \cdot m^{-3}$，即减排措施使北京地区本轮污染过程 $PM_{2.5}$ 浓度下降 31 $\mu g \cdot m^{-3}$，下降比例为 14.7%。

5.4.3 基于 ECMWF 数值预报的京津冀雾/霾中期预报试验

5.4.3.1 资料与方法

（1）资料与研究区域

本研究用到的资料有 EC 细网格中期数值预报的部分气象要素，其中地面要素为 0.1°×0.1°空间分辨率，气压层要素为 0.25°×0.25°空间分辨率。根据试验及先前的研究，选用对北京地区空气污染物有重要影响的气象因子作为潜在预报因子，主要有海平面气压（SLP）、地面 10 m 纬向风（U10）、地面 10 m 经向风（V10）、地面 10 面风速（Ws10）、1000 hPa 相对湿度（RH1000）、925 hPa 垂直速度（Z925）、850 hPa 纬向风（U850）、850 hPa 经向风（V850）、850 hPa 温度（T850）、500 hPa 高度场（H500）10 个要素。此外，地面台站观测资料主要有来自生态环境部国控站的逐时 $PM_{2.5}$ 监测数据以及中国气象局地面气象站的逐时或逐 3 h 的能见度数据等。目前对京津冀及周边地区 14 个重点城市进行了试验性预报，具体的城市信息如表 5.8 所示。

表 5.8 试验预报的 14 个城市及其城区经纬度范围

序号	城市	纬度范围	经度范围
1	北京	39.71°—40.11°N	116.20°—116.60°E
2	天津	38.93°—39.33°N	117.00°—117.40°E
3	石家庄	37.85°—38.25°N	114.31°—114.71°E

续表

序号	城市	纬度范围	经度范围
4	保定	38.66°—39.06°N	115.28°—115.68°E
5	济南	36.46°—36.86°N	116.81°—117.21°E
6	太原	37.63°—38.03°N	112.35°—112.75°E
7	大同	39.87°—40.27°N	113.11°—113.51°E
8	呼和浩特	40.61°—41.01°N	111.50°—111.90°E
9	张家口	40.59°—40.99°N	114.69°—115.09°E
10	唐山	39.44°—39.84°N	117.96°—118.36°E
11	沧州	38.10°—38.50°N	116.66°—117.06°E
12	衡水	37.54°—37.94°N	115.48°—115.88°E
13	邢台	36.86°—37.26°N	114.30°—114.70°E
14	邯郸	36.40°—36.80°N	114.29°—114.69°E

（2）研究方法

由于气象要素往往存在时滞影响，仅有当前时刻的还难以全面反映出气象条件对污染物浓度变化的影响，因此把前 m 小时的气象要素也作为当前时刻的解释因子。另一方面，由于雾/霾发展过程基本都是伴随着污染物浓度的逐渐累积过程，意味着各气象要素前几个时刻的变化速率和幅度也有着重要影响，因此我们进一步把各个变量的前 n 小时的滑动线性趋势、前 p 小时的时次差值也作为当前时刻的解释因子。把前 m 小时的时滞序列、前 n 小时的滑动线性趋势序列、前 p 小时的差值序列为构造变量，则原变量和构造变量合计达到 40 个。原始变量记为 X_i^r，3 类构造变量分别记为 X_i^a，X_i^b 和 X_i^c，则总的预报因子为一个集合矩阵 $\boldsymbol{X}$：

$$\boldsymbol{X}=\{X_i^r,\ X_i^a,\ X_i^b,\ X_i^c\} \tag{5.4}$$

式中，$i=1, 2, \cdots, 10$。经过多次试验，目前给定的 m、n、p 值分别是 1、5、2。

从 EC 细网格数值模式预报数据集中提取好 $\boldsymbol{X}$ 之后，再从台站观测资料中提取各城市对应的观测能见度、$PM_{2.5}$ 浓度作为被解释因子 Y，然后对过去一定时段内（例如 30 d）观测 Y 值（观测能见度、$PM_{2.5}$ 浓度）与预报因子 $\boldsymbol{X}$ 做统计分析，每日更新最新的观测资料和预报资料，构建了动态的统计回归模型，如公式（5.5）所示：

$$Y=\alpha+\sum_{i=1}^{n}\beta_i\times X_i \tag{5.5}$$

式中，α 是多元回归模型的常数，β 是回归系数矩阵，$\boldsymbol{X}$ 是预报因子（解释变量）即气象因子矩阵，Y 是被解释因子即能见度和 $PM_{2.5}$ 浓度，i 是分析时段内时次数。构建动态统计回归模型之后，代入最新的气象要素预报值，计算得到未来 10 d 的 $PM_{2.5}$ 浓度和能见度逐时值，并结合 EC 细网格对相对湿度的预报，依据雾/霾预报标准判定是否会出现雾/霾天气。通过编写 Matlab 脚本，实现了该预报方法的自动化运行，并开发了集合 $PM_{2.5}$ 浓度、能见度和雾/霾现象的图形产品，每天定时完成 $PM_{2.5}$ 浓度和能见度的预报，制作的图形产品并推送到业务平台，提供给预报人员参考。

5.4.3.2　检验方法

为检验中期预报的效果，对 2015 年 10 月 1 日—2016 年 11 月 10 日时段内的试验预报结果进行定量化检验。分别计算各个城市范围内站点观测值与对应的预报值之间的相关系数、平均偏差、均方根误差、TS 评分和误差减少量等几个统计指标。误差减少量是一个非常苛刻的检验统计量，其取值范围是（-∞，+1.0]，大于 0 表示预报是有技巧的，大于 0.2 表示预报是可信的，等于 1 表示预报是完美的，即预报值与观测值完全一致。此外，对能见度等级、$PM_{2.5}$ 浓度等级以及雾/霾现象预报效果计算了 TS 评分。

5.4.3.3 结果分析

（1）能见度与 $PM_{2.5}$ 浓度的数值检验

首先利用相关系数来考察基于 EC 细网格和动态统计方法对北京及周边 14 个城市逐日能见度变率的预报效果（逐时的相关系数略低于逐日，为节省篇幅，相关系数、误差减少量、均方根误差等指标检验均为逐日检验，下同），分别计算预报时效在 24 h、48 h、…、240 h 的相关系数，如表 5.9 所示。整体上来看，各城市逐日能见度预报值与观测值之间具有很好的正相关性，全部城市、全部预报时效平均相关系数为 0.54。进一步对比了北京和全部 14 个城市平均的相关系数，可以明显地看出，随着预报时效的延长，相关系数整体上呈较明显的降低趋势（图 5.15a）。具体地，当预报时效分别为 24 h、48 h、72 h、96 h、120 h、144 h、168 h、192 h、216 h 和 240 h 时，14 个城市平均相关系数分别是 0.68、0.64、0.64、0.61、0.58、0.54、0.50、0.46、0.40 和 0.36，略低于北京的 0.75、0.72、0.73、0.74、0.71、0.61、0.57、0.56、0.47 和 0.39（全部相关系数均达到了 0.01 显著性检验）。显著正相关系数表明该动态统计预报对北京及各城市的逐日能见度变化趋势的预报与实际情况具有很好的一致性。

表 5.9 不同预报时效的逐日能见度预报值与观测的相关系数列表

城市	预报时效				
	24 h	72 h	120 h	168 h	216 h
北京	0.75	0.73	0.71	0.57	0.47
天津	0.71	0.70	0.68	0.55	0.39
石家庄	0.67	0.61	0.58	0.53	0.41
保定	0.71	0.71	0.64	0.59	0.38
济南	0.68	0.57	0.59	0.47	0.49
太原	0.58	0.59	0.54	0.47	0.38
大同	0.72	0.68	0.64	0.57	0.46
呼和浩特	0.66	0.66	0.59	0.55	0.39
张家口	0.63	0.63	0.52	0.47	0.40
唐山	0.71	0.70	0.69	0.56	0.41
沧州	0.66	0.61	0.45	0.31	0.27
衡水	0.69	0.61	0.53	0.43	0.35
邢台	0.65	0.62	0.56	0.56	0.47
邯郸	0.64	0.53	0.44	0.32	0.32

注：相关系数均达到 0.01 显著性检验；为节省空间，仅列出部分预报时效。

对应地，考察了不同预报时效的逐日 $PM_{2.5}$ 浓度预报值与观测的相关系数（表略，下同），同时对比了北京和全部城市平均的相关系数（图 5.15b）。与能见度类似，随着预报时效的延长，$PM_{2.5}$ 浓度预报值与观测的相关系数整体上呈减小趋势。当预报时效分别为 24 h、48 h、…、240 h 时，该动态统计预报对北京市的 $PM_{2.5}$ 浓度预报值与观测值的相关系数分别是 0.59、0.53、0.53、0.54、0.52、0.44、0.37、0.37、0.33 和 0.21，平均为 0.44；全部城市平均的 $PM_{2.5}$ 浓度预报值与观测值的相关系数分别是 0.61、0.57、0.57、0.57、0.54、0.50、0.46、0.42、0.39 和 0.32，平均值是 0.49。全部相关系数均达到 0.01 显著性检验。显著的正相关表明该方法对北京等城市逐日能见度变化趋势的预报值与实际观测值之间具有较高的一致性。与能见度相比，对 $PM_{2.5}$ 浓度预报的相关系数略偏低，这可能是由于对雾/霾污染时 $PM_{2.5}$ 浓度峰值预报偏低造成的。

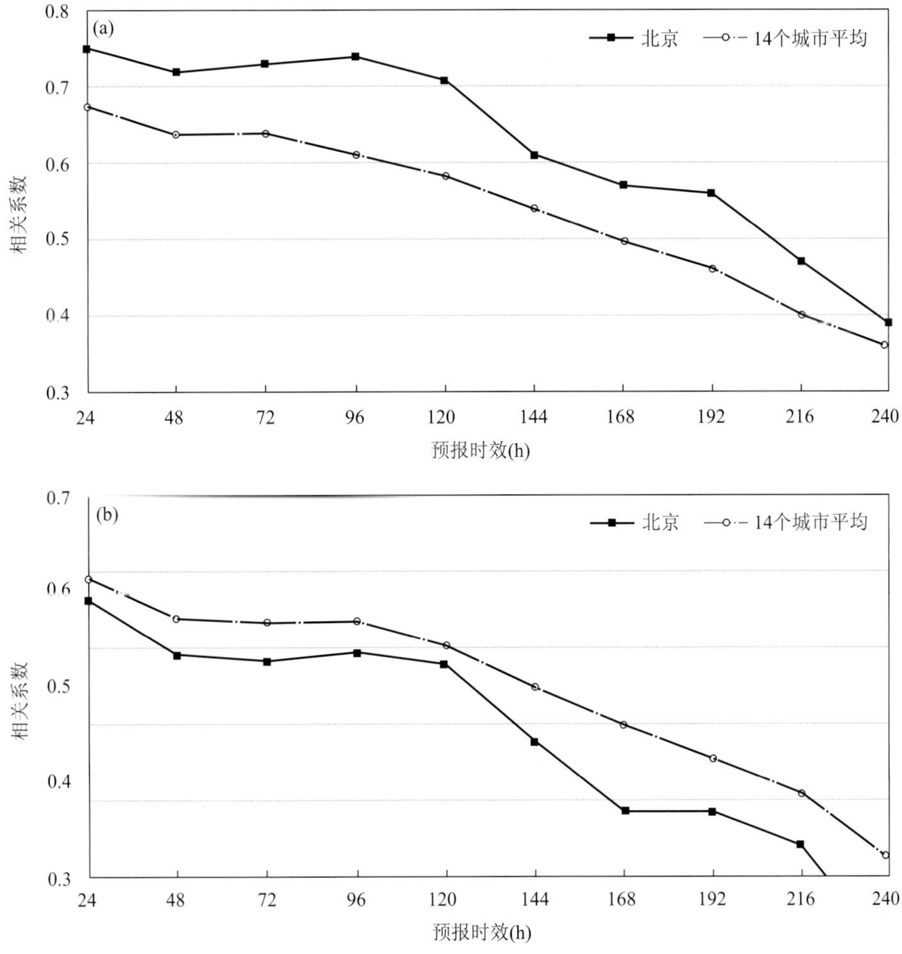

图 5.15　逐日能见度（a）、$PM_{2.5}$ 浓度（b）预报与观测的相关系数曲线

统计各城市逐日能见度的预报值与观测值的平均偏差，结果表明当预报时效在 24 h、48 h、…、240 h 时，全部城市平均的平均偏差值分别是 0.15、0.07、−0.15、−0.17、−0.11、−0.18、−0.22、0.11、0.45 和 0.57 km，北京的平均偏差值分别是 −1.64、−1.95、−2.29、−2.78、−2.27、−2.48、−2.24、−2.08、−1.79 和 −1.32 km。平均

偏差值大于0表示预报能见度比实际观测值偏高，小于0表示预报能见度比实际观测值偏低。整体上来看，该动态统计方法对北京、天津等城市的能见度预报是低估的，对石家庄、保定等能见度是高估的。从不同预报时效的曲线图（图5.16a）上来看，72～168 h的能见度预报低估幅度最大。对能见度的低估，意味着对雾/霾预报的偏重。对$PM_{2.5}$浓度的预报而言，当预报时效在24 h、48 h、…、240 h时，全部城市平均的平均偏差分别是－2.65、－5.74、－6.50、－6.00、－8.93、－11.15、－12.50、－14.74、－17.53和－19.81 μg·m^{-3}，均为负值，表明整体上预报$PM_{2.5}$浓度较实际观测值偏低，且随着预报时效延长偏差值增大；而北京的平均偏差分别是8.01、1.94、0.76、0.78、－1.68、－6.08、－9.13、－13.40、－17.38和－23.31 μg·m^{-3}，前4 d平均偏差大于0，后6 d平均偏差小于0，说明预报时效在1～4 d以对$PM_{2.5}$浓度的高估或略微偏高为主，预报时效从第5天至第10天时，对$PM_{2.5}$浓度预报值以低估为主，且预报时效越长，低估越明显。这个平均偏差的变化特征与能见度的变化差异明显（图5.16b）。

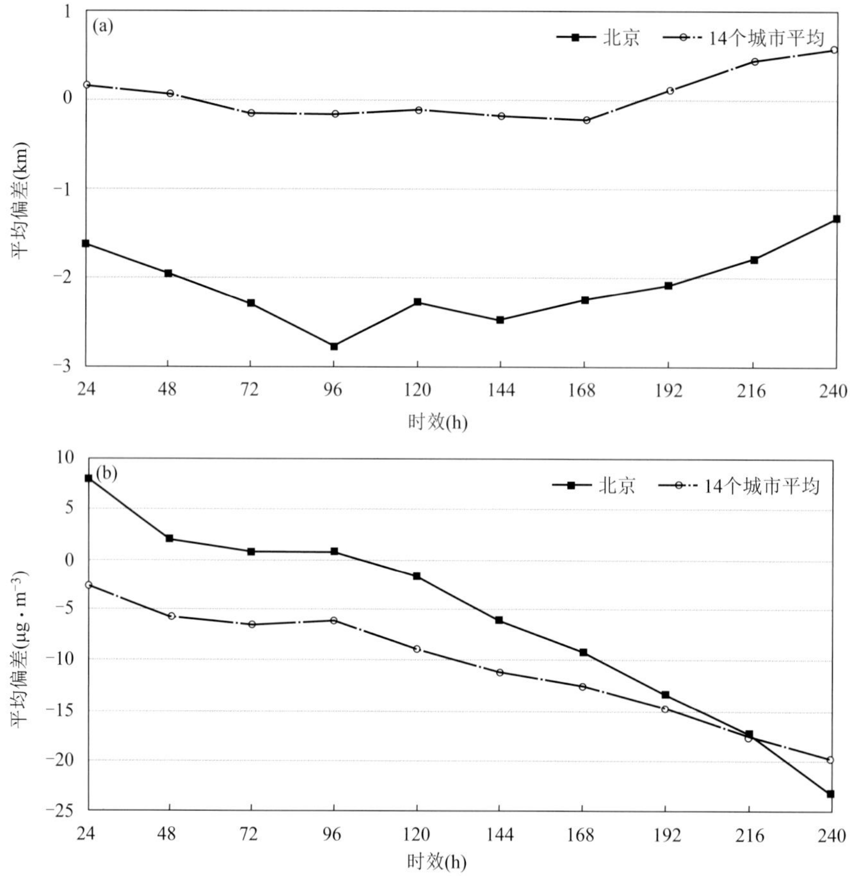

图5.16 逐日能见度（a）、$PM_{2.5}$浓度（b）预报与观测的平均偏差曲线

图5.17a是北京和14个城市平均的逐日能见度均方根误差曲线图，可以看出预报时效从24 h增加到240 h时，全部城市平均的逐日能见度均方根误差分别是5.93、6.15、6.16、6.32、6.61、6.84、7.05、7.21、7.72和8.03 km，北京的均方根误差分别是7.15、7.64、7.68、7.68、7.84、8.87、9.22、9.22、9.96和10.66 km，全部城市和全部时段平均值为

6.8 km。均方根误差越小，表示预报值与观测值的平均值偏差越小。可以看出，随着预报时效的延长，北京和全部城市平均的均方根误差均呈现明显增大趋势，表明随着预报时效的延长，对能见度的预报偏差呈增大趋势。对逐日 $PM_{2.5}$ 浓度预报的均方根误差与能见度类似，随着预报时效从 24 h 增加到 240 h 时，14 个城市平均的均方根误差分别是 54.90、57.16、57.28、57.05、58.23、61.73、64.44、65.96、68.84 和 75.32 $\mu g \cdot m^{-3}$，平均值为 62.09 $\mu g \cdot m^{-3}$；北京的均方根误差分别是 75.89、79.40、80.94、80.42、80.13、88.66、95.68、91.81、96.41 和 108.62 $\mu g \cdot m^{-3}$，平均值为 87.80 $\mu g \cdot m^{-3}$。北京的均方根误差比全部城市平均值偏高 25，且随着预报时效的延长二者都呈明显的增加趋势（图 5.17b），也表明预报时效越长其绝对值偏差越明显。

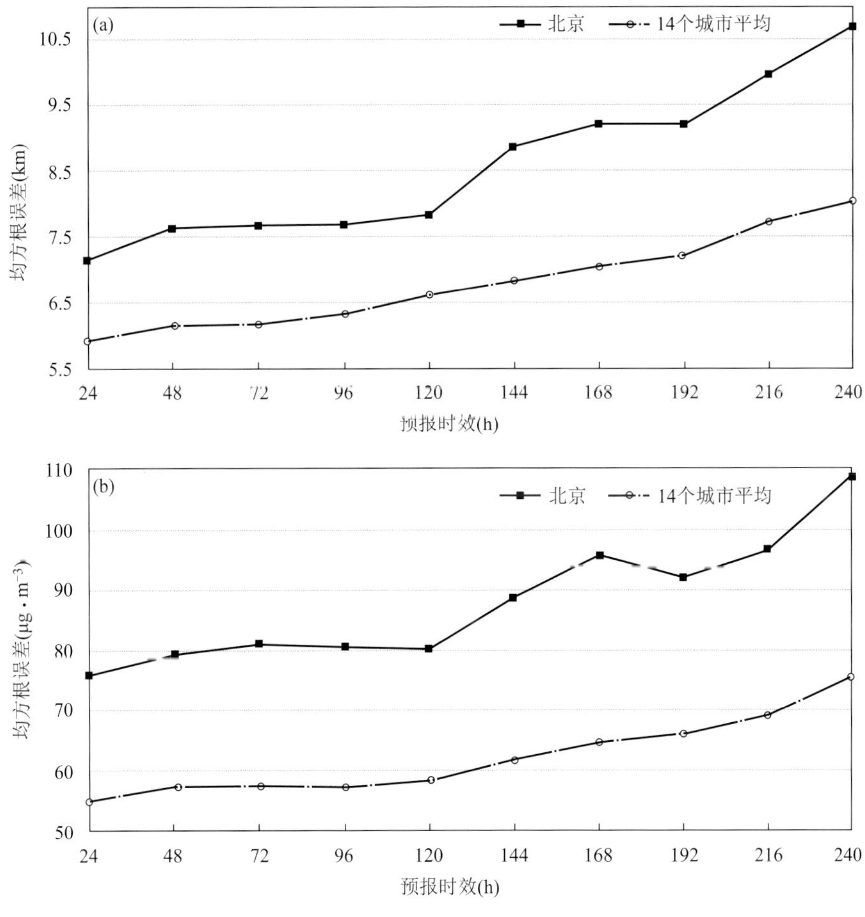

图 5.17　逐日能见度（a）、 $PM_{2.5}$ 浓度（b）预报与观测的均方根误差曲线

图 5.18a 是北京和 14 个城市平均的逐日能见度误差减少量曲线图，可以看出预报时效从 24 h 增加到 240 h 时，全部城市平均的误差减少量分别是 0.32、0.26、0.27、0.22、0.14、0.10、0.03、−0.07、−0.24 和 −0.33，北京的误差减少量分别是 0.54、0.48、0.48、0.48、0.46、0.31、0.25、0.25、0.12 和 −0.02，全部城市和全部时段平均值为 0.07。如前面部分所介绍的，误差减少量大于 0.2，表示预报值是可信的，其值越接近 1，则表明预报效果越好。可以看出，随着预报时效的延长，不管是北京单个城市还是 14 个城市平均，误差减少量均呈现明显降低趋势。对 $PM_{2.5}$ 浓度的逐日预报，预报时效从 24 h 增

加到 240 h 时全部城市平均的误差减少量分别是 0.30、0.24、0.24、0.25、0.22、0.13、0.05、0.02、−0.07 和 −0.27，平均值为 0.11，北京的误差减少量分别是 0.32、0.25、0.23、0.24、0.23、0.05、−0.10、−0.01、−0.11 和 −0.42，平均值为 0.07。同能见度类似，对 $PM_{2.5}$ 预报的误差减少量也是随着预报时效的延长呈现明显降低趋势。同时还注意到，不管是单个北京市的还是全部城市平均值，前 6 d 误差减少量均大于 0，而且前 5 d 的误差减少量均大于 0.2（图 5.18b）。综合来看，该方法对 $PM_{2.5}$ 浓度变化趋势和绝对值的预报，在前 5～6 d 均具有较好的参考性。

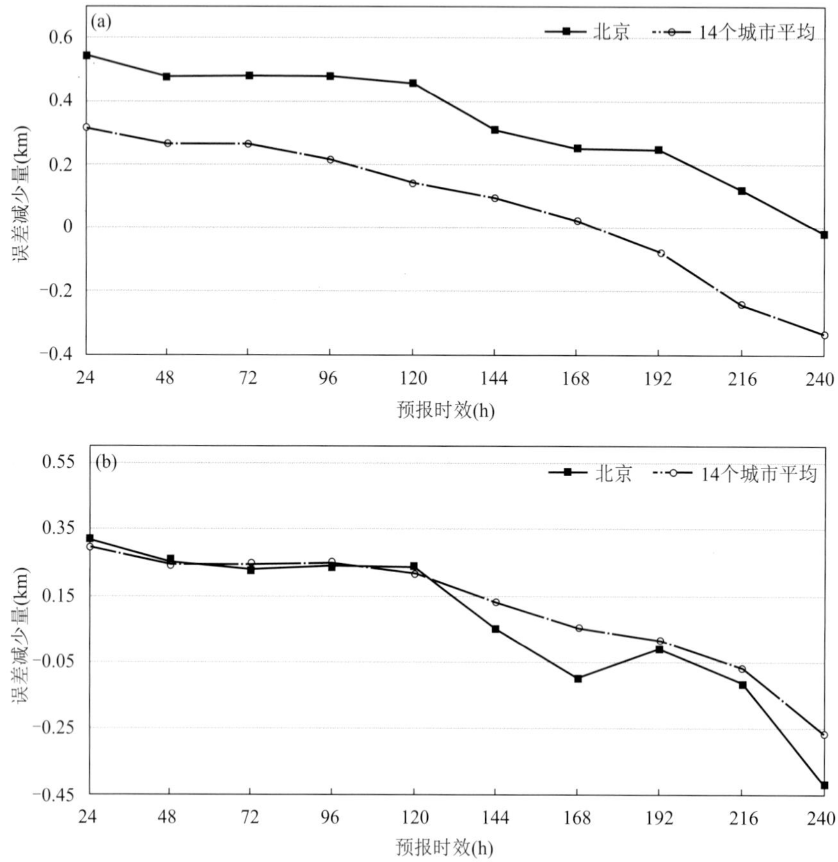

图 5.18 逐日能见度（a）、$PM_{2.5}$ 浓度（b）预报与观测的误差减少量曲线

（2）能见度与 $PM_{2.5}$ 浓度的等级检验

利用 TS 评分法对逐日能见度等级、$PM_{2.5}$ 浓度等级预报效果进行了评估，把能见度分为五个等级，即<1 km、1～3 km、3～5 km、5～10 km、>10 km；按照空气质量标准把 $PM_{2.5}$ 浓度分为 6 个等级，即<35 μg·m^{-3}、35～75 μg·m^{-3}、75～115 μg·m^{-3}、115～150 μg·m^{-3}、150～250 μg·m^{-3}、>250 μg·m^{-3}。图 5.19、图 5.20 分别是对能见度和 $PM_{2.5}$ 浓度等级预报的 TS 评分曲线图，均考察北京和 14 个城市平均的不同预报时效、不同等级评分情况。全部预报时效（24 h、48 h、…、240 h）平均来看，对北京能见度五个等级的 TS 评分分别是 0.14、0.14、0.08、0.19、0.60，14 个城市平均的 TS 评分分别是 0.07、0.13、0.09、0.22、0.55；对北京 $PM_{2.5}$ 浓度六个等级的 TS 评分分别是 0.31、0.18、

0.06、0.05、0.10 和 0.03，14 个城市平均的 TS 评分分别是 0.23、0.24、0.13、0.07、0.11 和 0.03。可以看出，对能见度大于 10 km 预报的 TS 评分最高，其次是能见度为 5 ～ 10 km 之间的；对 $PM_{2.5}$ 浓度小于 35 $\mu g \cdot m^{-3}$ 等级预报的 TS 评分最高，其次是浓度在 35 ～ 75 $\mu g \cdot m^{-3}$ 之间的。不管是能见度还是 $PM_{2.5}$ 浓度，整体上 TS 评分均随着预报时效延长略有一定的降低趋势，但是不同等级的预报 TS 评分会随着预报时效的变化而有一些差异。对比全国气象部门环境气象业务模式 2015 年度检验评估报告中对能见度的 TS 评分来看，在 24 h、48 h、72 h 预报时效上，动态统计方法对能见度的预报效果跟数值模式的短期预报效果较为接近；另一方面，尽管 TS 评分随着预报时效延长略有一定的降低趋势，但其整体上具有较好的连续性，表明该系统对北京等城市逐日能见度等级的预报具有较好的可靠性。

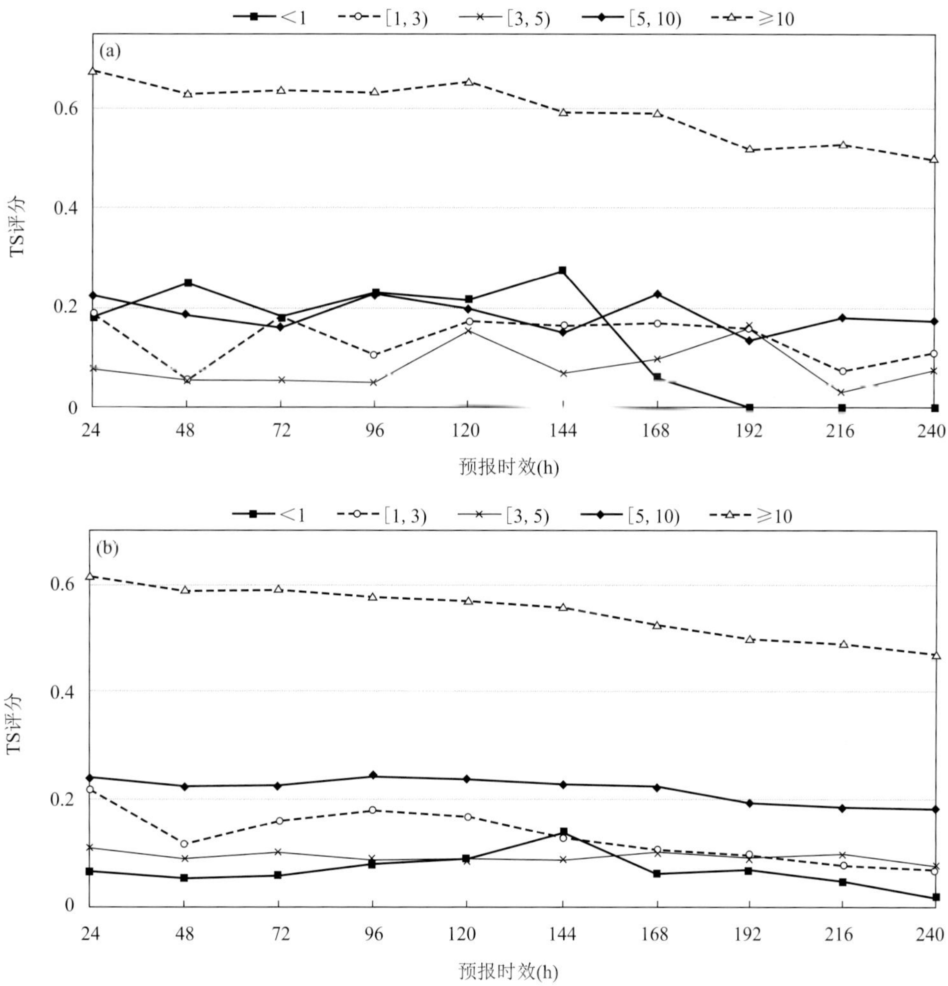

图 5.19　北京（a）及 14 个城市平均（b）的能见度预报 TS 评分

（3）雾/霾现象预报效果的检验

除了对能见度和 $PM_{2.5}$ 浓度的数值、等级预报效果进行了检验以外，我们进一步对逐时雾/霾现象的定量化预报情况进行了 TS 评分检验，结果如表 5.10 所示。首先看该系统对北京逐时霾现象判断的 TS 评分情况，随着预报时效在 24 h、48 h、…、240 h 时，对应的 TS 分值分别是 0.30、0.26、0.28、0.30、0.30、0.21、0.24、0.22、0.18 及 0.19，平均值为

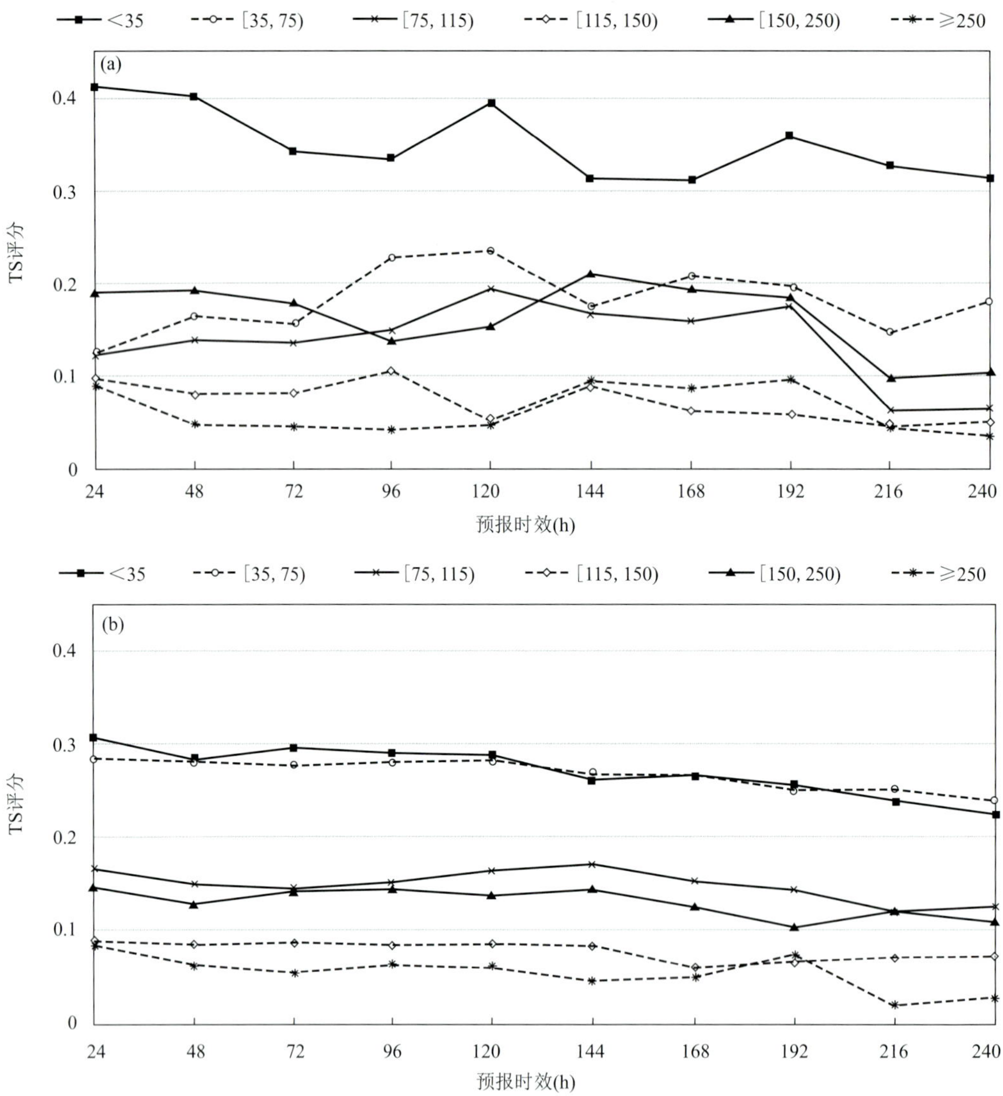

图 5.20 北京（a）及 14 个城市平均（b）的 $PM_{2.5}$ 浓度预报 TS 评分

0.25；从 14 个城市平均来看，随着预报时效在 24 h、48 h、…、240 h 其 TS 评分分别是 0.20、0.18、0.20、0.21、0.21、0.19、0.20、0.19、0.17 和 0.17，平均值为 0.19。可以看出，对北京霾预报的 TS 评分随着预报时效的延长呈明显降低的趋势，而全部城市平均来看降低趋势相对较弱（图略）。对雾的预报，不管是北京单个城市还是 14 个城市平均，其 TS 评分都较霾的预报偏低，且整体上也都随着预报时效延长而略降低，平均值都为 0.13。对比能见度、$PM_{2.5}$ 浓度等级的 TS 评分来看，基于 EC 细网格和动态统计方法对霾和雾的客观化预报具有更好的效果。

表 5.10 不同预报时效的逐时雾和霾现象的 TS 评分

预报时效	霾		雾	
	北京	14 个城市平均	北京	14 个城市平均
24 h	0.30	0.20	0.14	0.17

续表

预报时效	霾		雾	
	北京	14 个城市平均	北京	14 个城市平均
48 h	0.26	0.18	0.10	0.14
72 h	0.28	0.20	0.12	0.13
96 h	0.30	0.21	0.16	0.13
120 h	0.30	0.21	0.20	0.14
144 h	0.21	0.19	0.16	0.15
168 h	0.24	0.20	0.15	0.13
192 h	0.22	0.19	0.17	0.11
216 h	0.18	0.17	0.07	0.07
240 h	0.19	0.17	0.04	0.07

（4）持续性雾/霾过程预报效果检验

此外，对几次典型雾/霾（污染物浓度逐渐累积）过程的预报效果进行了检验，如 2015 年 10 月 15—17 日、11 月 2—5 日、2016 年国庆节期间、2016 年 11 月 3—5 日北京地区的雾/霾过程。

图 5.21 是 2015 年 10 月中旬北京地区一次严重雾/霾过程中北京城区平均 $PM_{2.5}$ 浓度和能见度的观测和中期预报效果对比图。该次雾/霾过程大致有两个阶段，从 13 日 20 时至 16 日下午 $PM_{2.5}$ 浓度持续累积、能见度快速下降，已经达到了中度污染水平；$PM_{2.5}$ 浓度峰值出现在 16 日下午至 17 日 22 时左右，城区 $PM_{2.5}$ 浓度接近 350 $\mu g \cdot m^{-3}$，对应的能见度小于 2 km；18 日凌晨受较强冷空气活动影响，北京城区 $PM_{2.5}$ 浓度快速下降、能见度迅速好转，此次雾/霾过程结束。该动态统计方法在 10 月 9 日、10 日、11 日的起报结果均预报出了 14—18 日的变化趋势，并且对 $PM_{2.5}$ 浓度峰值、能见度低值出现时间稳定地预报在 16—17 日。不足之处，主要是对 16—17 日 $PM_{2.5}$ 浓度峰值的预报偏低，此外高估（低估）了 12—13 日和 18—19 日 $PM_{2.5}$ 浓度（能见度）。2015 年在 11 月上旬的一次雾/霾污染过程中（图 5.22），由观测的能见度和 $PM_{2.5}$ 浓度可知，是一次典型的污染物浓度逐渐累积而发展的雾/霾过程。从 11 月 1 日开始发展，污染物浓度呈波动中逐渐增长变化趋势，到 5 日上午达到顶峰；对应地，能见度呈逐渐降低趋势。在 5 日白天，随着较强冷空气活动的到来，雾/霾污染迅速清除。该动态统计方法在 11 月 27 日、28 日、29 日连续稳定地预报出了这次雾/霾污染过程，$PM_{2.5}$ 浓度和能见度的预报值与观测值也较为接近，只是对雾/霾过程的峰值出现时段预报稍微提前。

2016 年十一国庆节假期北京及周边地区经历了一次“早来”的严重雾/霾过程，9 月 30 日北京城区 $PM_{2.5}$ 浓度超过 100 $\mu g \cdot m^{-3}$，能见度降至小于 5 km，10 月 1 日继续发展，2 日达到顶峰，城区平均 $PM_{2.5}$ 浓度超过 200 $\mu g \cdot m^{-3}$，平均能见度降至小于 2 km，3 日至 4 日夜间才逐渐消散。从预报情况来看，9 月 26 日、27 日、28 日连续稳定地表现出了十一黄金周前期会有一次雾/霾过程，有力地支持了预报人员提前发布霾的黄色预警信号。2016 年 11 月上旬的雾/霾过程与 2015 年 11 月上旬的持续性雾/霾过程极其相似，也是一次典型的污染物浓度逐渐累积而发展的雾/霾过程（图 5.23）。由观测数据可知，在 11 月 1 日上午开

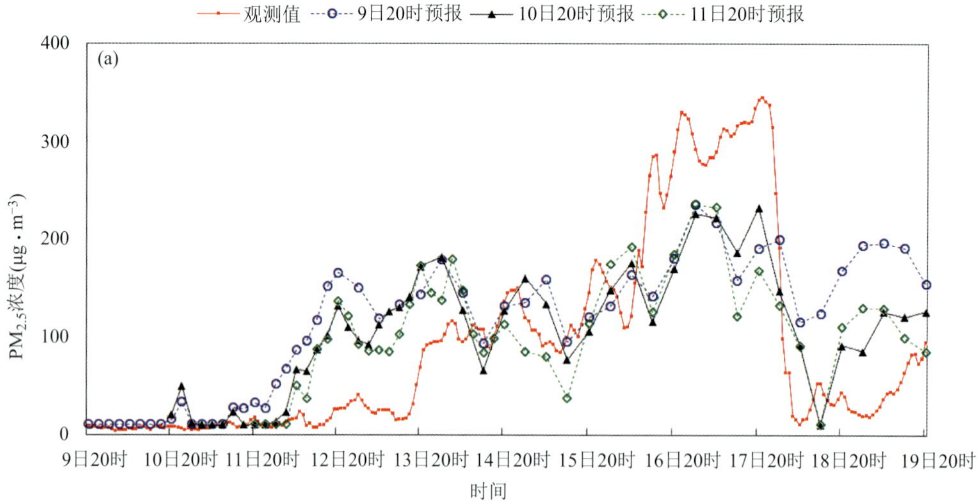

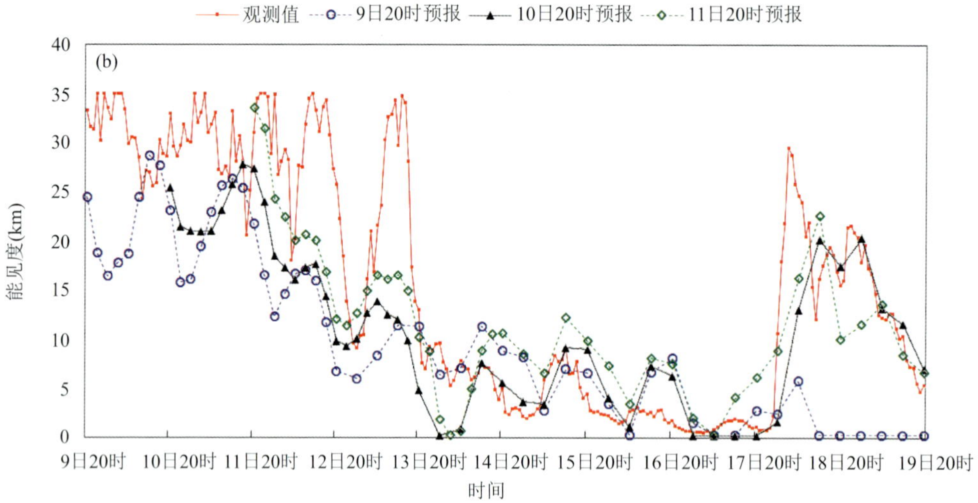

图 5.21 2015 年 10 月中旬雾/霾过程北京城区平均 $PM_{2.5}$ 浓度（a）和能见度（b）的观测值和预报值对比

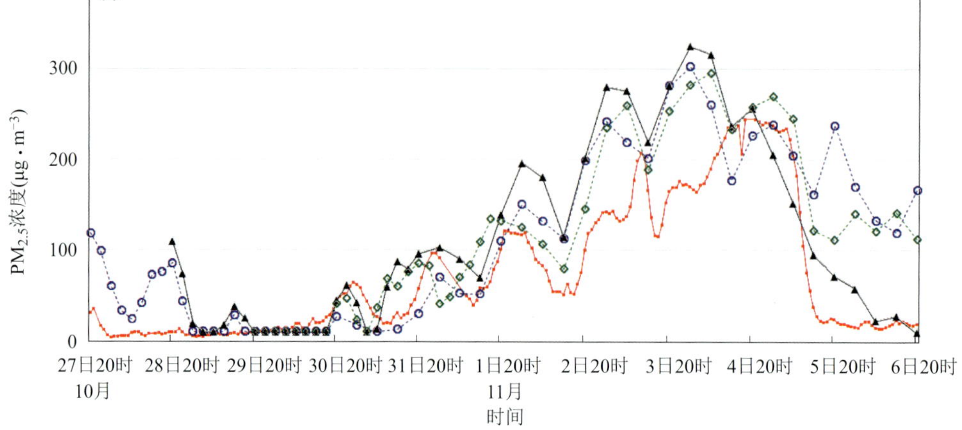

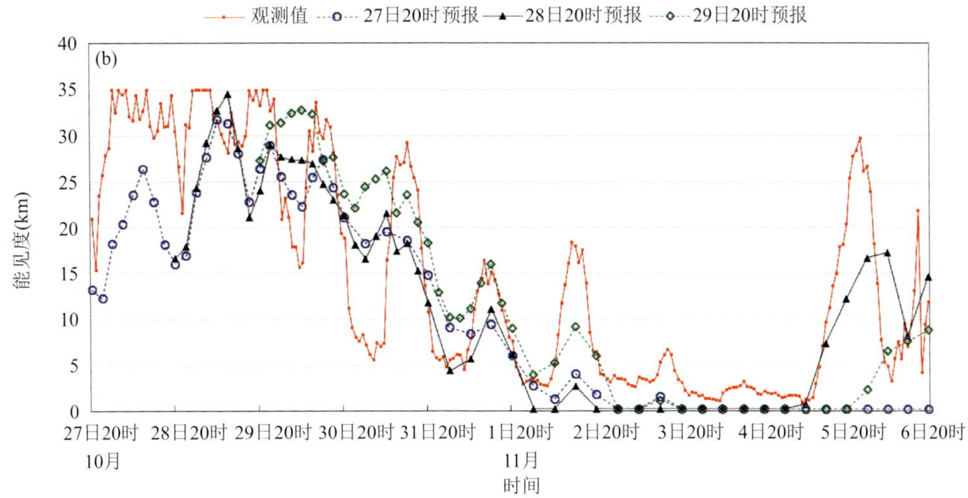

图 5.22　2015 年 10 月 27 日—11 月上旬雾/霾过程北京城区平均 $PM_{2.5}$ 浓度（a）和能见度（b）的观测值和预报值对比

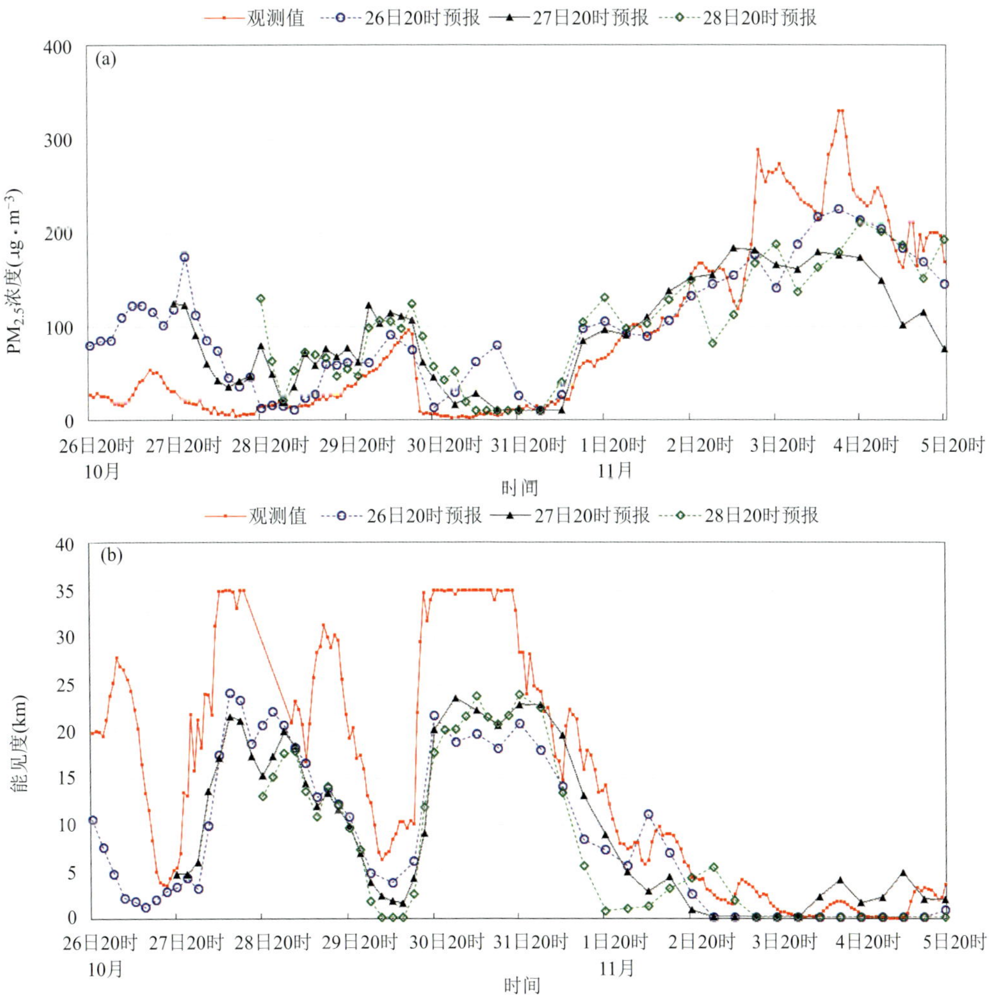

图 5.23　2016 年 10 月 26 日—11 月上旬雾/霾过程北京城区平均 $PM_{2.5}$ 浓度（a）和能见度（b）的观测值和预报值对比

始，北京城区平均 $PM_{2.5}$ 浓度逐渐增加，能见度逐渐降低，2—3 日呈持续发展趋势，4 日白天短时好转，然后又快速反弹。该系统在 10 月 26 日、27 日、28 日均稳定地预报出了这次雾/霾过程，且能见度和 $PM_{2.5}$ 的峰值浓度预报是很接近的，这次预报结果为此次持续性雾/霾过程的预报预警提供了十分有效的中期客观化参考。整体上来看，该动态统计方法至少能提前 5～6 d 预报出 2015 年 10 月 15—17 日、11 月 2—5 日及 2016 年 10 月 1 日、11 月 3—5 日等北京地区的持续性雾/霾的发展过程，在中期时间尺度上具有可观的参考性。此外，计算了这几次持续性雾/霾期间北京城区 $PM_{2.5}$ 浓度预报值与观测值的相关系数和误差减少量，结果显示预报时效在 120～216 h 时，相关系数和误差减少量有较明显的提高，这可能说明持续性雾/霾在中期时间尺度上具有更高的预报技巧性。同时，我们注意到该方法对不同雾/霾过程结束时的预报效果有较明显差异，即对由强冷空气过境导致的 $PM_{2.5}$ 浓度（能见度）快速降低（升高）的预报效果略差于对缓慢结束的雾/霾过程的预报。

5.4.3.4 结论

本研究介绍了利用 EC 细网格中期气象预报场和动态统计方法开展京津冀重点城市雾/霾中期定量化预报试验，并对试验时段内（2015 年 10 月 1 日—2016 年 11 月 10 日）预报效果进行了多项指标检验，主要结论如下：①显著正相关系数、较高误差减少量和 TS 评分等，表明基于 EC 细网格和动态统计方法的雾/霾中期定量化预报技术整体上具有较高的可靠性、稳定性与预报技巧性，其结果具有较高的应用与价值。②随着预报时效的延长（从 24 h 增加到 240 h），该动态统计方法对 $PM_{2.5}$ 浓度、能见度的定量化预报及对雾/霾现象客观化判断效果整体上呈降低趋势。③统计指标相关系数、均方根误差、平均偏差、误差减少量、TS 评分均表明，该动态统计方法对能见度的预报效果要略优于 $PM_{2.5}$ 浓度，同时对霾的预报准确率高于对雾的预报。④个例分析显示，该动态统计方法能提前 5～6 d 预报出北京地区典型持续性雾/霾污染的发展过程，对持续性雾/霾的提前预报预警具有较好的参考意义。

同时也注意到，在 $PM_{2.5}$ 浓度和能见度的绝对值、峰值及峰值时间上的预报与观测还存在些差异，说明在统计方法和气象因子的优化组合上还需要做进一步的研究工作，例如：如何在统计预报模型中有效地考虑降水因子对污染物的清除作用，以及如何体现污染物的区域输送等，这些问题的解决将会有助于提高该中期预报系统的预报能力。另一方面，该动态统计预报中没有考虑排放源的实时变化情况，例如在进入采暖期后由于燃煤等导致污染物排放量增加，理论上可能导致对 $PM_{2.5}$ 浓度（能见度）的低估（高度），对此还需要进一步的研究工作去完善。此外，由于该预报方法依赖于气象场的预报，因此中期气象数值预报水平的提高也有助于中期雾/霾与空气质量预报准确率的提高。

5.4.4 臭氧预报技术方法

（1）回归分析

回归分析是指对变量间是否具有因果关系进行分析，并得出具体相关关系表达式。线性相关条件下，两个和两个以上的自变量对一个因变量的数量变化关系，称为多元线性回归分析。

由于不同气象因素对大气污染物浓度的影响程度可能不同，采用逐步回归分析法，筛选出对因变量影响显著的自变量，去除影响不显著的自变量，以求建立“最优”回归方程。其主要原理是将全部自变量按其对因变量影响的显著程度大小，由大到小地逐个引入回归方程，当已被引入的自变量由于后面自变量的引入而失去显著性时，该自变量将被剔除。

在本研究中并非所有的变量均为数值型变量，有的变量属于描述性变量，无法数值化，此时可将该变量作为取值为 0 或 1 的虚变量。设因变量 Y 为臭氧浓度；自变量 X_1，X_2，…，X_k 分别为不同的气象因素，如日平均降雨量、日平均相对湿度、日平均气压等；X_{Li} 为虚变量，表示第 L 个变量的第 i（$i=1$，2，…）个观测值，该观测值始终取 1；β_{Li} 则为虚变量系数。多元线性回归模型如式（5.6）所示：

$$Y=\beta_0+\beta_1 X_1+\beta_2 X_2+\cdots+\beta_k X_k+\beta_{L1}\beta_{L1}+\beta_{L2} X_{L2}+\cdots+\beta_{Li} X_{Li}+\cdots \tag{5.6}$$

式中，Y 为臭氧浓度；X_1，X_2，…，X_k 为不同气象因素；X_{Li} 则表示第 L 个变量的第 i（$i=1$，2，…）个观测值；β_{Li}（$j=1$，2，…，Li，L）为回归系数，其中 β_{Li} 则为虚变量回归系数。

在建立多元线性回归模型后，为检验所得模型是否可以应用，通常要对所得模型进行显著性检验。显著性检验包含两个部分，回归系数的显著性检验和回归方程的显著性检验。

回归系数的显著性检验，即检验回归模型中各个回归系数是否具有显著性，常采用 t 检验，统计量 t 的计算公式为式（5.7）。

$$t_i=\frac{\beta_i\sqrt{\sum x_i^2-\frac{1}{n}\left(\sum x_i\right)^2}}{s_y}\sim t\ (n-k-1) \tag{5.7}$$

$$S_e=\frac{\sqrt{\sum\left(y_i-\hat{y}_i\right)^2}}{n-k-1} \tag{5.8}$$

式中，β_i（$i=1$，2，…）为常规变量或虚变量的回归系数 β_i 的估计值；n 为样本容量；k 为自变量个数。

回归方程的显著性检验，常采用 F 检验，即检验整个回归方程的显著性，或者评估所有自变量与因变量的线性关系是否密切。F 统计量的计算公式为式（5.9）。

$$F=\frac{\sum\left(\hat{y}_i-\bar{y}\right)/k}{\sum\left(y_i-\hat{y}_i\right)/(n-k-1)}\sim F\ (k,\ n-k-1) \tag{5.9}$$

式中，$\bar{y}$ 为样本平均值；n 为样本容量；k 为自变量个数。

此外，在通过显著性检验后，还需进行多重共线性检验。多重共线性是指在多元线性回归方程中，自变量之间存在较强的线性关系，这种关系若超过了因变量与自变量的线性关系，回归模型的稳定性则受到破坏，回归系数估计不准确。通过计算自变量间的相关系数矩阵的特征值的条件数 k（$k=\lambda_1/\lambda_p$，其中 λ_1 为最大特征值，λ_p 为最小特征值），可判别多元线性回归方程是否存在多重共线性。若 $k<100$，则不存在多重点共线性；若 $100\leqslant k\leqslant 1000$，则自变量间存在较强的多重共线性；若 $k<1000$，则自变量间存在严重的多重共线性。

（2）多层神经网络（MLP）

MLP（multi-layer perceptron），即多层感知器，是一种前向结构的人工神经网络，映射一组输入向量到一组输出向量。它由一个输入层，一个输出层和一个或多个隐藏层组成。一个神经网络训练网将一个特征向量作为输入，并将该向量传递到隐藏层，然后通过权重和激活函数来计算结果（图 5.24）。

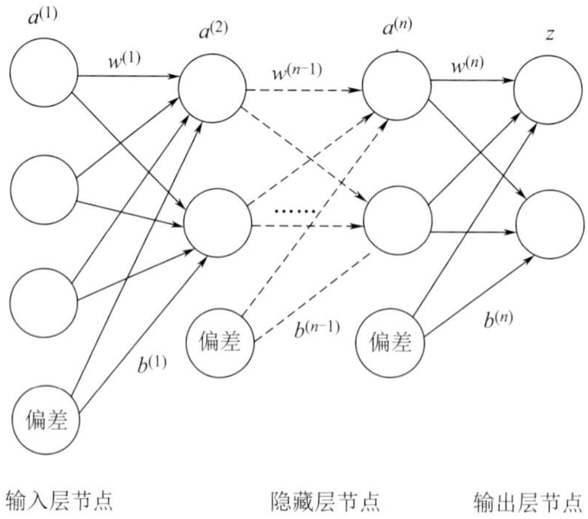

图 5.24　多层神经网络

假设所预测的大气质量指标是向量，使用向量与矩阵来表示层次中的变量，如图 5.24 所示，MLP 模型矩阵运算公式如式（5.10）所示：

$$
\begin{gathered}
g(w^{(1)} \times a^{(1)} + b^{(1)}) = a^{(2)} \\
\cdots\cdots\cdots\cdots \\
g(w^{(n-1)} \times a^{(n-1)} + b^{(n-1)}) = a^{(n)} \\
g(w^{(n)} \times a^{(n)} + b^{(n)}) = z
\end{gathered}
\tag{5.10}
$$

式中，$w^{(1)}$，…，$w^{(n)}$ 为网络中的矩阵参数；$a^{(1)}$，…，$a^{(n)}$，z 为网络中传输的向量数据；$b^{(1)}$，…，$b^{(n)}$ 为网络中的偏差。偏差节点是默认存在的，是一个值为 1 的储存单元。

一般地，输入层节点数目是由所求的具体问题以及特征表示的方式来获取，输出层则是由最终要求得的类别的数量来决定。明确所要求的函数，输入层和输出层的节点数就可以确定了。在本研究中，将气象因素的数据导入输入层中，传递到隐藏层，通过计算，传导到输出层，最终在输出层得到所求的大气质量数据。

隐藏层包含无法观察的网络节点，在设计神经网络模型的过程中，输入层的节点数与输出层的节点数均由函数的自变量与因变量数量来决定，但隐藏层的层数与节点数的设定却没有定论。隐藏层的层数与节点数的确定一般按经验来调整，它对一个神经网络模型是至关重要的。如果隐藏层的层数和节点数目设置过多，会使神经网络训练过度；设置过少，则神经网络训练不足，表达能力较差。所以，隐藏层的相关设置应根据实验效果来判断当前设置是否合适。本研究确定隐藏层节点数参考经验公式如式（5.11）所示：

$$
P < \sum_{i=1}^{T} C\binom{H}{i} \tag{5.11}
$$

式中，P 为样本数量；H 为隐藏层节点数；i 为输入层节点数。

网络的权值对网络训练的收敛程度有着重大的影响。根据经验，通常的做法是选择为所有的节点随机赋值，该值的取值范围在 [−0.5，0.5]，以避免权重的不良影响。通过其与激活函数，将某层中节点的值加权计算，关联到下一层的节点中。

5.5 环境气象业务系统建设

采用 C/S 和 B/S 混合架构技术，按照运行环境层、数据支撑层、组件层、软件层和业务服务层 5 层设计思想开发了集环境气象观测、预报、模式释用、评估、产品制作发布于一体的环境气象业务系统。该系统主要由两个平台组成：一是采用 C/S 架构设计的主要供环境气象预报服务人员使用的“华北区域环境气象业务平台”；另一个平台是采用 B/S 架构设计的主要供决策者使用的“华北区域环境气象服务平台”。系统开发取得软件著作权 2 项，系统开发完成后在华北 5 省气象部门进行推广应用，提升京津冀及周边区域环境气象数据共享、空气污染和霾预报水平以及产品共享和发布能力。此外，还通过与高校科研院所合作搭建了区域空气质量多模式系统。

5.5.1 华北区域环境气象业务平台

华北区域环境气象业务平台（图 5.25）主要包括数据访问、数据处理、数值模式产品释用、产品制作与发布、产品检验与评估、环境气象产品应用、专家知识学习以及数据库等模块。

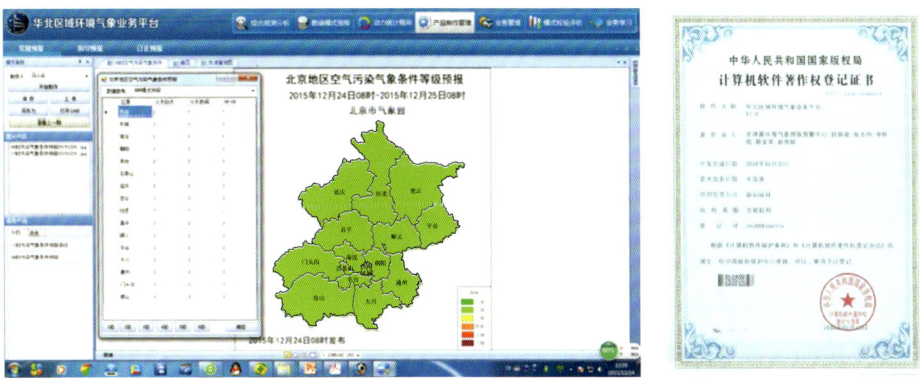

图 5.25　华北区域环境气象业务平台界面及取得的软件著作权

（1）监测数据处理子系统

① 华北地区各省（区、市）气象局和生态环境局共享环境监测数据的获取、格式转换、质控和存储管理等功能；空气质量实况和风向、风速、相对湿度等气象要素叠加显示功能；能见度、霾监测实现落区色斑图自动显示功能等。

② 华北地区各省气象局的大气成分观测数据的获取、格式转换、质控和存储管理等功能。华北地区共有 39 个与大气成分相关的观测站，主要进行颗粒物浓度、反应性气体浓度、酸雨等的观测。

③ 地面气象观测数据（温度、湿度、风向、风速、降水、能见度、激光雷达等）的数

据读取、显示、质量控制、预处理和存储分发功能。

④ 能够实现对“SMART 卫星遥感综合处理软件”基于 AVHRR、MODIS、MERSI、VIRR 等遥感数据处理的雾、霾分类产品、气溶胶光学厚度产品、能见度遥感产品等数据产品的读取、图像显示、密度分割、GIS 制图等处理以及存储分发等功能。支持常用遥感图像数据格式：ENVI（.dat）、HDF、LDF、BMP、TIF、JPEG 等。

⑤ 其他数据，如边界层探测数据的读取、显示和分析，风廓线数据、微波辐射计数据、探空数据等的读取和处理。

（2）数值模式释用子系统

① 能够读取北京区域环境气象数值预报系统（BREMPS、CUACE、WRF-Chem、CMAQ 等）输出的栅格预报结果数据文件，并能进行栅格数据的显示、地理边界矢量图（shp 格式）叠加、风矢量叠加、密度分割显示、数据探针等交互式显示功能，以及图像的导出功能，导出时可切换到制图模式，能添加标题、副标题、制作单位、Logo、指北针、图例、比例尺等常见地图要素，导出成常见的图像格式，如 TIF、BMP 等。

② 能够读取 BREMPS 输出的京津冀及周边地区 6 省（区、市）省会城市和北京地区区县共 22 个站（北京 17 个站、天津、石家庄、太原、呼和浩特、济南）的 6 种污染物（PM_{10}、$PM_{2.5}$、O_3、NO_2、SO_2、CO）及相关气象要素（气温、相对湿度、风速、能见度、边界层高度）72 h 逐时变化数据并能进行时序分析功能。

③ 能实现根据大气成分观测数据对 BREMPS、CMAQ、CUACE 等模式输出结果的实时检验，能给出检验结果的统计参数（平均值、标准差、相关系数等）。

④ 能对 RAMS 模式输出的有毒（害）气体扩散数据进行批处理制图和动画显示，图像输出格式为 BMP 或 JPEG，动画输出为 GIF 等格式。

⑤ 能实现对 BJ-RUC 精细化快速数值预报模式输出结果（逆温层高度、小风区、海平面气压距平值、空气滞留区等）的图形显示、模式释用等。

（3）产品制作子系统

① 大气成分监测产品的制作，包括对大气监测数据的时序图的绘制和分析，《大气成分监测公报》模板自动调用和产品生成，产品的保存和入库管理等。

② 卫星遥感产品的制作，包括对卫星遥感反演的雾、霾分类结果的制图及面积统计，气溶胶光学厚度产品的密度分割和专题制图，能够自动调用《卫星遥感监测公报》制作模板进行产品的快速生成，以及遥感监测产品的保存和入库等。

③ 空气质量预报产品制作，包括能够读取北京市气象局大气成分监测数据、市生态环境局环境气象共享数据、区域内各省上传订正后的县级以上城市空气质量预报结果数据；能够实现华北区域内空气质量数据和风场叠加功能，便于查看污染物的传输路径和方向；能够读取 BREMPS、WRF-Chem、CUACE、CMAQ 模式输出的 6 种污染物浓度数据、AQI 指数和 AQI 等级数据；利用空气质量制作模块制作空气质量预报产品；与市生态环境局的会商功能，包括“空气质量会商意见单”的填写、预报结论修改等；与生态环境局共享空气质量预报数据，联合会商空气质量预报并发布；以及空气质量产品的入库保存等。

④ 空气污染气象条件预报产品制作，该模块采用人机交互方式，在空气污染气象条件预报技术方法的支持下，预报员通过该模块能调用环境气象监测实况数据、环境气象数值预报模式结果数据、天气学模式预报结果数据，结合高低空天气形势配置、天气过程演变，进

行空气污染气象条件预报产品的制作。

⑤ 霾重污染预报预警产品制作，要求能够链接到 http：//10.224.97.37/flood_new/smart_vips/网页，登录环境气象中心用户进行预警信号制作。预报员选择相应的预警种类、填写预警内容和发布时间，系统就能自动生成气象灾害预警信号产品，预报员检查无误后报经预报首席把关和气象台值班领导签发。

⑥ 霾落区预报产品制作，要求能提供落区绘制面板、提供霾落区快速绘制和落区内空间信息量算功能。系统需内置边框、经纬网、标题、副标题、制作单位、Logo、指北针、图例、比例尺等常见地图要素，能够进行图形产品模板的自由定义和产品快速制作和文字产品的生成导出（.doc 和 .pdf 格式）以及产品的保存和入库管理等功能。

⑦ 光化学烟雾预报预警产品的制作，预报员读取大气成分观测实时数据（如：O_3、NO_2）、能见度数据，读取 BREMPS 等环境气象数值模式预报结果，结合天气形势，制作和订正光化学烟雾（O_3 等浓度）潜势预报，制作未来三天可能出现光化学烟雾落区预报和相应产品，根据光化学污染等级和空气污染气象条件预报制作光化学烟雾预报预警产品。要求子模块提供光化学烟雾制作界面，包括数据读取、落区绘制、产品生成、产品修正、导出和保存入库等功能。

⑧ 健康环境气象指数预报产品制作，预报员通过该模块能调用环境气象监测实况数据和环境气象与健康效应数据库，进行等级划分，结合健康指数预报模型制作预报产品。业务中需要数据种类包括：环境气象数值模式输出的污染物浓度的空间分布数据和高精度的北京地区人口分布数据等。要求子模块提供实时数据读取、数据库查询、健康气象指数预报以及产品生成与导出等功能，能计算地区人口暴露水平分布频数图、污染物人口加权浓度时间序列演变等。

⑨ 应急响应快报产品制作，该模块能自动登录北京市气象局 IBM 计算机平台（IP：10.224.5.11），能够通过“修改参数”窗口，修改常用参数，如经纬度、模拟时间等，能够保存修改后的文件到../deploy/bin 目录下，替换原有的 hypact_all 文件。具有通过 FTP 方式自动把模式运行结果存储到数据库功能，具有调用已存储模式运行结果，在百度地图底图或谷歌地图（Google Earth）底图上快速制图和动画制作功能。

⑩ 决策服务产品制作，系统需提供实时监测数据的读取和处理、数据库查询和统计分析功能，以及逐站点气象要素查询、历史的对比功能（历史极值、平均值、最大值、最小值、极差、距平、方差、标准差、线性趋势、滑动平均、累积距平、t 统计检验、Mann-Kendall 检测），图形绘制功能（柱状图、折线图、时序图、站点空间分布图、色斑图），GIS 制图基本功能（叠加）等。

（4）产品分发子系统

① 产品的上传、下载和入库，系统需要提供操作界面实现对已完成的产品进行上传，包括对中国气象局考核城市 AQI 等级预报产品先传至指定目录，然后由信息中心传至国家环境气象业务服务器。下载中国气象局指导产品和区域内气象部门上传的订正后的环境气象预报产品，要求能够完成对已制作完成产品的入库，同时记录下相关的产品制作发布信息，如产品标题、制作人、完成时间、发布时间、发布对象等。

② 产品一键式发布，系统提供对服务产品的统一分发管理功能，能够对已分发的服务产品进行查询与浏览。该模块要求在服务产品模板管理器中，能够快速绑定服务产品与分发

人员、分发手段、实现服务产品的一键式快速分发；支持 FTP、服务网站、E-MAIL、手机短信等发布方式；提供产品发布的同时需记录下相关的产品制作发布信息，如产品标题、制作人、完成时间、发布时间、发布对象等；产品分发跟踪式管理，系统能提供产品发布节点流程图帮助预报员掌握产品发布的具体情况；提供业务检查功能，帮助预报员检查每日的工作任务是否完成，对于没有完成的业务要有报警功能，最后形成工作日记；提供相关业务流程、规定的帮助功能，供业务预报员实时查看各类产品制作流程和标准，且随着实际业务的更新，应具有增加文档、减少文档和修改原有文档的功能；标准规范管理，能读取、查询、保存与空气质量相关标准（如：《环境空气质量指数（AQI）技术规定》（HJ 633—2012））和规范等文档；能根据“环境预报岗流程”提供的关键时间节点，提供定时提醒服务（如弹出提示框、蜂鸣等），提醒预报员定时定点完成每日工作任务，减少工作疏漏；其他管理功能：如值班管理，能够半自动生成环境气象中心值班表、调取环境气象中心值班表、填写和保存值班记录等，能够输出夜班、加班情况等。

（5）预报产品检验评估子系统

① 参考《环境气象中心考核评分办法（试运行）》中的考核标准，子系统需要提供空气质量预报评分、霾预报评分、空气污染气象条件检验评估等的计算功能。

② 参考《环境气象中心考核评分办法（试运行）》中的总评分标准对预报员的日评分、月评分进行计算，系统需要提供评分的计算和实时查询等功能。

③ 要求该模块具有滚动实时检验（统计计算功能、实况预报折线图、偏差图）、自动订正、指标订正等能力。

（6）环境气象应用子系统

① 决策服务报告撰写，系统需要提供监测数据和预报产品数据的数据库查询，如：按时间、标题、产品类型、观测要素等条件的查询功能；基础数据处理功能，如：历史极值、平均值、最大值、最小值、极差、距平、方差、标准差、线性趋势、滑动平均、累积距平、t 统计检验、Mann-Kendall 检测等；图形绘制功能，如：柱状图、折线图、时序图、站点空间分布图、GIS 制图基本功能等。

② 建立有关污染应急防控策略数据库，实现根据实时预报自动匹配功能，并按照用户需求给出一定时段、一定区域决策服务策略及提示。

③ 具有按站点实现霾日数统计功能，包括旬、月以及年内截止到当前的统计，可以按各个站点查询，也可以按全市标准出相应结果。

④ 建立公众服务和专业服务提示数据库，实现根据实时预报自动匹配功能，并按照用户需求提供本地一定时段与能见度、大气污染等有关的生活提示等。

⑤ 专业服务报告撰写，系统需要提供与决策服务报告撰写类似的功能。

（7）学习子系统

① 个例分析，系统需要提供文字编辑功能、基本图形处理功能、个例数据更新和入库功能等。

② 概念模型，该模块针对北京及周边地区重污染天气的概念模型，以及重点城市和区域重污染天气历史个例分析，建立典型重污染天气概念模型。系统需要提供文字编辑功能、基本图形处理功能、概念模型数据入库和快速查询等功能。

③ 指标体系，该模块根据雾、霾区分指标，空气重污染指标，空气质量指标等数据，

建立指标体系（如逆温、垂直风场、混合层高度、湿度、天气型等）。要求模块能提供指标的快速查询、修改、导入、导出等功能。

④ 专家知识，该模块提供针对每类预报产品需要调用的专家知识的选择条件界面，通过选择界面提供的条件经查询能从专家知识库中调出对应的专家意见，同时也能通过界面添加新的专家知识到专家知识库中。

⑤ 历史相似个例查找系统，根据当天预报天气形势场，在历史数据库中查找相似个例和实况资料，并进行可视化。

（8）数据库子系统

平台集成了多类数据，包括高分辨率基础地理数据、气象观测数据、图片数据、环境气象（大气成分）观测数据、社会经济和医疗卫生数据、数值模式预报数据、预报产品、服务产品、专家知识等。要求实现以下功能。

① 具有数据格式转换能力，数据接口标准化。

② 具有按站点、时间、要素、空间范围等多类条件对气象数据进行组合查询，查询结果支持数据表、统计图、地图叠加显示等多维度查看方式，支持按单个要素排序显示，支持单要素和多要素对比分析等。

③ 具备数据格式转换和存储管理功能等。

④ 具有能将历时存储的天空实况照片调取功能。

5.5.2 华北区域环境气象服务平台

华北区域环境气象服务平台（图 5.26）主要包括：WebGIS 基础框架子系统、前台展示子系统、后台管理子系统、平台监控子系统。数据访问、数据处理、数值模式产品释用、产品制作与发布、产品检验与评估、环境气象产品应用、专家知识学习以及数据库等模块等。

图 5.26　华北区域环境气象服务平台界面及取得的软件著作权

（1）前台产品展示子系统

实现对华北区域 6 种污染物浓度落区预报产品和华北区域地市级以上城市 AQI 指数预

报产品进行实时发布展示空气质量历史数据的查询和浏览，以及专业用户和决策用户登录，WebGIS 基本操作等功能。要求实现以下功能。

① 地图基本操作，在 WebGIS 基础框架子系统的基础上实现地图显示、图层管理、距离量算等基础地图操作。

② 空气质量实况产品展示，逐小时收集华北区域空气质量业务平台制作的逐小时 PM_{10}、$PM_{2.5}$、SO_2、NO_2、CO、O_3 浓度实况产品以及空气质量指数（AQI）实况产品。并对这 6 种区域级空气质量实况产品进行坐标转换，按照各产品分级标准对图形产品进行渲染，对渲染之后区域级空气质量实况产品以矢量图形和文本的形式发布，在展示系统界面上提供给公众和决策用户。同时，还应具备对常规气象观测数据、能见度数据和卫星遥感监测数据的显示功能。

③ 数值预报产品展示，能展示 BREMPS、WRF-Chem、CUACE 等环境气象数值预报模式输出的 6 种时效为 72 h 的空气质量预报产品（$PM_{2.5}$、PM_{10}、SO_2、NO_2、O_3、CO 浓度预报产品）；BJ-RUC 天气学模式预报产品（逆温层高度、小风速区、海平面气压距平、空气滞留区）等。

④ 主观预报产品展示，展示主观预报的“空气污染气象条件预报”“空气质量预报”“雾、霾落区预报”和“霾重污染预警”产品等。

⑤ 空气质量历史产品查询，用户在前台产品展示子系统设定一个查询条件，系统将查询条件通过信息传输通道发送到后台管理服务子系统。后台根据查询条件，实现基于时间、空间、要素类型等对 6 种污染物浓度、空气质量指数进行查询。实现统计任意时间段内省、市（县）内 6 种污染物浓度、空气质量指数的最大值、最小值、平均值和变化曲线。将后台查询结果通过信息传输通道传输到前台产品子系统进行解析和展示。

⑥ 用户登录模块，该模块实现专业用户和决策用户登录功能，用户登录之后可以获得系统操作的高级权限，如实现行业和决策产品定制和获取等功能、界面的定制等功能。

（2）后台管理服务子系统

后台管理服务子系统是为前台展示子系统用户、图元等基础信息进行管理。对前台展示子系统发送的服务请求进行分析，对环境气象基础数据库中数据进行查询、统计、分析等操作，将结果反馈到前台展示子系统。主要包括以下几个功能模块。

① 用户管理，用户管理模块主要包括：用户权限管理、用户基本信息管理和用户反馈管理等功能。用户权限管理是基于角色访问控制的用户权限管理，实现可扩展的用户资源授权，具有对系统不同的操作权限，即分为决策、专业和公众用户。用户基本信息管理是对决策和专业用户的账号、地址、服务起止时间和用户的服务产品进行管理。用户反馈管理等功能是主要对用户对服务产品和服务页面提出的一些意见、满意度等进行收集。

② 统计分析查询服务，统计分析查询服务模块实时接收用户从综合信息展示与查询子系统发送的查询条件，根据查询条件进行查询统计、空间分析、空间位置搜索引擎，最终将查询得到环境气象数据、基础地理数据通过信息通道传输到综合信息展示与查询子系统，将结果展示给用户。

③ 地图服务资源管理，地图服务资源管理模块实现对平台本身瓦片地图服务和其他厂商提供的地图服务进行统一管理。

（3）平台监控子系统

平台监控子系统主要包括：系统状态信息收集、状态信息统计、状态信息分析 3 个部分。

① 状态信息收集，状态信息收集模块主要完成对设备运行状态、系统运行状态和业务完成状态等信息的收集处理功能。

② 状态信息统计，状态信息统计模块通过一定算法对状态信息进行统计，方便用户判断系统状况，了解系统运行的状态趋势，判断系统是否出现故障。

③ 状态信息分析，状态信息分析模块通过一定的算法对信息进行处理分析，与系统预设的信息表进行比对，得出结论，当出现问题时发出警报。

5.5.3　搭建区域空气质量多模式系统

委托高校科研院所搭建区域空气质量多模式系统，包括模式的优化改进，与精细化数值天气预报系统的耦合、模拟试验、模式检验评估以及业务预报系统建立，相关业务产品开发等。

（1）集合预报技术研究

采用京津冀地区地面观测，对 CUACE/Haze-Fog 和本地现有的 WRF-Chem、CMAQ 预报的能见度和 $PM_{2.5}$ 等污染物浓度进行检验和误差分析，基于分析结果确定各个模式预报的权重，建立基于多模式的能见度集合预报方法。

（2）模式释用

根据京津冀环境气象预报预警中心业务预报中使用的 BREMPS 模式预报效果检验结果，分析模式误差的特征，并通过对大误差个例的重点研究，对模式的优劣进行评估。选择恰当的释用方法，如卡尔曼滤波、人工神经网络、数值预报统计释用方法（MOS）等，并结合京津冀环境气象预报预警中心的预报预警业务和服务精细化要求建立环境气象模式的后处理统计模型，提供站点/格点客观预报结果。模式释用技术研究的关键点和难点是模式问题的凝练和释用方法的选择。

（3）订正技术

依据环境气象模式对 6 种污染物浓度的模拟结果和实际观测资料，探索研究物理统计方法（多元线性回归、最小二乘法、神经网络、卡尔曼滤波等）在污染物浓度订正中的应用，为了使订正结果更趋近真值，随着时间的推移逐步向前滚动订正，同时对模式预报极值进行合理干预。最后对不同的订正方法进行合理集成，研发污染物浓度订正集合预报方法，减小误差，有效提高预报准确率。

（4）预报结果检验

环境气象预报效果检验是指进行客观与主观预报结果和观测结果对比分析，定量给出预报结果与观测结果差异性的评分标准。本项目预报效果检验以空气质量预报 AQI 为重点，研究建立预报效果检验评分方法与评分标准，空气质量预报效果检验针对空气质量 6 要素（SO_2、NO_2、CO、O_3、PM_{10}、$PM_{2.5}$）、AQI 等级以及首要污染物，一是采用统计指标方法（平均偏差、平均误差、相关系数等）建立各要素的评分方法与评分标准；二是参考《气象部门城市空气质量预报质量考核和管理暂行办法》（中气预发〔2001〕33 号）建立空气质量 24 h、48 h 与 72 h 预报效果检验。其他环境气象预报要素可参考空气质量预报效果检验建立评分方法与评分标准。

5.6 本章小结

本章主要介绍了京津冀地区环境气象业务体系和发展情况，主要是以下几个方面。

（1）介绍京津冀环境气象中心的组织机构组成以及现在开展的环境气象监测、预报、服务相关业务工作，建立了京津冀区域上下联动机制，协同发展，重污染天气过程区域联动，视频会商，形成重污染天气京津冀及周边地区多部门联动应急预案。

（2）开展第三方评估工作，建立大气污染气象条件评估体系，预评估主要针对重污染天气过程、突发环境气象事件、重大社会活动期间的环境气象状况及影响提前进行评估，为政府及相关决策部门提供大气环境管理决策及建议。

（3）在预报技术方法研发过程中，开发了 KNN 数据挖掘算法在北京地区霾等级预报中的应用，提取了温度、气压、相对湿度、露点温度、u 风、v 风以及 $PM_{2.5}$ 浓度 7 变量构成，标志项为霾的等级。结果显示，KNN 模型预报的整体预报准确率较高，KNN 分类器分别 K 取 3、5 或 7 时，北京地区 13 个站点的交叉检验准确率分别为 88.2%、85.8%和 84.7%，且 $K=3$ 时的分类准确率明显优于 $K=5$ 或 7 时的结果。预报无霾时的准确率高达 91.8%，漏报概率很小。KNN 模型预报有霾时，空报的概率较低，预报准确率较高。

（4）利用 EC 细网格中期气象预报场和动态统计方法开展京津冀重点城市雾/霾中期定量化预报试验，整体上具有较高的可靠性、稳定性与预报技巧性，其结果具有较高的应用与价值。该动态统计方法对能见度的预报效果要略优于 $PM_{2.5}$ 浓度，同时对霾的预报准确率高于对雾的预报。该动态统计方法能提前 5～6 d 预报出北京地区典型持续性雾/霾污染的发展过程，对持续性雾/霾的提前预报预警具有较好的参考意义。

（5）环境气象业务平台建设，包括数据访问、数据处理、数值模式产品释用、产品制作与发布、产品检验与评估、环境气象产品应用、专家知识学习以及数据库等模块。

参考文献

安俊琳，李昕，王跃思，等，2003. 北京气象塔夏季大气 O_3，NO_x 和 CO 浓度变化的观测实验［J］. 环境科学，24（6）：43-47.

卞林根，程彦杰，王欣，等，2002. 北京大气边界层中风和温度廓线的观测研究［J］. 应用气象学报，13（特刊）：13-25.

蔡旭晖，郭昱，刘辉志，等，2002. 北京地区低层大气流动模态研究［J］. 北京大学学报（自然科学版），38（3）：387-392.

曹伟华，梁旭东，李青春，2013. 北京一次持续性雾霾过程的阶段性特征及影响因子分析［J］. 气象学报，71（5）：940-951.

陈鹏飞，张蔷，权建农，等，2012. 北京地区臭氧时空分布特征的飞机探测研究［J］. 环境科学，33（12）：4141-4150.

程水源，张宝宁，1997. 大气混合层高度的确定与计算方法研究［J］. 中国环境科学，17（6）：512-516.

程兴宏，徐祥德，安兴琴，等，2016. 2013 年 1 月华北地区重霾污染过程 SO_2 和 NO_x 的 CMAQ 源同化模拟研究［J］. 环境科学学报，36（2）：638-648.

顾伟，伍荣生，1995. 气流过山运动的非线性浅水理论［J］. 气象学报，53（1）：30-37.

顾莹，2010. 上海城市化对臭氧污染影响的数值模拟［D］. 上海：华东师范大学.

黄颖，金龙，黄小燕，等，2014. 基于局部线性嵌入的人工智能台风强度集合预报模型［J］. 气象，40（7）：806-815.

贾诗卉，徐晓斌，林伟立，等，2015. 华北平原夜间对流天气对地面 O_3 混合比抬升效应［J］. 应用气象学报，26（3）：280-290.

姜文，卢朝阳，李静，2013. 基于方向线素特征的手写体维文字符识别［J］. 微电子学与计算机，30（10）：97-100.

李炬，舒文军，2008. 北京夏季夜间低空急流特征观测分析［J］. 地球物理学报，51（2）：360-368.

廖晓农，孙兆彬，何娜，等，2016. 边界层低空急流导致北京 $PM_{2.5}$ 迅速下降及其形成机制的个例分析［J］. 环境科学，37（1）：51-59.

廖晓农，孙兆彬，唐宜西，等，2015. 高空偏北风背景下北京地区高污染形成的环境气象机制研究［J］. 环境科学，36（3）：801-808.

刘传熙，刘毅，王永，2016. 基于探空资料的北京地区大气臭氧垂直分布特征［J］. 气象与环境学报，32（1）：46-52.

刘旸，官莉，2011. 人工神经网络法反演晴空大气湿度廓线的研究［J］. 气象，37（3）：318-324.

马金，郑向东，2011. 混合层厚度的经验计算及与探空观测对比分析［J］. 应用气象学报，22（5）：567-576.

马学款，张碧辉，桂海林，等，2017. APEC 前后北京几次静稳天气边界层特征对比分析［J］. 气象，43（11）：1364-1373.

农孟松，黄海洪，孙崇智，等，2011. 基于主分量神经网络的降水集成预报方法研究［J］. 气象，37（3）：352-355.

彭丽，高伟，耿福海，等，2011. 上海地区臭氧垂直分布特征分析［J］. 北京大学学报（自然科学版），47（5）：805-811.

齐瑛，傅抱璞，1992. 过山气流与地形形状［J］. 南京大学学报（自然科学版），28（4）：633-643.

任丽红，胡非，周德刚，等，2005. 北京夏季近地层臭氧垂直变化及其环境效应的观测研究［J］. 中国科学院研究生院学报，22（4）：420-435.

唐孝炎，张远航，邵敏，等，2006. 大气环境化学（第二版）［M］. 北京：高等教育出版社：102-103.

王京丽，刘旭林，2006. 北京市大气细粒子质量浓度与能见度定量关系初探［J］. 气象学报，64（2）：221-228.

王莉莉，王跃思，王迎红，等，2010. 北京夏末秋初不同天气形势对大气污染物浓度的影响［J］. 中国环境科学，30（7）：924-930.

修天阳，孙扬，宋涛，等，2013. 北京夏季灰霾天臭氧近地层垂直分布与边界层结构分析［J］. 环境科学学报，33（2）：321-331.

徐大海，朱蓉，1993. 国家标准 GB/T 3840—91 中城市大气污染物总量控制 A-P 值法的应用［J］. 城市环境与城市生态，6（2）：36-41.

徐敬，马志强，赵秀娟，等，2015. 边界层方案对华北低层 O_3 垂直分布模拟的影响［J］. 应用气象学报，26（5）：567-577.

徐祥德，丁国安，卞林根，等，2004. BECAPEX 科学试验城市建筑群落边界层大气环境特征及其影响［J］. 气象学报，62（5）：663-671.

徐祥德，周秀骥，施晓晖，2005. 城市群落大气污染源影响的空间结构及尺度特征［J］. 中国科学（D 辑：地球科学），35 增刊Ⅰ：1-19.

徐祥德，周秀骥，施晓晖，等，2006. 城市群落大气污染源影响的空间结构及尺度特征［C］. 北京：中国气象学会 2006 年年会“大气成分与气候、环境变化”分会场.

杨景梅，邱金桓，赵延亮，2005. 1990—2002 年北京地区大气臭氧垂直分布 Umkehr 观测反演研究［J］. 大气科学，29（5）：709-716.

杨淑平，易国栋，袁修贵，等，2013. 一种基于分块小波的人脸识别算法［J］. 中南大学学报（自然科学版），44（5）：1902-1909.

张恒德，吕梦瑶，张碧辉，等，2016. 2014 年 2 月下旬京津冀持续重污染过程的静稳天气及传输条件分析［J］. 环境科学学报，36（12）：4340-4351.

张恒德，张碧辉，吕梦瑶，等，2017. 北京地区静稳天气综合指数的初步构建及其在环境气象中的应用［J］. 气象，43（8）：998-1004.

赵秀娟，徐敬，张自银，等，2016. 北京区域环境气象数值预报系统及 $PM_{2.5}$ 预报检验［J］. 应用气象学报，27（2）：160-172.

郑向东，周秀骥，秦瑜，等，2002. 西宁夏季对流层臭氧垂直分布变化与气象要素的关系［J］. 气象学报，60（1）：47-52，129.

宗雪梅，王庚辰，陈洪滨，等，2007. 北京地区边界层大气臭氧浓度变化特征分析［J］. 环境科学，28（11）：2615-2619.

AGARWAL M，TANDON A，2010. Modeling of the urban heat island in the form of mesoscale wind and of its effect on air pollution dispersal［J］. Applied Mathematical Modelling，34（9）：2520-2530.

CHENG X H，XU X D，DING G A，2010. An emission source inversion model based on satellite data and its application in air quality forecasts［J］. Science China Earth Sciences，53（5）：752-762.

COVER T，HART P，1967. Nearest neighbor pattern classification［J］. IEEE Trans Inform Theory，13（1）：21-27.

CRUTZEN P J，LAWRENCE M G，PÖSCHL U，1999. On the background photochemistry of tropospheric ozone［J］. Tellus，51（1）：123-146.

CRUTZEN P J，1973. A discussion of the chemistry of some minor constituents in the stratosphere and troposphere［J］. Pure Appl Geophys，106（1）：1385-1399.

DURRAN D R，1986. Another look at downslope windstorms. Part I：The development of analogs to supercritical flow in an infinitely deep，continuously stratified fluid [J] . J Atmos Sci，43 (21)：2527-2543.

HONG C，ZHANG Q，HE K，et al，2017. Variations of China's emission estimates：Response to uncertainties in energy statistics [J] . Atmospheric Chemistry and Physics，17 (2)：1227-1239.

HOOKE W H，1986. Gravity Waves [M] // Mesoscale Meteorology and Forecasting. American Meteorological Society.

IKAWA M，2007. High-drag states and foehns to two-layered stratified fluid past a two-dimensional mountain [J] . Journal of the Meteorological Society of Japan，68 (2)：163-182.

JUNGE E C，1962. Global ozone budget and exchange between stratosphere and troposphere [J] . Tellus，14 (4)：363-377.

LELIEVELD J，DENTENER F J，2000. What controls tropospheric ozone [J] . J Geophys Res，105 (D3)：3531-3551.

LEVY H Ⅱ，KASIBHATLA P S，MOXIM W J，et al，1997. The global impact of human activity on tropospheric ozone [J] . Geophysical Research Letter，24 (7)：791-794.

LIU S C，TRAINER M，FEHSENFELD F C，et al，1987. Ozone production in the rural troposphere and the implications for regional and global ozone distributions [J] . J Geophys Res，92 (D4)：4191-4207.

PENG Z，LIU Z，CHEN D，et al，2017. Improving $PM_{2.5}$ forecast over China by the joint adjustment of initial conditions and source emissions with an ensemble Kalman filter [J] . Atmospheric Chemistry and Physics，17 (7)：4837-4855.

REGENER V H，1957. The vertical flux of atmospheric ozone [J] . J Geophys Res，62 (2)：221-228.

WANG Y H，LOGAN J A，JACOB D J，1998. Global simulation of tropospheric O_3-NO_x-hydrocarbon chemistry：2. Model evaluation and global ozone budget [J] . Journal of Geophysical Research，103 (D9)：10723-10755.

XU X，XIE L，CHENG X，et al，2008. Application of an adaptive nudging scheme in air quality forecasting in China [J] . Journal of Applied Meteorologyand Climatology，47 (8)：2105-2114.

ZHAO Y，NIELSEN C，LEI Y，et al，2011. Quantifying the uncertainties of a bottom-up emission inventory of anthropogenic atmospheric pollutants in China [J] . Atmos Chem Phys，11 (5)：2295-2308.